普通高等教育"十一五"国家级规划教材

高电压工程基础

第 2 版

施 围　邱毓昌　张乔根　编著

机械工业出版社

本书介绍与高电压有关的电介质——气体、液体、固体的放电过程、发展机理及绝缘特性，分析影响这些特性的因素；交流、直流高电压和冲击高电压的产生方法、原理、基本装置以及它们的测量手段，相关绝缘的试验技术；电力系统过电压产生的物理过程及其防护措施和电力系统绝缘配合的基本概念；同时反映近年来高电压领域的新技术，第2版中除对原来内容进行完善和修改外，还增加了"直流系统过电压"和"电力系统电磁环境"两章，以适应电力工业发展的需要。本书作者具有多年的教学经验，精选内容，删繁就简，既体现加强基础，又使其具有适用性，并兼顾不同水平读者的要求。

本书除可作为电力系统自动化及电气类研究生和本科生专业课教材外，也可供大专、成人自学和电力、电工部门职工培训，以及电力管理工作者和有关技术人员参考。

本书配有免费电子课件，欢迎选用本教材的教师索取，电子邮箱：yu57sh@163.com。

图书在版编目（CIP）数据

高电压工程基础/施围，邱毓昌，张乔根编著. —2版. —北京：机械工业出版社，2014.7（2026.1重印）
普通高等教育"十一五"国家级规划教材
ISBN 978-7-111-46362-7

Ⅰ.①高… Ⅱ.①施…②邱…③张… Ⅲ.①高电压－高等学校－教材 Ⅳ.①TM8

中国版本图书馆CIP数据核字（2014）第066474号

机械工业出版社（北京市百万庄大街22号　邮政编码100037）
策划编辑：于苏华　责任编辑：于苏华　聂文君
版式设计：霍永明　责任校对：陈立辉
封面设计：张　静　责任印制：邓　博
河北鹏盛贤印刷有限公司印刷
2026年1月第2版第15次印刷
184mm×260mm · 18.25印张 · 440千字
标准书号：ISBN 978-7-111-46362-7
定价：49.80元

电话服务　　　　　　　　　网络服务
客服电话：010-88361066　　机 工 官 网：www.cmpbook.com
　　　　　010-88379833　　机 工 官 博：weibo.com/cmp1952
　　　　　010-68326294　　金 书 网：www.golden-book.com
封底无防伪标均为盗版　　　机工教育服务网：www.cmpedu.com

第 2 版前言

近 10 年来，我国电力事业发展突飞猛进，建成了分布在西北地区的 750kV 强大电网，两条特高压交流 1000kV 输电线路、多条 ±800kV 直流系统相继投入运行，高电压技术获得巨大的发展。为了适应技术发展的需要，国家、行业的相关规程也发生了许多变化。虽然规程涉及非常多的领域与行业，与它"同步"几乎是不可能的，本书力图涵盖这些变化。

本书第 1 版自 2006 年出版以来，已印刷了 8 次，由于新技术"层出不穷"，书中有些内容显得"陈旧"，因此迫切需要进行补充、完善和修订。为了适应我国直流输电技术的发展，在修订时本书第 2 版增加了"直流系统过电压"一章。同时，基于社会对电磁环境的关注与重视，特地增加了"电力系统的电磁环境"一章，介绍各种电磁环境产生的机理、技术指标、可能产生的危害，以及一般的限制措施。

本书按原来编著的分工修订：邱毓昌编写绪论和第 2~5 章，张乔根编写第 6、7 章，施围编写第 8~13 章以及第 16、17 章。另外，修订时，由李江涛、郭洁编写了第 14 章，谢彦召、刘青编写了第 15 章，施围、张乔根、郭洁分别参加了绪论、第 2 章、第 17 章的部分修改工作。本书 PPT 课件由西安科技大学刘青、西安理工大学王倩制作。

由于编者水平的限制，第 2 版中仍不免有不妥和错误之处，恳请广大读者批评指正。

编　者
2014 年 5 月

第1版前言

"高电压技术"课程是由过去高电压技术专业的三门课:"高电压绝缘"、"高电压试验技术"、"电力系统过电压与绝缘配合"演变过来的,作为电力系统及其自动化专业的一门必修课,在我国已有50年的历史了。本教材的前身《高电压工程》于1994年出版,是按照50~54学时编写的。根据当时该课程定位在工程应用的概论课的特点,做到既突出基本概念适当反映高电压技术的新成就,又要减轻学生学习负担,使本教材易于阅读,同时兼顾了不同水平读者的要求。

10多年来,随着教学改革的深入,专业知识面不断拓宽,同时高电压技术也有了很大的发展,IEC标准、国家标准也发生了一系列变化,重新编写本教材是非常必要的。本教材更名为《高电压工程基础》,与原教材相比,增加了两章内容:第1章绪论:高压输电的必要性、我国电力工业的发展、电力工业对高电压技术发展的促进作用、新材料和新技术在高电压技术中的应用、高电压技术在其他领域的应用;第14章电力系统过电压计算:概述、单相电磁暂态过程的元件模型、多相电磁暂态过程的数学模型、开关元件与非线性元件模型、初始值的确定。重新编写了第6章及第7章,并对原来各章节内容作了全面修改与补充,如电力系统过电压部分的快速暂态过电压、新的测量方法等。

西安交通大学邱毓昌老师编写绪论和第1~5章(此部分的清样校对工作由郭洁老师完成),张乔根老师编写第6、7章,施围老师编写第8~15章。在编写过程中,编者既总结了多年高电压工程课程的教学经验,力求使本教材在基础理论、物理概念与高电压现象发展的机理等方面,简明扼要、深入浅出;又面向国家在高电压领域的科研、生产的主战场,增加了近年来该领域的新技术内容,与新的国家标准、法规保持一致,注意内容的实用性;同时还参阅了大量国内外文献资料。

本书的主要读者对象为电力系统及其自动化专业的大学本科生,也可作为电气类各专业和电子束离子束技术专业学生的高电压课教材,以及电力和电工部门高电压工作者阅读参考。

限于水平,书中难免有不妥和错误之处,恳请读者批评指正。

编 者
2006 年 3 月

目 录

第2版前言
第1版前言

第1章 绪论 …………………………… 1
1.1 高压输电的必要性 …………… 1
1.2 我国电力工业的发展 ………… 3
1.3 电力工业对高电压技术
 发展的促进作用 ……………… 6
1.4 新材料和新技术在高电压
 技术中的应用 ………………… 7
1.5 高电压技术在其他领域的应用 … 9

第2章 气体放电的基本物理过程 …… 11
2.1 带电质点的产生与消失 ……… 11
 2.1.1 气体中电子与正离子的产生 … 11
 2.1.2 电极表面的电子逸出 ……… 13
 2.1.3 气体中负离子的形成 ……… 14
 2.1.4 带电质点的消失 …………… 15
2.2 放电的电子崩阶段 …………… 15
 2.2.1 非自持放电和自持
  放电的不同特点 …………… 15
 2.2.2 电子崩的形成 ……………… 16
 2.2.3 影响碰撞电离系数的因素 … 17
2.3 自持放电条件 ………………… 18
 2.3.1 pd 值较小时的情况 ……… 18
 2.3.2 pd 值较大时的情况 ……… 19
 2.3.3 电负性气体的情况 ………… 21
2.4 不均匀电场中气体放电的特点 … 21
 2.4.1 稍不均匀电场和极不均匀
  电场的不同特点 …………… 21
 2.4.2 极不均匀电场中的电晕放电 … 22
 2.4.3 不均匀电场中放电的极性效应 … 24
2.5 放电等离子体 ………………… 26
 2.5.1 等离子体的分类与术语 …… 26
 2.5.2 平衡等离子体 ……………… 27
 2.5.3 非平衡等离子体 …………… 29
习题 ………………………………… 30

第3章 气体间隙的击穿强度 ………… 31
3.1 稳态电压下的击穿 …………… 31
 3.1.1 均匀电场中的击穿 ………… 31
 3.1.2 稍不均匀电场中的击穿 …… 32
 3.1.3 极不均匀电场中的击穿 …… 33
3.2 雷电冲击电压下的击穿 ……… 34
 3.2.1 冲击电压的标准波形 ……… 34
 3.2.2 放电时延 …………………… 35
 3.2.3 50% 击穿电压及冲击系数 … 35
 3.2.4 伏-秒特性 ………………… 36
3.3 操作冲击电压下的击穿 ……… 38
 3.3.1 操作冲击电压下
  击穿的 U 形曲线 …………… 38
 3.3.2 操作冲击电压的推荐波形 … 38
 3.3.3 长空气间隙在操作冲击电压下
  的击穿强度 ………………… 39
3.4 大气密度和湿度对击穿的影响 … 39
 3.4.1 大气校正因数 ……………… 40
 3.4.2 海拔的影响 ………………… 41
3.5 SF_6 气体间隙中的击穿 ……… 41
 3.5.1 均匀和稍不均匀
  电场中的击穿 ……………… 41
 3.5.2 极不均匀电场中的击穿 …… 43
 3.5.3 影响击穿场强的因素 ……… 44
 3.5.4 快前沿脉冲电压下的击穿 … 46
3.6 提高气体间隙击穿电压的措施 … 47
 3.6.1 改善电场分布的措施 ……… 47
 3.6.2 削弱电离过程的措施 ……… 48
习题 ………………………………… 50

第4章 气体中沿固体绝缘
 表面的放电 ………………… 51
4.1 界面电场分布的典型情况 …… 51
4.2 均匀电场中的沿面放电 ……… 51
4.3 极不均匀电场中的沿面放电 … 53
 4.3.1 具有强垂直分量时

　　　　的沿面放电 ············· 53
　4.3.2 具有弱垂直分量时
　　　　的沿面放电 ············· 54
4.4 受潮表面的沿面放电 ············· 56
　4.4.1 表面凝露对沿面放电的影响 ··· 57
　4.4.2 表面淋雨对沿面放电的影响 ··· 57
4.5 脏污绝缘表面的沿面放电 ········· 58
　4.5.1 污闪的发展过程 ············· 59
　4.5.2 影响污闪电压的因素 ········· 59
　4.5.3 污秽等级的划分 ············· 60
　4.5.4 防止污闪的措施 ············· 61
习题 ································· 62

第5章 液体和固体介质的电气特性 ··· 63
5.1 电介质的极化、电导与损耗 ······· 63
　5.1.1 电介质的极化 ················· 63
　5.1.2 电介质的电导 ················· 65
　5.1.3 电介质的能量损耗 ············· 66
5.2 液体介质的击穿 ··················· 67
　5.2.1 影响液体介质击穿的因素 ····· 68
　5.2.2 减小杂质影响的措施 ········· 69
5.3 固体介质的击穿 ··················· 70
　5.3.1 电击穿 ························ 70
　5.3.2 热击穿 ························ 71
　5.3.3 电化学击穿 ··················· 72
5.4 组合绝缘的特性 ··················· 75
　5.4.1 油-屏障绝缘和油纸
　　　　绝缘的特点 ················· 75
　5.4.2 多介质系统中的电场 ········· 75
　5.4.3 电场调整的方法 ············· 76
5.5 绝缘的老化 ······················· 77
　5.5.1 电介质的热老化 ············· 78
　5.5.2 介质的电老化 ················· 78
　5.5.3 机械力的影响 ················· 78
　5.5.4 环境的影响 ··················· 79
习题 ································· 79

第6章 电气设备绝缘的预防性试验 ··· 80
6.1 绝缘电阻的测试 ··················· 80
　6.1.1 多层介质的吸收现象 ········· 80
　6.1.2 绝缘电阻和吸收比的测量 ····· 82
6.2 泄漏电流的测量 ··················· 83
6.3 介质损耗角正切值的测量 ········· 85

　6.3.1 西林电桥的基本原理 ········· 85
　6.3.2 外界电磁场对电桥的干扰 ····· 87
　6.3.3 影响 $\tan\delta$ 测量结果的因素 ···· 88
　6.3.4 数字化测量方法 ············· 88
6.4 局部放电的测试 ··················· 89
　6.4.1 局部放电的检测回路 ········· 89
　6.4.2 局部放电的测量
　　　　阻抗和测量仪器 ············· 90
　6.4.3 用超声波探测器
　　　　测量局部放电 ··············· 91
6.5 电压分布的测量 ··················· 91
6.6 绝缘油的电气试验
　　和气相色谱分析 ··················· 92
6.7 绝缘状态的在线监测 ············· 94
　6.7.1 $\tan\delta$ 的在线监测 ············· 94
　6.7.2 局部放电的在线监测 ········· 95
　6.7.3 油中气体含量的在线监测 ····· 96
习题 ································· 96

第7章 电气设备绝缘的高电压试验 ··· 98
7.1 交流高电压试验 ··················· 98
　7.1.1 工频高电压的产生 ············· 98
　7.1.2 串联谐振交流高电压的产生 ··· 101
　7.1.3 交流高电压试验 ············· 102
7.2 直流高电压试验 ··················· 103
　7.2.1 直流高电压的产生 ············· 103
　7.2.2 直流高电压的试验 ············· 106
7.3 冲击电压试验 ····················· 107
　7.3.1 冲击电压发生器与参数计算 ··· 107
　7.3.2 截断波的产生方法 ············· 110
　7.3.3 操作冲击电压的获得 ········· 111
　7.3.4 陡波前冲击电压的产生 ······· 111
7.4 脉冲功率技术 ····················· 112
　7.4.1 脉冲功率技术的内涵与特点 ··· 112
　7.4.2 脉冲功率装置的基本构成 ····· 112
　7.4.3 脉冲功率技术的应用 ········· 114
7.5 稳态高电压的测量 ················· 116
　7.5.1 气体放电间隙 ················· 117
　7.5.2 静电压表 ····················· 118
　7.5.3 利用高压电容器的测量方法 ··· 119
　7.5.4 高压分压器 ··················· 120
7.6 冲击电压的测量 ··················· 121
　7.6.1 球间隙测量冲击电压的幅值 ··· 122

7.6.2　冲击电压分压器 …………… 122
　　7.6.3　纳秒脉冲测量技术 …………… 127
7.7　光电与数字化测量技术 …………… 130
　　7.7.1　光电测量技术 …………… 130
　　7.7.2　数字化测量技术 …………… 132
习题 …………… 133

第8章　集中参数的过渡过程及线路和绕组中的波过程 …………… 134

8.1　线性集中参数电路的过渡过程 …………… 134
　　8.1.1　直流电压作用在 LC 串联回路上的过渡过程 …………… 134
　　8.1.2　交流电压作用在 RLC 串联回路上的过渡过程 …………… 135
8.2　波在单根均匀无损导线上的传播 …… 137
　　8.2.1　单根输电线路的等效电路 …… 137
　　8.2.2　波阻抗与波速 …………… 137
　　8.2.3　波动方程及其解 …………… 139
　　8.2.4　前行波和反行波 …………… 140
8.3　行波的折射与反射 …………… 141
　　8.3.1　折射系数和反射系数 …… 141
　　8.3.2　彼德逊法则 …………… 143
　　8.3.3　等效波法则 …………… 144
8.4　行波通过串联电感与旁过并联电容 … 145
　　8.4.1　直角波通过串联电感 …… 145
　　8.4.2　直角波旁过并联电容 …… 146
8.5　行波的多次折、反射 …………… 148
8.6　行波在无损平行多导线系统中的传播 …………… 151
8.7　冲击电晕对线路上波过程的影响 …… 154
8.8　变压器绕组中的波过程 …………… 155
　　8.8.1　单绕组中的波过程 …… 155
　　8.8.2　三相绕组中的振荡过程 …… 159
　　8.8.3　绕组间波的传递 …………… 160
　　8.8.4　变压器的内部保护 …… 160
8.9　旋转电机绕组中的波过程 …………… 161
习题 …………… 162

第9章　雷电及防雷装置 …………… 163

9.1　雷电放电的发展过程 …………… 163
9.2　雷电参数 …………… 164
9.3　避雷针和避雷线 …………… 167

9.4　避雷器 …………… 169
　　9.4.1　保护间隙 …………… 170
　　9.4.2　管式避雷器 …………… 170
　　9.4.3　阀式避雷器 …………… 170
9.5　防雷接地 …………… 176
习题 …………… 179

第10章　输电线路的防雷保护 …………… 180

10.1　输电线路防雷的原则和措施 …… 180
10.2　线路感应雷过电压 …………… 181
　　10.2.1　无避雷线时的感应雷过电压 …………… 182
　　10.2.2　有避雷线时的感应雷过电压 …………… 183
10.3　输电线路的直击雷过电压 …………… 183
　　10.3.1　无避雷线时的直击雷过电压 …… 183
　　10.3.2　有避雷线时的直击雷过电压 …… 185
10.4　输电线路雷击跳闸率的计算 …… 188
习题 …………… 191

第11章　发电厂和变电所的防雷保护 …………… 192

11.1　发电厂和变电所的直击雷保护 …… 192
　　11.1.1　装设避雷针（线）的原则 …… 192
　　11.1.2　避雷针（线）的设计计算 …… 192
　　11.1.3　几个具体问题 …………… 193
11.2　发电厂和变电所的行波保护 …… 194
　　11.2.1　避雷器的保护作用 …………… 194
　　11.2.2　变电所的进线保护 …………… 197
11.3　变电所防雷的几个具体问题 …… 200
　　11.3.1　三绕组变压器和自耦变压器的防雷保护 …………… 200
　　11.3.2　变压器的中性点保护 …… 201
　　11.3.3　配电变压器的防雷保护 …… 202
11.4　气体绝缘变电所的防雷保护 …… 202
　　11.4.1　GIS 变电所雷电过电压保护的特点 …………… 203
　　11.4.2　GIS 变电所常用的雷电保护接线 …………… 203
11.5　旋转电机的防雷 …………… 203
　　11.5.1　旋转电机防雷保护的特点 …… 204
　　11.5.2　直配电机的防雷保护 …… 204

11.5.3 非直配电机的防雷保护 …… 206
习题 …… 206

第12章 暂时过电压 …… 207
12.1 工频电压升高 …… 207
　12.1.1 超高压系统中工频电压升高的重要性 …… 208
　12.1.2 工频电压升高的原因 …… 208
　12.1.3 工频电压升高的限制措施 …… 211
12.2 谐振过电压 …… 213
　12.2.1 谐振的类型 …… 213
　12.2.2 铁磁谐振过电压 …… 214
习题 …… 216

第13章 操作过电压 …… 217
13.1 中性点不接地系统电弧接地引起的过电压 …… 217
　13.1.1 过电压发展的物理过程 …… 217
　13.1.2 限制过电压的措施 …… 219
13.2 合闸空载线路引起的过电压 …… 221
　13.2.1 产生过电压的物理过程 …… 221
　13.2.2 影响过电压的因素 …… 222
　13.2.3 限制过电压的措施 …… 222
13.3 切除空载线路引起的过电压 …… 223
　13.3.1 产生过电压的物理过程 …… 223
　13.3.2 影响过电压的因素 …… 224
　13.3.3 限制过电压的措施 …… 225
13.4 切除空载变压器产生的过电压 …… 225
　13.4.1 产生过电压的物理过程 …… 225
　13.4.2 影响过电压的因素 …… 226
　13.4.3 限制过电压的措施 …… 226
13.5 GIS中快速暂态过电压（VFTO） …… 227
　13.5.1 VFTO产生的机理 …… 227
　13.5.2 VFTO的特性 …… 227
　13.5.3 VFTO的影响因素 …… 228
　13.5.4 VFTO的危害 …… 229
　13.5.5 VFTO的防护 …… 230
　13.5.6 GIS的VFTO计算实例 …… 230
习题 …… 232

第14章 直流系统过电压 …… 233
14.1 来自换流站交流侧的过电压 …… 233
　14.1.1 暂时过电压 …… 233
　14.1.2 操作过电压 …… 233
　14.1.3 雷击过电压 …… 234
14.2 来自换流站直流侧的过电压 …… 234
　14.2.1 暂时过电压 …… 234
　14.2.2 操作过电压 …… 234
　14.2.3 雷电过电压 …… 237
14.3 陡波过电压 …… 238
14.4 换流站的过电压防护 …… 238
　14.4.1 换流站直流线路的防护 …… 238
　14.4.2 换流站直流侧的防护 …… 238
　14.4.3 换流站交流侧设备的防护 …… 240
　14.4.4 交流电网的防护 …… 240
习题 …… 240

第15章 电力系统的电磁环境 …… 241
15.1 交流输电线路的电磁环境 …… 241
15.2 变电站的电磁环境 …… 245
15.3 直流输电线路的电磁环境 …… 247
15.4 换流站的电磁环境 …… 250
15.5 电力系统外部的电磁骚扰源 …… 252
15.6 电力系统电磁环境的一般性防护方法 …… 253
习题 …… 253

第16章 电力系统过电压计算 …… 254
16.1 概述 …… 254
16.2 单相电磁暂态过程的元件模型 …… 256
　16.2.1 集中参数电路模型 …… 256
　16.2.2 分布参数电力模型——单相无损线的Bergeron等效计算电路 …… 258
　16.2.3 线路损耗近似的处理方法 …… 262
　16.2.4 电源支路的模拟 …… 262
　16.2.5 单相暂态等效计算网络的形成及求解 …… 263
16.3 多相电磁暂态过程的数学模型 …… 266
16.4 开关元件与非线性元件模型 …… 267
16.5 初始值的确定 …… 268
习题 …… 268

第17章 电力系统的绝缘配合 …… 269
17.1 绝缘配合的基本概念与方法 …… 269

17.1.1 绝缘配合的原则 …………………… 269
  17.1.2 绝缘配合的方法 …………………… 270
 17.2 输变电设备绝缘水平的确定 …………… 271
 17.3 输电线路绝缘水平的确定 ……………… 276
  17.3.1 绝缘子片数的确定 ………………… 276
  17.3.2 输电线路空气间隙的确定 ………… 278
 习题 …………………………………………… 279

参考文献 ………………………………………… 280

第1章 绪 论

高电压技术是在 20 世纪初为实现高压输电而形成的一个电力工程分支学科,具有显著的工程应用特点。美国工程师皮克(F. W. Peek)在研究解决 110kV 输电线路电晕问题后于 1915 年出版了一本名为《高电压工程中的电介质现象》的专著,首次提出"高电压工程"(High Voltage Engineering)这一术语,大概就是因为当时的高电压技术完全是为了解决高压输电工程中的绝缘问题。尽管其技术内涵已有了很大的发展,这一名称在西方发达国家一直沿用至今。例如该领域的大型系列国际会议的名称是国际高电压工程学术会议(International Symposium on High Voltage Engineering)。该会议首次于 1972 年在德国慕尼黑召开时规模并不大,如今该会每两年召开一次,议题的广泛和参加会议的人数之多已远非第一、二届会议可比。尽管现今高电压技术的发展早已超出对高压输电的研究,但考虑到这一学科起源于高压输电工程的发展,目前仍与高压输电有着最密切的联系(例如我国绝大部分高电压工作者仍在电力和电工制造部门工作)。本章先对高电压输电作一概述。

1.1 高压输电的必要性

能源基地通常远离用电负荷中心,为此就需要远距离大容量输电。输电线路的传输容量主要受以下三个因素的制约。

(1) 线损与发热 不同截面的电缆和架空线都有其最大允许的载流量,电流过大会使线路能量损耗太大,导致导线温度过高而引发事故(电缆温度过高会引起绝缘的热击穿;架空线温度过高会使杆塔之间线路弧垂过大,甚至会引起线路接头的熔化)。例如 2003 年 8 月 14 日美国东部六个州和加拿大的两个省同时发生大面积、长时间的停电,就是由于一条线路过载而使弧垂增大触及树枝而引发的。所以要增大输电容量必须提高输电电压。

(2) 线路电压降 为保证用户侧的电压在合理的运行范围之内,对线路电压降必须有所限制。因此从这一点出发,也只有提高输电电压才能增大输电容量。

(3) 电力系统稳定 直流输电系统中不存在系统稳定问题;但对交流输电系统而言,电力系统稳定是保证系统安全运行的极为重要的问题。图 1-1 给出一条连接电源和负载的输电线路的简化等效电路和相量图。等效电路中忽略线路的电阻 R 而只画出感抗 X,是因为对高压输电线路,通常 $R \ll X$;图中也未画出输电线路的等效对地电容,因为这并不影响电源电压(U_1)与负载电压(U_2)间的相量关系。

由图 1-1b 可见

$$IX\cos\phi = U_1\sin\delta$$

等式两边乘以 U_2 后可写出

$$X\underbrace{U_2 I\cos\phi}_{P} = U_1 U_2 \sin\delta$$

即

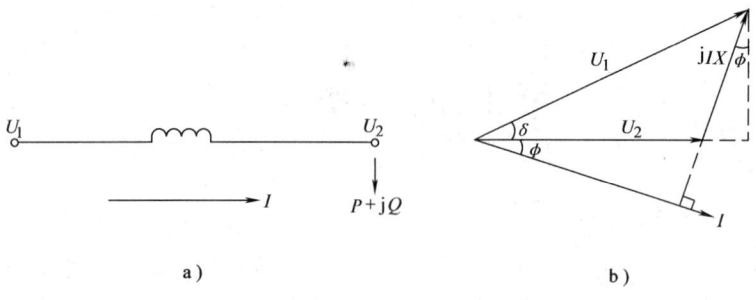

图 1-1 输电线简化等效电路和电压、电流相量图
a) 输电线简化等效电路 b) 电压、电流的相量图
P、Q—用户侧的有功和无功功率 ϕ—功率因数角 δ—功角

$$P = \frac{U_1 U_2}{X}\sin\delta \tag{1-1}$$

由于 U_1 与 U_2 均近似等于线路的标称电压 U_N，式（1-1）可写作

$$P = \frac{U_N^2}{X}\sin\delta \tag{1-2}$$

或

$$P_{max} = \frac{U_N^2}{X} \tag{1-3}$$

式（1-3）中，P_{max} 是在静态稳定极限情况下（即 $\delta = 90°$）输送功率的极限值。为保证电力系统安全运行，正常运行方式下的输送功率一般不大于 $0.85 P_{max}$。

式（1-3）表明，要增大输送功率或增加传输距离（X 正比于传输距离），都必须提高输电电压。对于远距离输电线路而言，上述三种制约因素中，最重要的约束条件是保证电力系统的稳定。

通过上述分析可以看出，输电技术的百年发展史，实际上是依靠不断提高电压等级来增大输电容量和输送距离。图 1-2 给出近百年来全球交流输电电压等级发展的情况。

需要说明的是，图 1-2 中的 750kV 泛指 735kV、750kV 和 765kV 三种标称电压。735kV 线路是加拿大在 1965 年建成投运的，

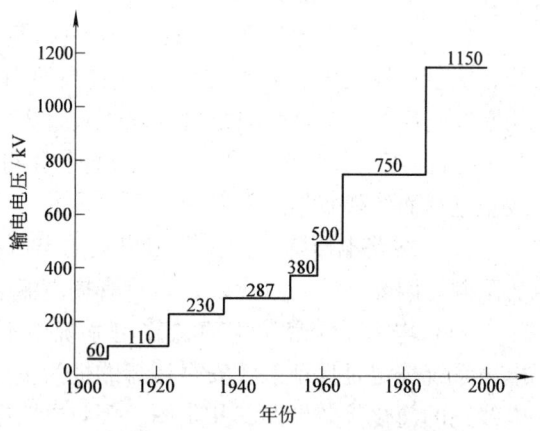

图 1-2 交流输电电压等级的发展

最高运行电压为 765kV，目前尚无其他国家使用这一电压等级的线路。750kV 线路是前苏联于 1967 年建成投运的，其最高运行电压为 787kV（即标称电压的 1.05 倍），该国后来还用这一电压等级与匈牙利、波兰、保加利亚、罗马尼亚等国联网。美国于 1969 年建成 765kV 线路，其最高运行电压为 800kV，这一电压等级后来也被其他国家采用。巴西、南非、委内瑞拉和韩国都已有 765kV 的输电线路。我国西北地区建成的 750kV 线路的最高运行电压为 800kV，所以其绝缘水平实际上与国外 765kV 线路是相同的。我国首条官亭—兰州东

140.7km 的 750kV 线路于 2005 年 9 月 26 日投入运行，接着西北地区相继出现了多条 750kV 线路，已形成了一个强大的 750kV 系统。

特高压系统的建设正在我国展开：1000kV 晋东南—南阳—荆门 1000kV 特高压交流试验示范工程于 2009 年 1 月 6 日顺利投入运行；1000kV 淮南—上海特高压交流工程于 2013 年 9 月 26 日投入运行；±800kV 云（云南楚雄）—广（广东穗东）特高压直流输电工程，线路长度为 1373km，2009 年 12 月单极运行，2010 年 6 月双极运行；容量为 5000MW，±800kV 宜（四川省宜宾市）—上（上海南汇）特高压直流输电工程，线路长度为 1890km，容量为 6400 MW，2010 年 7 月 8 日投入运行；紧接着其他多条 ±800kV 特高压直流系统也先后投入了生产。目前，在特高压系统的建设中，我国处于国际领先地位。

1.2 我国电力工业的发展

近半个世纪以来，我国电力工业发展很快，在最近的 30 余年内尤为如此。这一点可以从图 1-3 所示的我国发电装机容量增长的情况看出。至 2011 年底，我国发电装机容量为 1056GW，是 1949 年的 570 多倍，位居世界第一位。

我国是世界人口第一大国，尽管电力工业发展如此迅速，缺电情况依然存在。目前我国的人均装机容量仅为 0.81kW，不到经济合作与开发组织（Organization for Economic Cooperation and Development，OECD）成员国平均值的 1/2；与美国的差距更大，只有该国人均装机容量的 1/5 左右。要使得我国的人均发电装机容量达到世界平均水平，仍需要较长的时间，可见我国电力工业的发展任重而道远。

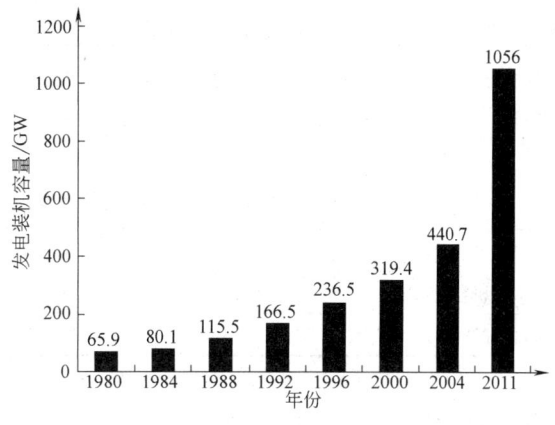

图 1-3 我国发电装机容量增长的情况

与发电设备容量迅速增长的情况相比，我国高电压输电技术的发展明显滞后。我国首条 220kV 输电线路于 1943 年在东北投入运行，1974 年在西北地区建成第一条 330kV 输电线路，1981 年在华中地区首次建成 500kV 线路，西北地区建设的 750kV 线路从第一条线路投运，现已形成包括新疆在内的一个强大的西北 750kV 电网。将促使我国的超高压输电技术得到进一步发展。需要说明的是，330kV、500kV 与 750kV 都属于超高电压（Extra High Voltage，EHV），只有 1000kV 及以上的交流电压才是特高压（Ultra High Voltage，UHV）。

表 1-1 是我国出版的《电机工程手册》给出的不同电压等级交流输电线路的一般输送容量及输电距离。由表可见，各级电压的输送容量与输电距离的范围均有一定的重叠，要通过具体的设计计算，经过综合技术经济比较来选取输电电压等级。

我国高压输电技术的滞后可从以下事实中清楚地看出：

我国装机容量为 18.2GW 的三峡水电站是全球最大的电站，但其输电电压仅为交流

500kV 和直流±500kV，而 20 余年前建成的巴西伊泰普水电站（装机容量为 12.6GW）的输电电压是交流 765kV 和直流±600kV。三峡水电站的输电电压过低致使电站出线回数过多，对其布置带来很多困难。另一个事实是 20 世纪 80 年代中期前苏联已建成 1150kV 输电线路并已取得多年的运行经验。前苏联解体后输电容量大幅度减少，降压为 500kV 运行。日本在 20 世纪 90 年代也建成三条较短的 1000kV 输电线路，主要目的是为了压缩线路走廊以节省土地资源。但因为与之配套的大型核电机组的推迟投产，降压为 500kV 运行，计划于 2015 年前后升压至 1000kV 运行。美国早在 20 世纪 70 年代就已建有两条特高压输电线段，美国电力公司的试验线段的电压是 1500kV（作为已有的 765kV 线路的上一级输电电压），邦尼维尔电力公司的试验线段的电压是 1200kV（作为其已有的 500kV 线路的上一级输电电压），已作了很多研究工作，只是后来因其国情发生变化，暂无必要发展较远距离的大容量输电工程而中止了这一研究工作。

表 1-1 我国交流输电线路的一般输送容量及输电距离

标称电压/kV	110	220	330	500	750	1000
最高运行电压/kV	126	252	363	550	800	1100
输送容量/MW	10～50	100～500	200～1000	500～1500	1000～2000	1500 及以上
输电距离/km	150～50	300～100	600～200	1000～250	1500～500	5000

是否有必要远距离大容量输电，与发电的能源结构和能源分布有关。表 1-2 给出 2004 年我国发电能源结构的情况，表中其他一栏包括风力发电、太阳能发电、地热发电和生物质发电等。

表 1-2 2004 年我国各类发电厂的装机容量

电厂类型	火电	水电	核电	其他	总计
装机容量/GW	324.9	108.26	6.84	0.7	440.7
占总装机量的百分比(%)	73.72	24.57	1.55	0.16	100

由表 1-2 可见，我国现今仍以燃煤火力发电为主，其次是水力发电；核电与风力发电所占的百分比较小，但近年来风力发电与太阳能发电有了飞速的发展。我国的发电能源结构与有些国家差别很大，例如法国的核电比例高达 80%，丹麦的风力发电比例约为 20%。我国发电能源结构特点反映出水力资源与煤炭资源丰富，而油、气资源不多的情况，所以今后我国的发展仍以燃煤火电与水电为主。据有关部门预测，到 2020 年，我国核电装机容量将上升到 3.87%，风力发电将上升到 2.15%，此时火电与水电的装机容量仍高于 93%。

我国煤炭资源主要集中在华北和西北地区，水能资源则主要集中在西南地区，例如即将建设的金沙江上的溪洛渡水电站和向家坝水电站的装机容量分别是 12.6GW 和 6GW（这两个相距不远的水电站的总装机容量将超过三峡水电站）。可见，进一步发展大容量远距离输电是我国电力系统发展的关键。由于历史的原因，我国电力系统在 220kV 以上有两种不同输电电压等级的系列，在西北地区是 330kV 和 750kV，而在全国其他地区则采用 500kV 和 1000kV 的特高压输电系统。

我国电力工业发展中另一个重要和关键的问题是要采取有效措施，减少火力发电厂 CO_2 的排放量。2005 年 2 月 16 日，旨在限制全球温室气体排放总量以遏制全球气候变暖的

《京都议定书》正式生效。我国是世界第二大 CO_2 排放国，目前温室气体排放量占到发展中国家排放总量的 50%，是全球排放总量的 15%，所以减少 CO_2 排放量的任务巨大。我国目前煤炭的 45% 用于发电，而美国则为 87% 以上。由于治理电力工业集中的污染源远较低效直接燃煤的分散源易于实现和更加经济，所以要解决我国燃煤污染并控制 CO_2 排放量的基本出发点应使未来煤炭消费的 70%～80% 用于发电，同时采用洁净煤发电技术以提高燃煤发电的效率并降低污染排放。

处于研究和发展阶段的洁净煤发电技术主要有：配备烟气脱硫和脱硝的超临界和超超临界发电技术，循环硫化床锅炉，增压硫化床联合循环，整体煤气化联合循环等。采用超临界和超超临界机组是在传统燃煤发电技术的基础上提高蒸汽压力和温度以获得较高的发电效率，因而与亚临界参数的机组相比，可以降低单位发电量的污染物排放量。目前这种机组的最大容量可做到 1000MW 等级，供电效率可达 45%（亚临界机组的供电效率不到 40%）。与其他洁净煤发电技术相比，超临界和超超临界发电在技术上最为成熟和易行，但由于这种技术仍是传统的煤燃烧过程，无法在燃烧过程中处理各种污染物，而只是靠对尾部烟气处理来控制污染物排放，因此从技术上看是不够彻底的。上述洁净煤发电技术中最理想的是整体煤气化联合循环（Integrated Gasification Combined Cycle, IGCC）。联合循环是指燃气-蒸汽联合循环发电，以克服蒸汽轮机循环和燃气轮机循环各自的局限性，因而其热效率高于二者单独使用的情况。图 1-4 给出联合循环发电的热力系统示意图，图中 1—2—3—4 是燃气轮机内压缩、燃烧和膨胀作功的过程；4—5 是燃气轮机排气在余热锅炉中对给水进行加热的过程；6—7—8—9—10 是给水吸热转化为过热蒸汽后在汽轮机中膨胀做功的过程；10—11 是汽轮机排汽在凝汽器中凝结放热的过程。

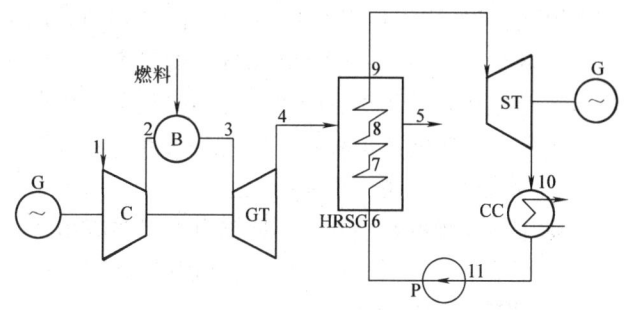

图 1-4　联合循环发电的热力系统示意图
C—压气机　B—燃烧室　GT—燃气轮机　HRSG—余热锅炉
ST—汽轮机　CC—凝汽器　P—给水泵　G—发电机

图 1-4 给出的是以天然气或油为燃料的燃气-蒸汽联合循环，对于以煤为燃料的 IGCC 则还要增添气化炉和煤气净化设备，即将煤在气化炉中气化成为中热值或低热值的粗煤气，再经过净化设备除去其中的灰粉、硫化物、氮化物等有害物质后才送到燃气轮机中去。

随着新的清洁可再生能源在发电技术中应用与发展（如风力发电、燃料电池和太阳能光伏发电等），以及发电设备制造技术的进步（如微型燃气涡轮发电机等），近年来分布式发电技术得到了迅速的发展。与传统的高压远距离输电系统的大型电站相比，分布式发电的主要优点是：投资少（不需要高压输电系统、基础设施的投资大大减少）、建设快、运行费用低（线路损耗远比传统的电力系统低）、供电可靠（电力系统中高压输电设备及线路的事故常是影响供电可靠性的一个重要因素）。分布式发电设备对采用高压远距离输电的大型电厂具有很好的互补性，但分布式发电设备的容量仅为兆瓦级，不可能取代传统的高电压大容量远距离输电。

1.3 电力工业对高电压技术发展的促进作用

百年来高电压技术有了很大的发展，今后仍会继续不断地有更大发展。促使高电压技术发展的因素很多，本节讨论电力工业的发展对高电压技术的促进作用。

1. 新的更高电压等级的应用

系统采用新的更高电压等级对高电压技术的发展有直接的促进作用，因为电压等级提高后常常会出现一些新问题，需要采取新的技术来解决。以高电压技术发展初期解决线路电晕为例，对于配电网使用的中压等级（Medium Voltage，MV）而言，电晕并不是什么需要专门研究解决的问题，但对高压输电线路来说，这是一个需要解决的关键技术问题。随着输电电压的进一步提高，人们对输电线路电晕的危害有一个认识的发展过程，即从初期仅关注能量损耗，其后才认识到电晕的电磁干扰问题，再发展到要解决电晕的可听噪声问题，这三者中后者往往是进行线路绝缘设计时最重要的制约因素。以日本东京电力公司建成的 1000kV 线路为例，必须采用 8 根截面为 810mm^2 的钢芯铝绞线构成分裂间距为 40cm 的正八边形的 8 分裂导线，才能将线路电晕的噪声水平降至 500kV 线路的水平，即 50dB。再以电力系统过电压防护为例，也可看出不同电压等级有不同的主要问题：对配电线路而言，雷电过电压常是决定线路绝缘水平的主要因素；但对超高压和特高压输电线路而言，则操作过电压和工频过电压是更为重要的因素。

除电压等级的影响外，不同输电方式的应用，也是对高电压技术发展的促进因素。下面以紧凑型输电、灵活交流输电、直流和轻型直流输电为例，作一简要讨论。

2. 紧凑型输电技术

紧凑型输电线路的特点是取消常规线路杆塔的相间接地构架而将三相线路置于同一塔窗中，使导线相间距离显著减小。因此，与常规线路相比，紧凑型输电线路的电感减小，电容增大，即线路的波阻抗减小，从而增大了输电线路的自然功率，也就是说可以有效地提高线路的输送能力。紧凑型输电的另一个显著优点是线路走廊减小，因而占地减少。我国第一条紧凑型输电线路是北京昌平到房山的 500kV 线路，全长 83km，于 1999 年 11 月投入运行。该线路与常规水平排列的 500kV 线路相比，线路走廊从 24.6m 减小到 6.7m，自然功率提高了 34%。由于相间距离减小，紧凑型线路的地面电场强度下降，超过 4kV/m 的地面宽度从常规线路的 48m 减小到 16m。显然对紧凑型输电线路的绝缘设计要作细致的研究。以上述线路为例，对导线结构的不同方案进行比较后选用 6 根截面为 240mm^2 的 6 分裂导线，而相同的常规 500kV 线路采用的是 4 根截面为 400mm^2 的 4 分裂导线。

3. 灵活交流输电技术

灵活交流输电系统（Flexible AC Transmission System，FACTS）是指装有电力电子型或其他静止型控制器以加强系统可控性和增大传输能力的交流输电系统。FACTS 的概念是 20 世纪 80 年代末提出来的，但实际上有的 FACTS 装置，如静止无功补偿器（Static Var Compensator，SVC），早已在电力系统中得到应用，例如我国 1981 年投入运行的第一条 500kV 输电线路末端的武汉凤凰山变电站中已装有 SVC。SVC 中既装有用来提高功率因数的并联电容器以保证重载时用户端的电压不致太低，又装有并联电抗器以降低线路轻载或空载时长线末端出现的工频过电压。图 1-5 给出带固定并联电容器组和以晶闸管控制的电抗器的静止无功补偿器原理图。可见 SVC 的电抗可从电容性到电感性按需要调节（通过母线电压的高低来调节），从而使 SVC 安装点的电压保持在一定的范围内。与高电压技术关系较密切的其他 FACTS 装置还有用于串联补偿线路的晶闸管控制的串联电容器（Thyristor Controlled Series Capacitor，TCSC）等。显然装有这些 FACTS 装置的电力系统的过电压与常规的系统是不同的。

4. 高压直流与轻型高压直流输电

高压直流（HVDC）在远距离输电工程中有很大的优势，因为它不像交流输电有系统稳定的问题。图 1-6 表明，当输电距离超过某一等价距离时，高压直流输电比高压交流输电更为经济。

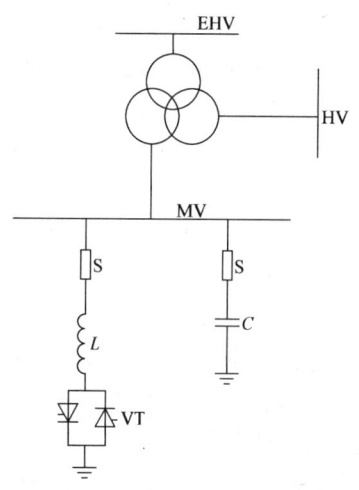

图 1-5　静止无功补偿器原理图

高压直流除了在远距离输电方面的优势外，还有其他的特殊用途，如用作两个交流电力系统的互联和实现海底电缆输电等。

高压直流输电在近 30 余年来的发展，与大功率电力电子器件的迅速发展是分不开的，首先是 20 世纪 70 年代初实现了用大功率晶闸管阀取代过去的汞弧阀，其后在阀的冷却、安装和控制方面又有不断的改进，使当前高压直流输电与早期相比已有显著的不同。近年来换流阀的研制又有新进展，即在输电电压不太高的情况下采用大功率的绝缘栅双极型晶体管（IGBT）的电压控制型换流阀进行直流输电，这比采用晶闸管的相控换流器在技术上和经济上均有很大改进。采用

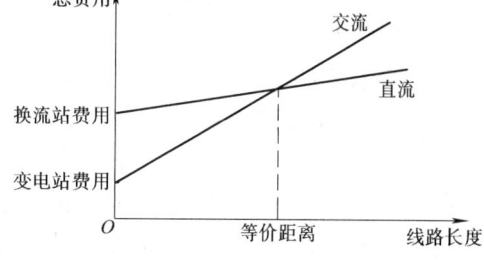

图 1-6　交直流输电系统的费用与输电距离的关系

这种新的换流技术的换流站不需要换流变压器，因此造价低，可以用于距离较短、输送容量不大的情况，故被称为轻型直流输电（HVDC Light）。例如瑞典于 1997 年投运的第一条 ±10kV 的试验性轻型直流输电线路，长仅 10km，输送容量仅 3MW。其后该国于 1999 年投运了一条 70km 长的 ±80kV 线路，输送容量为 50MW。目前澳大利亚、丹麦和美国等国都有 HVDC Light 的线路在运行。我国舟山五端 ±200kV Light 的线路正在建设中，它有诸多优势，包括模块化设计，安装简单方便，结构紧凑占地面积小，省去了交流滤波器，从根本上消除了换相失败等。

直流输电系统中的绝缘技术和过电压防护技术不同于交流输电系统，所以高压直流输电的发展对高电压技术的进步是有促进作用的。

1.4　新材料和新技术在高电压技术中的应用

新材料和其他领域的新技术在高电压技术中的应用，也是高电压技术发展的重要促进因素。此外对环境保护的进一步要求也促使高电压技术不断向前发展。

1. 新材料的应用

使用不同材料常会使电气设备的结构与性能发生很大的变化。以避雷器为例，20世纪70年代以前的阀式避雷器使用碳化硅非线性电阻片（在避雷器行业，非线性电阻片被称为阀片），因此必须装有与之串联的灭弧间隙。自氧化锌阀片用于避雷器后，因其电阻非线性远优于碳化硅阀片而不必再串联灭弧间隙。所以氧化锌避雷器（阀片的材料除氧化锌外还有少量的其他金属氧化物，故标准术语为金属氧化物避雷器）的特性参数与已被淘汰的碳化硅阀式避雷器是不同的。在功能方面这二者也有明显的不同，氧化锌避雷器不仅在限制雷电过电压时性能更佳，而且可以对碳化硅阀式避雷器无法限制的操作过电压进行限制。这样的例子不少，例如正在逐步取代油纸电缆的交联聚乙烯电缆也是如此。在配电系统，交联聚乙烯电缆已取代了过去的粘性浸渍的油纸电缆，而且在输电系统中逐步取代了过去的充油电缆，目前国外500kV的交联聚乙烯电缆已取得运行经验。由于交联聚乙烯电缆的制造与敷设比油纸电缆简单，因此其应用日益广泛。近年来国外有的公司已开始将其用于绕制发电机定子绕组和变压器绕组。采用传统的云母绝缘时，大型发电机的额定电压无法超过30kV，而采用交联聚乙烯电缆制作电机绕组则已有额定电压为136kV的高压发电机问世，可以省去升压变压器和额定电流很大的发电机断路器，这不仅可以节省电站设备费用，而且对土方开挖工程费用极为昂贵的水电站具有很大的经济效益。可见新材料的应用对高电压工程有很大的促进作用。

2. 新技术的应用

其他领域的新技术也会促使高电压技术的进步。例如在电力系统中采用超导技术可增加输送容量，降低损耗。为此近年来国外都在研制超导电力设备如超导电缆、超导变压器、超导电机、超导故障电流限制器等，不少已投入试运行。以超导电缆为例，其绝缘结构设计可采用两种不同方案。一种是在导体与绝缘之间设置隔热层，使导体处于液氮冷却的低温（77K）而绝缘则仍采用常温的介质材料，这种方案较易实现，目前已有研制品在试运行。另一种方案则是导体与绝缘均处于低温，不需要隔热层并可使介质损耗减小。表1-3给出美国同一电压等级（115kV）和同样外部尺寸（使超导电缆可敷设在增容前原有的20.3cm的管道中）的两种不同设计的超导电缆与常规电缆的比较。由表1-3可见，采用低温介质的超导电缆的性能优于采用常温介质的超导电缆，但要研制低温介质超导电缆就必须研究开发可长期运行在液氮温度的绝缘材料。

表1-3 低温介质超导电缆与常温介质超导电缆的特性比较

	常规电缆	常温介质超导电缆	低温介质超导电缆
传输容量/MVA	220	500	1000
线路损耗(%)	100	100	67

光电技术的应用，使传统的电磁式电流互感器和电压互感器有了新的发展。例如光电式电流互感器空气芯的罗戈夫斯基线圈来取得反映一次侧电流的信号后，在高电位端将电信号转换为光信号，通过光纤输送到处于地电位的接收回路再进行光电转换后供计量仪器和继电保护之用。可见使用光电式电流互感器解决了用于超高压系统的电磁式电流互感器的绝缘难题。另一种磁光式电流传感器则是根据法拉第磁光效应的原理工作的，即利用法拉第晶体中光的偏振面在外加磁场作用下产生旋转的现象，来测定磁场强度也即产生磁场的电流大小。国外这种电流传感器已在345kV变电站中应用。根据泡克尔斯（Pockels）效应原理工作的

光电式电压传感器也已研制成功,此处不作介绍。

再以绝缘诊断技术为例。近 20 年来电气设备绝缘在线诊断技术的迅速发展,在很大程度上得益于传感器技术、光纤技术和信息技术的应用。目前广泛应用于绝缘诊断技术的模糊逻辑、分形几何、小波变换、神经网络、专家系统等实际上都是首先在其他领域中发展起来的。

3. 环境保护的要求

环境保护的要求对工程技术发展的影响是显而易见的。例如在 20 世纪 70 年代初世界各国禁用对人体有害的聚氯联苯(Polychlorinated Biphenyl,PCB)后,美国就在变压器中用硅有机液体取代 PCB。我国在禁用 PCB 前,将其用作电力电容器的浸渍剂,目前主要用二芳基乙烷和单/双苄基甲苯来代替。又如用于气体绝缘开关装置(Gas-insulated Switchgear,GIS)的 SF_6 气体是《京都议定书》中列出的第 6 种温室气体,为此目前制造厂和电力部门都在采取措施减少 SF_6 气体的泄漏。由于尚无更好的绝缘气体可取代 SF_6 气体,因此在 SF_6 气体用量较大的气体绝缘管道输电线中,今后将采用 N_2/SF_6 混合气体(N_2 占 80% 左右,SF_6 气体仅占 20% 左右以减少 SF_6 气体的用量,从而减少 SF_6 的泄漏);对于 GIS 则可采用混合式布置结构,即将母线仍与常规变电站一样用空气绝缘,而其他元件则用 SF_6 气体绝缘。此外使 GIS 进一步小型化和加强密封以减小年漏气率也是有效的措施。

1.5　高电压技术在其他领域的应用

经过百年的发展,高电压技术已逐步形成了一个独立的学科,除了用来解决高压输电工程中的一些关键技术问题外,它还在其他领域得到广泛的应用,举例如下。

(1)脉冲功率技术　早期的脉冲功率技术主要用来模拟核武器辐射效应。经过近 40 年的发展,它的研究内容和应用范围日益广泛,已形成一个新兴的技术领域。脉冲功率装置中有很多高电压技术问题,例如 Marx 发生器就是高电压技术中早已广泛应用的多级冲击电压发生器,气体放电开关的设计也是高电压工作者熟知的技术内容。此外,高电压与强电流脉冲的测量也是传统高电压技术中的基本内容。

(2)电磁兼容　很多技术领域中均有电磁兼容(Electromagnetic Compatibility,EMC)的要求,例如在 1984 年召开的我国第一届 EMC 学术会议,是由中国通信学会、中国电子学会、中国电机工程学会和中国铁道学会共同主办的。有些国家对电磁兼容的要求已用法律形式加以规定,因此 EMC 已形成一个相对独立的技术领域。由于高电压工作者熟悉消除电磁干扰的基本措施:屏蔽、接地、滤波,所以不少大学的高电压技术专业已将 EMC 作为研究方向之一。

(3)静电技术　静电已形成一个专门的技术领域,例如不少国家有静电学会,国际上有专门的静电杂志和静电学术会议。不管是静电应用还是静电灾害的防治,都是高电压工作者十分熟悉的。例如 20 世纪 30 年代初,美国麻省理工学院的高电压实验室主任 Van de Graff 教授研制出的用绝缘皮带将电荷传送到上部高压电极的高压静电发生器(常被称为 Van de Graff 发生器),常用于研究核物理的实验室。静电技术在工业中应用很广,如静电除尘、静电喷涂和静电植绒等都是静电应用的例子,而解决超高压输电线路下的静电感应以保障人身安全的问题则属于静电防治的范畴。

(4) 放电的应用　多种放电形式在工程中获得应用。例如现代电光源很多是利用气体或金属蒸气中放电来实现的。又如介质阻挡放电已广泛应用于臭氧的合成、材料的表面改性和杀灭细菌，脉冲电晕放电用于烟气的脱硫、脱硝也正在研究中。此外，液体介质中冲击大电流放电产生的液电效应可用于油井解堵和岩石粉碎。

(5) 脉冲电场的应用　脉冲电场可导致细胞电穿孔，选用适当的场强（1kV/cm～8kV/cm）时，细胞膜形成的小孔为可逆性电击穿，即经过一定时间细胞膜重新愈合，膜屏障功能恢复；若场强过高（15kV/cm～30kV/cm），则细胞膜出现不可逆性电击穿导致细胞死亡。可逆性电击穿用于克隆技术，即在细胞膜愈合前从细胞小孔中注入所需克隆基因的 DNA。不可逆性电击穿用于食品工业中的灭菌，研究表明对牛奶和饮料采用这种灭菌方法的效果优于高温灭菌的方法，也优于采用放电的灭菌方法。

高电压技术在其他领域中的应用相当广泛，这里不再一一列举。因为本教材主要是为电力和电工制造类专业的本科生编写的，课程内容宜围绕高压输电工程中的有关基本技术问题，即高电压设备的绝缘，电力系统中的过电压及其防护，以及高电压测量与试验技术。

第 2 章 气体放电的基本物理过程

用作高压电气设备绝缘的介质有气体、液体、固体及其复合介质,其中气体是最常见的绝缘介质。例如架空输电线路的绝缘和电器的外绝缘就是靠空气间隙和空气与固体介质的复合绝缘来实现的,而使用日益广泛的气体绝缘的金属封闭式组合电器(Gas-insulated Switch-gear, GIS)则是由 SF_6 气体间隙和 SF_6 气体中的固体绝缘支撑作为绝缘的。与固体和液体介质相比,气体绝缘介质的优点是不存在老化问题,而且在击穿后具有完全的绝缘自恢复特性,因此使用十分广泛。另一方面,虽然气体放电理论是从 20 世纪初才逐步形成的,尚需进一步完善,但比液体与固体介质的击穿理论则要完整得多。因此,对高电压绝缘的论述一般都从气体绝缘介质开始,而且把它作为绝缘部分的重点。

2.1 带电质点的产生与消失

中性的气体分子是不导电的,但由于宇宙射线和地壳中放射性物质的射线等作用,气体中会发生微弱的电离而产生少量的带电质点,例如通常大气中每立方厘米中约有 500～1000 对正、负带电质点。但这种极少量的带电质点对气体的绝缘性能并没有什么影响,因为气体的电导极小,仍为优良绝缘体;只有在出现大量带电质点的情况下,气体才会丧失绝缘性能。因此在论述气体放电过程之前,首先要了解气体中带电质点是如何产生与消失的。

2.1.1 气体中电子与正离子的产生

电子脱离原子核的束缚而形成自由电子和正离子的过程称为电离。电离所需的能量称为电离能 W_i,通常用电子伏(eV)表示,有时也用电离电位 U_i 表示,$U_i = W_i/e$(e 为电子的电荷量)。根据外界给予原子或分子的能量形式的不同,电离方式可分为热电离、光电离和碰撞电离。此外,电离过程可以一次完成,也可以是先激励再电离的分级电离方式。

(1) 热电离 气体分子的平均动能与气体温度的关系为

$$W = \frac{3}{2}kT \tag{2-1}$$

式中,k 为玻耳兹曼常数,$k = 1.38 \times 10^{-23}$ J/K;T 为热力学温度(K)。

室温下气体分子的平均动能为 10^{-2} eV 数量级,热电离概率极低,只有在电弧放电产生的高温条件下才会有明显的热电离过程。因此对常温下气体放电不必考虑热电离的因素。

(2) 光电离 光辐射引起的气体分子的电离过程称为光电离。频率为 ν 的光子能量为

$$W = h\nu \tag{2-2}$$

式中,h 为普朗克常量,$h = 6.63 \times 10^{-34}$ J·s。

光辐射要引起气体电离必须满足以下条件:

$$h\nu \geq W_i$$

或
$$\lambda \leqslant \frac{hc}{W_i} \tag{2-3}$$

式中，c 为光速，$c = 3 \times 10^8 \text{m/s}$；$\lambda$ 为辐射光的波长（m）。

由式 (2-3) 可得，可见光不能使气体直接发生光电离，紫外线也只能使少数低电离电位的金属蒸气发生光电离，只有波长更短的 x 射线、γ 射线才能使气体发生光电离。必须注意，正、负带电质点在复合时会以光子的形式放出电离能（见第 2 章 2.1.4），使气体间隙中电离区以外的空间发生光电离，促使电离区进一步发展。因此，光电离是气体放电过程中一种重要的电离方式。

(3) 碰撞电离 电子或离子在电场作用下加速所获得的动能 $\left(\frac{1}{2}mv^2\right)$ 与质点电荷 (e)、电场强度 (E) 以及碰撞前的行程 (x) 有关，即

$$\frac{1}{2}mv^2 = eEx \tag{2-4}$$

高速运动的质点与中性的原子或分子碰撞时，如原子或分子获得的能量等于或大于其电离能，则会发生电离。因此，电离条件为

$$eEx \geqslant W_i$$

或
$$x \geqslant \frac{U_i}{E} \tag{2-5}$$

式 (2-5) 表示为使碰撞能导致电离，质点在碰撞前必须行经的距离。增大气体中电场强度 E 可以使 x 值减小。因此，提高外施电压会使碰撞电离的概率增大。

碰撞电离是气体放电过程中产生带电质点的最重要的方式。同时必须指出，碰撞电离主要是由电子的碰撞引起的，离子的碰撞电离概率比电子小得多。这首先是因为电子的体积小，因而其自由行程（两次碰撞间质点行经的距离）比离子大得多，所以在电场中获得的动能比离子大得多。其次，由于电子的质量远小于原子或分子，因此当电子的动能不足以使中性质点电离时，电子会遭到弹射而几乎不损失其动能；而离子因其质量与被碰撞的中性质点相近，每次碰撞都会使其速度减小，影响其动能的积累。因此在以后分析气体放电发展时，只考虑电子引起的碰撞电离。

(4) 分级电离 原子中电子在外界因素的作用下可跃迁到能级较高的外层轨道，称为激励，所需的能量称为激励能 W_e。由于激励能比电离能小，因此原子或分子有可能在外界给予的能量小于 W_i 但大于 W_e 时发生激励。表 2-1 给出几种气体的电离能和激励能的比较，可见通常激励能比电离能要小得多。

原子或分子在激励态再获得能量而发生电离称为分级电离，此时所需能量为 $W_i - W_e$。但通常分级电离的概率很小，因为激励态是不稳定的，一般经过约 10^{-8}s 就会回复到基态（正常状态）。某些原子具有亚稳激励态，这种激励态很难回复到基态，通常需要从外界获得能量跃迁到更高能级后才能回到基态，因此其平均寿命较长，可达 10^{-4}s ~ 10^{-5}s，使分级电离的概率增加。因此通常只有亚稳激励态才会引起分级电离。

若混合气体中甲气体的亚稳激励态能高于乙气体的电离能，则会出现潘宁（Penning）效应，典型的例子是氖与氩的混合气体。由于 Ne 的亚稳激励态 Ne* 的能量（16.6eV）高于 Ar 的电离能（15.7eV），所以在 Ne 中加入微量 Ar，可使混合气体的击穿强度低于这两种气

体各自的击穿强度，如图 2-1 所示。

从绝缘的观点看，潘宁效应是很不利的，但在气体放电的应用中，如在电光源和激光技术中，则常常利用潘宁效应。

表 2-1　几种气体的电离能和激励能

（单位：eV）

气体	电离能	激励能
N_2	15.5	6.1
O_2	12.5	7.9
CO_2	13.7	10.0
SF_6	15.6	6.8
H_2O	12.7	7.6

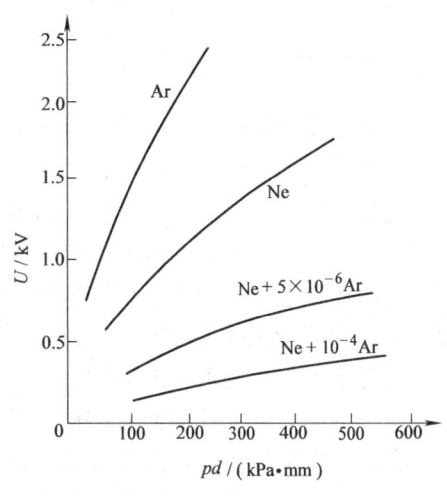

图 2-1　Ne-Ar 混合气体的潘宁效应

2.1.2　电极表面的电子逸出

以上讨论的是气体中电子和正离子的产生，但另一方面从金属表面逸出的电子也会进入气体间隙参与碰撞电离过程。要使电子从金属表面逸出需要一定的能量，称为逸出功。不同金属的逸出功是不同的，其值还与金属表面状态有关（氧化层与微观结构等）。表 2-2 给出一些金属的逸出功。由表可见，金属电极的逸出功比气体的电离能要小得多，因此电极表面的电子发射在气体放电过程中有相当重要的作用。

电子从电极表面逸出所需的能量可通过下述途径获得。

（1）正离子撞击阴极　正离子的总能量为其动能和位能之和，其位能即是气体的电离能。通常正离子的动能较小，如不计其动能，则只有当正离子的位能不小于金属表面逸出功的两倍时才能产生电极表面电子发射，因为从金属表面逸出的电子中有一个和正离子结合成为原子时，其余的才能成为自由电子。比较表 2-1、表 2-2 可见，这一条件是可以满足的。

表 2-2　一些金属的逸出功

（单位：eV）

金属	逸出功
铝	1.8
银	3.1
铜	3.9
铁	3.9
氧化铜	5.3

（2）光电子发射　用短波长的光照射电极表面时能产生光电子发射，其条件是光子的能量必须比逸出功大。由于金属的逸出功比气体的电离能小得多，所以用紫外光照射电极也能产生光电子发射。

（3）强场发射　阴极表面电场强度很大时，也能使阴极放出电子，称为强场发射或冷发射，所需的电场强度约在 10^6 V/cm 数量级。一般气隙的击穿场强远低于此值，所以击穿过程中不会出现强场发射。但在高气压，特别是在高气压的强电负性气体的击穿过程中，强场发射起一定的作用。在真空的击穿过程中,强场发射具有决定性的作用。

(4) 热电子发射 高温下金属中电子因获得巨大的动能会从电极表面逸出,称为热电子发射。热电子发射仅对电弧放电有意义,并在电子、离子器件中得到应用。常温下气隙的放电过程中不存在热电子发射现象。

2.1.3 气体中负离子的形成

电子与气体分子或原子碰撞时,不但有可能发生碰撞电离产生正离子和电子,也有可能发生电子附着过程而形成负离子。与碰撞电离相反,电子附着过程放出能量。使基态的气体原子获得一个电子而形成负离子时,所放出的能量称为电子亲合能。电子亲合能的大小可用来衡量原子捕获一个电子的难易,电子亲合能越大则越易形成负离子。卤族元素的电子外层轨道中增添一个电子,即可形成像惰性气体一样的稳定的电子排布结构,因而具有很大的亲合能。但电子亲合能并未考虑原子在分子中成键的作用。为了说明原子在分子中吸引电子的能力,在化学中引入电负性的概念。电负性是一个无量纲的数,其值越大,表明原子在分子中吸引电子的能力越大(注意:将电负性说成负电性是不正确的)。表 2-3 列出卤族元素的电子亲合能与电负性数值,由表可见 F 的电负性最大。

必须指出,负离子的形成使自由电子数减少,因而对放电发展起抑制作用。SF_6 气体含F,其分子俘获电子的能力很强,属强电负性气体,因而具有很高的电气强度。空气中的 O_2 与 H_2O 也有一定的电负性,但很微弱,所以研究气体放电时常将空气作为非电负性气体对待。

电负性气体分子捕获电子的能力除与气体性质有关外,还与电子的动能有关,电子速度高时不容易被捕获,因此,电场强度很高时电子附着率很低。以 SF_6 气体为例,负离子的形成主要有以下两种途径:

$$SF_6 + e \rightarrow SF_6^- \tag{2-6}$$

$$SF_6 + e \rightarrow SF_5^- + F \tag{2-7}$$

式(2-6)表示附着过程,式(2-7)表示分解附着过程。图 2-2 表示 SF_6^- 和 SF_5^- 的形成与电子动能的关系。

表 2-3 卤族元素的电子亲合能与电负性值

元素	电子亲合能/eV	电负性值
F	3.45	4.0
Cl	3.61	3.0
Br	3.36	2.8
I	3.06	2.5

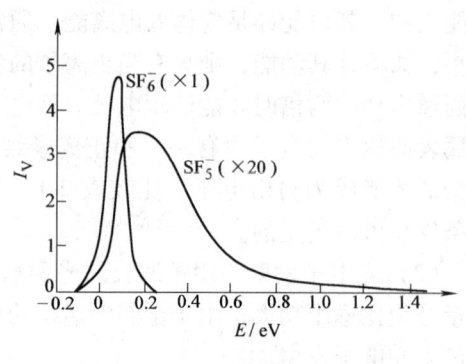

图 2-2 SF_6^- 与 SF_5^- 离子电流
与电子能量的关系
离子电流坐标表示的是相对值

由图 2-2 可见，SF_6^- 在电子能量为 0.05eV～0.1eV 时最易形成，而 SF_5^- 则在 0.1eV～0.3eV 时最易形成。当电子能量超过 1eV 时电子附着过程很难发生，这就是为什么 SF_6 气体在局部高场强时其电气强度会大大下降的原因。

2.1.4 带电质点的消失

气体放电过程中，带电质点除在电场作用下作定向运动，消失于电极上而形成外回路的电流外，还可能因扩散和复合使带电质点在放电空间消失。

(1) 带电质点的扩散　带电质点从浓度较大的区域向浓度较小的区域移动，从而使浓度变得均匀的过程，称为带电质点的扩散。带电质点的扩散是由于质点的热运动造成的，其扩散规律与气体扩散规律相似，即气压越高或温度越低则扩散就越弱。电子的热运动速度高、自由行程大，所以其扩散比离子的扩散快得多。

(2) 带电质点的复合　带异号电荷的质点相遇，发生电荷的传递和中和而还原为中性质点的过程，称为复合。带电质点复合时会以光辐射的形式将电离时获得的能量释放出来，这种光辐射在一定条件下能导致间隙中其他中性原子或分子的电离。因此，复合并不一定意味着对放电过程的削弱，在某些情况下，复合引起的光电离会促进放电在整个间隙中的发展。

带电质点的复合率与正、负电荷的浓度有关，浓度越大则复合率越高。

2.2 放电的电子崩阶段

气体放电的现象与规律因气体的种类、气压和间隙中电场的均匀度而异，但气体放电都有从电子碰撞电离开始发展到电子崩的阶段。本节叙述放电的这一最基本阶段，关于由非自持放电向自持放电转化的条件则在 2.3 节中讨论。

2.2.1 非自持放电和自持放电的不同特点

在 2.1 节中已经提到，宇宙线和放射性物质的射线会使气体发生微弱的电离而产生少量带电质点；另一方面正、负带电质点又在不断复合，使气体空间存在一定浓度的带电质点。因此，在气隙的电极间施加电压时，可检测到很微小的电流。图 2-3 表示平板电极间气体中电流与外施电压的关系。

由图 2-3 可见，在 I-U 曲线的 OA 段，气隙中电流随外施电压的提高而增大，这是因为带电质点向电极运动的速度加快导致复合率减小所致。当电压接近 U_A 时，电流趋于饱和，因为此时由外电离因素产生的带电质点全部进入电极，所以电流值仅取决于外电离因素的强弱而与电压无关。这种饱和电流是很微小的，在无人工照射的情况下，电流密度约在 10^{-19} A/cm² 数量级，用石英汞灯照射阴极时也不超过 10^{-12} A/cm²，所以，这种情况下气隙仍处于良好的绝缘状态。电压升高至 U_B 时，电流又开始增大，这是由于电子碰撞电离引起的，因为

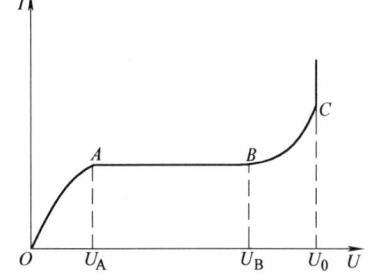

图 2-3　气体间隙中电流与外施电压的关系

此时电子在电场作用下已积累起足以引起碰撞电离的动能。电压继续升高至 U_0 时，电流急剧上升，说明放电过程又进入了一个新的阶段。此时气隙转入良好的导电状态，即气体发生击穿了。

在 I-U 曲线的 BC 段，虽然电流增长很快，但电流值仍很小，一般在微安级，且此时气体中的电流仍要靠外电离因素来维持，一旦去除外电离因素，气隙中电流将消失。因此，外施电压小于 U_0 时的放电是非自持放电。电压到达 U_0 后，电流剧增，且此时间隙中电离过程只靠外施电压已能维持，不再需要外电离因素了。外施电压到达 U_0 后的放电称为自持放电，U_0 称为放电的起始电压。

自持放电的形式随气压与外回路阻抗的不同而异。低气压下为辉光放电（如荧光灯），常压或高气压下当外回路阻抗较大时为火花放电，外回路阻抗很小时则为电弧放电。如气体间隙中电场极不均匀，则当放电由非自持转入自持时，曲率半径较小的电极表面将出现电晕（蓝紫色光晕）。这种情况下起始电压为电晕起始电压，而击穿电压则比起始电压要高得多（见2.4节）。

2.2.2 电子崩的形成

实验现象表明，放电由非自持向自持转化的机制与气体的压强和气隙长度的乘积（pd）有关，pd 值较小时可以用汤逊理论来解释，而 pd 值较大时则要用流注理论来解释。但这两种理论有一个共同的基础，即图 2-3 中 I-U 曲线的 BC 段的电流增长是由电子碰撞电离形成电子崩的结果。因此在讨论放电的自持条件前先分析电子崩发展的规律。

图 2-4 是电子崩的示意图，对于电子崩的形成过程可简述如下：假定由于外电离因素的作用在阴极附近出现一个初始电子，这一电子在向阳极运动时，如电场强度足够大，则会发生碰撞电离，产生一个新电子。新电子与初始电子在向阳极的行进过程中还会发生碰撞电离，产生两个新电子，使电子总数增加到 4 个。第三次电离后电子数将增至 8 个，即按几何级数不断增加。由于电子数如雪崩式地增长，因此将这一剧增的电子流称为电子崩。

为了分析电子碰撞电离产生的电流，引入电子碰撞电离系数 α，它代表一个电子沿电力线方向行经 1cm 时平均发生的碰撞电离次数。若已知 α 系数，即可算出电子数增长的情况。图 2-5 是计算间隙中电子数增长的示意图。

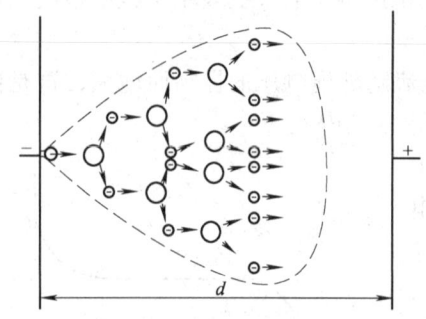
图 2-4 电子崩的示意图

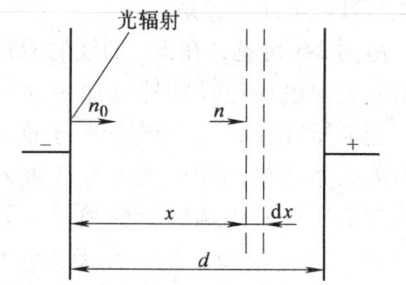
图 2-5 计算间隙中电子数增长的示意图

设外电离因素在阴极表面产生的初始电子数为 n_0，当初始电子到达离阴极 x 处时，电子数已增加到 n 个。这 n 个电子行经 dx 后又会产生 dn 个新电子，即

$$dn = n\alpha dx$$

或
$$\frac{dn}{n} = \alpha dx \tag{2-8}$$

将式（2-8）积分，可得
$$n = n_0 e^{\int_0^x \alpha dx} \tag{2-9}$$

对于均匀电场，α 不随 x 而变化，所以可写出
$$n = n_0 e^{\alpha x} \tag{2-10}$$

因此到达阳极的电子数为
$$n = n_0 e^{\alpha d} \tag{2-11}$$

式（2-11）说明，初始电子从阴极到阳极的过程中，间隙中新增加的电子数为
$$\Delta n = n - n_0 = n_0(e^{\alpha d} - 1) \tag{2-12}$$

到达阴极的正离子数与新增加的电子数相等，所以回路中各处总电流相等，符合电流连续的原理，其值为
$$I = I_0 e^{\alpha d} \tag{2-13}$$

式中，I_0 为外电离因素引起的初始光电流。

式（2-13）表明，尽管电子崩电流以指数函数增长，但放电仍不是自持的，因为 $I_0 = 0$ 时 $I = 0$。可见只有电子崩过程（或称 α 过程）时放电不能自持。

2.2.3 影响碰撞电离系数的因素

若电子的平均自由行程为 λ，则在 1cm 长度内一个电子的平均碰撞次数为 $1/\lambda$，如能算出碰撞引起电离的概率，即可求得碰撞电离系数。要计算碰撞引起电离的概率，首先要知道自由行程的分布规律。

设在 $x = 0$ 处有 n_0 个电子沿电力线方向运动，行经距离 x 时还剩下 n 个电子未发生过碰撞，则在 x 到 $x + dx$ 这一距离中发生碰撞的电子数 dn 应为
$$-dn = n\frac{dx}{\lambda}$$

式中的负号是考虑增量 dn 实际上是负的，将上式积分可得
$$n = n_0 e^{-x/\lambda} \tag{2-14}$$

式（2-14）说明自由行程的分布规律，电子自由行程大于 λ 的占电子总数的 36.8%，大于 3λ 的仅占 5%，大于 5λ 的只有不到 0.7%。对于一个电子来说，$e^{-x/\lambda}$ 表示自由行程大于 x 的概率。

由式（2-5）已知，碰撞引起电离的条件是 $x \geq U_i/E$，因此碰撞引起电离的概率为 $e^{-U_i/E\lambda}$。这样就可写出电子碰撞电离系数的表达式为
$$\alpha = \frac{1}{\lambda} e^{-U_i/E\lambda} \tag{2-15}$$

电子的平均自由行程与气体的性质（气体分子的大小）和密度有关。对于同一种气体，平均自由行程与气体密度成反比，即与温度 T 成正比而与气压 p 成反比。
$$\lambda \propto \frac{T}{p} \tag{2-16}$$

因此，当气温恒定时，式（2-15）可改写为

$$\alpha = Ape^{-Bp/E} \tag{2-17}$$

式中，A 为与气体性质有关的常数；$B = AU_i$。

由式（2-17）不难看出，p 很大（即 λ 很小）或 p 很小（即 λ 很大）时 α 都比较小。这是因为 λ 很小时虽然单位距离内碰撞次数很多，但碰撞引起电离的概率很小；λ 很大时虽然电离概率很大，但碰撞次数却少，所以 α 也不大。关于 p 很大或 p 很小时气隙不容易发生放电的现象，在下一节中还要进一步讨论。

2.3 自持放电条件

在上节中已经指出，只有电子崩过程是不会发生自持放电的。要达到自持放电的条件，必须在气隙内初始电子崩消失前产生新的电子（二次电子）来取代外电离因素产生的初始电子。实验现象表明，二次电子的产生机制与气压和气隙长度的乘积（pd）有关。pd 值较小时自持放电的条件可用汤逊理论来说明；pd 值较大时则要用流注理论来解释。对于空气来说，这一 pd 值的分界线大约为 260kPa·mm。

2.3.1 pd 值较小时的情况

汤逊理论认为，二次电子的来源是正离子撞击阴极使阴极表面发生电子逸出。引入 γ 系数表示每个正离子从阴极表面平均释放的自由电子数。

1. 汤逊自持放电判据

根据式（2-12），当一个初始电子到达阳极时，电子崩中的正离子数为（$e^{\alpha d} - 1$）个，这些正离子到达阴极时将产生 $\gamma(e^{\alpha d} - 1)$ 个二次电子，如果二次电子数等于1，则放电就可以在无外电离因素的情况下维持下去。因此，均匀电场中自持放电的条件为

$$\gamma(e^{\alpha d} - 1) = 1 \tag{2-18}$$

或

$$\gamma e^{\alpha d} \approx 1$$

即

$$\alpha d \approx \ln \frac{1}{\gamma} \tag{2-19}$$

2. 气体击穿的巴申定律

根据自持放电条件可以导出击穿电压的表达式，从中可以看出击穿电压与气体状态等因素的关系。将式（2-17）代入式（2-19），可得

$$Apde^{-Bpd/U_b} = \ln \frac{1}{\gamma}$$

即

$$U_b = \frac{Bpd}{\ln \left[\dfrac{Apd}{\ln \dfrac{1}{\gamma}} \right]} \tag{2-20}$$

式中，U_b 为在温度恒定的条件下，均匀电场中气体的击穿电压。

式（2-20）表明，U_b 是气压和间隙长度乘积 pd 的函数，即

$$U_b = f(pd) \tag{2-21}$$

式（2-21）表明的规律在汤逊理论提出之前就已由巴申从实验中总结出来了，称为巴申定律。图 2-6 给出空气和 SF_6 气体的击穿电压与 pd 值关系的实验曲线。由图可见，空气在 $pd \approx 0.7 \text{kPa} \cdot \text{mm}$ 时击穿电压出现极小值；SF_6 气体的击穿电压也有一个极小值，但在图中缺少 pd 小于临界值的数据，所以并不明显。$U_b = f(pd)$ 具有极小值这一事实从式（2-20）中可以看出。将式（2-20）对 pd 求导，并令其等于零，即可从理论上导出击穿电压出现极小值时的 pd 值。击穿电压 U_b 具有极小值是容易理解的。设 d 不变而改变 p，则从式（2-17）可以看出 p 很大（即 λ 很小）或 p 很小（即 λ 很大）时 α 都很小，因此这两种情况下气隙都不容易放电。

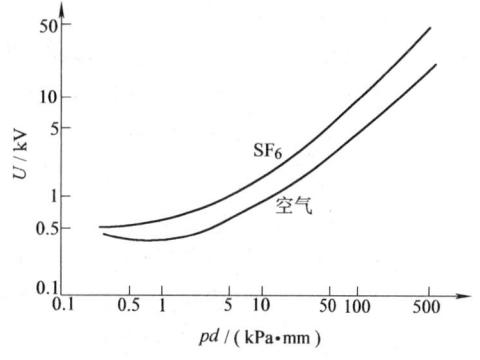

图 2-6 空气与 SF_6 气体的击穿电压 U 与 pd 值的关系

3. 气体密度对击穿的影响

巴申定律是在气体温度不变的情况下得出的。对于气温并非恒定的情况，式（2-21）应改写为

$$U_b = F(\delta d) \tag{2-22}$$

式中，δ 为气体相对密度，指气体密度与标准大气条件下（$p_s = 101.3 \text{kPa}$，$T_s = 293 \text{K}$）密度之比，即

$$\delta = \frac{T_s}{p_s} \frac{p}{T} = 2.9 \frac{p}{T} \tag{2-23}$$

式中，p 为击穿实验时的气压（kPa）；T 为击穿实验时的温度（K）。

2.3.2 pd 值较大时的情况

按汤逊理论，从施加电压到发生击穿的时间（称为放电时延）至少应为正离子穿过间隙的时间，但在气压等于或高于大气压时，实测的放电时延远小于正离子穿越间隙所需的时间。这表明汤逊理论不适用于 pd 值较大的情况。

对放电发展过程进行实验研究的方法之一是将云室（即电离室）中的放电过程拍摄照片。云室中充有所研究的气体和饱和蒸汽，在施加电压的同时使云室中气体体积适当膨胀而导致温度下降，于是蒸汽转入过饱和状态而在放电形成的离子周围凝结，使放电过程成为可见的现象。

云室的研究表明，pd 值较大时放电过程也是从电子崩开始的，但是当电子崩发展到一定阶段后会产生电离特强、发展速度更快的新的放电区，这种过程称为流注放电。实验观察表明，流注的发展速

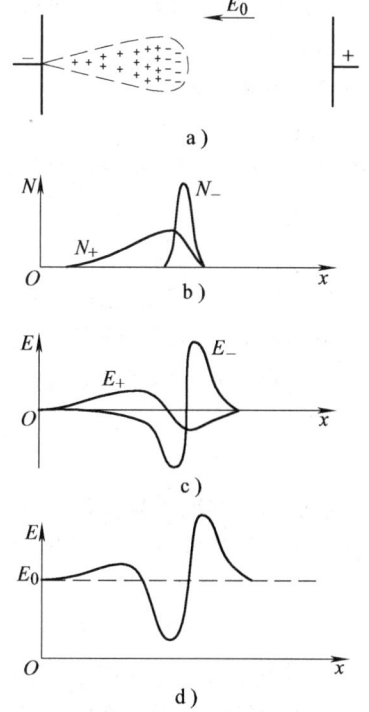

图 2-7 电子崩空间电荷对原均匀电场的畸变
a) 电子崩示意图 b) 崩中空间电荷浓度分布
c) 空间电荷的电场 d) 合成电场

度比电子崩的发展速度要快一个数量级，且流注并不像电子崩那样沿电力线方向发展，而是常会出现曲折的分支。

1. 流注的形成条件

流注理论认为，形成流注的必要条件是电子崩发展到足够的程度后，电子崩中的空间电荷足以使原电场（外施电压在间隙中产生的电场）明显畸变，大大加强了崩头及崩尾处的电场。另一方面，电子崩中电荷密度很大，所以复合过程频繁，放射出的光子在崩头或崩尾强电场区很容易引起光电离。所以流注理论认为，二次电子的主要来源是空间的光电离。

图 2-7 表示电子崩空间电荷对平板电极中原电场的畸变。由图可见，空间电荷加强了崩头及崩尾的电场而削弱了崩内正、负电荷区之间的电场，使崩内大量正、负电荷易于复合，将电离能以光子的形式释放出来。由于崩头及崩尾的电场明显增强，因此在崩头或崩尾的空间光电离产生新的电子崩（称为二次崩）的可能性最大。二次崩和初始崩汇合，使放电区迅速扩大，其速度显然比电子运动速度要快得多。

图 2-8 是流注形成的示意图，表示初始崩头部放出的光子在崩头前方和崩尾后方分别产生空间光电离各形成一个二次崩，很快与初始崩汇合的过程。

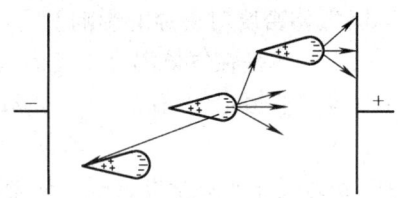

图 2-8 流注形成的示意图

2. 流注自持放电条件

由上所述可见，一旦出现流注，放电就可以由本身产生的空间光电离而自行维持，因此形成流注的条件就是自持放电的条件。由前所述已知，初始电子崩头部电荷必须达到一定数量才能使原电场畸变和造成足够的空间光电离，因此对均匀电场可写出自持放电条件为

$$e^{\alpha d} = 常数 \tag{2-24}$$

式（2-24）也可按式（2-19）的形式改写为

$$\gamma e^{\alpha d} = 1 \text{ 或 } \alpha d = \ln \frac{1}{\gamma} \tag{2-25}$$

因此，流注理论的自持放电条件和汤逊理论的自持放电条件具有完全相同的形式，但必须注意这只是形式上的相似，两者维持放电的过程则是不同的。

根据实验结果可推算出空气中流注自持放电条件为

$$\alpha d = \ln \frac{1}{\gamma} \approx 20 \tag{2-26}$$

这说明初始崩头部电子数要达到 $e^{\alpha d} > 10^8$ 时放电才转入自持。对于长度为厘米级的平板间隙，在标准大气条件下（$p_s = 101.3 \text{kPa}$，$T_s = 20℃$）空气的击穿场强约为 30kV/cm（电压以峰值表示）。

流注理论可以解释汤逊理论无法说明的 pd 值大时的放电现象。如放电为何并不充满整个电极空间而是细通道形式，且有时火花通道呈曲折形。又如放电时延为什么远小于离子穿越极间距离的时间。再如为何击穿电压与阴极材料无关等。但必须指出，两种理论各适用于一定条件的放电过程，不能用一种理论取代另一种理论。

2.3.3 电负性气体的情况

以上分析未考虑电子的附着过程,这对 N_2 等非电负性气体是适用的,但对 SF_6 等强电负性气体则不适用。对强电负性气体,除考虑 α 和 γ 过程外,还应考虑 η 过程(电子附着过程)。η 的定义与 α 相似,即一个电子沿电力线方向行经 1cm 时平均发生的电子附着次数。可见在电负性气体中有效的碰撞电离系数 $\bar{\alpha}$ 为

$$\bar{\alpha} = \alpha - \eta \tag{2-27}$$

参照式(2-8)~式(2-11)的推导,可以写出在均匀电场中到达阳极的电子数为

$$n = n_0 e^{(\alpha - \eta)d} \tag{2-28}$$

但必须注意,在非电负性气体中正离子数等于电子数,而在电负性气体中正离子数为电子数与负离子数之和,所以在汤逊理论中不能将式(2-18)中的 α 用 $\alpha - \eta$ 代替来得出电负性气体的自持放电条件。由于强电负性气体的工程应用属于流注放电的范畴,所以本书中不讨论其汤逊自持放电条件,而只讨论其流注自持放电条件。

研究表明,均匀电场中强电负性气体的流注自持放电条件与式(2-26)相似,即

$$(\alpha - \eta)d = K \tag{2-29}$$

对于不均匀电场则可写出

$$\int (\alpha - \eta) dx = K \tag{2-30}$$

实验研究表明,SF_6 气体的 $K = 10.5$,SF_6 的 K 值小于空气的相应值是可以理解的,因为 SF_6 的电子崩中除电子与正离子外还有负离子,所以满足自持条件时虽然崩头的电子数比空气中少得多,但整个电子崩内的带电质点数实际上是很大的。

由于强电负性气体中 $\bar{\alpha} < \alpha$,所以其自持放电场强比非电负性气体高得多。以 SF_6 气体为例,在 $p = 101.3$ kPa,$T = 20$℃ 的条件下,均匀电场中击穿场强为 $E_b \approx 89$ kV/cm,约为同样条件的空气间隙的击穿场强的 3 倍。

2.4 不均匀电场中气体放电的特点

电气设备中很少有均匀电场的情况。但对高压电器绝缘结构中的不均匀电场还要区分两种不同的情况,即稍不均匀电场和极不均匀电场,因为这两种不均匀电场中的放电特点是不同的。全封闭组合电器(GIS)的母线筒和高压实验室中测量电压用的球间隙是典型的稍不均匀电场的例子;高压输电线之间的空气绝缘和实验室中高压发生器输出端对墙的空气绝缘则是极不均匀电场的例子。

2.4.1 稍不均匀电场和极不均匀电场的不同特点

稍不均匀电场中放电的特点与均匀电场中相似,在间隙击穿前看不到有什么放电的迹象。极不均匀电场中放电则不同,间隙击穿前在高场强区(曲率半径较小的电极表面附近)会出现蓝紫色的晕光,称为电晕放电。刚出现电晕时的电压称为电晕起始电压,随着外施电压的升高电晕层逐渐扩大,此时间隙中放电电流也会从微安级增大到毫安级,但从工程观点看间隙仍保持其绝缘性能。

必须注意，任何电极形状随着极间距离的增大都会从稍不均匀电场变为极不均匀电场。图 2-9 给出半径为 r 的球间隙的放电特性与极间距离 d 的关系。由图可见，当 $d\leqslant 4r$ 时，放电具有稍不均匀电场间隙的特点，即击穿电压与电晕起始电压是相同的；当 $d\geqslant 8r$ 时，放电具有极不均匀电场间隙的特点，此时电晕起始电压明显低于击穿电压。$4r<d<8r$ 范围内放电过程不稳定，击穿电压的分散性很大，这一范围属于由稍不均匀电场变为极不均匀电场的过渡区。

要在稍不均匀电场和极不均匀电场之间划分明确的界限是比较困难的，但通常可用电场的不均匀系数来加以判断。电场不均匀系数 f 的定义为间隙中最大场强 $E_{\max}$ 与平均场强 E_a 的比值。

$$f = \frac{E_{\max}}{E_a} \tag{2-31}$$

$$E_a = \frac{U}{d} \tag{2-32}$$

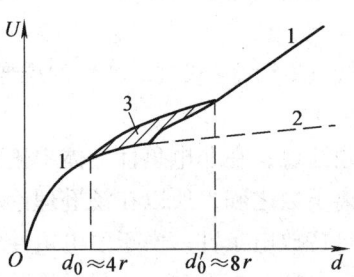

图 2-9 球间隙的放电特性与极间距离的关系
1—击穿电压　2—电晕起始电压　3—放电不稳定区

式中，U 为电极间电压；d 为电极间距离。

通常 $f<2$ 时为稍不均匀电场，$f>4$ 时为极不均匀电场（国外有的教科书中采用电场利用系数的概念，电场利用系数是电场不均匀系数的倒数）。

由上所述可见，在稍不均匀电场中放电达到自持条件时发生击穿，但因为 $f>1$，间隙中平均电场强度比均匀场间隙要小，因此在同样间隙距离时稍不均匀电场间隙的击穿电压比均匀电场间隙要低。在极不均匀电场间隙中自持放电条件即是电晕起始的条件，由电晕至击穿的过程将在 2.4.3 小节中述及。

2.4.2　极不均匀电场中的电晕放电

电晕放电的起始电压在理论上可根据自持放电条件求取，但这种计算很繁杂且不精确，所以通常都是由实验得出的经验公式来确定。

1. 电晕放电的起始场强

对于输电线路的导线，在标准大气条件下电晕起始场强 E_c（指导线表面场强，交流电压下电压用峰值表示，单位为 kV/cm）的经验表达式为

$$E_c = 30\left(1 + \frac{0.3}{\sqrt{r}}\right) \tag{2-33}$$

式中，r 为导线半径（cm）。

式（2-33）表明，导线半径 r 越小则 E_c 值越大，这是可以理解的。因为 r 越小，电场越不均匀，即间隙中场强随离导线距离的增加而下降得越快，也就是说碰撞电离系数 α 随离导线距离的增加而减小得越快。根据式（2-30）可写出输电线路起始电晕的条件为

$$\int_0^{x_c} \alpha \mathrm{d}x = K \tag{2-34}$$

式中，x_c 为起始电晕层的厚度，$x>x_c$ 时 $\alpha\approx 0$。

可见电场越不均匀，则要满足式（2-34）时导线表面场强应越高。式（2-33）表明，当 $r\to\infty$ 时（即均匀电场的情况），$E_c=30\text{kV/cm}$，与 2.3.2 小节中给出的值是一致的。

对于非标准大气条件，要进行气体相对密度的修正，此时式（2-33）应改写为

$$E_c = 30\delta\left(1 + \frac{0.3}{\sqrt{r\delta}}\right) \tag{2-35}$$

式中，δ 为气体相对密度，见式（2-23）。

实际上导线表面并不是光滑的，所以对绞线要考虑导线表面粗糙系数 m_1。此外对于雨雪等使导线表面偏离理想状态的因素（雨水的水滴使导线表面形成凸起的导电物）可用系数 m_2 加以考虑。此时式（2-35）应改写为

$$E_c = 30 m_1 m_2 \delta\left(1 + \frac{0.3}{\sqrt{r\delta}}\right) \tag{2-36}$$

理想光滑导线 $m_1 = 1$，绞线 $m_1 = 0.8 \sim 0.9$；好天气时 $m_2 = 1$，坏天气时 m_2 可按 0.8 估算。

算得 E_c 后就不难根据电极布置求得电晕起始电压 U_c。例如对于离地高度为 h 的单根导线可写出

$$U_c = E_c r \ln\frac{2h}{r} \tag{2-37}$$

对于距离为 d 的两根平行导线（$d \gg r$）则可写出

$$U_c = 2E_c r \ln\frac{d}{r} \tag{2-38}$$

2. 电晕放电的危害与对策

电晕放电时发光并发出咝咝声和引起化学反应（如使大气中氧变为臭氧），这些都需要能量，所以输电线路发生电晕时会引起功率损耗。其次，电晕放电过程中由于流注的不断消失和重新产生会出现放电脉冲，形成高频电磁波对无线电广播和电视信号产生干扰。此外，电晕放电发出的噪声有可能超过环境保护的标准。因此在建造输电线路时必须考虑输电线电晕问题，并采取措施以减小电晕放电的危害。解决的途径是限制导线的表面场强值，通常是以好天气时导线电晕损耗接近于零的条件来选择架空导线尺寸。对于超高压和特高压线路来说，要做到这一点，导线的直径远远大于按导线经济电流密度选得的值。当然可以采用大直径的空心导线来解决这一矛盾，但最好的解决办法是采用分裂导线，即将每相线分裂成几根并联的导线。分裂导线超过两根时，通常布置在圆的内接正多边形的顶点。

分裂导线的表面最大场强不仅与导线直径和分裂的根数有关，而且与分裂导线间的距离 D 有关，在某一最佳 D 值时导线表面最大场强 E_m 会出现一个极小值，如图 2-10 所示。图 2-10 给出的是三分裂导线表面最大场强 E_m 与分裂间距 D 的关系。由图可见，当 D 约为 30cm 时，E_m 出现极小值。$E_m = f(D)$ 的这种变化规律是可以理解的，因为 D 过小，则分裂导线的分裂半径太小，使分裂导线的优点不能得到充分发挥；但 D 过大时，则由于每相的子导线之间的电场屏蔽作用减弱，此时 E_m 随 D 的增加而增大。

必须指出，在选择 D 值时并不只是以 E_m

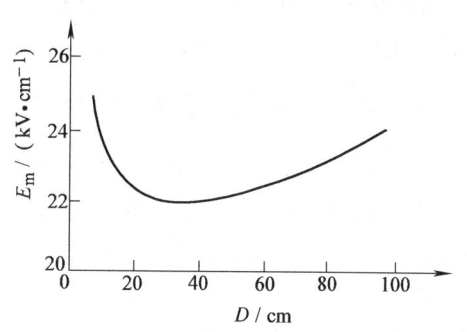

图 2-10 三分裂导线的最大场强与分裂间距的关系

为最小的条件作为设计依据的。使用分裂导线可以增大线路电容、减小线路电感,从而使输电线路的传输能力增加。由于 D 值增大有利于线路电感的减小,所以工程应用中常取 D = 40cm ~ 50cm。

从限制电晕放电的观点看,对 330kV 及以上的线路应采用分裂导线,例如对 330kV、500kV 和 750kV 的线路可分别采用二分裂、四分裂和六分裂导线。

对于近年来发展很快的大功率紧凑型高压输电线路来说,每相子导线数比传统的输电线路要多,这主要是为了大幅度提高线路的传输功率,同时也是因为相间距离减小的缘故。这种情况下为了使子导线表面电荷分布比较均匀,子导线的排列常按优化设计进行布置,不一定都布置在圆内接正多边形的顶点。

3. 电晕放电的利用

在某些情况下可以利用电晕放电产生的空间电荷来改善极不均匀场的电场分布,以提高击穿电压。

图 2-11 给出导线-板间隙中,不同直径 D 的导线的工频击穿电压(有效值)与间隙距离 d 的关系。由图可见,导线直径 D 在厘米级时击穿电压与尖-板间隙相近;但当导线直径减小到 0.5mm 时,击穿电压值几乎接近均匀电场时的情况。这是由于细线电晕放电时形成的均匀电晕层,改善了间隙中的电场分布,因而使击穿电压提高。导线直径较大时情况不同,因为电极表面不可能绝对光滑,所以在整个表面发生电晕之前局部有缺陷处先发生放电,出现刷状放电,因此击穿电压与尖-板间隙相近。

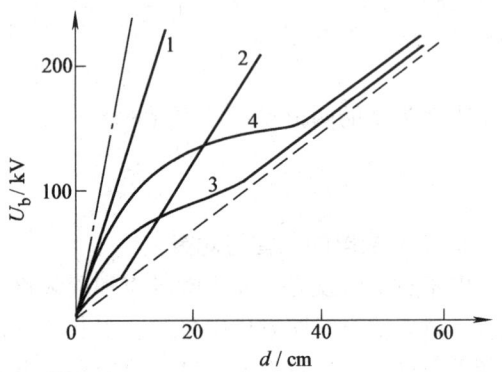

图 2-11 导线-板电极的空气间隙击穿电压(有效值)与间隙距离的关系
1—导线直径 D = 0.5mm 2—D = 3mm
3—D = 16mm 4—D = 20mm
虚线为尖-板电极间隙 点划线为均匀场间隙

前苏联在 20 世纪 50 年代生产的 500kV 工频试验变压器的出线套管不装屏蔽罩,其目的就是利用细线效应来提高出线套管对墙的击穿电压。但这种做法产生的电晕既不利于工作人员的健康,又会干扰局部放电的测量,因而是不可取的。

电晕放电在其他工业部门已获得广泛应用,例如净化工业废气的静电除尘器和静电喷涂等都是电晕放电工业应用的例子。

2.4.3 不均匀电场中放电的极性效应

在不均匀电场中,放电总是从曲率半径较小的电极表面,即间隙中场强最大的地方开始,而与该电极的电位和电压的极性无关。这是因为放电只取决于电场强度的大小。但曲率半径较小电极的电压极性不同,放电产生的空间电荷对原电场畸变不同,因此同一间隙在不同电压极性下的电晕起始电压不同,击穿电压也不同,这就是放电的极性效应。现以棒-板间隙为例,讨论在两个不同放电阶段的极性效应(以下"极性"皆指曲率半径较小电极上的电压极性,例如正极性是指棒电极的电压为正极性,这种表示方法在高电压技术中是经常使用的)。

1. 自持放电前的情况

图 2-12 表示正极性的棒-板电极中,自持放电前空间电荷对原电场的畸变。图 2-12a 说明,此时棒电极附近已有发展得相当充分的电子崩。因棒电极为正极性,所以电子崩中电子迅速进入棒电极,而正离子则因其向板电极的运动速度很慢而暂留在棒电极附近,如图 2-12b 所示。这些正空间电荷削弱了棒电极附近的场强,而加强了电荷前方空间的电场,如图 2-12c 所示。因此空间电荷的作用遏制了棒极附近的流注形成,从而使电晕起始电压有所提高。

负极性的棒-板电极中,空间电荷的作用与上述情况不同。图 2-13 给出负极性棒-板电极中空间电荷对原电场的畸变。这种情况下电子崩也是首先出现在棒电极附近,如图 2-13a 所示。电子崩中的电子迅速扩散并向板电极运动中形成负离子。负离子的扩散增加了棒电极的等效半径,因而降低了间隙的电场强度,如图 2-13c 所示。而正离子则缓慢地向棒电极移动,因而在棒电极附近空间正电荷的浓度很大。但这些正空间电荷对原电场的畸变与图 2-12 不同,它加强了棒电极附近的场强而削弱了空间电荷外部空间的电场。因此这种情况下空间电荷使棒极附近容易形成流注,也就是使自持放电的条件易于满足,因而电晕起始电压较正极性时要低。这一分析为实验所证实,即棒电极为正极性时电晕起始电压比负极性时要高些。

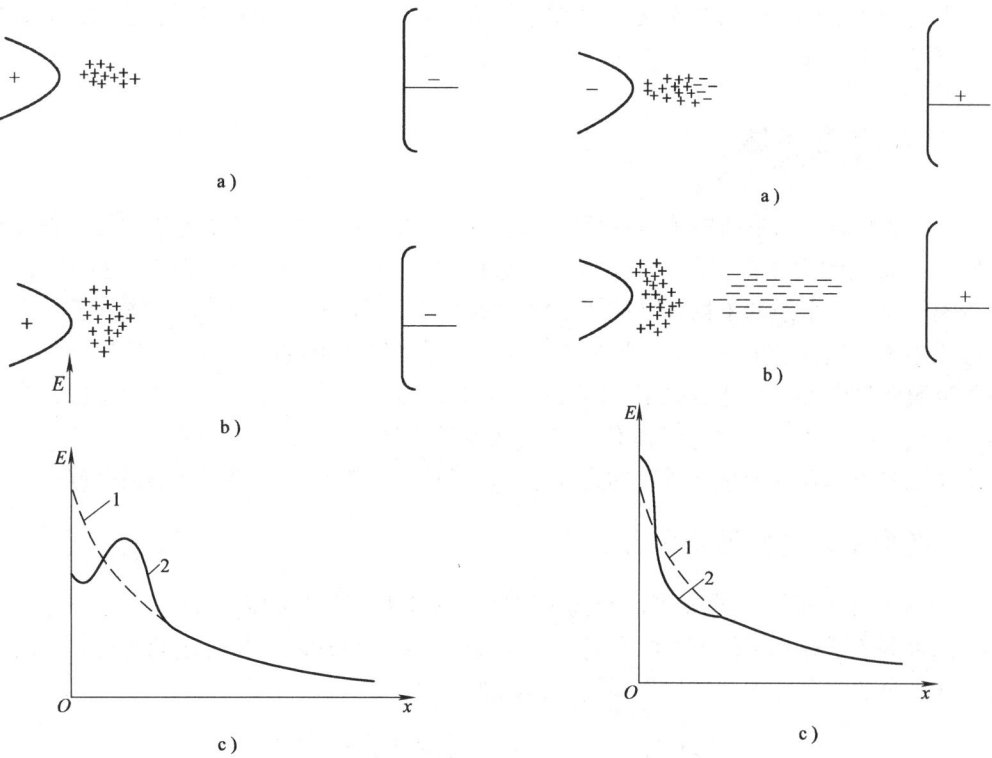

图 2-12　正极性棒-板电极中自持放电前空间电荷对原电场的畸变
1—原电场分布　2—有空间电荷时的电场分布

图 2-13　负极性棒-板电极中自持放电前空间电荷对原电场的畸变
1—原电场分布　2—有空间电荷时的电场分布

上述分析也适用于稍不均匀电场间隙。例如高压实验室中测量电压用的球间隙通常是一极接地的,这种情况下高压球电极的电压极性为负时击穿电压比正极性时略低。

2. 自持放电阶段

满足自持放电条件后的放电发展阶段指的是极不均匀电场中由电晕发展到击穿的阶段。

由图2-12c可见,正极性棒-板电极中空间电荷使放电区外部空间的电场加强。因此随着放电区的扩大,强电场区将逐渐向板电极方向推进。这说明一旦满足自持放电条件后,随着外施电压的增大,电晕层很容易扩展而导致间隙的最终击穿。负极性棒-板电极的情况不同。由图2-13c可见,空间电荷使放电区外部空间的电场削弱,这样电晕层不容易扩展而导致整个间隙的击穿。因此,尽管负极性棒-板间隙的电晕起始电压比正极性时略低,但其击穿电压却比正极性棒-板电极要高得多。

由上所述可见,对于极不均匀场间隙来说,击穿的极性效应刚好与电晕起始放电的极性效应相反。就击穿而言,则极不均匀场间隙的极性效应与稍不均匀场间隙是相反的。

输电线路绝缘和高压电器的外绝缘都属于极不均匀场间隙,因此交流电压下击穿都发生在外施电压的正半周,考核绝缘冲击特性时应施加正极性的冲击电压。气体绝缘的金属封闭式组合电器的情况不同,其SF_6气体间隙属稍不均匀电场,因此施加负极性电压时击穿电压比正极性时略低,也就是说GIS的极性效应刚好与空气绝缘相反。

以上是气体放电发展的基本物理过程,可用来说明气体放电的一些实验现象和基本规律。不同条件下气体击穿的规律将在下一章中介绍。

2.5 放电等离子体

等离子体是指带正电荷粒子与带负电荷粒子几乎等量混合,整体呈电中性的一种集合体(媒体)。不带电的中性粒子也同时存在,集合体由三种成分的粒子构成时,这种集合体也称为等离子体。当普通的中性气体被加热到温度为数万开(K)以上时,气体分子发生热解离,形成原子,进而发生热电离,形成带正电的离子和带负电的电子。在此情况下,发生电离的气体整体呈中性,因此也属于等离子体的一种。放电是气体加热最方便的手段,当外加电压达到气体的着火电压时,气体分子被电离而产生所谓的放电,形成包括电子、各种离子、原子和自由基在内的集合体,称为放电等离子体。这是产生等离子体的最普遍方法。

2.5.1 等离子体的分类与术语

(1)等温等离子体 电子温度与离子温度、气体温度相等时的等离子体称为等温等离子体。这种等离子体处于热力学的平衡状态,离子、电子和中性气体分子的平均热运动动能相等,与各自的成分无关,这称为能量等分原则

$$\frac{1}{2}m_i \overline{C_i^2} = \frac{1}{2}m_e \overline{C_e^2} = \frac{1}{2}m_n \overline{C_n^2} = \frac{3}{2}kT \tag{2-39}$$

式中,C为各成分的热运动速度。

(2)不等温等离子体 电子温度与离子温度、气体温度不相等时的等离子体称为不等温等离子体。在不等温等离子体中,一般电子温度很高,离子及分子或原子的温度很低,整个体系呈现低温状态,所以称为低温等离子体。经过一定时间后,由于粒子间相互碰撞,不

等温等离子体也会趋于等温化，这一现象称为缓和现象。

（3）缓和时间　粒子间相互碰撞会导致以下现象：

1）不均匀的能量分布趋于均匀分布。

2）多成分系统中各成分的能量不等分状态会逐渐变为等分状态。

3）由非麦克斯韦分布变为麦克斯韦分布。

一般地，以上1）~3）现象称为缓和现象，缓和的快慢可由缓和时间来表示。例如，非麦克斯韦分布的粒子团逐渐趋于麦克斯韦分布时，缓和时间正比于 $m^{1/2}(kT)^{3/2}n^{-1}$，与粒子质量的二次方根和平均能量的2/3次方成正比，而与密度成反比。

（4）德拜半径　等离子体由电子、离子和中性粒子三种成分组成。其中，电子和离子的电荷总数基本相等，整体呈电中性。等离子体中多出一个正离子时，为了消除正离子的电荷，会在其周围聚集大量电子，形成空间电荷云。于是，正离子电荷形成的电位会按 $r^{-1}\exp(-r/h)$ 的规律减小。这里

$$h = \sqrt{\frac{kT_e}{4\pi e^2 n_e}} = 6.90\sqrt{\frac{T_e}{n_e}} \tag{2-40}$$

式中，T_e 为电子温度；n_e 为电子密度。

上式表示的 h 称为德拜长度或德拜半径，或者也称为德拜屏蔽距离，这是由于远于 h 的等离子体区可认为仍保持电中性。

（5）电子等离子体振动　呈电中性的等离子体由于某种原因，电中性被破坏，形成空间电荷电场时，容易移动的自由电荷又会使得等离子体的电场被减弱。在这种中性化的过程中，由于带自由电荷的粒子群（电子）具有一定的运动惯性，电荷的移动会交替出现过移动和移动不足，由此在等离子体内发生电荷密度的振动，振动频率 f_p（Hz）为

$$f_p = \sqrt{\frac{e^2 n_e}{\pi m_e}} = 8.98 \times 10^3 \sqrt{n_e} \tag{2-41}$$

式中，m_e 为电子的质量（g）；n_e 为电子的密度（1/cm³）；e 为电子电荷，$e = 1.602 \times 10^{-19}$ C。

（6）磁场中等离子体粒子　一般地，置于磁场中的等离子体称为磁化等离子体，等离子体中与磁场方向相垂直的粒子的运动分量会受磁场力的影响，导致等离子体中出现各向异性。

（7）电导率　等离子体中电流是由于电子的移动而形成的，因此电导率 σ 一般可表示如下：

$$\sigma = n_e e \mu_e \tag{2-42}$$

$$\mu_e = \alpha\left(\frac{e}{m_e}\right)\left(\frac{\lambda_e}{w_e}\right) = \alpha\left(\frac{e}{m_e}\right)\tau_e \tag{2-43}$$

式中，σ 为电导率；λ_e 为电子的平均自由行程；μ_e 为电子的迁移率；w_e 为电子的热运动速度；e 为电子电荷；α 为与速度分布和自由行程有关的系数，范围为 1~0.5（电子的情况下为 0.85）；τ_e 为两次碰撞的间隔时间，$\tau_e = \lambda_e/w_e$。

2.5.2　平衡等离子体

等温等离子体中离子、电子和中性气体分子的平均热运动动能相等，与各自的成分无关，处于热平衡状态，所以也称为平衡等离子体。处于热力学平衡状态的等离子体，其电离

度可根据统计力学的方法求出。1920年，印度物理学家萨哈给出了求解方法，即萨哈公式

$$\frac{n_{j+1}n_e}{n_j} = \frac{2g_{j+1}}{g_j}\left(\frac{2\pi m_e kT}{h^2}\right)^{\frac{3}{2}} e^{-\frac{eV_j}{kT}} \tag{2-44}$$

式中，g_j、g_{j+1} 分别为第 j 价和第 $j+1$ 价电离离子内部能量所对应的统计权重。

当中性原子与它的一价离子处于平衡 $X \Leftrightarrow X^+ + e$ 时，可以忽略内部自由度（由内部能量造成），于是

$$\frac{n_j n_e}{n_a} = 2\left(\frac{2\pi m_e kT}{h^2}\right)^{\frac{3}{2}} \frac{g_j}{g_a} e^{-\frac{eV_j}{kT}} \tag{2-45}$$

式中，n_j、n_e、n_a 分别为离子数、电子数以及残留中性原子数的密度；m_e 为电子的质量；V_i 为电离电位；g_a、g_j 分别为原子和离子的统计权重。

设气体发生电离前的原子总数为 N_{ao}，气体电离后，形成的离子数、电子数和残留的中性原子数分别为 N_i、N_e、N_a，而它们之和为 N，有

$$\left.\begin{array}{l} N = N_a + N_i + N_e \\ N_{ao} = N_a + N_i \\ N_e = N_i \end{array}\right\} \tag{2-46}$$

若此时电离度定义为：

$$x \equiv \frac{N_e}{N_{ao}} \tag{2-47}$$

式中，$\equiv$ 表示恒等。

电离后，气体的体积为 V，各粒子数的密度为

$$\frac{N}{V} = n, \quad \frac{N_i}{V} = n_i, \quad \frac{N_e}{V} = n_e, \quad \frac{N_a}{V} = n_a \tag{2-48}$$

$$\frac{n_i n_e}{n_a} = \frac{N_i N_e}{N_a V} = \frac{N_i^2}{(N_{ao} - N_i)}\frac{1}{V} = \frac{x^2}{1-x}\frac{N_{ao}}{V} \tag{2-49}$$

假定式（2-45）的反应发生在一定容器内，即为等容变化，反应前后的体积不变，因此 N_{ao}/V 等于 n_{ao}，而且

$$n_{ao} = \frac{p_0}{kT} \tag{2-50}$$

将式（2-50）代入式（2-49），可得

$$\frac{n_i n_e}{n_a} = \frac{x^2}{1-x}\frac{p_0}{kT} \tag{2-51}$$

式中，p_0 为电离前的压力。

现在，假定反应是在一定压力下进行的，即等压变化，V 在反应前后发生了变化，设 p 为总的压力，且等于初始压力，而且

$$\begin{aligned} p &= nkT = (n_a + n_i + n_e)kT \\ &= \frac{N_{ao}}{V}\left(\frac{N_a + N_i}{N_{ao}} + \frac{N_e}{N_{ao}}\right)kT \\ &= \frac{N_{ao}}{V}(1+x)kT \end{aligned} \tag{2-52}$$

所以 $\dfrac{N_{ao}}{V} = \dfrac{1}{1+x}\dfrac{p}{kT}$

将上式代入式（2-49），于是

$$\frac{n_i n_e}{n_a} = \frac{x^2}{1-x^2}\frac{p}{kT} \tag{2-53}$$

根据式（2-51）、式（2-53）以及式（2-45），可以得到：

等容变化

$$\frac{x^2}{1-x} = \frac{2kT}{p_0}\left(\frac{2\pi m_e kT}{h^2}\right)^{\frac{3}{2}}\frac{g_j}{g_a}e^{-\frac{eV_i}{kT}} = A \tag{2-54}$$

等压变化

$$\frac{x^2}{1-x^2} = \frac{2kT}{p_0}\left(\frac{2\pi m_e kT}{h^2}\right)^{\frac{3}{2}}\frac{g_j}{g_a}e^{-\frac{eV_i}{kT}} = A \tag{2-55}$$

因此，式（2-54）和式（2-55）的右边具有相同的形式，用 A 表示，A 称为平衡常数。平衡常数 A 可写成

$$A = 4.95\times 10^{-4} T^{\frac{5}{2}}\frac{g_j}{p_0 g_a}e^{-\frac{eV_i}{kT}} \tag{2-56}$$

式中，p_0 为初始气压。

求出平衡常数后，可求出电离度 x：

等容变化

$$x = \sqrt{A + \left(\frac{A}{2}\right)^2} - \frac{A}{2} \tag{2-57}$$

等压变化

$$x = \sqrt{\frac{A}{1+A}} \tag{2-58}$$

2.5.3 非平衡等离子体

在气体放电过程中，电子很容易从外电场获得能量，因而温度较高。离子主要通过与电子碰撞获得能量。在电子与离子的碰撞过程中，由于电子与离子的质量相差很大，电子只能把很少一部分能量传递给离子。电子虽然在碰撞过程中损失掉小部分能量，但很快又会从外电场获得能量。因此，电子温度高于离子温度，形成所谓的非平衡态等离子体。等离子体中，电子温度很高，而离子温度很低，整个体系呈现低温状态，也称为低温等离子体。等离子体是处于热力学平衡态还是非平衡态，从本质上取决于等离子体中各种粒子之间以及它们与外部的能量交换过程。等离子体的非平衡度可表达为

$$\frac{T_e - T_i}{T_e} = \frac{m_i e^2 E^2}{3kT_e m_e^2(\omega^2 - v_e^2)} \tag{2-59}$$

式中，T_e、T_i 分别为电子和离子温度；m_e、m_i 分别为电子和离子的质量；E 为电场强度；k 为玻耳兹曼常数；ω、v_e 分别为等离子体振荡频率和电子碰撞频率；e 为电子电荷。

在以低气压放电获得等离子体时，由于分子间的距离很大，电子与气体分子碰撞概率低，自由行程长，可以在电场方向得到加速而获得能量，而离子在电场中很难获得能量。同

时，由于电子与离子碰撞概率低，碰撞时传递给离子的能量也很少，因此低气压放电时一般形成不平衡等离子体或低温等离子体，如低气压放电管中的辉光放电。

较高气压下放电时，通过冷气流吹入或形成窄脉宽的脉冲放电，也可形成非平衡等离子体，如滑动电弧放电、介质阻挡放电、纳秒脉冲放电等。滑动电弧放电是在高速气流下产生的一种脉冲放电。介质阻挡放电、纳秒脉冲放电属于脉宽很窄的脉冲放电。在脉冲放电中，电子从电场获得能量主要用于提高电子本身的能量，由于放电脉冲窄，电子与离子碰撞交换能量的时间短，在放电周期结束前，电子从电场获得的能量还来不及传递给离子，电子从电场获得的能量很少用于加热离子，因此，电子和离子温度相差很大，形成非平衡等离子体。脉冲宽度越窄、前沿越陡、电场越高，用于提高电子温度的能量所占比例越大，越有利于提高等离子体的非平衡度。

习 题

2.1 氮气的电离能为 15.5eV，求能引起光电离的光子的最大波长是多少？是否在可见光范围内？

2.2 一紫外灯的主要谱线的波长为 253.7nm，用以照射铜电极时，问会不会引起电极表面电子发射？

2.3 SF_6 气体的电离能为 15.6eV，问要引起碰撞电离时电子的速度至少应为多大（电子的质量 $m_e = 0.91 \times 10^{-30}$ kg，$1eV = 1.6 \times 10^{-19}$ J）？

2.4 用放射性同位素照射一均匀场间隙，使间隙每秒钟在每一立方厘米中产生 10^7 对正、负带电质点。若两电极之间的距离 $d = 5$ cm，问图 2-3 中饱和电流密度等于多少？

2.5 设气体中电子的平均自由行程为 λ，求自由行程大于 2λ 和大于 10λ 的概率各为多少？

2.6 一个 1cm 长的均匀场间隙中，电子碰撞电离系数 $\alpha = 11$ cm^{-1}。若有一个初始电子从阴极出发，求到达阳极的电子崩中的电子数。

2.7 同轴圆柱电极的内电极半径为 r，两电极间的距离为 d，写出其电场不均匀系数的表达式。

2.8 同心球电极的内电极半径为 r，两电极间的距离为 d，写出这种电极布置的电场利用系数的表达式。

2.9 计算标准大气条件下半径分别为 1cm 和 1mm 的光滑导线的电晕起始场强。

2.10 高压实验大厅中一高压引线的半径 $r = 3$mm，导线的表面粗糙度系数 $m = 0.85$，导线的离地高度为 4m，实验室中气压为 97kPa，气温为 25℃。计算该高压引线的电晕起始电压。

第3章 气体间隙的击穿强度

第2章介绍的气体放电发展过程，可用来说明气体击穿的一些实验现象和规律。但由于气体放电理论还不完善，迄今无法对气体间隙的击穿电压进行精确计算。因此，工程应用中大多参照一些典型电极的击穿电压试验数据来选择绝缘距离，在要求较高的情况下则按实际电极布置，用实验方法来确定击穿电压。本章介绍不同条件下气体击穿电压的一些试验数据和实验规律。

由于工程中一般遇到的是空气绝缘问题，所以本章重点介绍空气间隙的击穿。SF_6等高电气强度气体的击穿特性将在3.5节中讨论。

3.1 稳态电压下的击穿

气体间隙的击穿电压与外施电压的种类有关。直流与工频电压均为持续作用的电压，这类电压随时间的变化率很小，在放电发展所需的时间范围内（以微秒计）可以认为外施电压没什么变化，因此统称为稳态电压，以区别于作用时间很短的雷电冲击电压（模拟大气过电压）和操作冲击电压（模拟操作过电压）。本节讨论不同电场均匀度的空气间隙在稳态电压下的击穿特性。

3.1.1 均匀电场中的击穿

高压静电电压表的电极布置是均匀电场间隙的一个实例。工程中很少见到比较大的均匀电场间隙，因为这种情况下为消除电极边缘效应，电极的尺寸必须做得很大。因此，对于均匀场间隙，通常只有间隙长度不大时的击穿数据，如图3-1所示。

均匀电场中电极布置对称，因此其击穿无极性效应。均匀场间隙中各处电场强度相等，击穿所需时间极短，因此其直流击穿电压与工频击穿电压峰值以及50%冲击击穿电压（指多次施加冲击电压时，其中50%导致击穿的电压值，详见3.2.3小节）实际上是相同的，且击穿电压的分散性很小。对于图3-1所示的击穿电压U_b（峰值，单位为kV）实验曲线，可用以下经验公式表示：

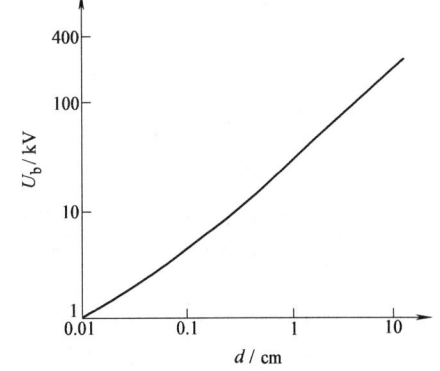

图3-1 均匀电场中空气间隙的击穿电压峰值U_b随间距d的变化

$$U_b = 24.22\delta d + 6.08\sqrt{\delta d} \tag{3-1}$$

式中，d为间隙距离（cm）；δ为空气相对密度，见式（2-23）。

由图3-1可见，d在1cm~10cm范围内，击穿强度E_b（以电压峰值表示）约等于30kV/cm。

3.1.2 稍不均匀电场中的击穿

高压实验室中测量电压用的球间隙和测介质损耗角正切时所用的标准电容器中的同轴圆柱电极,都是稍不均匀电场间隙的应用实例,因此以下重点对这两种典型的电极布置进行讨论。

1. 球间隙

当两球对称布置,测量对地对称的直流电压时,无极性效应。但通常都是一球接地的情况,此时虽两球完全相同,但因大地的影响,电场分布并不对称,如图3-2所示,因此有极性效应。

一球接地时,直径为 D 的球间隙的击穿电压 U_b 与间隙距离 d 的关系如图3-3所示。由图可见,当 $d < D/4$ 时,由于大地对球隙电场分布影响很小,且电场相当均匀,因此与前述均匀场间隙相似,直流、交流和冲击电压作用下击穿电压相同。当 $d > D/4$ 时,电场不均匀程度增大,大地对球隙中电场分布的畸变作用也加强了,因此击穿场强下降,且出现极性效应,即不接地的球为正极性时击穿电压较负极性时略高(参见2.4.3小节),而工频交流电压作用下击穿电压的峰值则与负极性时相同。球隙测压器的工作范围在 $d \leqslant D/2$;若 $d > D/2$,则因放电分散性增大,不能保证测量的精度。

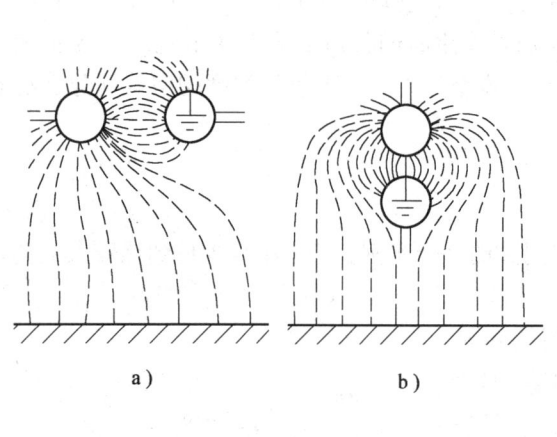
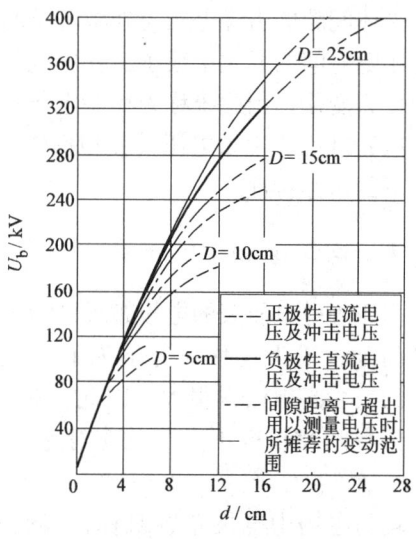

图3-2 球间隙中一球接地时的电场分布
    a) 球水平放置 b) 球垂直放置

图3-3 一球接地时球隙测压器的击穿电压 U_b 与间距 d 的关系

2. 同轴圆柱电极

高压标准电容器、单芯电缆及GIS的分相封闭母线等都属于这类电极布置。图3-4给出空气中同轴圆柱电极的外电极半径 R 固定为 10cm 时,其电晕起始电压 U_c 与击穿电压 U_b 随内电极半径 r 的变化关系。

由图3-4可见,当内电极半径很小,即 $r/R < 0.1$ 时,间隙属于极不均匀电场,此时击穿前先出现电晕,且 U_c 值很低,因此上述电气设备均不设计在这一 r/R 范围内。当 $r/R > 0.1$ 时,间隙属稍不均匀电场范畴,击穿前不出现电晕,且由图可见,当 $r/R \approx 0.33$ 时击穿电压出现极大值。因而上述电气设备在绝缘设计时宜尽量将 r/R 选取在 0.25~0.4 范围内。

击穿电压随 r 变化出现极大值是可以理解的。因为 r 很大时虽然电场均匀度接近于 1，但因间隙距离很小（$d = R - r$），所以击穿电压很低。但如果 r 过小，则虽然此时间隙距离增大，但由于电场不均匀度增大，也会使击穿电压下降。由式（2-31）和式（2-32）可以得出稍不均匀场间隙中击穿电压 U_b 的表达式为

$$U_b = E_m \frac{d}{f} \quad (3-2)$$

式中，E_m 为击穿时间隙中的最大场强；d 为间隙距离；f 为间隙的电场不均匀系数。

由式（3-2）可见，d 过小或 f 过大都会使 U_b 下降。

3. 其他形状的电极布置

在无实验数据的情况下，可按式（3-2）对击穿电压进行估算。图 3-5 为不同形状的电极布置的电场不均匀系数曲线。由图可见，对于相同的间隙距离，电力线发散程度越大，则电场越不均匀。所以球状电极的电场不均匀系数大于相同半径的圆柱状电极（前者的电力线为三维发散，而后者则为二维发散）。此外，由图还可以看到，间隙距离增大时，电场不均匀系数也增大。

3.1.3 极不均匀电场中的击穿

实验表明，当间隙距离很大时，不同形状电极的间隙击穿电压差别并不大，在一极接地时都接近于棒（或尖）-板电极的击穿数据。因此通常选取尖-板和尖-尖作为典型电极，分别用来估算工程中不对称布置和对称布置时所需的绝缘距离。

不对称布置的极不均匀电场间隙的极性效应很明显，而且其击穿的极性效应与稍不均匀电场间隙相反。图 3-6 给出尖-板及尖-尖空气间隙的直流击穿电压与间隙距离的关系。由图可见，正极性尖-板电极的击穿电压比负极性时低得多，而尖-尖电极则介于两者之间。尖-尖电极的击穿电压比同样

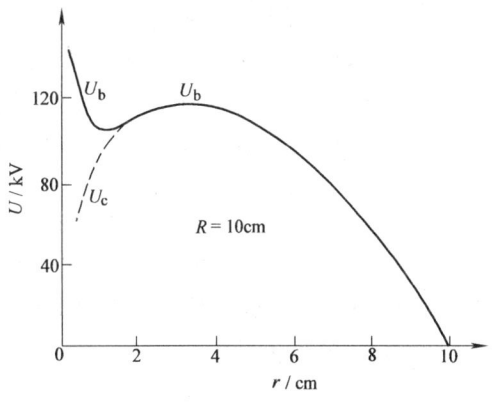

图 3-4 空气中同轴圆柱电极的电晕起始电压 U_c 及击穿电压 U_b 与内电极半径 r 的关系（内电极为负极性）

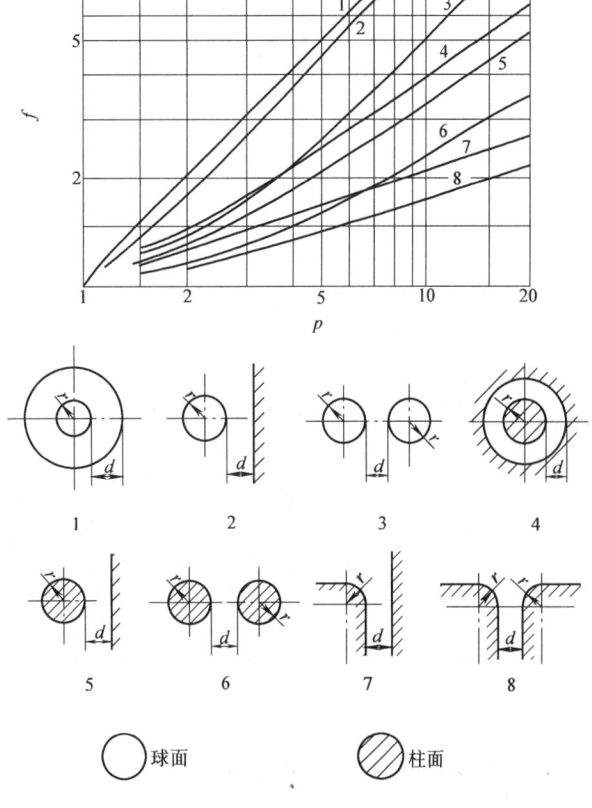

图 3-5 不同形状电极布置的电场不均匀系数 f 与间隙几何特性参数 p 的关系 [$p = (r+d)/r$]

间隙距离的正尖-板电极高是可以理解的,因为间隙距离为 d 的尖-尖电极可看成两个间隙距离为 $d/2$ 的尖-板间隙的串联。任何形状电极的间隙电场不均匀度都是随间隙距离的增加而增大的,所以间隙距离为 d 的尖-板间隙的电场不均匀度大于间隙距离为 $d/2$ 的尖-板间隙,后者也就是间隙距离为 d 的尖-尖间隙的电场不均匀度。

工程应用中很少有两电极完全对称的情况,因为通常是一极接地的情况。当棒-棒电极的一极接地时,交流电压下,其击穿电压比棒-板电极高得不多。图 3-7 为空气中一极接地的棒-棒间隙和棒-板间隙的工频击穿电压(有效值)与间隙距离的关系曲线。工频电压下棒-板电极的击穿总是发生在棒为正极性的半周,因此其击穿电压的峰值与正直流电压下棒-板电极的击穿电压相近。图 3-7 中当 $d \geqslant 50\text{cm}$ 时,棒-棒间隙的平均击穿场强 E_b 约为 3.8kV/cm(有效值)或 5.36kV/cm(峰值);棒-板间隙的 E_b 略低,约为 3.35kV/cm(有效值)或 4.8kV/cm(峰值)。

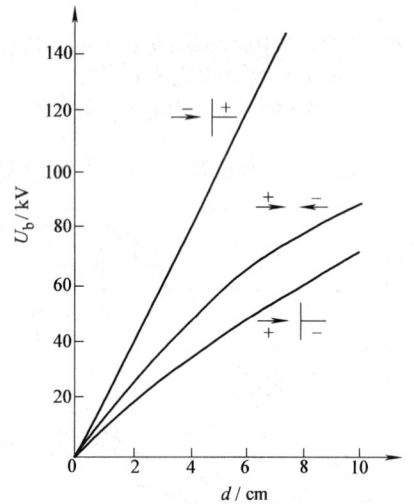

图 3-6 空气中尖-板和尖-尖电极的直流击穿电压与间距的关系

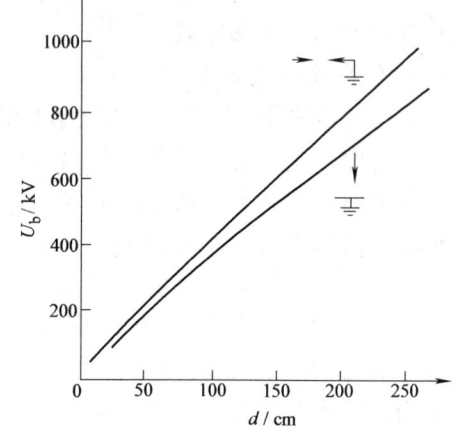

图 3-7 棒-棒和棒-板空气间隙的工频击穿电压(有效值)与间距的关系

3.2 雷电冲击电压下的击穿

大气中雷云放电产生的过电压对高压电气设备绝缘构成重大威胁。因此,在电力系统中一方面应采取措施限制大气过电压,另一方面应保证高压电气设备能耐受一定水平的雷电过电压。雷电过电压是一种持续时间极短的脉冲电压,在这种电压作用下的绝缘击穿具有与稳态电压下击穿不同的特点,因此需要进行专门的讨论。在 3.3 节中要讨论的操作冲击电压是模拟电力系统中操作过电压的。操作冲击电压的持续时间比雷电冲击电压要长,但本节中所述的雷电冲击电压下击穿特点有些对于操作冲击电压也是适用的。

3.2.1 冲击电压的标准波形

雷云放电引起的大气过电压的波形是随机的,但在实验室中用冲击电压发生器产生冲击电压来模拟雷电过电压时必须采用标准波形,使不同实验室的试验结果可以相互比较。图 3-8 表示雷电冲击电压的标准波形和确定其波前和波长时间的方法(波长指冲击波衰减至半峰值的时间）。图中 O 为原点，P 点为波峰，但在示波图中这两点都不易确定，因为波形在 O 点处往往模糊不清；而 P 点处波形很平，难以确定其出现时间。国际上都用图示的方法求得名义零点 O_1，这样波前时间 T_1 和波长都从 O_1 算起。对于操作冲击波，T_1 和 T_2 都从真实原点算起，这是因为操作波上升较平缓，原点附近的波形可以看得清楚。

我国和国际上多数国家对标准雷电波的波形规定为

$$T_1 = 1.2\mu s(1 \pm 30\%), T_2 = 50\mu s(1 \pm 20\%)$$

对不同极性的标准雷电波形可表示为 $+1.2/50\mu s$ 或 $-1.2/50\mu s$。

对操作冲击波的波形规定为

$$T_1 = 250\mu s(1 \pm 20\%), \quad T_2 = 2500\mu s(1 \pm 60\%)$$

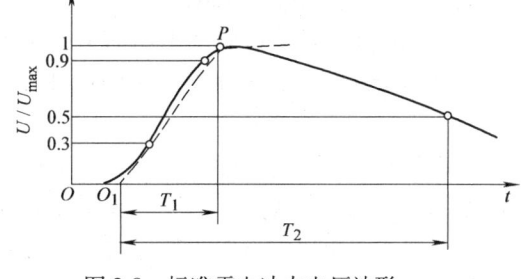

图 3-8　标准雷电冲击电压波形
T_1—波前时间　T_2—半峰值时间
U_{max}—冲击电压峰值

对上述标准操作冲击波形可表示为 $+250/2500\mu s$ 或 $-250/2500\mu s$。

3.2.2　放电时延

由第 2 章已知，要使气体间隙击穿，不仅需要外施电压高于临界击穿电压 U_0，而且还需要外施电压维持一定时间以保证放电发展过程的完成。图 3-9 表示冲击击穿所需要的时间。施加冲击电压经时间 t_1 后电压值达 U_0，但此时间隙不会击穿。从 t_1 至间隙击穿所需的时间称为放电时延，它包括两部分时间，即 t_s 和 t_f。t_s 表示从外施电压达 U_0 的时刻起，到出现一个能引起击穿的初始电子崩所需的第一个有效自由电子所需的时间，称之为统计时延（因为第一个有效自由电子的出现服从于统计规律）。t_f 表示从出现第一个有效自由电子的时刻起，到放电过程完成所需的时间，也就是电子崩的形成和发展到流注等所需的时间，称为放电形成时延。所以图 3-9 中冲击击穿所需的总时间 t_d 为

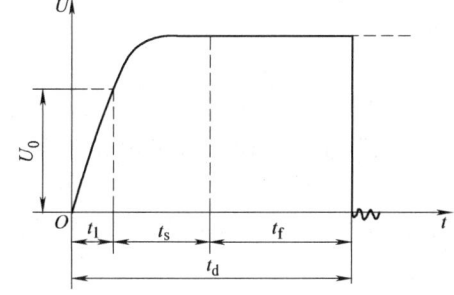

图 3-9　冲击击穿所需时间的示意图

$$t_d = t_1 + t_s + t_f \tag{3-3}$$

短间隙（几厘米）中，特别当电场较均匀时，放电形成时延比统计时延小得多，因此这种情况下放电时延主要决定于统计时延。为了减小统计时延，可以采用紫外线或其他高能射线对间隙进行人工照射，使阴极表面释放出更多的电子。例如用较小的球隙测量冲击电压时通常需要采取这种措施。较长的间隙中，放电时延常主要决定于放电形成时延，且电场越不均匀则放电形成时延越长。显然，对间隙施加高于击穿所需的最低电压，可以使统计时延和放电形成时延都缩短。

3.2.3　50%击穿电压及冲击系数

由于放电时延服从统计规律，因此冲击击穿电压具有一定的分散性。一般的规律是，放电时延越长，则冲击击穿电压的分散性越大，即电场越不均匀或间隙越长则冲击击穿电压的

分散性越大，也就是说低概率击穿电压与100%击穿电压的差别越大。

从确定间隙耐受冲击电压的绝缘能力来看，希望在实验中求取低概率击穿电压 U_{b0}（U_{b0} 可看作是绝缘的冲击耐受电压），但这通常是很难准确求得的。实际当中，国内外都是求取 50% 放电电压，即多次施加电压时有半数会导致击穿的电压值 U_{b50}，如图 3-10 所示。根据 50% 冲击击穿电压和标准偏差 σ 即可估算出 U_{b0} 值。

$$U_{b0} = U_{b50} - 3\sigma \tag{3-4}$$

图 3-11 给出空气中棒-棒（一极接地）及棒-板空气间隙的雷电 50% 冲击击穿电压与间隙距离的关系。与图 3-7 比较可以看出，50% 冲击击穿电压比工频击穿电压的幅值要高一些，这是由于雷电冲击电压作用时间短的缘故。同一间隙的 50% 冲击击穿电压与稳态击穿电压 U_{ss} 之比，称为冲击系数 β

$$\beta = \frac{U_{b50}}{U_{ss}} \tag{3-5}$$

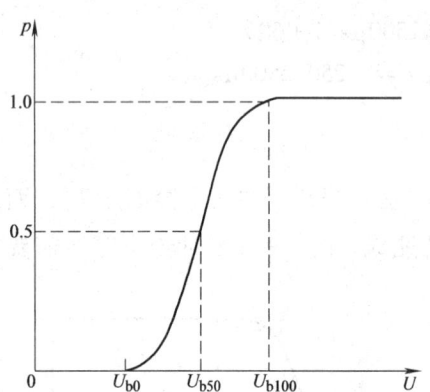

图 3-10 冲击电压作用下的击穿概率

U_{b0}—冲击耐受电压 U_{b50}—50%
冲击击穿电压 U_{b100}—100% 冲击击穿电压

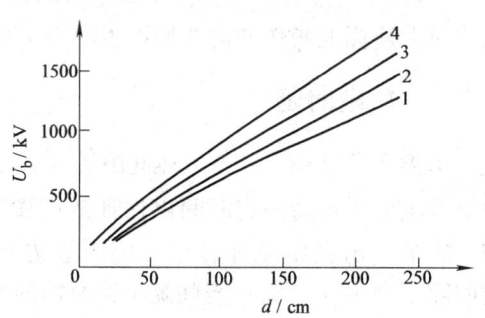

图 3-11 棒-棒（一极接地）及棒-板空气
间隙雷电 50% 击穿电压与间距的关系
（雷电冲击波形为 1.5/40μs）
1—正棒-板 2—正棒-棒（接地）
3—负棒-棒（接地） 4—负棒-板

均匀电场和稍不均匀电场间隙的放电时延短，击穿的分散性小，冲击击穿通常发生在波峰附近，所以这种情况下冲击系数接近于 1。极不均匀电场间隙的放电时延长，冲击击穿常发生在波尾部分，这种情况下冲击系数大于 1。

3.2.4 伏-秒特性

前已提到，冲击电压作用下放电时延不仅取决于间隙本身的情况和照射的条件，还与间隙的外施电压峰值有关。换句话说，在同一冲击电压波形下，击穿电压值与放电时延（或电压作用时间）有关。这一特性称为伏-秒特性。

图 3-12 表示用实验确定间隙伏-秒特性的方法。实验过程中保持冲击电压的波形不变，逐渐升高电压使间隙发生击穿，并根据示波图记录击穿电压 U 与击穿时间 t。例如图 3-12 中共有四个幅值不同的冲击电压，幅值最低的冲击电压未能使间隙击穿；逐渐提高冲击电压幅值后，击穿分别发生在波尾、波峰和波前部分。伏-秒特性的实验点 1、2、3 是这样确定的；

击穿发生在波前或波峰时，U 与 t 均取击穿时的值（图中 2 和 3）；击穿发生在波尾时，t 取击穿瞬间的时间值，但 U 取冲击电压的峰值而不取击穿瞬间的电压值（图中 1），即 U 应取击穿过程中外施电压的最大值。连接 1、2、3、…各点，即可画出伏-秒特性曲线。

由于放电时延有分散性，即在每级电压下可测得不同的放电时延，所以伏-秒特性实际上不是一条曲线，而是如图 3-13 所示的一条包带，其下包线是 0% 伏-秒特性曲线，上包线是 100% 伏-秒特性曲线。通常我们说的伏-秒特性曲线实际上指的是 50% 伏-秒特性，而前述 50% 击穿电压则只是 50% 伏-秒特性曲线上的一个点，即在冲击全波作用下的 50% 击穿电压。

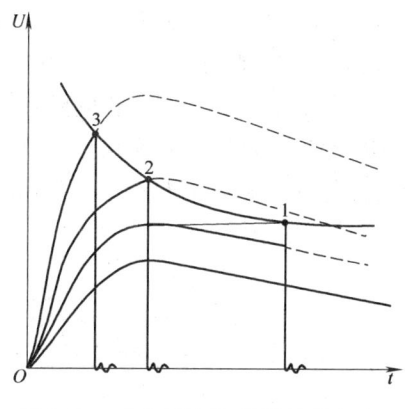

图 3-12　确定间隙伏-秒特性的方法

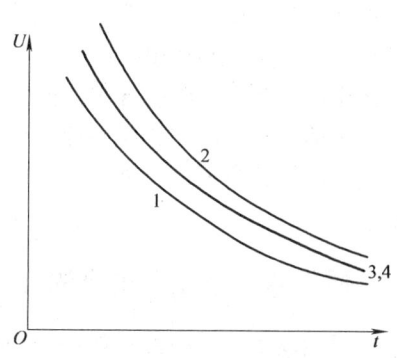

图 3-13　空气间隙冲击伏-秒特性示意图
1—0% 伏-秒特性　2—100% 伏-秒特性
3—50% 伏-秒特性　4—50% 冲击击穿电压

显然伏-秒特性比 50% 击穿电压提供了更完整的击穿特性数据，因而在绝缘配合中伏-秒特性具有重要意义。例如在雷电过电压作用下，若保护间隙动作或绝缘子串发生闪络，则电气设备绝缘承受的不是冲击全波而是作用时间更短的截断波，这种情况下只有伏-秒特性才能说明绝缘能否耐受这种雷电过电压。图 3-14 表示电气设备绝缘伏-秒特性与避雷器伏-秒特性配合的两种情况，图 a 是正确的配合，即任何情况下避雷器都会先动作从而保护电气设备的绝缘。而图 b 则是不正确的配合，因为尽管在幅值较低的冲击波作用下，避雷器仍可以起保护作用；但在幅值很高的陡波作用下，在避雷器动作之前电气设备的绝缘已先击穿了。由图 3-14 可以看出，为了达到良好的绝缘配合的目的，希望避雷器等保护电器的伏-秒特性平坦一些。

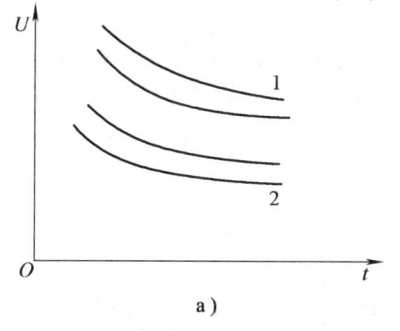　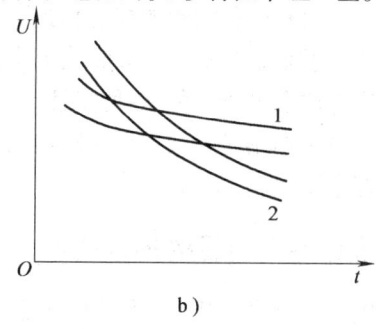

a)　　　　　　　　　　　　b)

图 3-14　电气设备绝缘伏-秒特性和避雷器伏-秒特性
a) 正确配合　b) 不正确配合
1—绝缘的伏-秒特性　2—避雷器的伏-秒特性

用实验方法求取伏-秒特性的工作是很繁复的，因此在工程中有时用 2μs 冲击击穿电压和 50% 冲击击穿电压这两个数值来大致反映伏-秒特性。为了求取间隙的 2μs 冲击击穿电压或对绝缘进行 2μs 冲击波耐压试验，必须在冲击电压发生器回路中增加一个截断间隙，使发生器产生 2μs 截断波。

3.3 操作冲击电压下的击穿

电力系统在操作或发生事故时，因状态发生突然变化引起电感和电容回路的振荡产生过电压，称为操作过电压。操作过电压峰值有时可高达最大相电压的 3~3.5 倍，因此为了保证安全运行，需要对高压电气设备绝缘考察其耐受操作过电压的能力。早期的工程实践中，采用工频电压试验来考验绝缘耐受操作过电压的能力。但其后的研究表明，长间隙在操作冲击波作用下的击穿电压比工频击穿电压低。因此目前的试验标准规定，对额定电压在 300kV 以上的高压电气设备要进行操作冲击电压试验。这说明操作冲击电压下的击穿只对长间隙才有意义。

3.3.1 操作冲击电压下击穿的 U 形曲线

通常采用与雷电冲击波相似的非周期性指数衰减波来模拟频率为数千赫的操作过电压。研究表明，长空气间隙的操作冲击击穿通常发生在波前部分，因而其击穿电压与波前时间有关，而与波尾时间无关。图 3-15 表示空气中 3m 的棒-棒（一棒极接地）和导线-板间隙的平均击穿场强与操作冲击的波前时间的关系。由图可见，雷电冲击击穿场强高于工频击穿场强，但操作冲击波作用下当波前时间 t_f 为 100μs~300μs 时，击穿场强出现极小值，其值比工频击穿场强要低。进一步的研究还表明，出现击穿场强极小值的波前时间随间隙距离的增加而增大。对于操作冲击电压作用下长间隙击穿的"U 形曲线"通常是用放电时延和空间电荷的形成与迁移这两种作用

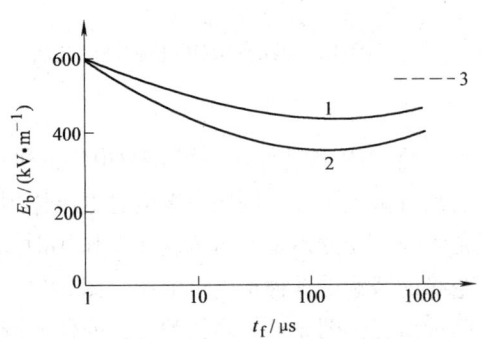

图 3-15　3m 空气间隙的平均击穿场强与操作冲击的波前时间的关系
1—棒-棒（一极接地）　2—导线-板间隙
3—工频击穿场强

相反的影响因素来解释的。U 形曲线极小值左边 E_b 随 t_f 的减小而增大是放电时延在起作用，这一点与雷电冲击电压下的伏-秒特性是相似的。U 形曲线极小值右边 E_b 随 t_f 的增加而增大，是因为电压作用时间增加后空间电荷迁移的范围扩大，更好地改善了间隙中电场分布，从而使击穿电压提高。

3.3.2 操作冲击电压的推荐波形

国际电工委员会（IEC）和我国国家标准规定的操作冲击电压标准波形为 250/2500μs，容许的偏差为：波前时间为 ±20%，半峰值为 ±60%。

采用冲击电压发生器产生标准操作冲击波时，发生器的效率很低，所以在工程实践中也常采用振荡操作波代替非周期性的指数衰减的标准波形。用冲击电压发生器产生振荡操作波

时,将电感线圈取代波前电阻,因而使发生器的效率从原来的约60%提高到约160%。GIS现场验收试验中如采用操作波试验,一般都采用此方法,以减小运输到现场的试验设备的体积和重量。

有些情况下也可以用电容器对试验变压器的低压绕组放电,这样在试验变压器的高压绕组侧可以获得衰减振荡的操作冲击电压。

3.3.3 长空气间隙在操作冲击电压下的击穿强度

图3-16给出空气中棒-板间隙在正极性雷电冲击和操作冲击波作用下击穿电压的比较(标准大气条件下的数据)。由图可见,长间隙的雷电冲击击穿电压远比操作冲击击穿电压要高,且操作冲击击穿电压在间隙长度超过5m时呈现明显的饱和趋势。从图中还可以看出,间隙距离越大,则最小击穿电压与标准操作冲击波下的击穿电压的差别越大。当间隙长度达25m时,操作冲击下的最低击穿强度仅约1kV/cm。对于图3-16中所示的操作冲击波下最小击穿电压 U_{min}(MV),在间隙距离为 d 为1m~20m范围内,可用以下经验公式表达:

$$U_{min} = \frac{3.4}{1+8/d} \quad (3-6)$$

棒-板间隙的操作冲击击穿电压比同样距离的其他间隙要低。其他间隙的操作冲击击穿电压 U_a 可根据其间隙系数 k 和棒-板间隙的操作冲击击穿电压 U_r(均指50%击穿电压)来估算,即

$$k = \frac{U_a}{U_r} \quad (3-7)$$

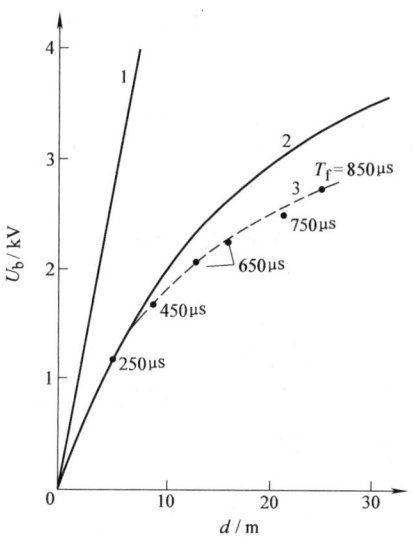

图3-16 空气中棒-板间隙在正极性雷电冲击和操作冲击波下的击穿电压
1—1.2/50μs波 2—250/2500μs波
3—最小击穿电压

间隙系数 k 与间隙的几何形状,也就是间隙中的电场分布有关,k 的数值可在相关绝缘手册中查到。但在工程中为了保证可靠性和经济性,常需要在1:1的模型上进行试验以取得可靠的数据。

3.4 大气密度和湿度对击穿的影响

实验表明,大气中间隙的放电电压随空气密度的增大而提高,这是因为空气密度增大时电子的平均自由行程缩短,使电离过程削弱的缘故。

湿度对放电的影响比较复杂。在极不均匀电场中,空气中的水分能使间隙的击穿电压有所提高,这是因为水分子具有弱电负性,容易吸附电子使其形成负离子的缘故。但湿度对均匀电场间隙击穿的影响很小,因为均匀场间隙在击穿前各处的场强都很高,即各处电子运动速度都很高,不易被水分子俘获而形成负离子。所以,在均匀场或稍不均匀场间隙中,通常对湿度的影响可忽略不计。另外,本节中讨论湿度对放电的影响是指空气中水汽分子的影响,当空气的相对湿度很高,在固体绝缘表面发生凝露时情况就不同了。这种情况下电场分

布会发生畸变,因而导致气隙击穿电压或沿固体绝缘表面闪络电压的下降。

3.4.1 大气校正因数

根据国家标准,利用校正因数可将测得的放电电压值换算到标准参考大气条件下(温度 $t_0 = 20°C$,气压 $p_0 = 101.3\text{kPa}$,绝对湿度 $h_0 = 11\text{g/m}^3$)的电压值,或将标准参考大气条件下规定的试验电压值换算为试验条件下的电压值。

破坏性放电电压值正比于大气校正因数 K_t,K_t 是下列两个因数的乘积:

$$K_t = K_1 K_2 \tag{3-8}$$

式中,K_1 为空气密度校正因数;K_2 为湿度校正因数。

实际加于试品外绝缘电压值 U 可由规定的标准参考大气条件下的试验电压值 U_0 乘以 K_t 求得

$$U = U_0 K_t \tag{3-9}$$

反之,可将测量的破坏性放电电压值校正为标准参考大气条件下的电压值

$$U_0 = U/K_t \tag{3-10}$$

1. 空气密度校正系数

空气密度校正系数 K_1 取决于相对空气密度 δ,其表达式如下:

$$K_1 = \delta^m \tag{3-11}$$

式中,指数 m 在本小节 3 中给出。

当温度为 t 和大气压力为 p 时,相对空气密度为

$$\delta = \frac{p}{p_0} \frac{273 + t_0}{273 + t} \tag{3-12}$$

2. 湿度校正因数

湿度校正因数 K_2 可以表示如下:

$$K_2 = K^W \tag{3-13}$$

式中,指数 W 在本小节 3 中给出。

K 取决于试验电压的类型并为绝对湿度 h 与相对空气密度 δ 的比率 h/δ 的函数。为实用起见,可采用图 3-17 的曲线来近似求取,但对 h/δ 的值超过 15g/m^3 时的湿度校正仍在研究中。图中的曲线可认为是上限。

3. 指数 m 和 W

校正因数取决于预放电形式,因此引入 g

$$g = \frac{U_B}{500 L \delta K} \tag{3-14}$$

式中,U_B 为实际大气条件时的 50% 破坏性放电电压值(kV)(测量或估算),耐受电压试验时可以假定为 1.1 倍试验电压值;L 为试

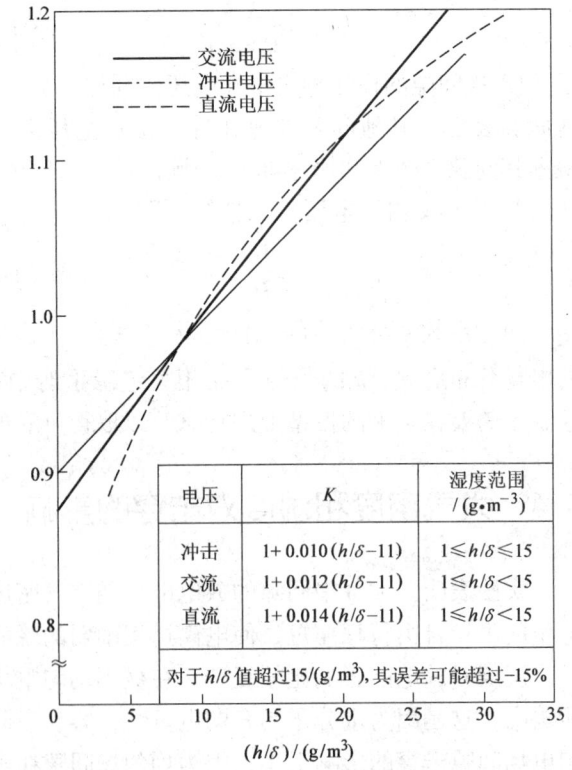

图 3-17 K 与 h/δ 的关系曲线
h—绝对湿度 δ—相对空气密度

品最小放电路径（m）；δ、K 为空气相对密度及湿度校正因数式中的参数，均为实际值。

指数 m 和 W 仍在研究中，其近似值在图 3-18 中给出。

3.4.2 海拔的影响

随着海拔增加、气压下降，使空气密度减小，因此外绝缘的放电电压也将随之下降。

海拔对外绝缘放电电压的影响可根据一些经验公式估计。我国国家标准 GB 311.1—1997 规定：对于拟用于海拔高于 1000m，但不超过 4000m 处的设备外绝缘及干式变压器的绝缘，在非高海拔地区进行试验时，其试验电压 U 应为标准状态下的试验电压 U_s 再乘以海拔校正系数 K_A，即

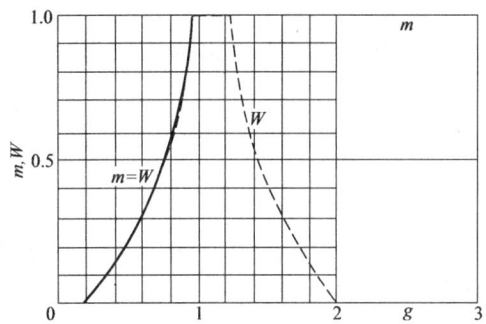

图 3-18　空气密度校正指数 m 值和湿度校正指数 W 值与参数 g 的关系曲线
（限于应用在海拔 2000m 以下）

$$U = K_A U_s = \frac{1}{1.1 - H \times 10^{-4}} U_s \tag{3-15}$$

式中，H 为安装地点的海拔（m）。

以上校正方法虽然很简单，但比较粗糙，例如没有考虑海拔相同的不同地区间大气状态的差异，也没有考虑湿度的影响。因此，海拔对外绝缘放电电压的影响还需继续研究。在对重要工程进行设计时，宜对当地的气象资料进行全面统计分析并考虑湿度的影响。

3.5　SF_6 气体间隙中的击穿

SF_6 是理想的气体绝缘介质和灭弧介质，在均匀电场中 SF_6 气体的绝缘强度约为空气的 2.5 倍，其灭弧能力则为空气的 100 倍以上。此外 SF_6 的液化温度较低，可以满足工程应用条件，例如充气压力为 0.75MPa 时液化温度不高于 $-25°C$，充气压力为 0.45MPa 时液化温度不高于 $-40°C$。SF_6 气体的化学稳定性也很好，因此已广泛用于高压断路器、GIS、充气管道电缆等，近年来气体绝缘的电力变压器和充 SF_6 气体的开关柜也发展得很快。

与空气绝缘相比，SF_6 气体绝缘可减小电气设备的占地面积和体积，例如 500kV 的 GIS 体积只有敞开式配电装置的 1/50 左右。另一方面，SF_6 气体绝缘与变压器油相比则有防火、防爆的优点。因此，SF_6 气体绝缘是很有发展前途的。

3.5.1　均匀和稍不均匀电场中的击穿

式（2-29）给出强电负性气体在均匀电场中的自持放电条件为 $(\alpha - \eta)d = K$。研究表明，SF_6 气体的 $K = 10.5$，且其 $(\alpha - \eta)$ 可用下式表示：

$$\frac{\alpha - \eta}{p} = c\left[\frac{E}{p} - \left(\frac{E}{p}\right)_0\right] \tag{3-16}$$

式中，$c = 28\text{kV}^{-1}$；$(E/p)_0 = 88.5\text{kV}/(\text{MPa} \cdot \text{mm})$。

将式（3-16）代入式（2-29）中，可得出击穿电压 U_b（kV）的表达式为

$$U_b = \left(\frac{E}{p}\right)_0 pd + \frac{K}{c} = 88.5pd + 0.38 \tag{3-17}$$

工程应用中 $pd > 1\text{MPa}\cdot\text{mm}$，此时式（3-17）可以近似地写为

$$U_b = \left(\frac{E}{p}\right)_0 pd = 88.5pd \tag{3-18}$$

或

$$\frac{E_b}{p} = \left(\frac{E}{p}\right)_0 \tag{3-19}$$

图 3-19 给出平行板电极中 SF_6 气体击穿时的 E_b/p 值与 pd 值关系的实验结果。实验表明，当 SF_6 气压不高时（图中最大气压不超过 0.027MPa），其击穿服从巴申定律（图中虚线表示的曲线偏离巴申曲线是因为电极间距离过大，已不能保证极间为均匀电场）。由图可见，在 pd 不是太小的情况下，$E_b/p = (E/p)_0 = 88.5\text{kV}/(\text{MPa}\cdot\text{mm})$，与式（3-18）是完全一致的。当 pd 很小时，$E_b/p > (E/p)_0$，这是因为式（3-17）中 K/c 项在起作用的缘故。

必须指出，上述实验是在气压很低的情况下进行的，实验表明，在 SF_6 气体中，一般当 $p > 0.2\text{MPa}$ 时就会出现击穿偏离巴申曲线的现象，这一气压值远比空气中出现偏离巴申曲线的气压要低。图 3-20 表示 SF_6 在气压较高时（$p > 0.2\text{MPa}$）偏离巴申曲线的情况。图中对于每一间隙距离 d，击穿电压先随 pd 值按巴申曲线增大，但当 p 增大至约 0.2MPa 时就开始偏离巴申曲线。因此图中间隙 d 越大，则偏离巴申曲线的 pd 值越大。上述偏离巴申曲线的现象与电极表面状态有关，如电极表面粗糙度极小且气体极为洁净，则偏离巴申曲线的气压将比图中的情况要高。

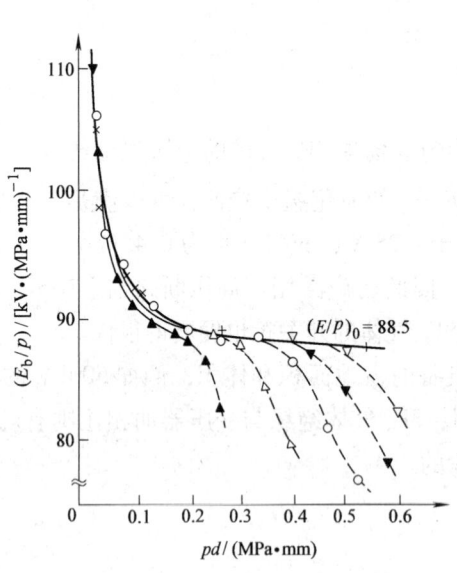

图 3-19 平行板电极中 SF_6 的 E_b/p 与 pd 值的关系

实验气压 p 值：× —3333Pa
▲—6665Pa △—9998Pa ○—13330Pa
▼—16663Pa ▽—19995Pa ＋—26660Pa

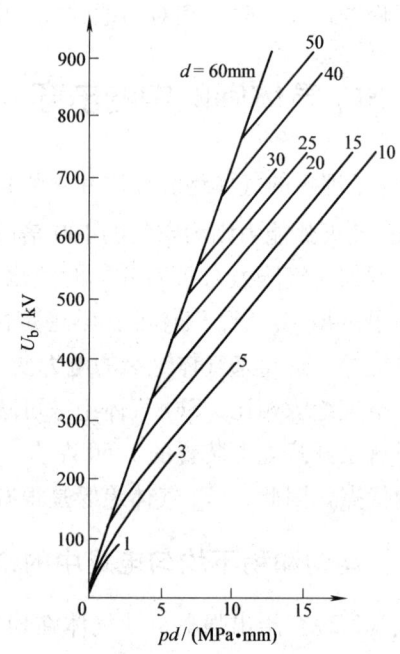

图 3-20 SF_6 在气压较高时（$p > 0.2\text{MPa}$）偏离巴申曲线的情况

SF_6 气体绝缘设备中经常遇到的是稍不均匀电场间隙，例如同轴圆柱电极是 GIS 中最常见的电极布置形式。图 3-21 为同轴圆柱电极中 SF_6 气体的击穿场强与气压的关系曲线。由

图可见，在工程应用的情况下，SF_6 的击穿场强并不像式 （3-19） 所示的那样与气压 p 成正比关系，即击穿场强的增大比气压增加的程度要小些。由图还可看到，稍不均匀电场中 SF_6 的冲击系数很小，雷电波时冲击系数约为 1.25，操作波时约为 1.05～1.11。所以 GIS 等气体绝缘设备的绝缘尺寸是由雷电冲击试验电压决定的。图 3-22 给出球-板间隙中 SF_6 气体击穿电压与气压的关系，可看到稍不均匀电场中的极性效应（曲线 7 和 8 相当于均匀电场情况，所以看不出极性效应），一般情况下负极性击穿电压比正极性低 10% 左右。GIS 或充气管道电缆的转角处的电极结构与同心球的情况相近，这种情况下的击穿强度可参考球-板间隙击穿的数据。

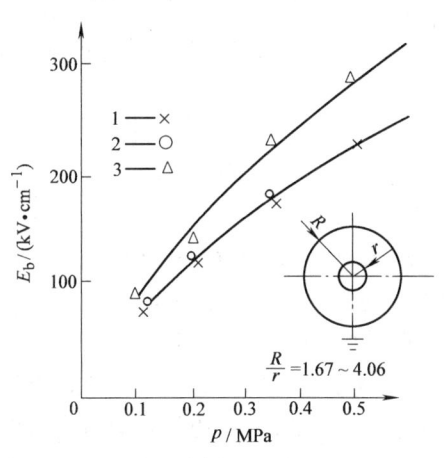

图 3-21 同轴圆柱电极中 SF_6 气体的击
穿场强与气压的关系（$t=20°C$）
试验点：1—工频电压 1min（峰值）
2——190/3600μs 操作冲击波
3——1.2/500μs 雷电冲击波

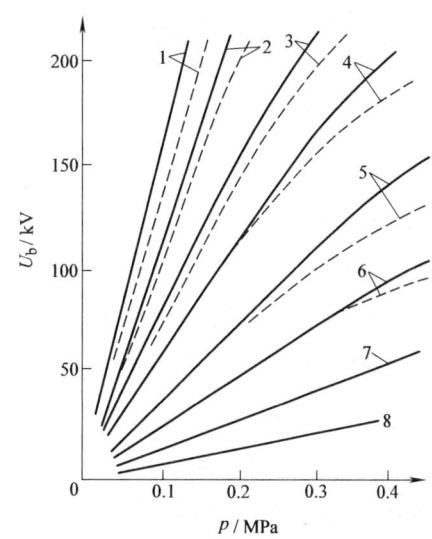

图 3-22 球-板间隙（球半径为 15mm）中
SF_6 气体的击穿电压
实线为正极性，虚线为负极性
d 为间隙距离　1—$d=20$mm　2—$d=15$mm　3—$d=10$mm
4—$d=7.5$mm　5—$d=5$mm　6—$d=3$mm　7—$d=2$mm　8—$d=1$mm

3.5.2 极不均匀电场中的击穿

SF_6 气体在极不均匀电场中的击穿有异常现象，主要表现在两个方面。首先，在极不均匀电场间隙中，随着电压的升高击穿电压并不总是增大的。图 3-23 给出正极性棒-板间隙的棒电极端部曲率半径 r 变化时，SF_6 的直流电晕起始电压 U_c 和击穿电压 U_b 随气压 p 的变化。由图可见，击穿电压随气压的增大先升高至一极大值，然后下降至一极小值，其后再慢慢上升。这种驼峰曲线在压缩空气中也会出现，但空气中出现击穿电压驼峰的气压很高，一般在 1MPa 左右；而 SF_6 中则通常出现在 0.1MPa～0.2MPa 范围内，即在气体绝缘设备的正常工作气压的范围内，所以需要特别注意。图 3-23 还表明，棒端曲率半径越小，即电场越不均匀时，驼峰现象越明显。

SF_6 气体在极不均匀电场间隙中击穿的另一个异常现象是，在出现击穿驼峰的气压范围内，雷电冲击击穿电压明显低于稳态击穿电压，如图 3-24 所示。实验表明，雷电过电压下冲击系数可低到 0.6 左右。这种异常击穿现象在空气中未见过报道。

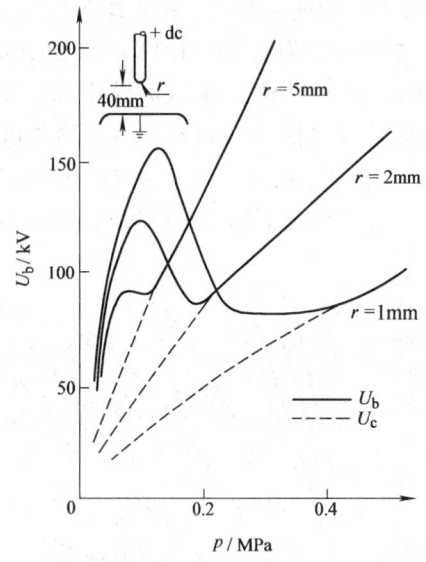

图 3-23 SF$_6$ 的直流电晕起始电压 U_c 和击穿电压 U_b 随气压 p 的变化

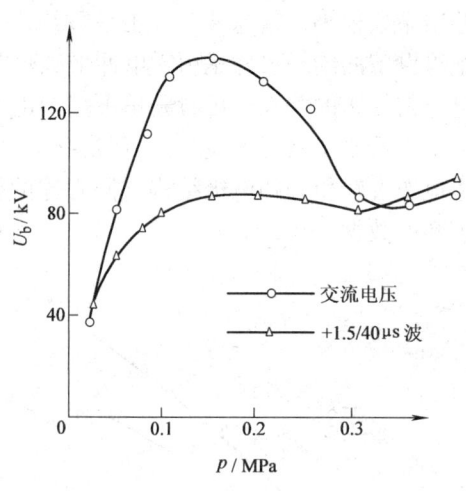

图 3-24 30mm 尖-球间隙中 SF$_6$ 的交流击穿电压（峰值）与正冲击击穿电压的比较（锥尖端部曲率半径为 1mm，球半径为 50mm）

极不均匀电场间隙中 SF$_6$ 击穿出现异常现象的原因是很复杂的，已有的研究结果只能说明异常现象与间隙中空间电荷的运动有关。出现击穿驼峰前，尖电极处的电晕具有辉光放电形式；这种情况下电晕空间电荷对尖电极有很好的屏蔽作用。当气压升高到击穿驼峰区，实验观察到除稳定电晕外还有一些明亮的线状放电。这种线状放电形式与长间隙放电时记录到的相似，因而被称为先导放电。驼峰区由于稳定电晕和先导放电同时存在，电晕仍对击穿起一定稳定作用。气压进一步升高时，空间电荷不易扩散到最佳位置，因此对尖电极的屏蔽作用大大削弱。如外施电压是雷电冲击波，则由于电晕空间电荷来不及移动到稳态电压作用时的位置，因而电晕对击穿的稳定作用很弱，在驼峰区气压范围内冲击击穿电压几乎完全由先导放电所决定，所以冲击击穿电压明显低于稳态击穿电压。

在进行气体绝缘设备的绝缘设计时，应尽量避免极不均匀电场间隙的情况，因为虽然图 3-23 表明，减小棒端曲率半径可提高击穿的驼峰电压，但必须注意其起始电晕电压是下降的，而且在驼峰区的冲击击穿电压实际上也未提高。但运动中的气体绝缘设备有时也难免出现极不均匀场间隙的情况，例如下一小节中将要讨论的导电微粒的影响就是一个例子。由于电极有严重缺陷时相当于不均匀电场的情况，U_b-p 曲线有可能出现驼峰，因此在现场高压试验中不可降低气压来做降低耐受电压的验收试验。

3.5.3 影响击穿场强的因素

影响 SF$_6$ 气体击穿场强的因素很多，主要有电极表面缺陷的影响、导电微粒的影响和气体中固体介质表面状态的影响。

(1) 电极表面缺陷的影响　图 3-19 表明，随着间隙中宏观的电场不均匀程度的增大，SF$_6$ 气体的击穿场强急剧下降（图中虚线所示）。实际上 SF$_6$ 气体对由电极表面缺陷引起的微观电场不均匀度也十分敏感。例如当电极表面粗糙度为几微米或几十微米时，不会影响间隙在大气中的击穿强度，但在 SF_6 气体中则会使击穿场强明显下降。其原因是当电场强度增大时，空气的电离系数增加得较慢，而 SF_6 的有效电离系数则增长得很快。

图 3-25 为 SF_6 中电极表面粗糙度系数 ξ 与电极表面粗糙度 R 的关系。ξ 为实际击穿场强与理论击穿场强（即理想光滑表面电极的击穿场强值）的比值。由图可见，ξ 值随 p 和 R 的增大而减小。对于工程应用的情况，ξ 通常只有 0.7 甚至更小。可见气体绝缘设备中，SF_6 气体的绝缘强度实际上并没有得到充分利用。

除了表面粗糙度外，电极表面还有其他零星的随机缺陷。由于这类缺陷出现的概率与电极表面积有关，所以电极表面积越大，击穿场强越低，称之为面积效应。

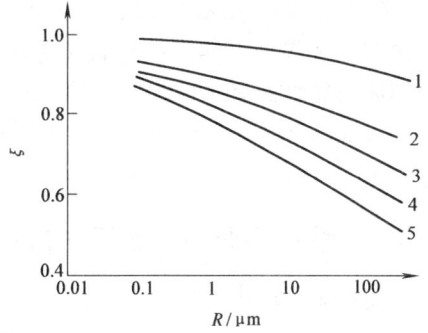

图 3-25 SF_6 中电极表面粗糙度系数 ξ 与电极表面粗糙度 R 的关系
1—0.05MPa 2—0.1MPa 3—0.15MPa
4—0.25MPa 5—0.4MPa

图 3-26 给出 SF_6 中击穿场强与电极面积关系的实验曲线。由图可见，电极表面越光滑和气压越高，则面积效应越显著，这是因为电极表面偶然因素对光滑表面的影响更大的缘故。随着面积的增加，击穿场强减小并趋近某一极限值 E_{min}。E_{min} 随气压的增加而增大，但存在饱和趋势，如图 3-27 所示。

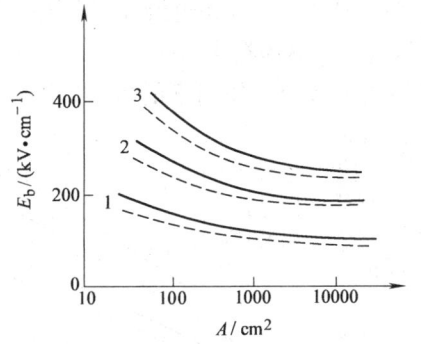

图 3-26 SF_6 中击穿场强与电极面积的关系
1—0.2MPa 2—0.4MPa 3—0.6MPa
实线为 $R=0.5\mu m$　虚线为 $R=20\mu m$

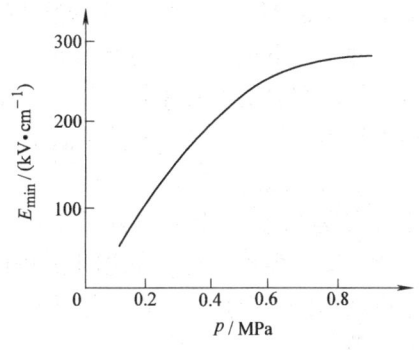

图 3-27 电极面积很大时 SF_6 的最小击穿场强与气压的关系

（2）导电微粒的影响　气体绝缘设备中的导电微粒可分为两种类型，即固定导电微粒和自由导电微粒。

电极上固定导电微粒的作用与前述电极表面缺陷相似。当线状导电微粒直立在电极表面上时，有可能使稍不均匀电场间隙的放电特性变为极不均匀电场中的放电特性（U_b-p 曲线出现驼峰）。自由导电微粒在电极间电场作用下跳动时，也会使电场畸变。图 3-28 给出同轴圆柱电极中由长度为 l 的线状自由导电微粒（铜线）引发的击穿电压与气压的关系。当线状微粒较长时，可以看到 U_b-p 曲线有明显的驼峰。

在充气管道电缆中，常根据法拉第笼的原理设置微粒陷阱，以消除自由导电微粒的影响。对于固定导电微粒，则可用加电压"老练"（用强场或火花消除微粒）的方法加以清除。

（3）固体介质表面状态的影响　固体介质的沿面放电常常是气体绝缘设备中绝缘的薄弱环节，如固体介质表面有污秽和发生凝露时，放电电压就会大大降低。关于气体中沿面放电将在第 4 章中讨论。

3.5.4　快前沿脉冲电压下的击穿

GIS 中开关操作会产生快速暂态过电压（Very Fast Transient Overvoltage，VFTO 或 VFT），可能导致 GIS 和邻近设备的绝缘事故。VFTO 有以下三个特点：

（1）VFTO 的波前很陡　其上升时间常在 5ns ~20ns 范围。这一特点是由于 SF_6 气体击穿特性决定的，因为压缩的强电负性气体的击穿场强很高，所以击穿瞬间气体间隙由绝缘状态向导通状态的跃迁时间极短，形成极陡的波前。

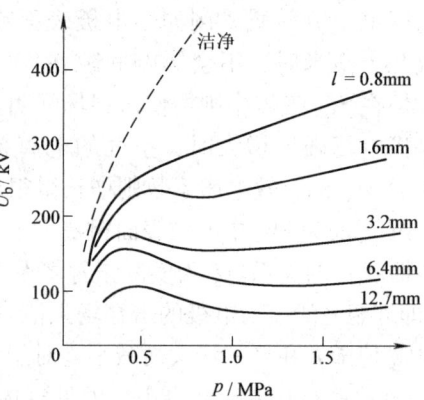

图 3-28　同轴圆柱电极（150/250mm）中由自由导电微粒引发的交流击穿电压（有效值）与气压的关系
实验所用铜导线直径为 0.4mm，
虚线表示无导电微粒情况

（2）VFTO 有高频电压分量　这是因为 GIS 的尺寸较常规的敞开式配电装置小得多，因而过电压行波在 GIS 中折、反射所需时间很短，一般情况下振荡频率在 0.1MHz ~ 10MHz 范围内。

（3）VFTO 的幅值通常并不高　其值与开关触头间电弧重燃特性有关，也与被开断母线上残余电荷产生的电压值有关。现场实测与模拟试验表明，其幅值很少超过最大相电压的 2 倍。

快速暂态过电压下发生的绝缘事故，曾使人们认为 SF_6 气体在 VFTO 波形下绝缘强度可能很低，但研究表明事实并非如此。目前对幅值并不高的 VFTO 作用下的事故有两种解释。一种观点认为，当操作隔离开关引起触头间发生放电时，由于击穿通道具有分支，使放电通道与外壳间电场分布发生畸变，因而在随后出现的过电压作用下，触头间击穿通道与外壳之间发生击穿。另一种观点则认为，VFTO 引起击穿是因为电极表面有缺陷的缘故。

图 3-29 表示 VFTO 和雷电下球-板间隙放电电压与 SF_6 气压的关系。由图可见，相同气压和间隙距离下，正极性 VFTO 和雷电冲击作用下稍不均匀电场间隙放电电压是高于负极性的，VFTO 下稍不均匀电场间隙击穿电压高于相应极性雷电冲击下的击穿电压。

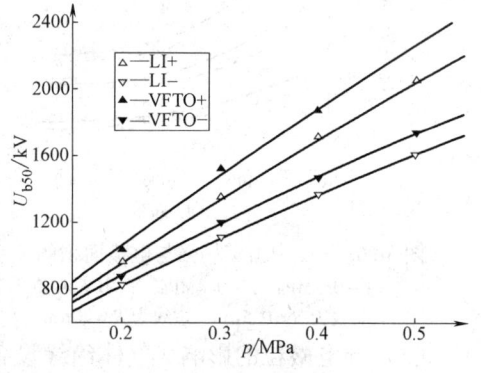

图 3-29　72 mm 球-板间隙击穿电压气压曲线

图 3-30 表示电极表面状态不同时 GIS 的伏-秒特性示意图，图中电压 U 以相对值表示。由图可见，当电极表面完好时，GIS 具有典型的稍不均匀电场间隙的伏-秒特性，即冲击波的波前越陡或波前时间越短，击穿电压越高，且负极性的击穿电压略低于正极性。图 3-31 所示为 VFTO 和雷电下 SF_6 棒-板间隙放电电压与气压的关系。由图可见，低气压下 SF_6 棒-板间隙放电特性与球板间隙放电特性类似，当 SF_6 气压达到 0.5MPa 时，负极性 VFTO 下间隙击穿电压低于负极性雷电冲击。这表明，当电极表面有针状突起物时，电场分布已变为极不均匀，因而出现异常击穿现象。即冲击波的波前时间越短，电晕稳定性作用越差，击穿电

压越低。所以在 VFTO 作用下有可能发生击穿事故。

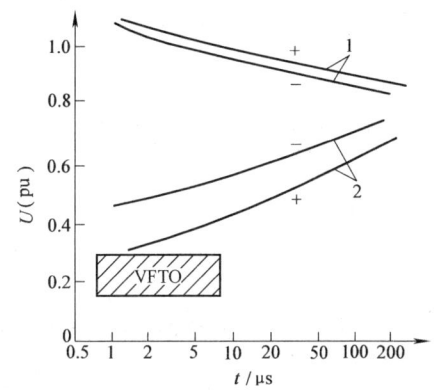

图 3-30 不同电极表面状态的 GIS 的伏-秒特性
1—电极表面完好 2—电极表面有针状突起物

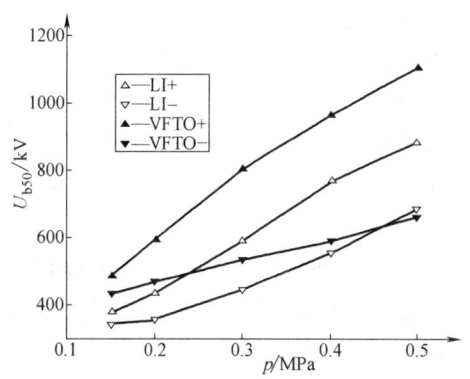

图 3-31 112mm 棒-板间隙击穿电压气压曲线

3.6 提高气体间隙击穿电压的措施

为了减小绝缘尺寸，常采取各种措施使间隙绝缘距离尽可能缩短。提高气隙击穿电压不外乎两种途径，一是改善电场分布使之尽量均匀，二是设法削弱气体中的电离过程。以下对这两种措施作一简单的介绍，在解决工程问题时应根据实际情况采取行之有效的措施。

3.6.1 改善电场分布的措施

由前述可知，电场分布越均匀，则间隙的平均击穿场强越高。因此改善电场分布可以有效地提高间隙的击穿电压。改善间隙电场分布可以采用以下几种办法。

（1）改善电极形状　例如采用屏蔽罩、扩径导线管增大电极曲率半径，或改善电极边缘形状以消除边缘效应。近年来随着电场数值计算的广泛应用，在设计电极时常使其具有最佳外形以提高间隙的击穿电压。

即使对于极不均匀场的长空气间隙，电极形状对击穿也有相当明显的作用，如图 3-32 所示。由图可见，在选择超高压输电线路的空气间隙时，如按照棒-板和棒-棒间隙的击穿电压曲线，可能会使设计过于保守。

（2）利用空间电荷对原电场的畸变作用　在 2.4.2 小节中曾提到利用电晕放电产生的空间电荷来改善极不均匀场间隙中的电场分布，从而提高间隙的击穿电压（参看图 2-11）。但应该指出，上述细线效应只存在于一定的间隙距离之内，间隙距离超过一定值，细线也将产生刷状放电，从而破坏比较均匀的电晕层，使击穿电压与尖-板或尖-尖间隙的相近了。另外，此种提高击穿电压的方法仅在持续电压作用下才有效，在雷电冲击电压下并不适用。

（3）极不均匀电场中屏障的采用　在电场极不均匀的空气间隙中，放入薄片固体绝缘材料（如纸或纸板），在一定条件下可以显著地提高间隙的击穿电压，如图 3-33 所示。由图可见，屏障的最佳位置约在 $d_1/d = 0.2$（d_1 为屏障离尖电极的距离，d 为间隙距离）。图中屏障以绘图纸制成，本身的击穿电压很低，屏障的作用在于其表面上积聚的空间电荷，使屏障与板电极之间形成比较均匀的电场，从而使整个间隙的击穿电压提高。可见，屏障应尽量靠近尖电极，使比较均匀的电场区扩大。但屏障离尖电极过近时，屏障上空间电荷的分布将变得不均匀而使屏障效应减弱，因此屏障有一最佳位置。图3-34给出正尖-板间隙中屏障使电场分布改善的示意图。负尖-板间隙中屏障的作用是相似的，只是此时屏障上积聚的是负电荷。由图3-33可见，当有屏障时，在大部分d_1/d的范围内，正、负极性的击穿电压是相同的，这证明了上述对屏障作用的解释。屏障靠近尖电极或板电极时，屏障效应消失，此时击穿电压接近无屏障的情况，即正、负极性下又出现很大的差别。

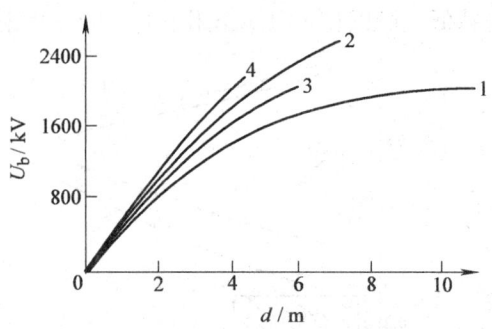

图3-32　长空气间隙的交流击穿电压
1—棒-板　2—棒-棒　3—导线-杆塔支柱
4—导线-导线

工频电压下，在尖-板电极中设置屏障可以显著地提高击穿电压，因为工频电压下击穿总是发生在尖电极为正极性的半周内。雷电冲击电压下，屏障也可提高正尖-板间隙的击穿电压，但提高的幅度比稳态电压下小一些。

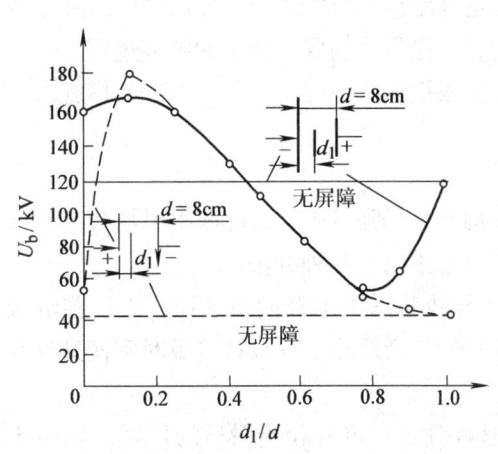

图3-33　直流电压下尖-板空气间隙的
击穿电压和屏障位置的关系

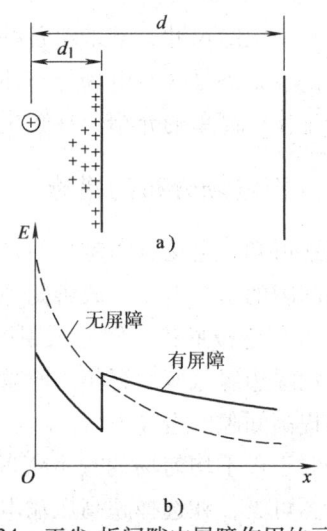

图3-34　正尖-板间隙中屏障作用的示意图
a) 击穿前屏障上电荷的积聚
b) 屏障上电荷对间隙中电场分布的改善

3.6.2　削弱电离过程的措施

第2章中曾经提到，提高气压可以减小电子的平均自由行程，从而削弱气体中电离过程。此外，强电负性气体的电子附着过程也会大大削弱碰撞电离的过程。采用高真空使电子的平均自由行程远大于间隙长度，因而使极间碰撞电离几乎不可能发生，这也是提高间隙击穿电压的一种途径。以上几种措施都已在工程中得到应用。

（1）高气压的采用　提高气体压力以提高气体的绝缘强度是一种行之有效的方法。图3-35为压缩空气、SF_6、高真空、变压器油和大气在均匀电场中击穿电压的比较。由图可见，2.8MPa的空气具有极高的击穿电压，但这种情况下电气设备外壳的机械强度和密封的要求很高。目前广泛应用 SF_6 气体，因为在达到同样的击穿场强时，SF_6 的气压可以低得多。前已提及，高气压的空气在极不均匀电场中的 U_{b-p} 曲线也有驼峰现象，因此在极不均匀电场间隙中采用高气压的优点并不明显。

（2）强电负性气体的应用 SF_6 和一些氟里昂气体属于强电负性气体，其绝缘强度比空气高得多，因此用于电气设备时其气压不必太高，使设备的制造和运行得以简化。目前得到工程应用的强电负性气体只有 SF_6，因为其他强电负性气体或因液化温度太高、或因有毒、或因价格过高，不能用作电气设备中的气体绝缘介质。氟里昂 12（CCl_2F_2）的绝缘强度与 SF_6 相近，其液化温度也可满足户内设备的条件，但为保护大气中的臭氧层，国际上早已将氟里昂 12 列入第一批需限制和禁用的氟里昂，

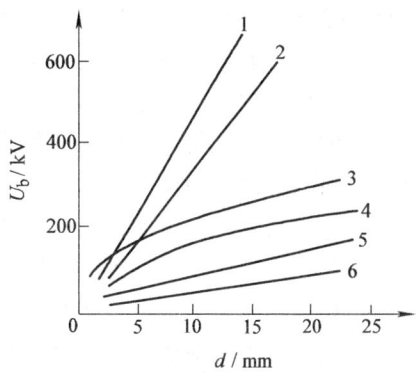

图 3-35 均匀电场中几种绝缘介质的击穿电压与距离的关系
1—2.8MPa 的空气　2—0.7MPa 的 SF_6
3—高真空　4—变压器油
5—0.1MPa 的 SF_6　6—大气

不能再使用。关于 SF_6 的特性可参看 2.1.3、2.3.3 小节和 3.5 节。SF_6 的价格较高，且用于断路器时（气压在 0.7MPa 左右）其液化温度尚不能满足高寒地区的要求，因此在工程应用中有时采用 SF_6 混合气体。已得到工程应用的混合气体是 SF_6-N_2 混合气体，通常其混合比在各 50% 左右。这种混合气体的液化温度能满足高寒地区的要求，其绝缘强度约为纯 SF_6 的 85% 左右。SF_6 气体是《京都议定书》中列出的第 6 种温室气体，其温室效应相当于 CO_2 的 23900 倍，且 SF_6 气体不会自然分解，在大气中寿命长达 3200 年。因此目前的技术发展趋势是在 SF_6 用气量大的气体绝缘管道输电线中改用 SF_6 含量较小的 N_2-SF_6 混合气体（SF_6 的含量为 20% 时，混合气体的绝缘强度为纯 SF_6 的 75% 左右）。

（3）高真空的采用 在高真空中，击穿机理不能用第 2 章所述的碰撞电离过程解释，因为这种情况下按电子碰撞电离理论分析，击穿电压将极高，甚至趋于无限大。由图 3-35 可见，间隙距离较小时高真空的击穿场强很高，其值超过压缩气体间隙；但间隙距离较大时击穿场强急剧减小，明显低于压缩气体间隙的击穿场强。图 3-36 进一步给出高真空间隙的击穿场强随间隙距离的增大而急剧下降的规律。真空击穿理论对这一现象是这样解释的：高真空小间隙的击穿与阴极表面的强场发射密切有关［参看 2.1.2 小节中（3）］。由于强场发射造成很大的电流密度，导致电极局部过热使电极释放出气体并发生金属汽化，破坏了真空，从而引起击穿。间隙距离较大时，击穿是由所谓全电压效应引起的。随着间

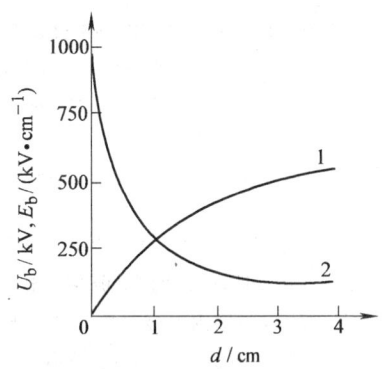

图 3-36 均匀场中高真空的击穿电压、击穿场强与电极距离的关系
1—击穿电压　2—击穿场强

隙距离及击穿电压的增大，电子从阴极到阳极经过了巨大的电位差，积聚了很大的动能。高能电子轰击阳极时能使阳极释放出正离子及辐射出光子。正离子及光子到达阴极后又将加强阴极的表面电离。在此反复过程中产生越来越大的电子流，使电极局部汽化，导致间隙击

穿。这就是全电压效应引起平均击穿场强随间隙距离的增加而降低的原因。

由上所述可见，真空间隙的击穿电压与电极材料、电极表面粗糙度和清洁度（包括吸附气体的多少和种类）等多种因素有关，因此击穿分散性很大。图 3-37 表示稍不均匀电场中高真空的击穿电压与电极材料的关系。由图可见，在完全相同的实验条件下，击穿电压随电极材料熔点的提高而增大，这与前述的阴极表面微观突起物熔化蒸发的理论相符（由于强场发射电流达到临界电流密度，致使金属微细突起物迅速熔化成金属蒸气导致击穿）。上述实验结果也为图 3-38 的实验所证实，图 3-38 表明，对电极采取冷却措施具有与提高电极材料熔点相同的效果，也可使击穿电压提高。

在电力设备中目前还很少采用高真空作为绝缘，因为电力设备的绝缘结构中总会使用固体绝缘材料，这些固体绝缘材料会逐渐释放出吸附的气体，使真空无法保持。目前真空间隙只在真空断路器中得到应用。真空不仅绝缘性能好，而且有很强的灭弧能力，所以真空断路器已广泛应用于配电网络中。

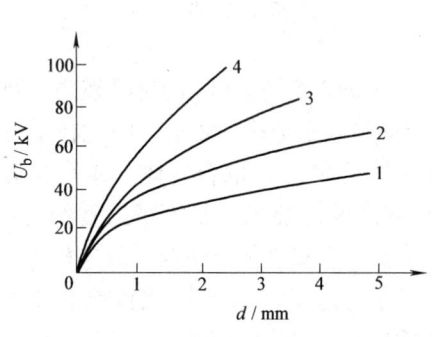

图 3-37 稍不均匀电场中高真空的直流
击穿电压与电极材料的关系
1—锌 2—铝 3—铜 4—钢

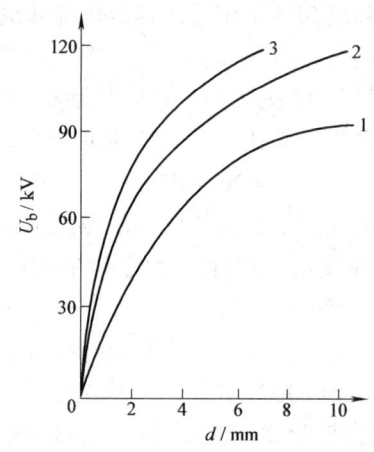

图 3-38 电极材料与电极温度对高真空
交流击穿电压的影响
1—铜电极 $T=293K$ 2—铜电极 $T=80K$
3—钢电极 $T=293K$

习 题

3.1 用经验公式计算间隙距离为 2cm 的均匀电场空气间隙的工频平均击穿场强。

3.2 试证明同轴圆柱电极在外电极半径 R 不变而改变内电极半径 r 时，其自持放电电压出现极大值的条件是 $R/r=e$（即内电极表面场强出现极小值的条件）。

3.3 推导同心球间隙的电场不均匀系数的表达式。

3.4 试确定 750kV 工频试验变压器高压出线端对墙的距离（安全系数可取为 1.8）。

3.5 输电线路导线对杆塔的间隙系数为 1.35，间隙长度为 8m，问该间隙在操作过电压下的最小击穿电压为多少？

3.6 试验求得棒间隙的工频击穿电压的有效值为 300kV，试验时气压为 99.8kPa，气温为 25°C，湿度为 20g/m³。问该间隙在标准大气条件下击穿电压应为多少？

3.7 某 110kV 电气设备如在平原地区使用，外绝缘的工频试验电压（有效值）为 265kV，如准备用在海拔为 3500m 地区，问其在平原地区的试验电压应增加到多少？

第4章 气体中沿固体绝缘表面的放电

在空气绝缘和气体绝缘设备中，都有沿固体绝缘表面放电的问题，因为高压导体总是需要用固体绝缘材料来支撑或悬挂的，这种固体绝缘称为绝缘子，在气体绝缘设备中也常称为绝缘支撑。此外，高压导体穿过接地隔板、电器外壳或墙壁时，也需要用固体绝缘加以固定，这类固体绝缘称为套管。沿整个固体绝缘表面发生放电时称为闪络，在放电距离相同时，沿面闪络电压低于纯气隙的击穿电压。在工程中，很多情况下事故往往是由沿面闪络造成的，因此对沿面放电特性的认识是十分重要的。

4.1 界面电场分布的典型情况

气体介质与固体介质的交界面称为界面。界面电场分布的情况对沿面放电的特性有很大的影响。界面电场分布有以下三种典型的情况，如图4-1所示。

（1）固体介质处于均匀电场中，且界面与电力线平行，如图4-1a所示。这种情况在工程中较少遇到，但实际结构中会遇到固体介质处于稍不均匀电场的情况，此时放电现象与均匀电场中的现象有很多相似之处。

（2）固体介质处于极不均匀电场中，且电力线垂直于界面的分量（以下简称垂直分量）比平行于表面的分量要大得多，如图4-1b所示。套管就属于这种情况。

（3）固体介质处于极不均匀电场中，但在界面大部分地方（除紧靠电极的很小区域外），电场强度平行于界面的分量要比垂直分量大，如图4-1c所示。支柱绝缘子就属于这种情况。

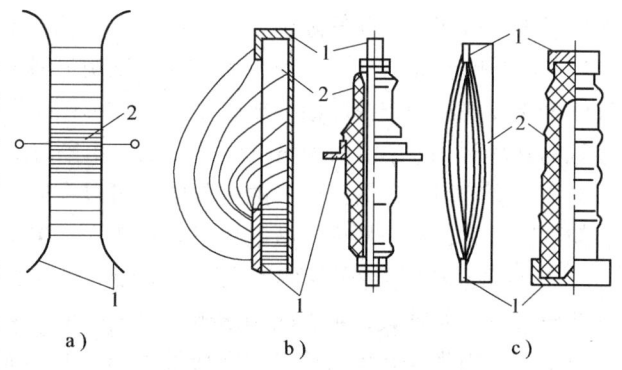

图4-1 介质在电场中的典型布置方式
a）均匀电场 b）界面上电力线有强垂直分量
c）界面上电力线有弱垂直分量
1—电极 2—固体介质

这三种情况下的沿面放电现象有很大的差别，下面分别加以讨论。

4.2 均匀电场中的沿面放电

尽管在均匀电场的情况下固体介质的引入并不影响电极间的电场分布，但放电总是发生在界面，且闪络电压比空气间隙的击穿电压要低得多，如图4-2所示。由图可见，沿面闪络电压与固体绝缘材料特性有关，例如石蜡的闪络电压比瓷高。这是因为石蜡表面不易吸附水分，而瓷和玻璃表面吸附水分的能力较大的缘故。固体介质表面吸附水分形成水膜时，水膜中离子在电场作用下向电极移动,会使沿面电压分布不均匀,因而使闪络电压低于纯空气间隙的击穿电压。此外介质表面粗糙也会使电场分布畸变,从而使闪络电压降低。上述影响因素在高气压时表现得更为明显,如图4-3所示。

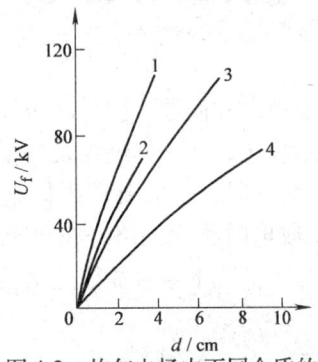

图4-2 均匀电场中不同介质的沿面闪络电压(工频峰值)
1—作为比较的空气隙击穿 2—石蜡
3—瓷 4—与电极接触不紧密的瓷

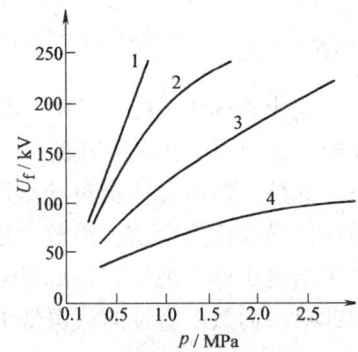

图4-3 均匀电场中气压对氮气中沿面闪络电压的影响
1—氮气间隙 2—塑料
3—胶布板 4—瓷

除固体材料的影响外,固体介质是否与电极紧密接触对闪络电压有很大影响。因为在固体介质与电极间存在气隙时,则由于气体介质的介电常数比固体介质低,气隙中的场强将比平均场强高得多,因此气隙中将发生放电。气隙放电产生的带电质点到达固体介质与气体的交界面时,畸变原有电场,使沿面闪络电压明显降低,如图4-2中曲线4所示。这一现象在气体绝缘设备绝缘支撑的沿面放电中也存在。图4-4表示同轴圆柱电极中,绝缘支撑与电极接触的好坏对SF_6中沿面闪络电压的影响。由图可见,固体介质与电极接触的好坏对沿面闪络电压的影响很大。为消除气隙中放电,可以在固体介质与电极的接触面上形成一导电覆盖层使气隙短路,或采用内屏蔽电极以减小界面在电极处的场强。

图4-5以支柱绝缘子为例,说明内屏蔽电极对提高沿面闪络电压的作用。由图可见,内屏蔽电极深度h越大,则正极性雷电冲击闪络电压越高,但h太大会使负极性冲击闪络电压有所下降,因为h增大将使接地电极处界面上的场强增大。所以图4-5中内屏蔽电极有一最佳深度,约为10cm左右。

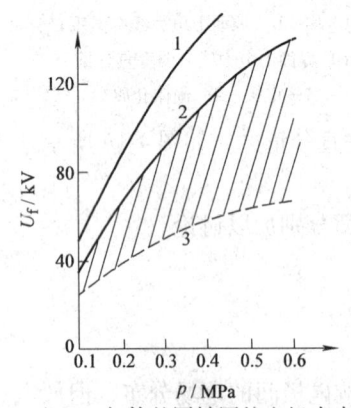

图4-4 充SF_6气体的同轴圆柱电极中支撑与电极接触的好坏对沿面闪络电压的影响
1—纯SF_6气体 2—支撑与电极接触良好
3—支撑与电极接触不良

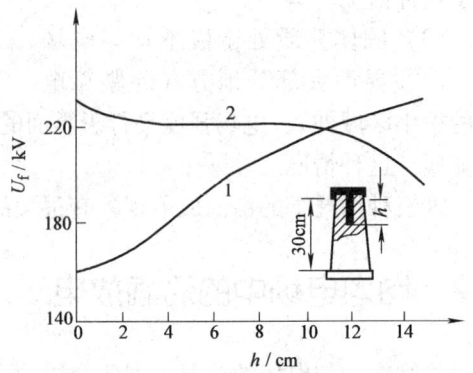

图4-5 支柱绝缘子的内屏蔽电极深度h对雷电冲击闪络电压的影响
1—正极性 2—负极性

4.3 极不均匀电场中的沿面放电

图 4-1 说明按电力线在界面上垂直分量的强弱,极不均匀电场中沿面放电可分为两种类型。有强垂直分量时闪络电压较低,且放电对绝缘的危害也大,因此本节中将对此类沿面放电作较为详细的讨论。

4.3.1 具有强垂直分量时的沿面放电

套管和高压电机绕组出槽口的结构都属于具有强垂直分量的情况,现以最简单的套管为例进行讨论。

图 4-6 表示在交流电压下套管沿面放电发展的过程和套管表面电容的示意图。随着外施电压升高,首先在接地法兰处出现电晕放电形成的光环(见图 4-6a),这是因为该处的电场强度最高。随着电压的升高,放电区逐渐形成由许多平行的火花细线组成的光带,如图 4-6b 所示。放电细线的长度随外施电压的提高而增加,但此时放电通道中电流密度较小,压降较大,伏-安特性仍具有上升的特性,属于辉光放电的范畴。当外施电压超过某一临界值后,放电性质发生变化,个别细线开始迅速增长,转变为树枝状有分叉的明

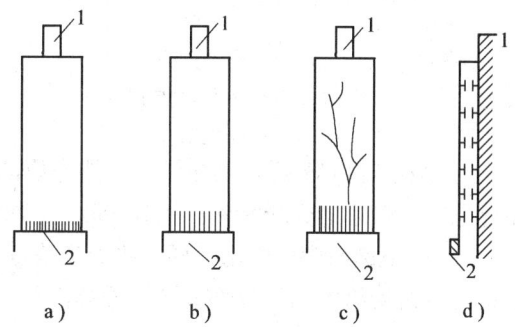

图 4-6 沿套管表面放电的示意图
a) 电晕放电 b) 细线状辉光放电
c) 滑闪放电 d) 套管表面的电容示意
1—导杆 2—接地法兰

亮的火花通道,如图 4-6c 所示。这种树枝状放电并不固定在一个位置上,而是在不同的位置交替出现,所以称为滑闪放电。滑闪放电通道中电流密度较大,压降较小,其伏-安特性具有下降特性,因此有理由认为滑闪放电是以介质表面放电通道中发生了热电离为特征的。滑闪放电的火花随外施电压迅速增长,通常沿面闪络电压比滑闪放电电压高得不多。

以下进一步分析固体绝缘的介电性能和几何尺寸对沿面放电的影响。可将介质用电容和电阻表示,将套管型沿面放电问题简化为链形等效回路,如图 4-7 所示。因为放电只与电场分布有关而与电极的电位无关,所以在图 4-7 中按通常习惯,认为法兰上加有高压(HV)而导杆则处于地电位。图中 R_s 表示固体介质单位面积的表面电阻,而 C_0 (F/cm²)则表示介质表面单位面积(1cm²)对导杆的电容(比电容)

$$C_0 = \frac{\varepsilon_r}{4\pi \times 9 \times 10^{11} R \ln \frac{R}{r}} \tag{4-1}$$

式中,ε_r 为固体介质的相对介电常数;r、R 为圆柱形介质的内、外半径(cm)。

在图 4-7 的等效电路中未画出与 C_0 并联的介质体积电阻,因为即使在工频电压下,绝缘体积电阻也远比 C_0 的容抗要大,因此在分析时可以忽略。这一等效电路也适用于雷电冲击电压下的情况,但不适用于直流电压下的情况。

图 4-8 表示按图 4-7 所示等效电路计算的沿介质表面的电压分布。

图4-8中所示的电压不均匀分布是容易理解的,因为靠近法兰处的 R_s 中流过的电流大于远离法兰处的 R_s 中流过的电流,所以法兰附近的场强最大。由图4-7可见,R_s 和 C_0 的值越小则沿面电压分布越均匀。因此要提高套管的电晕起始电压和滑闪放电电压可以采取以下方法:

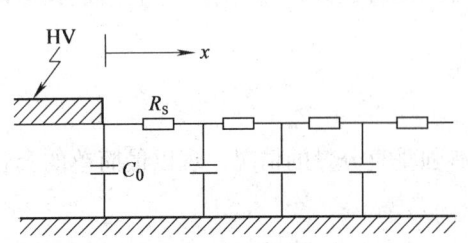

图4-7 分析套管沿面放电的等效电路图
R_s—单位面积的介质表面电阻
C_0—介质的比电容

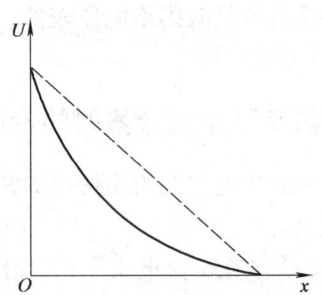

图4-8 按图4-7得出的介质表面的电压分布
(虚线为 $R_s \to 0$ 或 $C_0 \to 0$ 时的电压分布)

1)减小比电容 C_0。例如增大固体介质的厚度,特别是加大法兰处套管的外径;也可采用介电常数较小的介质,例如用瓷-油组合绝缘代替纯瓷介质。

2)减小绝缘表面电阻,即减小介质表面电阻率。例如在套管靠近接地法兰处涂半导体釉;在电机绝缘的出槽口部分涂半导体漆等。

对图4-7所示的等效电路进行定量分析后,可以得出在工频电压下各种形式沿面放电的起始电压 U_0 与比电容 C_0 的关系为

$$U_0 = \frac{k_f}{\sqrt{C_0}} \tag{4-2}$$

式中,k_f 为系数,由介质性能和放电形式(电晕还是滑闪)决定。

由试验得出的工频电压下滑闪放电起始电压 U_{cr}(有效值,单位为 kV)与比电容的关系,可用经验公式表达为

$$U_{cr} = \frac{1.36 \times 10^{-4}}{C_0^{0.44}} \tag{4-3}$$

式中,C_0 的算式见式(4-1)(F/cm²)。

比较式(4-2)与式(4-3)可见,理论分析与实验结果是符合的。

必须指出,滑闪放电现象只出现在工频交流电压和冲击电压下,直流电压下没有明显的滑闪放电现象,而且直流电压下介质厚度对闪络电压的影响也很小。直流电压下沿面放电的这一特点可作这样的理解:直流下 C_0 不起作用,因此影响沿面电压分布的只是绝缘体积电导电流。绝缘体积电导电流很小,因此直流下沿面电压分布比交流下均匀,放电通道中电流也比交流下小,不易引起热电离,所以无明显滑闪放电现象,其沿面闪络电压因而比交流下要高。

4.3.2 具有弱垂直分量时的沿面放电

电场具有弱垂直分量的情况下,电极形状和布置已使电场很不均匀,因而介质表面积聚电荷使电压重新分布所造成的电场畸变,不会显著降低沿面放电电压。另外这种情况下电场

垂直分量较小，沿表面也没有较大的电容电流流过，放电过程中不会出现热电离现象，故没有明显的滑闪放电现象，因而垂直于放电发展方向的介质厚度对放电电压实际上没有影响。图 4-9 给出圆管形固体介质上套有两个环状电极时，沿面工频闪络电压峰值与极间距离的关系。

由图 4-9 所示曲线可知，沿面闪络电压与空气击穿电压的差别比前述两种电场情况要小得多。因此这种情况下，为提高沿面放电电压，主要从改进电极形状以改善电极附近的电场着手，例如采用图 4-5 所示的内屏蔽电极，或采用外部屏蔽电极如屏蔽罩和均压环等。图 4-10 给出 330kV 绝缘子柱采用均压环改善电压分布的例子。采用均压环不但减弱了电极边缘的场强，而且还由于流经均压环与介质表面间的分布电容电流，部分地补偿了介质的对地电容电流，改善了电压分布，如图 4-11 所示，从而提高了闪络电压。一般高度在 2m 以上的绝缘子柱和套管采用均压装置后有良好的效果。例如 3.3m 高的绝缘子柱的闪络电压为 588kV，装上直径为 1.5m 的圆形均压环后，闪络电压可提高到 834kV，即增加约 42%。

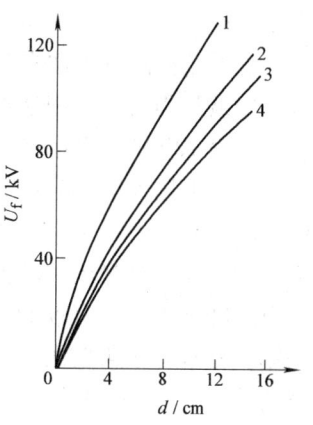

图 4-9 沿不同材料圆管表面的工频闪络电压峰值与极间距离的关系
1—空气隙击穿 2—石蜡
3—胶纸 4—瓷和玻璃

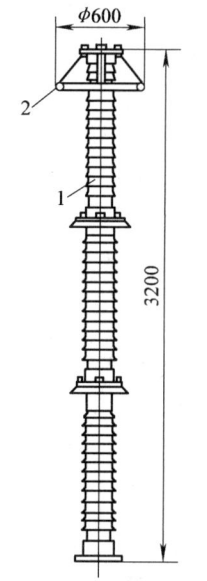

图 4-10 330kV 绝缘子柱
1—绝缘子 2—均压环

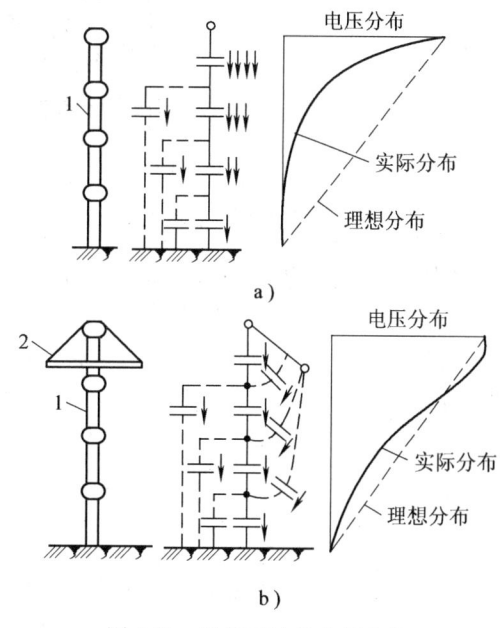

图 4-11 绝缘子柱的电压分布
a) 无均压环 b) 有均压环
1—绝缘子柱 2—均压环

330kV 及更高电压的悬式绝缘子串一般也装有均压环，以改善沿绝缘子串的电压分布。悬式绝缘子的一个突出优点是可将多个绝缘子用简单的机械方法组成绝缘子串，串中绝缘子数决定于线路所要求的绝缘水平，例如 35kV 线路一般用 3 片，110kV 用 7 片，220kV 用 13 片，330kV 用 19 片，500kV 用 28 片。用于耐张杆塔时考虑到绝缘子老化较快，通常增加 1

~2片。在机械负荷很大的场合,可以用几串同样的绝缘子串并联使用。

长绝缘子串的电压分布很不均匀,这是由于绝缘子的金属部分与接地的铁塔和高压导线间有杂散电容引起的。图 4-12 用电容链分析绝缘子串中各绝缘子承受电压的不均匀分布情况。这种等效回路的方法在分析绝缘结构中其他问题时也很有用,例如在第 8 章中分析变压器绕组中波过程时也采用这种电容链等效回路。图 4-12a 中只考虑绝缘子对杆塔的杂散电容 C_E,而图 4-12b 则只考虑绝缘子对导线的杂散电容 C_L。实际上二者都存在,所以串中各绝缘子承受的电压如图 4-12c 所示。一般绝缘子本身电容 C 约为 30pF~50pF,C_E 约为 4pF~5pF,而 C_L 仅 0.5pF~1pF,因此 C_E 的影响比 C_L 大,即绝缘子串中靠近导线的绝缘子的电压降最大。串中绝缘子数越多,电压分布越不均匀,所以用增加绝缘子数来减小导线处绝缘子的电压降并不是很有效的。增大 C 可以使电压分布的均匀性改善,但这受到绝缘子结构的限制,常常无法再增大。在导线处装均压环可使 C_L 增大,以补偿 C_E 的影响。例如 330kV 线路的绝缘子串由 19 片绝缘子组成时,靠导线的第一片绝缘子承受的电压为总电压的 11.5%,装了翘椭圆形的均压环后降至 7.1%,可见均压环的效果是很明显的。

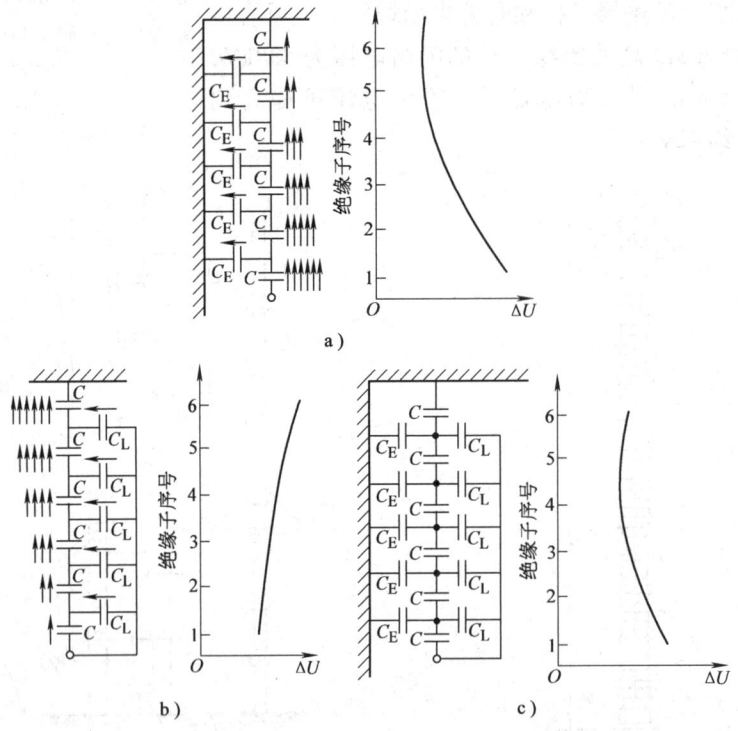

图 4-12 绝缘子串的等效电路及各绝缘子承受的电压
a) 只考虑对地电容 C_E b) 只考虑对导线电容 C_L
c) 同时考虑 C_E 及 C_L

4.4 受潮表面的沿面放电

户内绝缘子和套管在环境相对湿度很大时,介质表面上会发生凝露。户外绝缘子和套管在受雨淋时,部分介质表面会完全被水膜所覆盖,这种情况下闪络电压比介质表面受潮时的下降更为严重,所以在绝缘设计时必须予以考虑。

4.4.1 表面凝露对沿面放电的影响

第 3 章 3.4 节中已经提到,在介质表面未发生凝露时,空气中绝对湿度增大,绝缘子沿面闪络电压会略有提高。但介质表面发生凝露时,则沿面闪络电压将明显下降。因为是否发生凝露与大气的相对湿度有关,所以它不仅取决于绝对湿度的大小,还与介质表面温度有很大关系。

图 4-13 表示清洁环氧树脂支柱绝缘子的交流闪络电压与空气相对湿度的关系。由图可见,当相对湿度（RH）在 60% 以下时,闪络电压 U_f 随 RH 的增加略有提高,这在沿面放电距离为 60mm 时尤为明显。这是因为在环境温度恒定的情况下,相对湿度的提高即意味着绝对湿度的提高。但当 RH 超过 60% 后,闪络电压明显下降,其原因在于介质表面凝露。

SF_6 中绝缘子表面凝露会使闪络电压大大下降。图 4-14 表示 SF_6 中绝缘支撑的工频沿面闪络电压与气体相对湿度的关系。图中曲线 1 说明,在一般环境温度下（-2℃ ~ +40℃）,当 RH 为 50% 时,闪络电压 U_f 可下降 5% ~ 17%,湿度更大时 U_f 可下降 50%。但曲线 2 表明在低温下（-29℃ ~ -2℃）U_f 的下降并不明显,因为此时气体中水分将在固体介质表面凝聚成霜而不是液态的露。

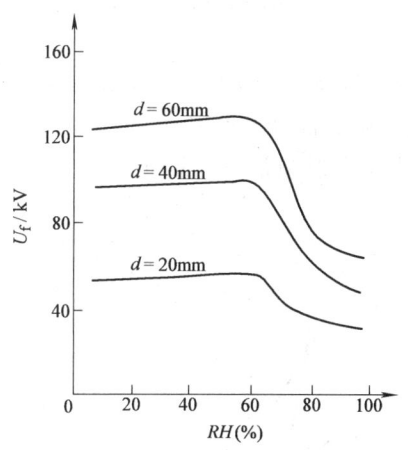

图 4-13 不同放电距离 d 时清洁的环氧树脂支柱绝缘子的交流闪络电压与空气相对湿度的关系
（环境温度为 30℃）

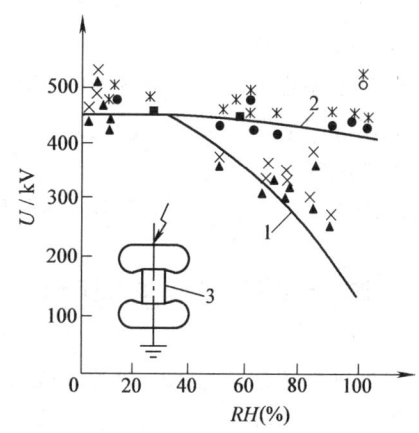

图 4-14 SF_6 中工频沿面闪络电压与气体相对湿度的关系（气压 $p = 0.35$ MPa）
1—气温为 -2 ~ +4℃ ×闪络电压 ▲耐受电压
2—气温为 -29 ~ -2℃ *闪络电压 ●耐受电压
3—环氧树脂绝缘子

4.4.2 表面淋雨对沿面放电的影响

淋雨状态下的闪络电压,即湿闪络电压是户外绝缘子的一项重要的性能指标,也是决定户外绝缘子外形的重要因素。

介质表面完全淋湿时,雨水形成连续的导电层,因此泄漏电流增大,闪络电压大大降低。图 4-15 说明,被标准的人工雨淋湿的光滑瓷柱的湿闪电压仅为干闪电压的 40% ~ 50%。如果雨水的电导率增加,则闪络电压还要降低,如图 4-16 所示。

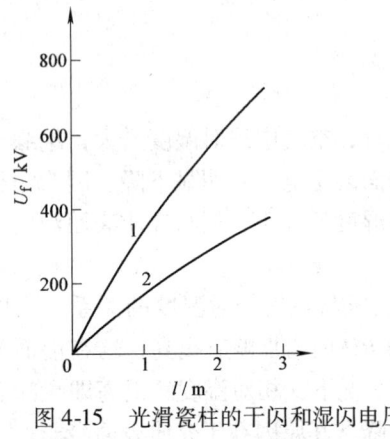

图 4-15 光滑瓷柱的干闪和湿闪电压
1—干闪 2—湿闪

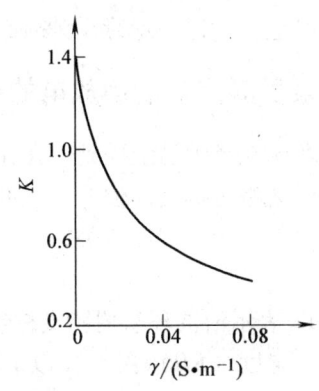

图 4-16 雨中电导率对湿闪电压的影响
（取雨水电导率为 0.1S/m 时的闪络电压为 1）

表面完全淋湿的沿面放电过程与介质表面有脏污时的沿面放电过程（见本章的 4.5 节）有些类似。它们的差别在于，淋雨时雨水能更快地将表面局部烘干的间隙重新湿润，恢复连续的导电层，所以泄漏电流两次跃变的时间间隔很短，甚至完全连续，没有跃变的现象。

要提高绝缘子的湿闪电压，必须在绝缘子外形设计时使淋雨状态下（实验室湿闪试验时取淋雨角为 45°以模拟较严重的自然降雨情况）介质表面有一部分不直接受雨淋。为此户外绝缘子都有伞裙。

绝缘子伞裙突出于主干直径的宽度与伞间距离之比，通常取为 1:2。伞裙宽度进一步增大不能使湿闪电压再提高，因为这种情况下放电已离开瓷表面而在伞边缘的空气间隙中发生。但如绝缘子运行地区受到一定的污染，则为了适当增大泄漏距离（见 4.5 节），可将伞宽与伞距之比加大，即在 1/2~1 的范围内选取。

4.5 脏污绝缘表面的沿面放电

户外绝缘子常会受到工业污秽或自然界盐碱、飞尘等污染。干燥情况下，绝缘子表面污层的电阻很大，对闪络电压没多大影响。但当大气湿度很高或在毛毛雨、雾、露、雪等不利气象条件下，绝缘子表面污层被湿润，其表面电导剧增使绝缘子泄漏电流急剧增加。其结果是绝缘子的闪络电压（污闪电压）大大降低，甚至有可能在工作电压下发生闪络，如图 4-17 所示。因为污闪事故一般是在工作电压下发生的，常常会造成长时间、大面积的停电，要待不利的气象条件消失后才能恢复供电，因此污闪事故对电力系统的危害特别大。介质表面脏污时的沿面放电过程与清洁表面完全不同，因此研究脏污表面的沿面放电，对污秽地区的绝缘设计和安全运行有重要意义。

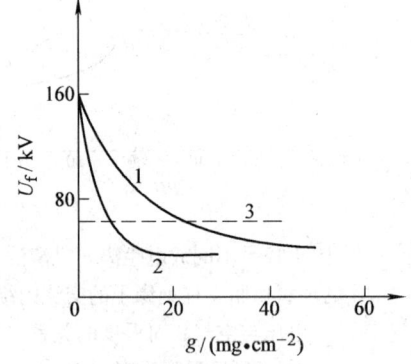

图 4-17 绝缘子闪络电压与污染程度
（以单位面积的污量表示）的关系
1—电站烟灰 2—炼铝厂尘埃
3—绝缘子工作电压

4.5.1 污闪的发展过程

图 4-18 表示涂有污层的玻璃板的污秽放电过程的示意图。实验中施加恒定的工频电压,同时使污层受潮。污层刚受潮时,介质表面有明显的泄漏电流流过,此时电压分布是比较均匀的,如图 4-18a 所示。由于污层不可能十分均匀,且各处受潮情况也会有差别,使污层表面电阻出现不均匀的情况。电阻大的地方发热多,污层干得快些,因而使该处电阻变得更大,如此在污层表面逐渐形成一个或几个高电阻的"干燥带"。干燥带的出现,使污层的泄漏电流减小,并在干燥带形成很大的电压降,如图 4-18b 所示。当干燥带的电位梯度超过沿面闪络场强时,干燥带发生放电,放电的热量使干燥带扩大,同时由于湿润区的不断缩小,也即回路中与放电间隙串联的电阻减小,使电流迅速增大以致引起热电离,所以干燥带的放电具有电弧特性,这就是出现局部电弧的阶段,如图 4-18c 所示。局部电弧是否能发展成闪络,决定于外施电压的大小和剩余湿污层的电阻。由图 4-19 所示的模型电路可以看出,外施电压越高或剩余电阻 R 的阻值越小,则越容易发展成闪络。

由上述可见,污闪是一个局部电弧伸展的过程,也就是一个湿污秽层烘干的过程,因此其发展需要较长的时间。这一点是与前述的沿面闪络过程完全不同的。

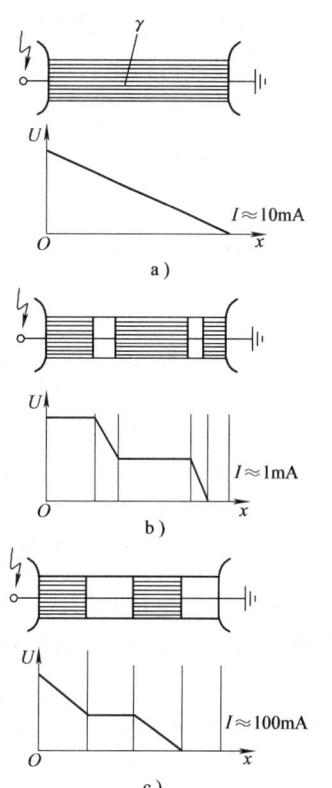

图 4-18 平板上污层的放电过程中电压分布的变化
a) 均匀的导电污层
b) 污层中出现干燥带
c) 出现局部电弧

4.5.2 影响污闪电压的因素

对污闪过程的分析说明,表面泄漏电流的大小对污闪过程起着十分重要的作用。泄漏电流的大小与污层性质、污秽量以及湿润的方式和外施电压形式都有关系,以下对主要影响因素作一介绍。

(1) 污秽的性质和污染程度 图 4-17 表明污闪电压与污秽的性质和污染的程度都有关系,污秽的电导率越高和介质表面沉积的污秽量越多,则闪络电压越低。这实际上说明表面泄漏电流越大,闪络电压越低。对于一定形状的绝缘子,其表面泄漏电流正比于表面电导率 γ_s(注意表面电导率 γ_s 的单位是 $1/\Omega$ 或 S)。因此可以推论,污闪电压将随表面电导率的增大而减小,图 4-20 所示的实验结果证明了这一点。所以在工程中常将污层表面电导率作为监测绝缘子脏污严重程度的一个特征参数。

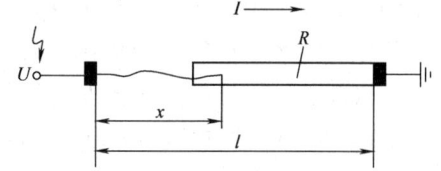

图 4-19 确定干燥带的局部电弧是否会发展成闪络的模型电路

(2) 湿润的方式 实践表明,下大雨时绝缘子表面积聚的污秽,特别是水溶性导电物质,很容易被雨水冲掉,因此不容易发生污闪。最容易发生污闪的气象条件是雾、露、融雪和毛毛雨等,因为这些气象条件下污层极易达到饱和湿润的状态但不被冲洗掉。

(3) 泄漏距离　由图 4-19 可见，与局部电弧串联的剩余电阻阻值越大，则沿面闪络越不容易发生。在污层表面电导率一定的情况下，泄漏距离越长，则剩余电阻的阻值越大，因此绝缘子的泄漏距离是影响污闪电压的重要因素。图 4-21 给出了两种不同污秽情况下，绝缘子污闪电压与泄漏距离的关系。由图可见，泄漏距离增加时，污闪电压差不多成正比地增大。所以设计污秽地区绝缘子时，泄漏距离是一个十分重要的参数。

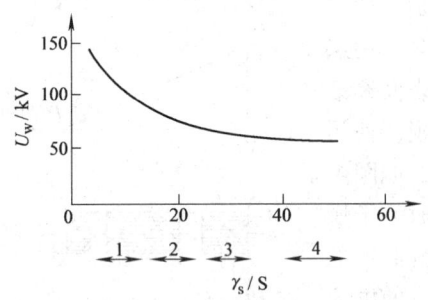

图 4-20　110kV 长棒绝缘子在不同污层表面电导率时的交流耐受电压

污秽等级：1—轻度　2—中等　3—严重　4—特别严重

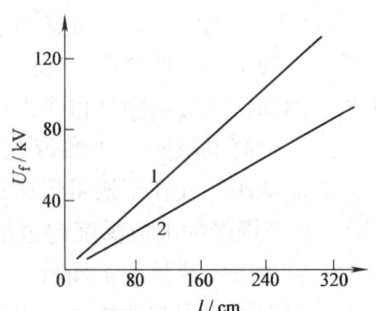

图 4-21　绝缘子污闪电压与泄漏距离的关系

1—炉灰（10mg/cm^2）
2—水泥（10mg/cm^2）

(4) 外施电压的形式　由于污闪是局部电弧不断拉长的过程，因此电压作用时间越短就越不容易导致闪络。在有严重的湿污秽的情况下，绝缘子在不同电压作用下污闪电压与干燥状态下闪络电压的比值可按下列数值估计：雷电冲击电压下为 0.9，操作冲击电压下为 0.5，工频电压下为 0.2，直流电压下为 0.15。直流电压下污闪电压最低，是因为直流电弧不像交流电弧的电流每半周过零一次，因此局部电弧的熄灭比交流时要困难些。

由于污闪是一个热过程，需要较长的时间才能发展成闪络，因此在实验室进行人工污秽试验时，不能用常规高压试验中的升压法来确定污闪电压或污秽耐受电压，而是必须采用恒定加压法来加以确定。所谓恒定加压法是指对绝缘子施加一定数值的电压，在加电压的同时使绝缘子受潮，电压维持不变，直至闪络。若经过一定时间不闪络，再逐级升高电压重复上述试验，直至测得临界闪络电压或耐受电压为止。此外污闪试验所用电源的内阻抗必须很小，否则影响试验结果。

4.5.3　污秽等级的划分

由图 4-21 可见，等量的不同污秽对闪络的影响是不同的。为了用一个参数同时表征污秽性质及污秽量，以简化对污秽严重程度的描述，采用污层等值附盐密度这一概念。污秽等值附盐密度是指与绝缘子表面单位面积上污秽物导电性相当的等值盐（NaCl）量（以 mg/cm^2 表示）。

图 4-22 所示的 500kV 套管及支柱绝缘子的污秽耐受电压与泄漏距离的关系曲线，就是用等值附盐密度来表征污秽严重程度的，给工程应用带来很大的方便。

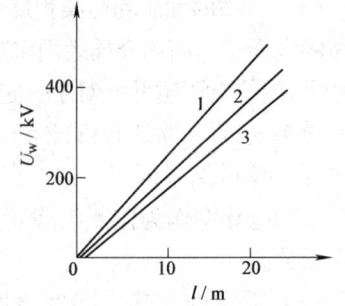

图 4-22　500kV 套管及支柱绝缘子的污秽耐受电压和泄漏距离的关系

附盐密度：1—0.03mg/cm^2
2—0.05mg/cm^2　3—0.1mg/cm^2

我国国家标准 GB/T 16434—1996《高压架空线路和发电厂、变电所环境污区分级及外绝缘选择标准》中，按照污秽性质、污源距离、气象情况及等值附盐密度（盐密），将架空线路和变电所、发电厂划分为不同的污秽等级，见表 4-1。通常用单位爬电距离（爬电比距），也即绝缘子每千伏额定线电压的爬电距离来估计脏污条件下绝缘子的污闪性能。GB/T 16434—1996 中同时规定了不同污秽等级时所要求的爬电比距，见表 4-2。

表 4-1 线路和发电厂、变电所污秽等级

污秽等级	污湿特征	等值附盐密度/（mg/cm²）	
		线路	发电厂、变电所
0	大气清洁地区及离海岸盐场 50km 以上无明显污染地区	≤0.03	—
I	大气轻度污染地区，工业区和人口低密集区，离海岸盐场 10～50km 地区，在污闪季节中干燥少雾（含毛毛雨）或雨量较多时	>0.03～0.06	≤0.06
II	大气等污染地区，轻盐碱和炉烟污秽地区，离海岸盐场 3～10km 地区，在污闪季节中潮湿多雾（含毛毛雨）但雨量较少时	>0.06～0.10	>0.06～0.10
III	大气污染较严重地区，重雾和重盐碱地区，近海岸盐场 1～3km 地区，工业与人口密度较人地区，离化学污源和炉烟污秽 300～1500m 较严重污秽地区	>0.10～0.25	>0.10～0.25
IV	大气特别严重污染地区，离海岸盐场 1km 以内，离化学污源和炉烟污秽 300m 以内的地区	>0.25～0.35	>0.25～0.35

表 4-2 各污秽等级下的爬电比距分级数值

污秽等级	爬电比距/（cm/kV）			
	线路		发电厂、变电所	
	220kV 及以下	330kV 及以上	220kV 及以下	330kV 及以上
0	1.39 (1.60)	1.45 (1.60)	—	—
I	1.39～1.74 (1.60～2.00)	1.45～1.82 (1.60～2.00)	1.60 (1.84)	1.60 (1.76)
II	1.74～2.17 (2.00～2.50)	1.82～2.27 (2.00～2.50)	2.00 (2.30)	2.00 (2.20)
III	2.17～2.78 (2.50～3.20)	2.27～2.91 (2.50～3.20)	2.50 (2.88)	2.50 (2.75)
IV	2.78～3.30 (3.20～3.80)	2.91～3.45 (3.2～3.80)	3.10 (3.57)	3.10 (3.41)

注：爬电比距计算时取系统最高工作电压，括号内数字为按额定电压计算值。

4.5.4 防止污闪的措施

绝缘子污闪影响电力系统的安全运行，为提高线路和变电所的运行可靠性可采取以下方法。

（1）定期或不定期的清扫　根据大气污秽程度、污秽的性质，在容易发生污闪的季节定期进行清扫，可以有效地减少或防止污闪事故。清扫绝缘子的工作量和劳动强度都很大，一般采用带电水冲洗法，效果较好，但必须注意水冲洗时不能引起相间闪络。对于变电所设备，可以装设泄漏电流记录器。根据泄漏电流的幅值和脉冲数来监督污秽绝缘子的运行情况，发出预警信号，以便运行人员及时对绝缘进行清扫。在绝缘设计时，则应使污秽地区绝缘子表面在风雨下易于将脏污冲洗掉，即应有较好的自清扫性能。

（2）使用防污闪涂料或进行表面处理　在绝缘子表面涂一层憎水性的涂料，这样在潮湿气候下表面会形成水滴，但不易形成连续的水膜，因此绝缘子泄漏电流较小，污闪电压就不会下降太多。常用的涂料为有机硅油、有机硅脂、地蜡等，它们的使用寿命不长，运行维护的工作量大，因此只在特别严重的污秽地区才使用。研究表明，对涂有憎水性覆盖层的瓷表面进行等离子体放电的处理，则可在瓷表面形成一层憎水性的化学附着层，其防污闪性能优于通常使用的涂料。

（3）加强绝缘和采用耐污绝缘子　加强线路绝缘的最简单的方法是在绝缘子串中增加悬式绝缘子片数（例如110kV线路从7片增加到8~10片），也即增加单位泄漏距离。但这种方法只适用于污区范围不大的情况，否则很不经济，因为增加串中绝缘子片数后必须相应地提高杆塔的高度。使用专门设计的耐污绝缘子可以避免上述缺点，因为耐污绝缘子在不增加结构高度的情况下使泄漏距离明显增大。

（4）使用其他材质的绝缘子　半导体釉绝缘子的釉层中一直有电导电流流过，使绝缘子表面温度比环境温度略高，因而污层不易吸湿。当污层受潮后，半导体釉的发热也会对湿污层有一定的烘干作用，使污层中泄漏电流减小，因此其污闪电压比一般绝缘子要高。半导体釉绝缘子的另一优点是串中各绝缘子的电压分布比较均匀，因为半导体釉绝缘子的电导电流较一般绝缘子的表面泄漏电流大，因此杂散电容电流的影响相对减小。但半导体釉易老化，至今未能推广应用。

近年来发展很快的复合绝缘子，防污性能比普通瓷绝缘子要好得多。复合绝缘子是由承受外力负荷的芯棒（内绝缘）和保护芯棒免受大气环境侵袭的伞套（外绝缘）通过粘接层组成的复合结构绝缘子。玻璃钢芯棒是用玻璃纤维束浸渍树脂后通过引拔模加热固化而成，有极高的抗张强度。制造伞套最理想的材料是硅橡胶，它有优良的耐气候性和高低温稳定性。经填料改性的硅橡胶还能耐受局部电弧的高温。由于硅橡胶是憎水性材料，因此在运行中不需清扫，其污闪电压比瓷绝缘子高得多。除优良的防污闪性能外，复合绝缘子的其他优点也很突出，如重量轻、体积小、抗拉强度高、制造工艺比瓷绝缘子简单等。复合绝缘子在一些发达国家已得到广泛应用，我国也已有一定运行经验，且作为一项有效的防污闪措施正在推广。

习　题

4.1　光滑瓷管内直径为6cm，管壁为3cm，管内装有直径为6cm或3cm的导杆时，其滑闪放电起始电压各为多少（瓷的$\varepsilon_r = 6$）？

4.2　平行板电极间有一高为10cm的瓷圆柱，瓷柱的下平面与电极接触良好，但其上平面与电极之间有0.5mm的空气隙。若该小空气间隙的击穿场强为100kV/cm（电压指工频电压峰值），问小空气间隙刚发生放电时外施工频电压是多少？

4.3　大气等污染地区的220kV输电线路如采用XP—7型悬式绝缘子（绝缘子的泄漏距离$L=28$cm，结构高度$H=14.6$cm），每串需多少片？比正常绝缘多几片？串长为多少？如改用XWP—130型耐污绝缘子（$L=39$cm，$H=13$cm），每串需多少片？串长为多少？

4.4　实验中测量固体介质表面电导率γ_s的方法，是在平板形介质表面上放置两条平行的电极，若电极宽度为b，极间距离为l，则测得的介质表面电阻$R_s = \dfrac{l}{b}\dfrac{1}{\gamma_s}$。现有一外直径为5cm的瓷管，长度为20cm，其污秽层的表面电导率为20μS，试计算该瓷管的表面绝缘电阻。

第5章 液体和固体介质的电气特性

液体和固体介质广泛应用于高压电气设备内,作为设备的内绝缘。例如液体介质中应用最广泛的变压器油是变压器的主要绝缘介质,电容器油和电缆油则作为固体绝缘的浸渍剂分别用于电容器和电缆绝缘。用作内绝缘的固体介质有绝缘纸、绝缘纸板、塑料薄膜等。此外,云母是电机绝缘的主要绝缘介质,环氧树脂已广泛用来制造户内绝缘子。用作外绝缘的固体介质有电瓷、玻璃和某些合成材料如硅橡胶等。

描述电介质(绝缘材料属于电介质)电气特性的4大参数是介电常数(ε)、电导率(γ)、介质损耗角正切($\tan\delta$)和击穿场强(E_b)。对于工程应用而言,所有气体介质的相对介电常数均近似等于1,其电导和介质损耗在未发生放电时均可忽略不计。所以人们对气体绝缘介质只关心其击穿强度。固体和液体电介质则不同,它们的ε、γ和$\tan\delta$的特性也是决定其能否被用作绝缘材料的重要因素。例如选择电容器的绝缘介质时,除要求E_b高以外还希望ε大,以提高电容器的储能密度。但对电缆则正好相反,希望绝缘介质的ε小以减小电缆的充电电流。再如直流电容器和脉冲电容器可选用$\tan\delta$大的极性介质;而交流电容器则不可,因为$\tan\delta$太大会引起热击穿。

液体和固体介质的击穿也有各自的特点,它们的击穿与气体击穿有很大的不同。此外,由液体与固体介质组成的复合绝缘的击穿也有新的特点。这些问题均在本章讨论。

5.1 电介质的极化、电导与损耗

5.1.1 电介质的极化

两个尺寸、结构完全相同的电容器,由于极间介质不同,电容量是不同的。例如,平行平板电容器在真空中的电容量为

$$C_0 = \frac{\varepsilon_0 A}{d} \tag{5-1}$$

式中,A为极板面积(cm^2);d为极间距离(cm);ε_0为真空的介电常数,$\varepsilon_0 = 8.86 \times 10^{-14} F/cm$。

当极板间插入固体介质后,电容量为

$$C = \frac{\varepsilon A}{d} \tag{5-2}$$

式中,ε为介质的介电常数。

所以

$$\varepsilon_r = \frac{\varepsilon}{\varepsilon_0} = \frac{C}{C_0} \tag{5-3}$$

式中,ε_r为介质的相对介电常数。

造成电容量增加的原因是介质的极化,即在外加电场的作用下,固体介质中原来彼此中和的正、负电荷产生了位移,形成电矩,使介质表面出现束缚电荷,即极板上电荷增多,因

而使电容量增大。各种气体的 ε_r 均接近于 1，而常用的液体、固体介质的 ε_r 大多在 2~6 之间。各种介质的 ε_r 与温度、电源频率的关系也各不相同，这与极化的形式有关。极化最基本的形式为电子式、离子式和偶极子式三种。在绝缘结构中还存在夹层介质界面极化现象，将在第 6 章中介绍。

(1) 电子式极化　当物质原子里的电子轨道受到外电场 E 的作用时，它将相对于原子核产生位移，这就是电子式极化。这时原子中正、负电荷的作用中心不再重合，其极化强度与正、负电荷作用中心间的距离 d 成正比，且随外电场的增强而增大。

电子式极化存在于一切介质中，这种极化所需的时间极短（因电子质量极小），约 10^{-15} s，即它在各种频率的交变电场下均能产生，所以 ε_r 不随频率变化。电子式极化具有弹性，当外电场去掉后，作用中心又马上重合，所以没有损耗。

温度对电子式极化影响不大，温度升高时介质略有膨胀，单位体积内的分子数减少，使 ε_r 略为下降。

(2) 离子式极化　固体无机化合物多数属离子式结构，如云母、陶瓷材料等。无外电场作用时，每个分子的正、负离子的作用中心是重合的，故不呈现极性。在外电场作用下，正、负离子发生偏移，使整个分子呈现极性。离子式极化也属弹性极化，几乎没有损耗。形成极化过程所需的时间也很短，约 10^{-13} s，所以可认为 ε_r 与频率无关。温度对离子式极化存在一定影响，其 ε_r 一般具有正的温度系数。

(3) 偶极子式极化　偶极子是一种特殊的分子，它的正、负电荷的作用中心不相重合，好像分子的一端带正电荷，另一端带负电荷似的，因而形成一个永久性的偶极矩。具有这种永久性偶极矩的电介质称为极性电介质。例如蓖麻油、橡胶、酚醛树脂和纤维素等都是常用的极性绝缘材料。

当没有外电场时，单个的偶极子虽然具有极性，但各个偶极子均处在不停的热运动之中，整个介质对外并不呈现极性。在电场作用下，原来杂乱分布的极性分子顺电场方向定向排列，因而显示出极性，所以这种极化常被称为转向极化。

偶极子极化是非弹性的，极化时消耗的电场能量在复原时不可能收回（极性分子旋转时要克服分子间的吸引力）；极化所需的时间也较长，约 10^{-10} s ~ 10^{-2} s。因此，极性介质的 ε_r 与电源频率有较大的关系，频率很高时偶极子来不及转动，因而其 ε_r 减小。

温度对极性介质的 ε_r 有很大的影响。温度高时，分子热运动加剧，妨碍它们沿电场方向取向，使极化减弱，所以极性气体介质常具有负的温度系数。极性液体和固体介质在温度过低时，由于分子间联系紧密，难以转向，ε_r 变小。所以极性液体、固体介质的 ε_r 在低温下先随温度的升高而增加，以后当热运动变得强烈时，ε_r 又随温度上升而减小。表 5-1 给出几种常见电介质的介电常数。

表 5-1　几种常见电介质的介电常数

材料类别		名　称	相对介电常数 ε_r（工频，20℃）
气体介质		空气（大气压）	1.000 59
液体介质	弱极性	变压器油	2.2~2.5
		硅有机液体	2.2~2.8
	极性	蓖麻油	4.5

(续)

材料类别		名 称	相对介电常数 ε_r （工频，20℃）
液体介质	强极性	丙酮 酒精 水	22 33 81
固体介质	中性或弱极性	石蜡 聚乙烯 聚四氟乙烯 松香	2.0～2.5 2.25～2.35 2.0～2.2 2.5～2.6
	极性	纤维素 酚醛树脂 聚氯乙稀	6.5 4～4.5 3.2～4
	离子性	云母 电瓷	5～7 5.5～6.5

5.1.2 电介质的电导

表征电导的参数是电导率 γ，在高电压工程中一般常用电阻率 ρ（$\rho = 1/\gamma$）来表征介质的绝缘电阻。电介质电导主要是离子电导，其电导随温度的变化规律与属于电子电导的金属材料是相反的。

液体与固体电介质的电导率 γ 与温度有下述关系，即

$$\gamma = A e^{-\phi/kT} \tag{5-4}$$

式中，A 为常数，与介质性质有关；T 为热力学温度（K）；ϕ 为电导活化能；k 为玻耳兹曼常数。

所以，在测绝缘电阻时必须注意温度，最好在同一温度下进行测量，以便比较。

固体电介质除了通过电介质内部的电导电流 I_v 外，还有沿介质表面流过的电导电流 I_s。由电介质内部电导电流 I_v 所决定的电阻称为体积电阻 R_v，其电阻率为 ρ_v。由表面电导电流 I_s 决定的电阻称为表面电阻 R_s，电阻率为 ρ_s。气体和液体电介质只有体积电阻。

体积电阻的测量如图 5-1 所示。设在正极 1 和负极 2 间的电介质的厚度为 d(cm)，电极表面积为 S(cm²)。3 为屏蔽电极，利用它可除去表面电流 I_s，以准确测得电介质内部的电流 I_v。如测得电介质的体积电阻 R_v(Ω)，则体积电阻率（Ω·cm）为

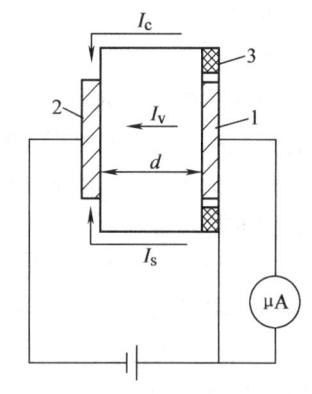

图 5-1 体积电阻的测量电路图

$$\rho_v = R_v \frac{S}{d} \tag{5-5}$$

体积电导率 [(Ω·cm)$^{-1}$] 是体积电阻率的倒数

$$\gamma_v = \frac{1}{\rho_v} = \frac{1}{R_v} \frac{d}{S} = G_v \frac{d}{S} \tag{5-6}$$

式中，G_v 为体积电导。

表面电阻的测量如图 5-2 所示。设电介质表面两电极间距离为 $d(\text{cm})$，电极长度为 l (cm)，测得的表面电阻为 $R_s(\Omega)$，则表面电阻率（Ω）为

$$\rho_s = R_s \frac{l}{d} \tag{5-7}$$

故表面电导率（S）为

$$\gamma_s = \frac{1}{\rho_s} = \frac{1}{R_s}\frac{d}{l} = G_s \frac{d}{l} \tag{5-8}$$

式中，G_s 为表面电导。

5.1.3 电介质的能量损耗

从前面讲的电介质极化和电导可以看出，介质在电压作用下有能量损耗。一种是由电导引起的损耗；另一种是由极化引起的损耗。电介质的能量损耗简称介质损耗。

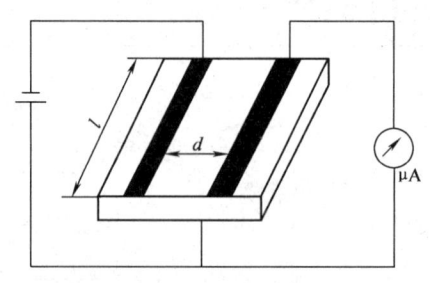

图 5-2 表面电阻的测量电路图

如图 5-3 所示，介质两端施加交流电压 U 时，由于介质中有损耗，所以电流 I 不是纯电容电流，而是包含有功和无功两个分量 $\dot{I}_r$ 和 $\dot{I}_c$。

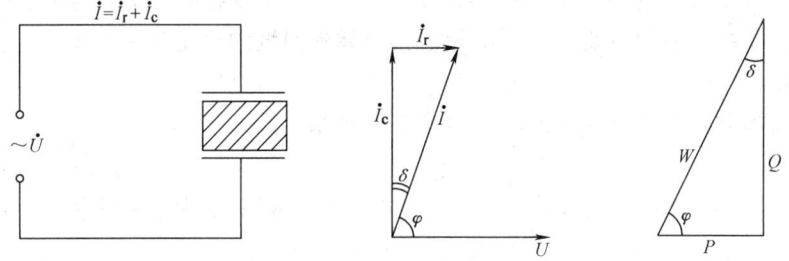

图 5-3 介质在交流电压作用下的电流相量图及功率三角形

由图 5-3 所示的功率三角形可见，介质损耗

$$P = Q\tan\delta = U^2 \omega C \tan\delta \tag{5-9}$$

用介质损耗 P 表示介质品质好坏是不方便的，因为 P 值和试验电压、试品电容量等因素有关，不同试品间难以互相比较，所以改用介质损失角的正切 $\tan\delta$（介质损失角 δ 是功率因数角 φ 的余角）来判断介质的品质。$\tan\delta$ 同 ε_r 一样，是仅取决于材料的特性而与材料尺寸无关的物理量。

有损介质可用电阻、电容的串联或并联等效电路来表示。如果损耗主要是电导引起的，则常用并联等效电路；如果损耗主要由介质极化及连接导线的电阻等引起，则常用串联等效电路。当绝缘的 $\tan\delta$ 很小时，损耗在两种等效电路中都可用式（5-9）表示。

实际上对于有损介质，电导损耗和极化损耗都是存在的，可用三个并联支路的等效电路来表示，如图 5-4 所示，图中 C_0 反映电子式和离子式极化，C'、r 支路反映吸收电流，R 反映电导损耗。还需注意，在强电场下，除了电导、极化两种损耗外，还有介质孔隙中气体电离等引起的损耗。

下面分别讨论气体、液体、固体介质的损耗。

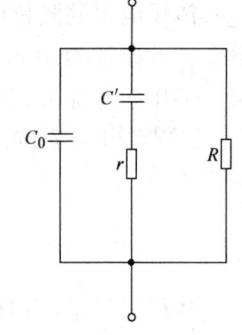

图 5-4 不均匀介质的等效电路

(1) 气体介质的损耗　当电场强度不足以产生碰撞电离时，气体中的损耗是由电导引起的，损耗极小（$\tan\delta < 10^{-8}$）。所以常用气体（如空气、N_2、CO_2、SF_6等）作为标准电容器的介质。但当外施电压 U 超过电晕起始电压 U_0 时，将发生局部放电，损耗急剧增加，如图 5-5 所示。这种情况在高压输电线上是常见的，称为电晕损耗。

(2) 液体介质的损耗　中性或弱极性液体介质的损耗主要起因于电导，所以损耗较小。它们与温度的关系也和电导相似。

极性液体（如蓖麻油）以及极性和中性液体的混合油都具有电导和极化两种损耗，所以损耗较大，而且和温度、频率都有关。如图 5-6 所示，曲线 1 可以这样解释：当温度 $T < T_1$ 时，由于温度低，电导和极化损耗都很小；随着温度升高，液体粘度减小，偶极子转向极化增强，使极化损耗显著增加；同时电导损耗也随着温度的上升而略有增加。所以，

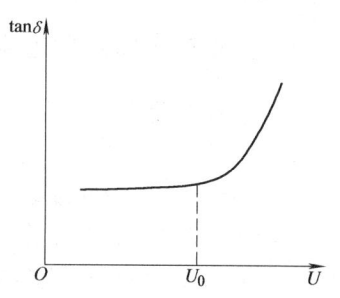

图 5-5　气体的 $\tan\delta$ 与电压的关系

在这一范围内 $\tan\delta$ 随温度上升而增大，并在 $T = T_1$ 时达到极大值。在 $T_1 < T < T_2$ 范围内，由于分子热运动加快，妨碍偶极子在电场作用下作有规律的排列，极化强度减弱，所以极化损耗减小。由于这一范围内极化损耗的减小比电导损耗的增加更快，故总的 $\tan\delta$ 曲线随温度升高而下降。$T > T_2$ 时，由于电导损耗随温度而急剧上升，极化损耗已不占主要部分，因此 $\tan\delta$ 重新随温度上升而增加。

从图 5-6 还可看到，当 $f_2 > f_1$ 时，即频率增高时 $\tan\delta$ 的极大值出现在较高的温度下。这是因为频率高时，偶极子的转动来不及充分进行。要使极化进行得充分，必须减小粘度，也就是说升高温度使整个曲线右移。

(3) 固体介质的损耗　固体介质的损耗情况比较复杂，固体介质通常分为分子式结构介质、离子式结构介质、不均匀结构介质和强极性电介质四大类，但强极性电介质在高压设备中极少使用。分子结构中的中性介质如石蜡、聚乙烯、聚苯乙烯、聚四氟乙烯等，以及离子式结构的介质，如云母等，其损耗主要是由

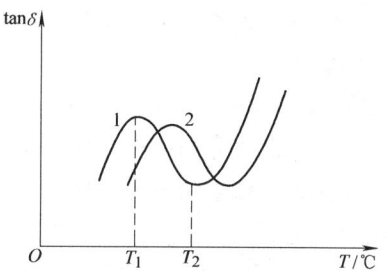

图 5-6　极性液体介质 $\tan\delta$ 和温度的关系
1—对应于频率为 f_1 的曲线
2—对应于频率为 f_2 的曲线（$f_2 > f_1$）

电导引起的。而这些介质的电导极小，所以介质损耗也非常小。分子结构中的极性介质如纸、纤维板和含有极性基的有机材料如聚氯乙烯、有机玻璃、酚醛树脂等，其 $\tan\delta$ 与温度、频率的关系和极性液体相似，且 $\tan\delta$ 值较大，高频下更为严重。

不均匀结构的介质在电气设备中经常使用，如云母制品、油浸纸、胶纸绝缘等，它们的损耗取决于其中各成分的性能和数量间的比例。

5.2　液体介质的击穿

纯净液体介质中的击穿过程与气体击穿的过程很相似，只是其击穿场强比气体高得多，在很小的均匀场间隙中可达到 1MV/cm。但工程用液体介质的击穿则有不同的特点，击穿场强很少超过 300kV/cm，一般在 200kV/cm～250kV/cm 的范围内（以上击穿场强值均指在标

准试油杯中所得数据,间隙距离为2.5mm)。研究表明,工程液体介质的击穿是由液体中的气泡或杂质如水分、悬浮的固体纤维等引起的,即气泡或杂质在电场作用下在电极间排成"小桥",引起击穿。因此对工程液体介质的击穿,通常用小桥理论来加以解释,这一理论是与实验现象符合的。

5.2.1 影响液体介质击穿的因素

由上所述可知,杂质对液体介质的击穿有很大的影响,而且极间电场越均匀,则影响就越大。这是因为在极不均匀电场中,击穿前在高场强区会出现局部放电,引起液体介质的扰动,使小桥不易在极间排成。因此,要检验油的洁净程度,宜采用均匀电场电极。工程中用来检验油的质量的试油杯就是这样设计的,油间隙距离为2.5mm,如图5-7所示。在以下讨论影响因素时,相当一部分实验规律是在标准试油杯中得到的。

(1) 杂质的影响 油中最主要的杂质是水分。极微量的水分可溶于油中,对油的击穿强度没有多大影响。影响油击穿的是呈悬浮状态的水分。水的介电常数远大于液体介质,水滴在电场方向被拉长,具有伸长椭圆体的形状。极化了的水滴或受潮的纤维向高场强处运动,逐渐形成导电的小桥,导致液体介质的击穿。由图5-8可见,变压器油的含水量在1×10^{-4}时已使油的击穿强度降得很低。含水量再增大时,对油的击穿强度不会有更大的影响,因为这种情况下,大部分水分将沉降到油杯的底部而不再影响油的击穿。

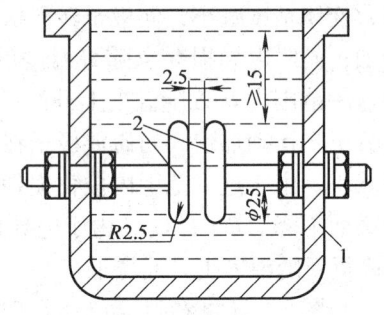

图5-7 标准试油标(尺寸单位均为mm)
1—绝缘外壳 2—黄铜电极

气泡对液体介质的击穿强度也有明显的影响,因此用标准试油杯检验油质时,油应沿杯壁慢慢注入,以避免油中出现气泡,同时应在加电压前使已注入油的油杯静置一定时间以消除油中气泡。

(2) 温度的影响 油的击穿电压与温度的关系比较复杂,和油的含水量有很大的关系。图5-9表示标准试油杯中变压器油的工频击穿电压与温度的关系。由图可见,干燥油的击穿强度与温度没有多大关系,但油受潮后的击穿强度与温度有很大的关系。在0℃到约80℃的范围内,油的击穿强度随温度的上升而显著提高,这是因为水分在油中的溶解度随温度的升高而增加,使悬浮状态的水分减少的缘故。温度再升高时,由于油中水分汽化,使击穿强度下降,但仍比室温时高。温度低于0℃时,图5-9中曲线2的击穿电压随温度的下降而提高,这是因为油中悬浮水滴将冻结成冰粒,同时油的密度增大的缘故。

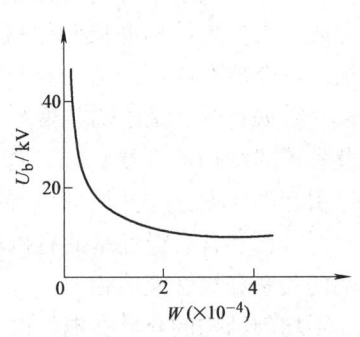

图5-8 在标准试油杯中变压器油的工频击穿电压U_b和含水量W的关系

在极不均匀电场中,油间隙的工频击穿电压与温度的关系不大,因为水滴等杂质对极不均匀电场中击穿电压的影响不大。

(3) 油体积的影响 图5-10表明,随着间隙长度的增加,油的击穿场强下降。进一步的研究表明,油的击穿强度随间隙中油体积的增加而明显下降,这是因为间隙中缺陷(即杂质）出现的概率随油体积的增加而增大的缘故，图 5-11 所示的实验结果清楚地说明了这一点。因此必须注意，不能将实验室中对小体积油的测试结果，直接用于高压电气设备绝缘的设计。图 5-11 是冲击电压作用下的击穿情况，工频电压下这一现象更为明显，因为冲击电压作用时间短，杂质的影响不如工频电压下明显。

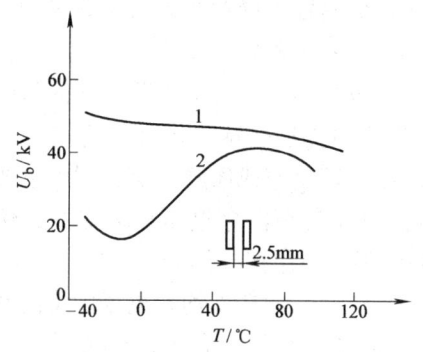
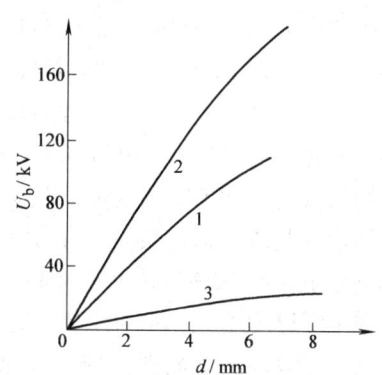

图 5-9　标准试油杯中变压器油工频击穿电压与温度的关系
1—干燥的油　2—受潮的油

图 5-10　变压器油中水分含量为 31×10^{-6} 时击穿电压与间隙距离的关系
1—稍不均匀电场，$T=20℃$　2—稍不均匀电场，$T=100℃$　3—极不均匀电场，$T=20℃$

（4）电压形式的影响　杂质形成小桥所需的时间，比气体放电所需的时间要长，因此油间隙的冲击击穿强度比工频击穿强度要高得多。极不均匀电场中冲击系数约为 1.4~1.5，均匀电场中可达 2 或更高。图 5-12 给出在稍不均匀电场中，冲击击穿电压和工频击穿电压与间距的关系。可以看出，油中冲击系数比空气中大得多。

以上影响因素均与杂质对液体击穿的影响有关。至于其他一些与气体击穿中相似的影响因素，不再一一列举。

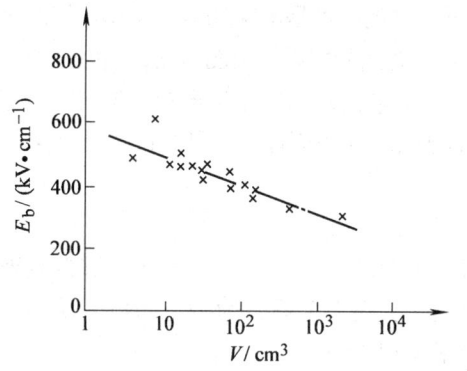
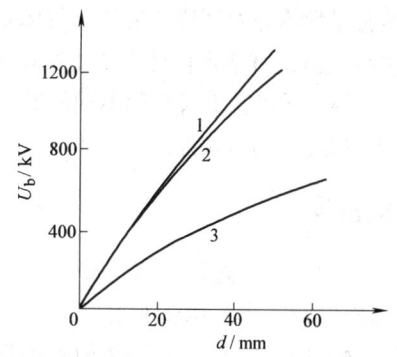

图 5-11　均匀电场中变压器油（$T=90℃$）的冲击击穿场强与油体积的关系

图 5-12　稍不均匀电场中变压器油的击穿电压和工频击穿电压与间距的关系
1——1.2/50μs 波　2—+1.2/50μs 波　3—工频电压

5.2.2　减小杂质影响的措施

因为油中杂质对击穿强度有很大影响，因此一方面要设法提高油的品质，即去除油中固态杂质、水分和气泡，另一方面在绝缘设计中采取措施以减小杂质的影响，如采用覆盖层、绝缘层或屏障等，具体措施如下。

（1）过滤　使油在压力下通过滤油机中的滤纸，即可将纤维、炭粒等固态杂质除去，油中大部分水分和有机酸等也会被滤纸所吸附。如在油中先加一些白土、硅胶等吸附剂后再过滤，除杂效果更好。对于运行中的变压器，常用此法来恢复变压器油的绝缘性能。

（2）防潮　绝缘件在浸油前必须烘干，必要时可用真空干燥法去除水分。有些电器设备如变压器不可能全密封时，则可在呼吸器的空气入口处放置干燥剂，以防止潮气进入。

（3）祛气　将油加热，喷成雾状，并抽真空，可以达到去除油中水分和气体的目的。对于电压等级较高的电器设备，常要求在真空下灌油，也是为了充分地去除气体的目的。

（4）用固体介质减小油中杂质的影响　常用措施为覆盖层、绝缘层和屏障。覆盖层主要用在均匀或稍不均匀电场电极，其材料可以是电缆纸、黄蜡布或漆膜。覆盖层的主要作用在于限制泄漏电流，阻止杂质"小桥"的发展，因而可使工频击穿电压显著提高，例如在均匀电场中可提高70%～100%。因此充油电力设备中很少采用裸导体。

当覆盖层厚度增大，本身承担一定电压时，称为绝缘层。如在不均匀电场中将曲率半径小的电极包以较厚的电缆纸（或皱纹纸、黄蜡布）等固体绝缘层，它不但像覆盖层那样可减小油中杂质的有害影响，而且这几毫米厚的绝缘层承担一定电压，使油中最大场强降低，因而可大大提高工频和冲击击穿电压。

屏障是指在油间隙中放置尺寸较大的隔板，它既能阻止杂质"小桥"的形成，又能如气体间隙中的屏障那样改善间隙中电场均匀度。因此在极不均匀场油隙中效果非常显著，屏障在最佳位置时（离尖电极的距离为整个间隙距离的0.2左右），工频击穿电压可提高一倍以上。所以在变压器等充油电力设备中广泛采用油-屏障绝缘结构。

5.3 固体介质的击穿

固体介质的固有击穿强度比液体和气体介质高，其击穿的特点是击穿场强与电压作用的时间有很大的关系。图 5-13 表示固体介质击穿场强与电压作用时间的关系。由图可见，随电压作用时间的不同，固体介质的击穿有三种不同的形式，即电击穿、热击穿和电化学击穿。这三种击穿过程是不同的，但击穿的后果都是使固体介质发生永久性破坏，所以固体介质是非自恢复绝缘。

5.3.1 电击穿

固体介质的电击穿过程与气体中相似，由碰撞电离形成电子崩，当电子崩足够强时破坏介质晶格结构导致击穿。由于击穿场强与电场均匀程度有很大关系，为测定固体介质的固有击穿场强，电极边缘的曲率半径必须做得很大，如图 5-14 所示。

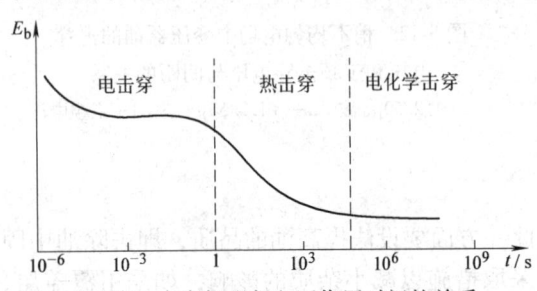

图 5-13　击穿场强与电压作用时间的关系

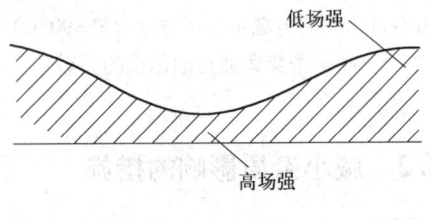

图 5-14　测量固体介质固有击穿强度的电极布置

固体介质击穿场强数据分散性很大,这与材料不均匀性有关。加大试样的面积或体积,使材料弱点出现的概率增大,会使击穿场强降低,这就是所谓的击穿体积效应。图 5-15 给出聚乙烯的短时击穿强度与绝缘厚度的关系。由图可见,随着绝缘厚度的增加,击穿强度大大降低。因此,在小试样上得到的试验结果,不可直接用于大尺寸的绝缘结构,而必须用专门的换算方法来进行推算。

固体介质在冲击电压多次作用下,其击穿电压 U_n 有可能低于单次冲击作用时的击穿电压 U_1。这是因为固体介质为非自恢复绝缘,如每次冲击电压下介质发生部分损伤,则多次冲击电压作用下这种部分损伤会扩大而导致击穿。这种现象称为累积效应。图 5-16 表示不同材料的累积效应的情况。大部分有机材料有明显的累积效应,如图中曲线 1 所示;玻璃、云母等无机材料则没有明显的累积效应,如图中曲线 2 所示。

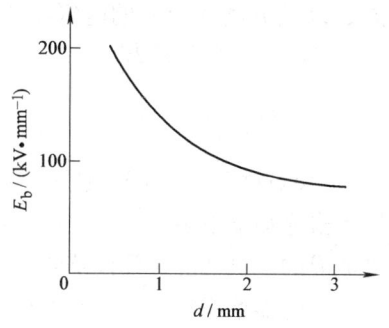

图 5-15 聚乙烯试样的短时击穿强度与试样厚度的关系

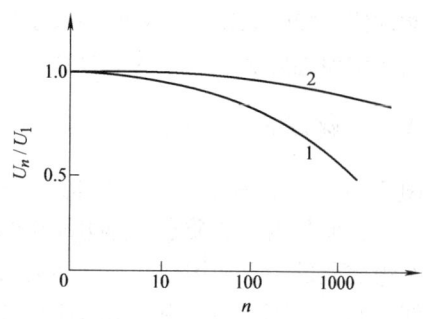

图 5-16 固体介质冲击电压试验时的累积效应
1—有累积效应 2—基本上无累积效应

5.3.2 热击穿

绝缘介质在电场作用下,会因电导电流和介质极化引起介质损耗,使介质发热。介质电导率随温度的升高而急剧增大,因此介质的发热因温度的升高而增加。如果介质中产生的热量超过其发散的热量时,介质的温度升高,直至到达某一温度该介质的发热与散热相等为止。若发热总是大于散热,则温度不断上升,造成材料的热破坏而导致击穿。图 5-17 表示发热与散热是否能达到热平衡的分析方法。图中曲线 1、2、3 分别表示外施电压为 U_1、U_2、U_3 时的发热曲线($U_1 > U_2 > U_3$),曲线 4 为散热特性。散热正比于电极表面温度与环境温度的温差,因此散热特性是一条直线。由图 5-17 可见,在电压 U_3 作用下,发热曲线与散热曲线有两个交点,即 T_a 和 T_b。因为温度在 T_a 或 T_b 时发热与散热平衡,因此这两点被称为热平衡点。但进一步分析可以看出,只有 T_a 才是稳定的平衡点,而 T_b 是不稳定的。设某一偶然因素使介质温度超过 T_a,此时由于散热大于发热,介质温度会下降而稳定在 T_a。T_b 的情况不同,若介质温度略低于 T_b,则因散热大于发热会使温度进一步下降,直至稳定在 T_a 点。当增加外施电压至 U_2 时,曲线 2 与曲线 4

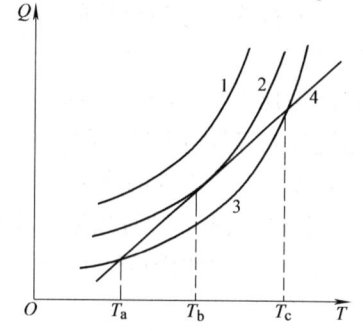

图 5-17 介质发热(曲线 1、2、3)及散热(曲线 4)与介质温度的关系

相切，这种情况下只有一个热平衡点 T_c，但 T_c 是不稳定的，只要有某个偶然因素使介质温度略大于 T_c，介质的发热会大于散热而使温度不断升高直至热击穿。所以 U_2 是临界热击穿电压，T_c 则是热击穿的临界温度。显然 $U > U_2$ 时根本不存在热平衡点，必然发生热击穿（图中曲线 1 的情况）。

由于热击穿是一个热不平衡的过程，因此击穿所需时间较长，常常需要几个小时，即使在提高试验电压时也常需要好几分钟。因此绝缘试验中常用的工频 1min 耐压不能考验固体介质的热击穿特性。例如对带电作业的操作杆的耐压试验要求施加电压 5min。

尽管交流电压和直流电压下热击穿的理论没什么差别，但在直流电压下，正常未受潮的绝缘很少发生热击穿。这是因为直流电压下介质中没有极化损耗而只有很小的电导电流，所以介质发热远比交流电压下要小。交流电压的频率提高时，介质损耗迅速增大，因此热击穿的可能性比工频时大得多，有时要采取专门的冷却措施，以充分利用介质的电气绝缘强度。例如用于中频感应加热设备的电容器，一般需要在夹层中通冷却水加以冷却。

5.3.3 电化学击穿

图 5-13 表明，对绝缘施加电压几个月甚至几年后，击穿场强仍在下降，这显然已与热过程无关，而是由于介质长期加电压引起介质劣化而导致击穿强度下降。

绝缘劣化的主要原因往往是介质内气隙的局部放电造成的。例如环氧浇注绝缘和挤压成型的塑料绝缘等不免内部有气泡，多层介质如电缆绝缘或电容器绝缘在纸层或塑料薄膜的层间也不免存在气隙，此外固体介质与电极的接触处也可能有气隙。介质在工作电压作用下，由于气隙中场强比固体介质中高，而气隙的击穿场强远低于固体的击穿场强，因此介质中可长期存在局部放电而并不击穿。局部放电产生的活性气体如 O_3、NO、NO_2 等对介质将产生氧化和腐蚀作用；此外由于带电粒子对介质表面的撞击，也会使其受到机械的损伤和局部的过热，导致介质的劣化。

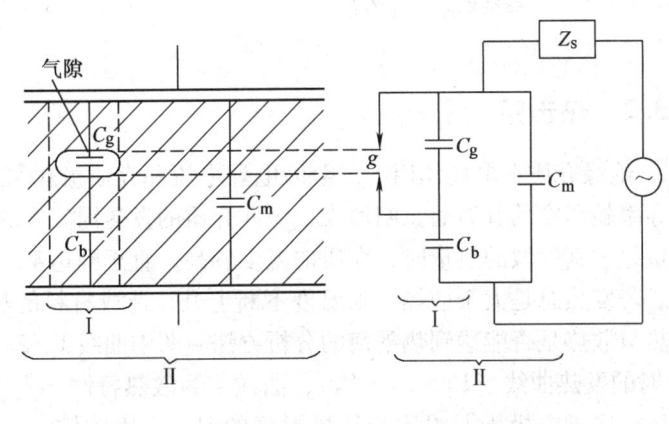

图 5-18 局部放电的等效电路

图 5-18 为描述介质中局部放电过程的等效电路图。图中 C_g 为空气隙的电容，C_b 是与空气隙串联的介质电容，而 C_m 则为除 C_b 和 C_g 以外的绝缘完好部分的电容。通常 $C_m \gg C_g \gg C_b$。由于电容 C_g 在较低电压 U_g 时就开始放电，故等效地用放电间隙 g 与 C_g 并联来表示。

图 5-18 中电极间加上瞬时值为 u 的交流电压时，C_g 上的电压瞬时值 u_g 为

$$u_g = u \frac{C_b}{C_g + C_b} \tag{5-10}$$

当 u_g 随 u 增加达到气隙的放电电压 U_g 时，气隙内发生放电，使气隙上电压急剧下降，如图 5-19 所示。由图可见，C_g 上电压降至 U_r 时气隙中放电熄灭（一般气隙的放电熄灭电压 U_r

明显低于放电的起始电压 U_g)。气隙中放电熄灭后，C_g 又开始充电，直到 C_g 上电压再次达到 U_g 发生第二次放电。如以后 C_g 上电压未达到 U_g 而外施电压已过峰值（见图 5-19），则 C_g 上电压也随外施电压的瞬时值变化并改变极性，直至达到 $-U_g$ 时再发生放电。气隙每次放电时，试品两端的电压会有一很微小的电压突降，因此电源通过电源阻抗 Z_s 向试品充电，在回路中形成电流脉冲。通过对回路中电流脉冲的检测，即可判断试品中有无局部放电和放电的强弱。

现在分析气隙击穿时的放电电荷量。C_g 在达到 U_g 时放电，使 C_g 上电压急剧降至 U_r，由于回路中有电感使电源不能马上对试品补充电荷，因此在图 5-18b 中，间隙 g 两端的电压变化为 $(U_g - U_r)$，而对间隙

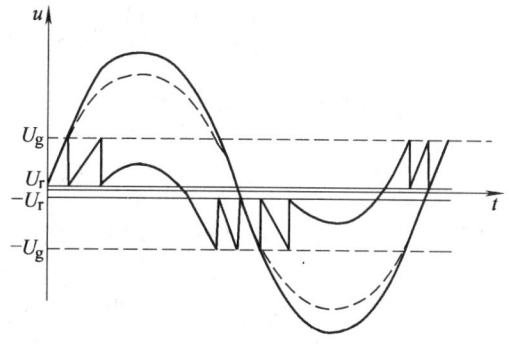

图 5-19 发生局部放电时气隙上的电压变化

g 放电的电容量为 $\left(C_g + \dfrac{C_m C_b}{C_m + C_b}\right)$，据此可得到放电的电荷量 Δq_r 为

$$\Delta q_r = \left(C_g + \frac{C_m C_b}{C_m + C_b}\right)(U_g - U_r) \approx (C_g + C_b)(U_g - U_r) \tag{5-11}$$

式中，Δq_r 称为真实放电量，因 C_g、C_b、U_g、U_r 无法测得，因此 Δq_r 也无法通过测量求得。

在进行局部放电检测时，通常测量视在放电量 Δq，即根据气隙放电时试品上电压变化 ΔU 和试品电容来确定放电电荷量

$$\Delta q = \Delta U \left(C_m + \frac{C_b C_g}{C_b + C_g}\right) \tag{5-12}$$

由于 ΔU 和试品电容是可以测量的，因此视在放电量是可以测得的。但必须注意视在放电量可能比真实放电量小得多，这可从以下分析看出。

式（5-12）可近似地写为

$$\Delta q \approx \Delta U C_m \tag{5-13}$$

此外，ΔU 与 $(U_g - U_r)$ 的关系可用分压公式表示，即

$$\Delta U = \frac{C_b}{C_b + C_m}(U_g - U_r) \approx \frac{C_b}{C_m}(U_g - U_r) \tag{5-14}$$

将式（5-14）代入式（5-13），可得

$$\Delta q = C_b(U_g - U_r) \tag{5-15}$$

比较式（5-11）与式（5-15），可写出

$$\Delta q = \frac{C_b}{C_g + C_b} \Delta q_r \tag{5-16}$$

前已述及，一般 $C_g \gg C_b$，所以 $\Delta q \ll \Delta q_r$。

单次局部放电的能量 W 也是可以测量的。

$$W = \frac{1}{2}\left(C_g + \frac{C_m C_b}{C_m + C_b}\right)(U_g^2 - U_r^2) \tag{5-17}$$

因 $C_m \gg C_b$，故可近似写为

$$W = \frac{1}{2}(C_g + C_b)(U_g + U_r)(U_g - U_r) = \frac{1}{2}\Delta q_r(U_g + U_r)$$

$$= \frac{1}{2}\Delta q \frac{C_g + C_b}{C_b}(U_g + U_r) \tag{5-18}$$

设 C_g 放电时试品上的电压为 U_i，则 U_i 与 U_g 的关系为

$$U_g = U_i \frac{C_b}{C_g + C_b} \tag{5-19}$$

将式（5-19）代入式（5-18），可写出

$$W = \frac{1}{2}\Delta q \frac{U_i}{U_g}(U_g + U_r)$$

若近似地认为 $U_r = 0$，则

$$W = \frac{1}{2}\Delta q U_i \tag{5-20}$$

以上分析的是交流电压下局部放电的情况，在直流电压作用下局部放电的情况不同。图 5-19 表明，交流电压下每半周至少发生两次局部放电，所以电压频率越高，则单位时间内局部放电次数越多，即局部放电对绝缘的危害越严重。

直流电压下局部放电的情况不同。当气隙中场强大于放电起始场强时，虽然也发生局部放电，但由此生成的正、负离子在电场作用下运动到气隙壁上形成与外施电场相反的空间电荷电场，如图 5-20 所示。空间电荷电场使气隙中的合成场强下降，放电可能熄灭。待气隙中的离子经过气隙表面的电导互相中和后，气隙中的场强又提高到放电起始场强，才发生第二次放电。由于气隙表面的漏导很小，离子的中和需要较长的时间（常以秒计），因此直流电压作用下局部放电的危害性较交流时要小。

各种材料耐受局部放电的性能是不同的。陶瓷、云母等无机材料有较强的耐局部放电的性能，而塑料等有机材料耐局部放电的性能较差，因此在设计时应使绝缘在工作电压下不发生局部放电。

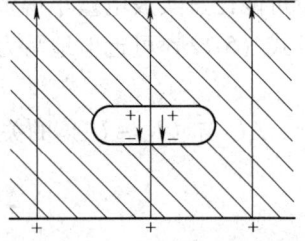

图 5-20 气隙放电后形成反电场的示意图

提高绝缘局部放电电压的措施可分为两类：第一类是尽量消除气隙或设法减小气隙的尺寸，因为气隙的击穿场强随气隙厚度的减小而明显提高。钢管油压电缆中用高油压来消除电缆绝缘层中可能出现的气隙，就是一个应用实例。第二类措施是设法提高空穴的击穿场强，即用液体介质或高电气强度的压缩气体填充空穴。用于电容器、电缆、互感器及电容套管中的油纸绝缘，就是一个例子。由于油的介电常数比空气大，因此空穴被油填充后，油隙中场强比原气隙中场强要低。另一方面，油隙的击穿强度高于气隙。因此多层介质用油浸渍可以有效地提高局部放电电压。近年来也有一些用压缩的 SF_6 气体代替油浸渍剂的应用实例，例如气体绝缘变压器中用 SF_6 气体与聚脂薄膜做绝缘，气体绝缘的电力电容器中用 SF_6 气体与聚丙烯薄膜作为绝缘。

5.4 组合绝缘的特性

电器设备内部绝缘结构中常用液体与固体介质构成组合绝缘,这种情况下设备绝缘强度不仅取决于所用介质的绝缘强度,还与介质的互相配合有关。

5.4.1 油-屏障绝缘和油纸绝缘的特点

油-屏障绝缘以油为主要绝缘介质,因为有很好的冷却作用,因此广泛用于变压器中。屏障的作用是改善油间隙中电场分布和阻止杂质小桥的形成。由于油间隙的击穿场强随间隙距离的减小而提高,所以也常用多个屏障将油间隙分隔成多个较短的油隙,但细而长的油间隙中油的对流较困难,因而对散热不利。所以设计时要综合考虑这两方面的因素。

在油-屏障绝缘中,屏障的总厚度不宜取得过大。因为固体介质的介电常数比油高,所以固体介质的总厚度增加会引起液体介质中场强的提高(参见本章5.4.2小节)。

油纸绝缘或以液体介质浸渍的塑料薄膜,则是以固体介质为主体的组合绝缘,液体介质只是用作填充空气隙的浸渍剂,因此这种组合绝缘的击穿强度很高,但散热比较困难。

油纸绝缘的直流击穿场强比交流击穿场强高得多。图5-21给出直流电压与工频电压下击穿场强的比较。由图可见,直流电压下短时击穿场强约为交流的两倍以上,其长时间击穿场强则为交流时的三倍以上。

油纸绝缘的直流短时击穿场强高于交流时的值,是因为直流电压作用下油与纸中的场强分配比交流时合理。交流电压下油与纸中场强与它们的介电常数成反比。因为油的介电常数比纸小,所以油中场强比纸中高。由于油的击穿场强比纸的低,因此场强分配是不合理的。直流电压下,两种介质中场强分配与它们的体积电阻率成正比。油的体积电阻率比纸小,因此油中场强比纸中低,即此时场强分配是合理的。

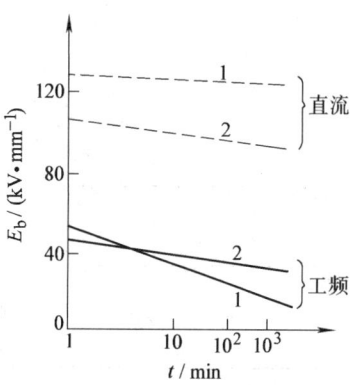

图5-21 油纸电缆的交流与直流击穿场强与电压作用时间的关系
1—粘浸渍电缆 2—充油电缆

在电压长时间作用下,油纸绝缘在直流电压下更有其有利的条件。因为一般不会有热击穿问题,且在有局部放电的情况下危害性比交流时小。这就是说,为用于直流而设计的油纸绝缘(如电缆或电容器)不一定能用于交流,即使能用,也要大幅度降低工作电压;但为工频电压设计的油纸绝缘则一定能用于直流,且可大幅度提高其工作电压。

5.4.2 多介质系统中的电场

组合绝缘属于多介质的情况,多数是两种介质的组合。这里只分析最简单的情况,即平板电极中双介质的交界面与等位面重合以及与等位面斜交的两种情况。

(1) 介质界面与等位面重合的情况 图5-22表示均匀电场中双层介质的情况。两层介质中的电场强度 E_1 和 E_2 分别为

$$E_1 = \frac{U}{\varepsilon_1\left(\dfrac{d_1}{\varepsilon_1}+\dfrac{d_2}{\varepsilon_2}\right)} \tag{5-21}$$

$$E_2 = \frac{U}{\varepsilon_2\left(\dfrac{d_1}{\varepsilon_1}+\dfrac{d_2}{\varepsilon_2}\right)} \tag{5-22}$$

式（5-21）与式（5-22）表明，在极间绝缘距离 $d=d_1+d_2$ 不变的情况下，增大 ε_2 时使 E_2 减小，但却使 E_1 增大。因此在电场比较均匀的油间隙中放置多个屏障，会使油中场强明显增大，反而对绝缘不利。

（2）介质界面与电极表面斜交的情况 这种情况下，电位移矢量与界面之间的角度不是 90°，因此会在第二种介质中发生折射，如图 5-23 所示。电力线入射角和折射角的关系如下：

$$\frac{\tan\alpha_1}{\tan\alpha_2}=\frac{E_{t1}/E_{n1}}{E_{t2}/E_{n2}}=\frac{E_{n2}}{E_{n1}}=\frac{\varepsilon_1}{\varepsilon_2} \tag{5-23}$$

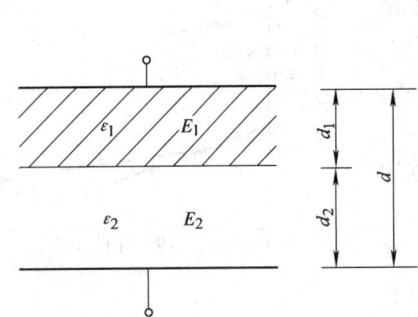

图 5-22　均匀电场中的双层介质

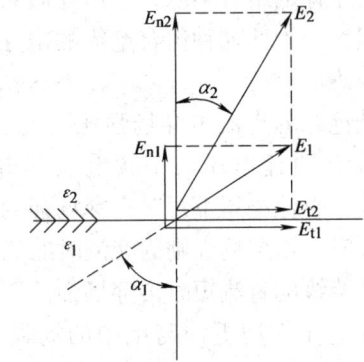

图 5-23　电力线在两层介质中折射的情况

图 5-24 表示平行板电极间两种介质的界面与电极表面斜交时电力线与等位面分布的情况。由图可见，P 点处等位面受到压缩，使这点的场强大大增加。因此在绝缘设计时必须注意这一现象，但另一方面也可利用上述折射定律对绝缘结构的电场作调整，如图 5-26 所示。

5.4.3　电场调整的方法

上述多介质系统中电场分布规律可用于绝缘结构的电场调整。例如，电力电缆在绝缘层较厚时，常用分阶绝缘的方法来降低缆芯附近的场强。图

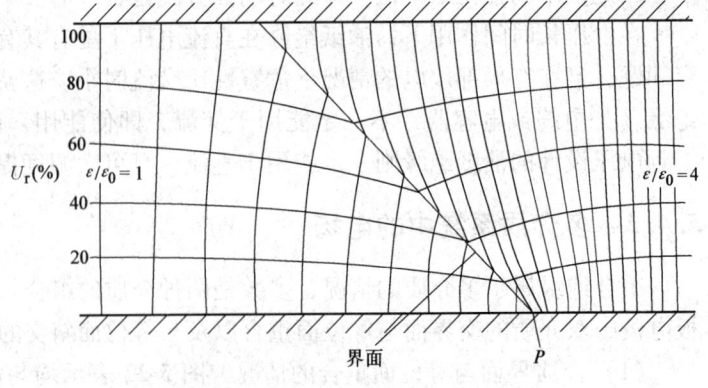

图 5-24　平行板电极间两种不同介质界面与电极表面斜交时电力线与等位面的分布

5-25 为分阶绝缘的示意图，图中 $\varepsilon_1 > \varepsilon_2 > \cdots > \varepsilon_n$，且满足 $\varepsilon_1 r_1 = \varepsilon_2 r_2 = \cdots = \varepsilon_n r_n =$ 常数的条件。这种情况下电缆中电场分布如图 5-25b 所示，即离缆芯较远的介质层也能得到充分的利用，因此可使电缆尺寸缩小。要使各层中最大场强 E_{max} 完全相同实际上是难以做到的，但在工程中可以在缆芯附近使用高密度纤维纸，使其介电常数比直径较大处的低密度纸要高一点，使缆芯处场强得以降低。

关于不同介质中电力线的折射，在工程中也可以加以利用。图 5-26 表示 GIS 中环氧盘形绝缘子沿面电位分布。采用等厚度的盘形支撑绝缘子时，沿面电位分布是不均

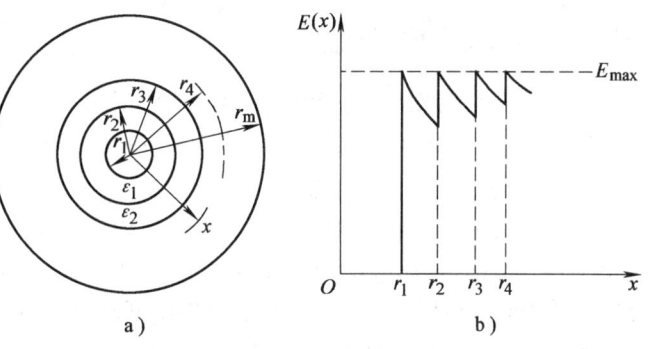

图 5-25　采用分阶绝缘的电力电缆
a）几何尺寸　b）电场分布
($\varepsilon_1 r_1 = \varepsilon_2 r_2 = \cdots = \varepsilon_n r_n$)

匀的（见图 5-26a），但改变绝缘子形状使电力线发生折射，可以使介质界面上电位分布变得均匀（见图 5-26b），因此使沿面放电电压提高。

对于多层介质，还可以在不同绝缘厚度处夹入不同长度的导电箔作为电容极板，起调整电场的作用。这种调整电场的方法，在电容套管和油纸绝缘的高压电流互感器中都得到应用。

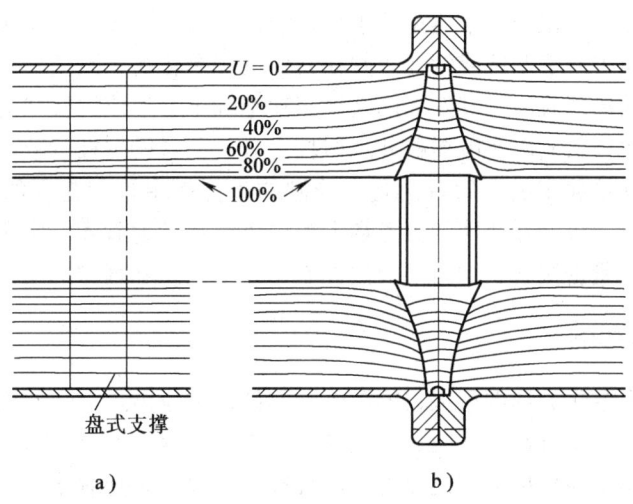

图 5-26　GIS 中的环氧盘形支撑绝缘子沿面电位分布
a）简单盘形支撑，电力线无折射
b）支撑形状做得使界面上的电场切线分量几乎为恒值

5.5　绝缘的老化

固体和液体介质在长期运行过程中会发生一些物理变化和化学变化，导致其机械和电气性能的劣化。这种现象称为绝缘的老化。

促使绝缘老化的原因很多，主要有热的作用、电的作用、机械力的作用以及水分、氧化和射线及微生物的作用等。

5.5.1 电介质的热老化

电介质在高温作用下，短时间内就能发生明显的损坏。即使温度比短时允许温度低，但作用时间很长时，绝缘性能也常会发生不可逆的变化，这就是介质的热老化。绝缘的温度越高，老化越快，即其寿命越短。

不同介质材料的耐热性是不同的。在工程应用中根据介质的耐热性划分几个耐热等级并规定了各等级的最高允许工作温度：O 级 90℃，A 级 105℃，E 级 120℃，B 级 130℃，F 级 155℃，H 级 180℃，C 级 >180℃。工作温度超过上述规定值时，介质迅速劣化，因而寿命大大缩短。例如，A 级绝缘（油-屏障和油纸绝缘属 A 级）的工作温度超过规定值 8℃时，寿命缩短一半左右，这通常称为热老化的 8℃规则。对 B 级绝缘（大电机绝缘用云母制品属 B 级）和 H 级绝缘（干式变压器等）则分别为 10℃和 12℃规则。

5.5.2 介质的电老化

前已提及，介质电老化的主要原因是介质中的局部放电。固体介质耐受局部放电的性能是有差别的，例如有机高分子聚合材料的短时击穿场强很高，但因耐受局部放电的性能差，因此长时间击穿场强并不高。在绝缘设计时必须将工作场强选取得比局部放电起始场强低，以保证电气设备有足够长的寿命。

局部放电引起介质劣化的一个典型例子是电缆中的树枝状放电。局部放电引起介质的局部损伤，例如在介质中产生凹坑或针孔，并在其中沉积炭化物，致使新出现的缺陷附近产生新的高场强区和新的局部放电。其发展的结果，在绝缘中会形成树枝状的放电通道，最终导致击穿。电缆中的树枝状放电有电树枝和水树枝之分。前者的树枝状放电通道是由有炭化痕迹的许多微观空隙连接起来的，后者则是在受潮的条件下由许多充水的微观空隙连接起来的。上述树枝状放电的痕迹在透明的聚乙烯电缆中可以清楚地看到。常用的抑制措施是使内外屏蔽层与塑料之间紧密接合，同时要设法控制塑料中杂质和气泡的尺寸。

5.5.3 机械力的影响

机械应力对绝缘老化的速度有很大的影响。例如机械应力过大会使固体介质内产生裂痕或气隙导致局部放电。运行经验证明，瓷绝缘子的老化常常是由于机械应力的影响造成的。例如，悬式绝缘子串中最易损坏的是靠近铁塔悬挂点的那一只绝缘子，而该绝缘子在串中承受的电压却是并不高的。

对于绝缘子来说，温度突变也会产生内部应力。例如运行中受日照，瓷件的温度可比环境温度高 20℃~30℃，若突然降雨使瓷表面骤冷，则会在瓷件内部产生内应力，可能造成开裂。因此绝缘子的瓷件在工厂要经过冷热试验，要求在 70℃的温差剧变时不发生开裂。

对于电机绝缘来说，机械力的作用对绝缘老化也有很大影响。电机绕组从绕制到嵌槽、连线的过程中，多次受到较大机械力的作用，使绝缘受到损伤。在运行中还要经受电动力和振动的作用。绕组绝缘经过长期热老化后机械强度下降，若振动等机械力严重，绝缘寿命缩短更多。因此在绝缘设计时对这一问题应予以重视。

5.5.4 环境的影响

环境条件对绝缘老化也有很大的影响。例如绝缘油的老化主要是油的氧化，这当然与氧的存在和温度过高有关，但紫外线的照射也会加速油的氧化。因此常在油中加入抗氧化剂，同时应避免紫外线对油的照射。紫外线对某些高分子聚合物固体介质也有加速老化的作用，因此在选择绝缘材料时要考虑这一点。

在户外工作的绝缘应能耐受日晒雨淋的环境条件，这一特性并不是所有固体绝缘都具备的。例如环氧浇注绝缘子可在户内使用，却不能在户外使用。

在选择绝缘介质时，还要考虑材料的相容性。例如普通的橡胶是不耐油的，塑料薄膜需浸油时也要考察该薄膜与油是否有相容性。对工作在湿热带和亚湿热带地区的绝缘，还要注意介质材料的抗生物（霉菌和昆虫等）特性，常需采用防霉剂和防虫涂料等。

习 题

5.1 一台电容器的电容量 $C = 1\mu F$，$\tan\delta = 3 \times 10^{-3}$，求施加工频电压 $U = 10kV$（有效值）时电容器的功率损耗。

5.2 一充油的均匀电场间隙的距离为 30mm，极间施加工频电压 300kV。若在极间放置 1 个 3mm 的屏障和 3 个 3mm 的屏障，问此时油中场强分别提高多少（油的 $\varepsilon_r = 2$，屏障的 $\varepsilon_r = 4$）？

5.3 变压器的油-屏障绝缘的冲击系数为 1.7。若 220kV 变压器的 1min 试验电压为 395kV（有效值），则相应的雷电冲击试验电压应为多大？

5.4 平行平板电容器电极间有两种电介质，界面和电极平行。其中固体介质厚 5mm，$\varepsilon_r = 4$，绝缘电阻率 $\rho = 10^{16}\Omega \cdot cm$；液体介质厚 3mm，$\varepsilon_r = 2$，$\rho = 5 \times 10^{15}\Omega \cdot cm$。问极间施加工频电压（有效值）10kV 和直流电压 10kV 时介质中场强分别为多大？

5.5 一根 $110/\sqrt{3}kV$（有效值）的单芯铅包电力电缆，其绝缘层的内、外半径分别为 8.5mm 及 20mm，求：

（1）工作电压下，在绝缘层最里及最外处的场强。

（2）若采用分阶绝缘：内层 5mm 厚用 $\varepsilon_r = 4.5$ 的油浸纸，外层 6.5mm 厚用 $\varepsilon_r = 3.8$ 的油浸纸。求最里、最外层以及分阶绝缘两侧的场强。

第6章 电气设备绝缘的预防性试验

电气设备绝缘的预防性试验是保证设备安全运行的重要措施。通过试验,掌握电气设备的绝缘状态,及早发现绝缘缺陷,以进行相应的维护和检修。电气设备的预防性试验对防止设备在工作电压下或过电压下绝缘击穿所造成的停电或设备损坏事故,起着预防性作用。

电气设备的绝缘缺陷可能是在制造时潜伏下来的,也可能是运行中在外界作用下发展起来的。外界作用有工作电压、过电压、大气影响、机械力、热和化学等作用。当然,上述外界作用影响的程度也和制造质量有关。电气设备的绝缘缺陷可以分成两大类:第一类是集中性缺陷,例如悬式绝缘子的瓷质开裂,发电机绝缘局部磨损、挤压破裂,电缆在局部放电作用下绝缘逐渐损坏等。第二类是分布式缺陷,指电气设备整体绝缘性能下降,如电机、变压器、套管中有机绝缘材料的受潮、老化、变质等。绝缘介质内部的这些缺陷可以通过一些试验检查出来。

预防性试验方法可以分成两大类:第一类是破坏性试验,或叫耐压试验。这类试验对绝缘的考验是严格的,特别是能揭露那些危险性较大的集中性缺陷;其缺点是可能会因耐压试验对绝缘造成一定的损伤。有关耐压试验的试验设备和试验方法,将在第7章中介绍。第二类是非破坏性试验,是指在较低的电压下或用其他不会损伤绝缘的办法来测量绝缘的各种特性,从而判断绝缘的内部缺陷。破坏性试验和非破坏性试验各有其特点,所反映的绝缘缺陷的性质是不同的,且对不同的绝缘结构和材料的有效性也不一样。所以,往往采用不同的试验方法,还需对试验结果进行综合分析和比较,这样才能对被试设备的绝缘性能作出正确判断。

6.1 绝缘电阻的测试

测量电气设备的绝缘电阻,是检查其绝缘状态最简便的辅助方法。电气设备由休止状态转为运行状态前,或在进行绝缘耐压试验前,必须进行绝缘电阻的测试,以确定设备有无受潮或绝缘异常。在现场普遍采用兆欧表测量绝缘电阻。

电气设备的绝缘电阻 R 在测量过程中是随加压时间的增长而逐步上升并最终趋于稳定的。理论与实践证明,当绝缘良好时,不仅稳定的绝缘电阻值较高,而且吸收过程相对较慢;绝缘不良或受潮时,稳定的绝缘电阻值较低,吸收过程相对较快。这种现象可以用双层介质模型来解释。

6.1.1 多层介质的吸收现象

许多电气设备的绝缘都是多层的,多层介质的特性可以粗略地用双层介质来分析,如图6-1所示。当开关Q合上,直流电压加到绝缘介质上后,电流表A的读数变化如图6-2中曲线所示。直流电压加上瞬间,电流很大,回路电流主要由电容电流分量组成。而加压时间很久之后,电容 C_1 和 C_2 相当于开路,回路电流为泄漏电流 I_g,此时 I_g 取决于绝缘电阻 R_1 与

R_2 之和，这就出现了由最初的电容电流到最终的泄漏电流之间的过渡过程。当试品电容量较大时，这一过渡过程进行得很慢，甚至达数分钟或更长。图 6-2 中阴影部分的面积为绝缘在充电过程中逐渐"吸收"的电荷 Q_a。这种逐渐"吸收"电荷的现象叫作"吸收现象"，对应的电流 I_a 称为吸收电流。它是由于介质中偶极子逐渐转向，并沿电场方向排列而产生的。

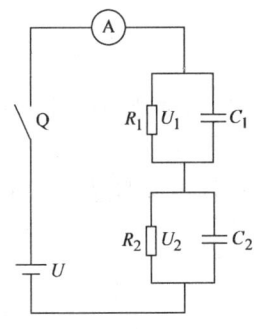

图 6-1　双层介质的等效电路
C_1，C_2—介质 1、2 的等效电容
R_1，R_2—介质 1、2 的绝缘电阻

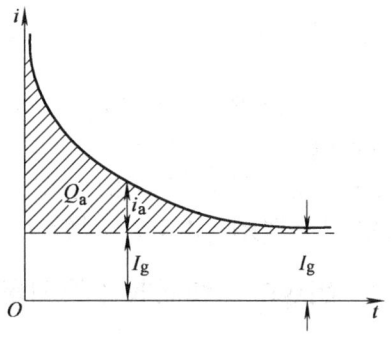

图 6-2　吸收曲线

当开关合上时，绝缘两端突然有一个很大的电压变化，在极短的时间内（$t=0^+$）介质上的电压按电容分压，此时

$$U_1 = U \frac{C_2}{C_1 + C_2} \tag{6-1}$$

$$U_2 = U \frac{C_1}{C_1 + C_2} \tag{6-2}$$

当达到稳态后，介质上的电压将按电阻分压，此时回路电流

$$I = I_g = \frac{U}{R_1 + R_2} \tag{6-3}$$

而

$$U_1 = U \frac{R_1}{R_1 + R_2} \tag{6-4}$$

$$U_2 = U \frac{R_2}{R_1 + R_2} \tag{6-5}$$

由 $t=0^+$ 至电压达到稳态一般有一个过渡过程，例如，当式（6-4）中 U_1 比式（6-1）中的 U_1 小时，在过渡过程中 C_1 要放电，同时 C_2 要进一步充电。这个过渡过程的快慢取决于时间常数 τ，即

$$\tau = (C_1 + C_2) \frac{R_1 R_2}{R_1 + R_2} \tag{6-6}$$

由以上分析可见，加上试验电压后，流过试品的电流由两部分组成。第一部分为传导电流 I_g，其大小与试品总的绝缘电阻（$R_1 + R_2$）成反比；第二部分为吸收电流 I_a，其大小与试品绝缘的均匀程度密切相关，如试品为均匀介质，或 $R_1 C_1 \approx R_2 C_2$，则吸收电流很小，吸

收现象便不明显。如果试品很不均匀，或者 R_1C_1 与 R_2C_2 相差很大，则吸收现象十分明显。

在相同的电压下，不同设备的绝缘其总电流随时间下降的曲线不同。即使同一设备，绝缘受潮或有缺陷时，其总电流也要发生变化。当绝缘受潮或有缺陷时，电流的吸收现象不明显，总电流随时间下降较缓慢，而试品的绝缘电阻与电流成反比。因此，根据 I_{15}/I_{60} 的变化就可以初步判断绝缘的状况。通常用吸收比 K_a 来表示

$$K_a = \frac{R_{60}}{R_{15}} = \frac{U/I_{60}}{U/I_{15}} = \frac{I_{15}}{I_{60}} \tag{6-7}$$

式中，I_{15}、R_{15} 为加压 15s 时的电流和对应的绝缘电阻；I_{60}、R_{60} 为加压 60s 时的电流和对应的绝缘电阻。

显然，对于不均匀试品的绝缘，如果绝缘状况良好，则吸收现象明显，K_a 值远大于 1；如果绝缘严重受潮，由于 I_g 大增，I_a 迅速衰减，K_a 值接近于 1。

6.1.2 绝缘电阻和吸收比的测量

如前所述，绝缘电阻和吸收比是反映绝缘性能的最基本指标之一，通常用兆欧表（俗称摇表）进行测量。规定所加电压 60s 后测得的数值为该试品的绝缘电阻。

1. 兆欧表的原理和接线

兆欧表有三个接线端子：线路端子 L、接地端子 E 和保护端子 G，被试品接在 L 和 E 之间，如图 6-3 所示。

电压线圈 1 和电流线圈 2 绕向相反，固定在同一转子上，并可带动指针旋转。由于没有弹簧游丝，所以实际上没有反作用力矩，当线圈中没有电流时，指针可在任一偏转角 α 位置。

当摇动把手 H 时，直流发电机 G 两端便产生一定的电压，电流 I_1 流过电压线圈 1，便产生力矩 M_1 作用在线圈 1 上。同样，有 I_2 流过电流线圈 2 时，便产生力矩作用在线圈 2 上。

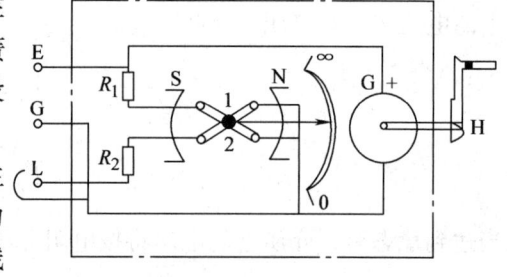

图 6-3 兆欧表的原理结构图

$$M_1 = I_1 F_1(a), \quad M_2 = I_2 F_2(a)$$

式中，$F_1(a)$、$F_2(a)$ 随指针转动角度 α 而变，与气隙中磁通密度的分布有关。

平衡时 $M_1 = M_2$，故

$$\frac{I_1}{I_2} = \frac{F_2(a)}{F_1(a)} = F(a) \quad \text{或} \quad \alpha = f\left(\frac{I_1}{I_2}\right)$$

由 $I_1 = \dfrac{U}{R_1}$，$I_2 = \dfrac{U}{R_2 + R_x}$，其中 R_x 为被试品的绝缘电阻，可得

$$\alpha = f\left(\frac{I_1}{I_2}\right) = f\left(\frac{R_2 + R_x}{R_1}\right) = f'(R_x)$$

即指针偏转角的读数可反映 R_x 的大小。

2. 试验方法和影响测量结果的因素

为了避免被试品上可能存留残余电荷而造成误差，试验前应将试品接地放电一段时间，

对电容量较大的被试品（如发电机、电缆、电容器和大型变压器），更应充分放电。

试验时，将被试品的接地端接于兆欧表的接地端 E，测量端接于兆欧表的相线端 L，如果被试品表面的泄漏电流较大，或对于重要的被试品，如发电机、变压器等，为避免表面泄漏电流的影响，必须加以屏蔽，屏蔽线应接在兆欧表屏蔽端 G 上。由于吸收电流持续时间很长（几分钟到几十分钟），在根据泄漏电流确定真实绝缘电阻时，电压加上后必须等待足够的时间，再进行绝缘电阻的测量。由此可见，兆欧表测到的绝缘电阻是包含吸收电流在内的视在绝缘电阻。一般地，驱动兆欧表达到额定转速，待指针稳定后，即可读取绝缘电阻的数值。

测量吸收比时，先驱动兆欧表达额定转速，待指针指到"∞"时，用绝缘工具将相线迅速接至试品上，同时记录时间，分别读取 15s 和 60s 的绝缘电阻值。

测试时应特别注意温度对绝缘电阻的影响，一般绝缘电阻随温度上升而减小。原因在于当温度升高时，绝缘介质中的极化加剧，电导增加，致使绝缘电阻值降低，温度变化的程度与绝缘材料的性质和结构有关，因此，测量时必须记录温度，以便进行比较。图 6-4 所示为某同步电机干燥前后绝缘电阻的测试结果。由于同步电机在干燥前绝缘受潮，绝缘电阻低，吸收现象不明显，$K_a \approx 1$（曲线 1），干燥完毕后 $K_a \approx 2$（曲线 2）。说明用测量绝缘电阻和吸收比的方法来判断试品的绝缘状态是很有效的。

值得注意的是，不论是绝缘电阻的绝对值还是吸收比的值都只是参考性的，如不满足最低合格值，则绝缘中肯定存在某种缺陷；但是，如已满足最低合格的数值，也还不能肯定绝缘是良好的。运行经验表明，有些设备的绝缘即使有严重的缺陷，只要不是贯通性的，用兆欧表测得的绝缘电阻值或吸收比仍可能满足规定的要求，这是因为兆欧表的电压较低，不能使集中性缺陷发生放电。所以，根据绝缘电阻或吸收比的值来判断绝缘状况时，不仅应与规定标准相比较，更应与过去的试验结果相比较，与同类设备的数据相比较，以及将同一设备的不同部分（例如不同相之间）的数据相比较，当然也应该与本绝缘的其他试验结果相比较，才可能得出正确的结论。

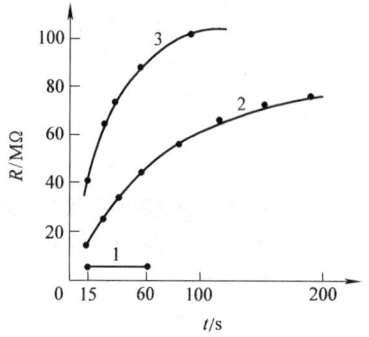

图 6-4　某同步电机干燥前后绝缘电阻的变化
1—干燥前，15°C　2—干燥完毕，73.5°C
3—运行 72h，冷却后，27°C

6.2　泄漏电流的测量

在直流电压作用下测量泄漏电流，实际上也就是测量绝缘电阻，测量电路如图 6-5 所示。经验表明：当所加的直流电压不高时，由泄漏电流换算得出的绝缘电阻值比兆欧表测绝缘电阻能获得更多的信息。但当用较高的电压来测泄漏电流时，就有可能发现兆欧表所不能发现的绝缘损坏或弱点。一个良好的绝缘，在标准规定的试验电压作用下，其泄漏电流不应随加压时间的延长而增大。读取泄漏电流值的时间，一般规定为达到试验电压后 1min。

在进行泄漏电流试验时，要求整流回路的高压直流电源必须稳定，主要测量随电压变化的电流曲线。根据泄漏电流曲线，可以判断绝缘是否受潮、未贯通的集中缺陷等，如图 6-6

所示。对于良好的绝缘,电流值较小,泄漏电流随电压而线性上升,如曲线 1 所示;如果绝缘受潮,那么电流值变大,如曲线 2 所示;曲线 3 表示绝缘中有集中性的缺陷存在。当泄漏电流越过一定数值,应尽可能找出原因。如果 0.5 倍试验电压附近泄漏电流已经迅速上升,如曲线 4 所示,则该设备在运行时会发生绝缘击穿的危险。

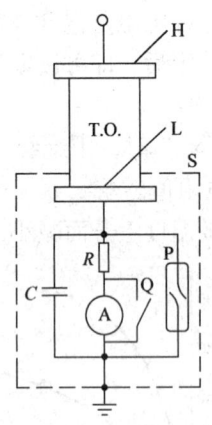
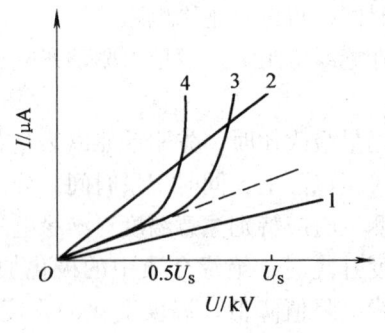

图 6-5 测量泄漏电流的电路图
T.O.—被试品 H—高电位电极
L—低电位电极 A—直流电位表
R—保护电阻 P—放电管

图 6-6 某设备绝缘的泄漏电流曲线
1—绝缘良好 2—绝缘受潮 3—绝缘中有未贯通的集中性缺陷 4—绝缘有击穿的危险

与吸收电流相比,绝缘材料受潮后泄漏电流会增加。当介质上所加电压去掉后,介质放电会出现与吸收过程类似的过程,但没有泄漏电流现象。由此可根据下面的极化指数和泄漏指数来判断受潮程度:

$$\left.\begin{array}{l}极化指数 = \dfrac{I_1}{I_{10}} \\ 泄漏指数 = \dfrac{I_{10}}{I_{D10}} \end{array}\right\} \quad (6-8)$$

式中,I_1 为加电压 1 min 后的电流;I_{10} 为加电压 10min 后的电流;I_{D10} 为开始放电 10min 后的电流。

对于旋转电机,如果极化指数小于 1.5,泄漏指数大于 30,就可以判定为受潮。

测量泄漏电流时,除了需要注意温度、时间和表面泄漏等因素的影响外,还应注意下列问题:

(1)电压的稳定性 一般采用整流的方法获得直流高压,具体方法详见第 7 章,直流电压的脉动系数应不大于 3%,电压降落也要尽可能低。

(2)测量仪表的保护 可采用图 6-5 所示的电路,电阻 R 的值可这样选取:电流表 A 所允许的最大电流在电阻 R 上的压降应

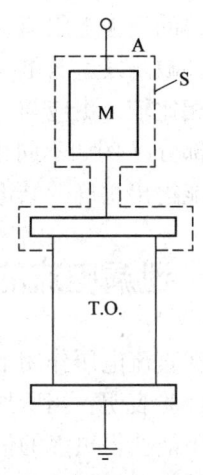

图 6-7 被试品一极必须接地时的测量电路
T.O.—被试品 M—测量机构
S—屏蔽笼

稍大于放电管的起始放电电压。并联电容 C 的作用不仅使电流表的读数稳定,更重要的是使作用在放电管 P 上的电压陡度能降低,使放电管来得及动作,故其电容量较大($>1\mu F$)。电流表平时被旁路开关 Q 短接,只有在需要读数时才将 Q 打开。

(3) 杂散电流造成的误差　为观察方便,通常将测量仪表接在低电位侧,如果高压引线的对地杂散电流或被试品高压电极上发生电晕,形成附加漏导电流,就可能使仪表指示的电流值比实际流经被试绝缘的泄漏电流偏大。所以要求直流高压部分不发生电晕,或者高压引线采用屏蔽线,被试品的低压极和测量装置用屏蔽笼屏蔽起来,并将屏蔽笼接地,如图 6-5 中虚线所示。

(4) 被试品的接地　有些设备,如埋入地中的电缆,常常是试品的一端必须直接接地,此时,应将测量系统串接在高压侧回路中。由于测量系统中包括仪表及其他辅助元件,容易发生电晕,故应将测量系统放在屏蔽笼中,尽可能将试品的高压极和引线屏蔽起来,并与电源侧的高压引线连接于 A 处,如图 6-7 所示。这样杂散电流就不通过测量仪表,因而也就大大减小了测量误差。

6.3　介质损耗角正切值的测量

如图 6-8 所示,绝缘介质上施加交流电压时,流过的电流包含比施加电压超前 $\pi/2$ 的电容电流 $\dot{I}_C$ 和与电压同相位的电流 $\dot{I}_R$,形成全电流 $\dot{I}$。如果 $\dot{I}$ 与 $\dot{I}_C$ 间的相位角为 δ,则绝缘介质的损耗 W 为

$$W = |\dot{U}||\dot{I}|\tan\delta = \omega C|\dot{U}|^2\tan\delta \tag{6-9}$$

式中,C 为绝缘介质的电容;ω 为交流电压的角频率;$\tan\delta$ 被称为介质损耗角正切,它是交流电压作用下电介质中电流的有功分量和无功分量的比值,是一个无量纲的数,反映的是电介质内单位体积中能量损耗的大小。

在一定的电压和频率下,介质损耗角正切值($\tan\delta$)与绝缘介质的形状、大小无关,只与介质的固有特性有关。$\tan\delta$ 可以有效地发现绝缘受潮、穿透性导电通道、绝缘内含气泡的游离、绝缘分层和脱壳以及绝缘有脏污或劣化等缺陷。因此,$\tan\delta$ 的测量被广泛用于电气设备的品质管理、绝缘监测与劣化判定等目的。

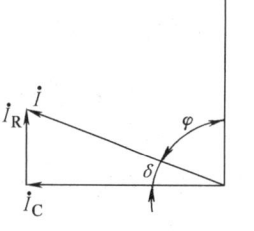

图 6-8　有损耗介质的电压电流相量图

测量 $\tan\delta$ 值,最常用的方法是采用高压交流平衡电桥(西林电桥)。

6.3.1　西林电桥的基本原理

西林电桥的基本原理如图 6-9 所示。当电桥平衡时,检流计 G 内无电流通过,说明 A、B 两点间无电位差,因此电压 $\dot{U}_{CA}$ 与 $\dot{U}_{CB}$ 以及 $\dot{U}_{AD}$ 与 $\dot{U}_{BD}$ 大小相等,相位相同,即

$$\frac{\dot{U}_{CA}}{\dot{U}_{AD}} = \frac{\dot{U}_{CB}}{\dot{U}_{BD}} \tag{6-10}$$

所以，在桥臂 CA 和 AD 中流过相同的电流 $\dot{I}_x$，在桥臂 CB 和 BD 中流过相同的电流 $\dot{I}_N$，各桥臂电压之比应等于相应桥臂阻抗之比，于是得

$$\frac{Z_x}{Z_3} = \frac{Z_N}{Z_4} \text{ 或 } Z_x Z_4 = Z_3 Z_N \tag{6-11}$$

上式中

$$Z_x = R_x + \frac{1}{j\omega C_x} \qquad Z_N = \frac{1}{j\omega C_N}$$

$$Z_3 = R_3 \qquad Z_4 = \frac{1}{1/R_4 + j\omega C_4}$$

代入式（6-11），并使等式两边的虚部、实部分别相等，则可得

$$C_x = \frac{R_4}{R_3} C_N \tag{6-12}$$

$$\tan\delta = \omega C_4 R_4 \tag{6-13}$$

在工频时，$\omega = 2\pi f = 100\pi$，如取 $R_4 = \dfrac{10000}{\pi}$，则 $\tan\delta = C_4$（单位为 μF）。此时电桥中 C_4 的值经刻度转换就是被试品的 $\tan\delta$ 值，可由电桥板面上 C_4 的数值读出。当试品电容 C_x 较大时，需在 R_3 旁并接一阻值较小的分流电阻，具体接法从略。

如果 Z_x 用并联回路表示，则 $Z_x = \dfrac{1}{1/R_x + j\omega C_x}$，代入式（6-11）后同样可得 $\tan\delta = \omega C_4 R_4$，因为等效回路不会改变 $\tan\delta$ 本身。并联时的等效电容 $C_x' = \dfrac{1}{1+\tan^2\delta} \dfrac{R_4}{R_3} C_N$，由于 $\tan\delta$ 通常很小，所以 $C_x' \approx \dfrac{R_4}{R_3} C_N$，即与串联时的 C_x 近似相等。

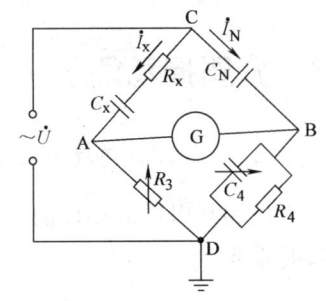

图 6-9 西林电桥原理接线图
C_x、R_x—被试品的电容和电阻　R_3—无感可调电阻　C_N—高压标准电容器　C_4—可调电容器　R_4—无感固定电阻　G—交流检流计

电桥平衡时的相量图如图 6-10 所示，此时，外加电压为 $\dot{U}_{CD}$，被试品上的有功压降为 $\dot{I}_x R_x$，桥臂 R_3 上的压降为 $\dot{I}_x R_3$，被试品上的总压降为 $\dot{I}_x Z_x$、容抗压降为 $\dot{I}_x \dfrac{1}{j\omega C_x}$。电压 $\dot{U}_{CA}$ 和标准电容器上的电压 $\dot{U}_{CB}$ 完全相等。而流经标准电容器 C_N 的电流 $\dot{I}_N$ 超前于电压 $\dot{U}_{CB}$ 90°，流经有损被试品 Z_x 的电流 $\dot{I}_x$ 超前 $\dot{U}_{CA}$、$\dot{U}_{CB}$ 略小于 90°，$\dot{I}_x$ 与 $\dot{I}_N$ 的夹角为 δ。

电桥的平衡是通过调节 R_3 和 C_4 分别改变桥臂电压的大小和相位来实现的。由于 Z_x 和 Z_N 的

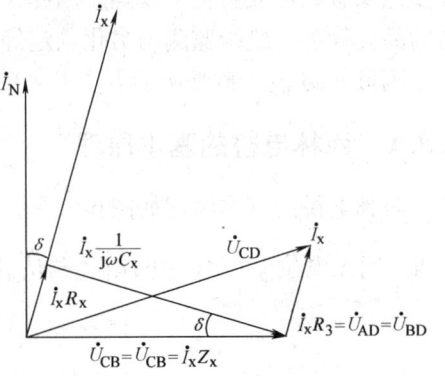

图 6-10 电桥平衡时的相量图

值远大于 R_3 和 Z_4，故可得到 $\dot{I}_x \approx \dfrac{\dot{U}_{CD}}{Z_x}$ 和 $\dot{I}_N \approx \dfrac{\dot{U}_{CD}}{Z_N}$。当 $\dot{I}_x$ 通过 R_3 时，产生压降 $\dot{I}_x R_3 = \dot{U}_{AD}$，调节 R_3 就可以连续改变 $\dot{U}_{AD}$ 的数值，使之与 $\dot{U}_{BD}$ 大小相等。当 $\dot{I}_N$ 流过 Z_4 时，如果 $C_4 = 0$，则产生的压降 $\dot{I}_N R_4 = \dot{U}_{BD}$，其方向与 $\dot{I}_N$ 一致；在调节 C_4 时，因 δ 角很小，所以 C_4 的数值不大，对 Z_4 的幅值影响很小，也就是对 $\dot{U}_{BD}$ 的幅值影响很小，只是随 C_4 的增大，Z_4 的阻抗角改变，从而使 $\dot{U}_{BD}$ 逐渐与电压 $\dot{U}_{AD}$ 相等。实际上，在电桥平衡过程中，R_3、Z_4 互相影响，需要反复调节 R_3、C_4，才能最后达到平衡。

6.3.2 外界电磁场对电桥的干扰

（1）外界电场的干扰　外界电场的干扰如图 6-11 所示，包括试验时的高压电源和试验现场其他高压带电体引起的干扰。

由于存在高压引线 HF 段对被试品低压电极、A 处的引线和 Z_3 臂元件等之间的杂散电容 C_1'，高压引线对标准电容器的低压电极间、B 处的引线和 Z_4 臂元件等之间的杂散电容 C_2'，而标准电容器的电容一般仅 50～100pF，被试品电容一般也只有几十到几千皮法，因此这些杂散电容的存在有可能使测量结果产生较大的不确定性。如果高压引线上出现电晕，则还有电晕漏导与上述杂散电容 C_1' 和 C_2' 相并联。至于桥体部分对地杂散电容的影响，则是很小的，可以忽略不计，因为这些杂散电容是等效地并联在桥臂 Z_3 和 Z_4 上的，而 Z_3 和 Z_4 的电抗值是远小于杂散电容的电抗值的。

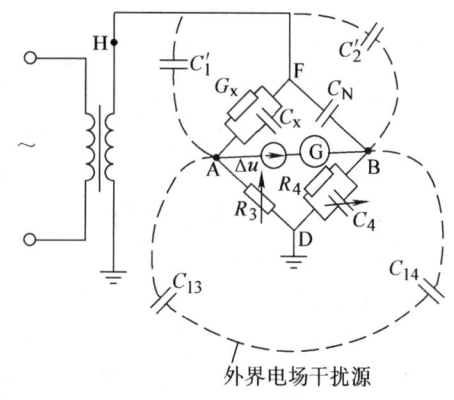

图 6-11　西林电桥的干扰因素示意图

其他外界高压带电体与桥体之间也存在杂散电容，流过杂散电容的干扰电流通过桥臂，同样也会造成测量的不准确性。

（2）外界磁场的干扰　电桥工作时处在交变磁场中，桥路内将感应出干扰电动势，如图 6-11 中的 Δu。显然，Δu 也会造成测量结果的不准确。

消除上述两种干扰因素最简单有效的办法是将电桥的低压部分（最好能包括试品的低压电极在内）全部用接地的金属网屏蔽起来，引线也用屏蔽电缆线，以消除上述干扰所造成的测量不准确性。

用图 6-9 所示的接线图，要求被试品两端均不接地，桥体处于低压，操作方便、测量结果也比较准确。但实际上，现场设备外壳几乎都是固定接地的，所以这种方法在现场使用受到限制。此时可采用反接线法，如图 6-12 所示。被试品的一端（接

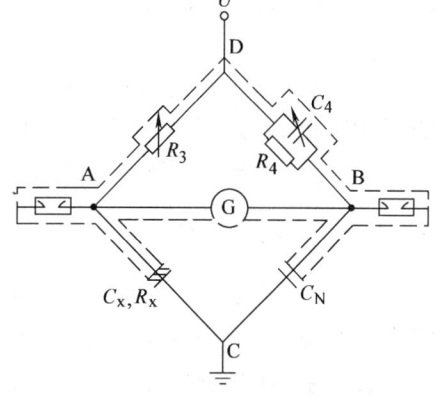

图 6-12　西林电桥的反接法

地端）C 接地，D 点和屏蔽网接高压电源。此时调节臂 Z_3、Z_4，检流计 G 和屏蔽网均处于高电位，故必须采取可靠的措施以保证设备和测试人员的安全。

图 6-12 还给出了反接法时的屏蔽接线方法，在 A、B 与屏蔽间接有放电管，起保护作用。例如，如果试品被击穿，放电管即放电，可以避免在电桥本体上出现较高的电位差。

6.3.3 影响 tanδ 测量结果的因素

在排除外界磁场干扰、正确测出 tanδ 值后，还需要对 tanδ 的测量结果进行正确的分析判断，为此，还要了解 tanδ 与哪些因素有关。

（1）温度的影响　温度对 tanδ 有直接影响，影响的程度随材料、结构的不同而异。一般情况，tanδ 是随温度上升而增大的。现场试验时，设备温度是变化的，为便于比较，应将不同温度下测得的 tanδ 值换算至 20℃ 的温度下。

应当指出，由于被试品真实的平均温度很难测定，换算系数也不是很符合实际，故换算后往往有很大误差。因此尽可能在 10℃～30℃ 的温度下进行测试。

（2）试验电压的影响　一般说来，在额定电压范围内，良好的绝缘，其 tanδ 值是几乎不变的（仅在接近额定电压时 tanδ 值可能略有增加），且当电压上升或者下降时测得的 tanδ 值应是基本一致的，不会出现闭环路状的曲线。如果绝缘中存在气泡、分层、脱壳等，情况就不同了。当所加的试验电压尚不足以使绝缘中的气泡或气隙放电时，其 tanδ 值与良好绝缘无显著差异；当所加试验电压足以使绝缘中的气泡或气隙放电，或者电晕、局部放电发生时，tanδ 值将随试验电压的升高而迅速增大。

所以，测定 tanδ 时所加的电压，最好接近于被试品的正常工作电压。所加电压过低，则不易发现绝缘中的缺陷，过高则容易对绝缘造成不必要的损伤。

（3）测量 tanδ 与试品电容的关系　对电容量较小的设备，如套管、互感器等，测量 tanδ 值能有效地发现局部集中性和整体分布性的缺陷。但对电容量较大的设备，如大中型变压器、电力电缆、电容器、发电机等，测 tanδ 值只能发现整体分布性缺陷。因为局部集中性缺陷所引起的损耗增加只占总损耗的极小部分，这样用测 tanδ 的方法判断设备的绝缘状态就很不灵敏，因此，通常对运行中的电机、电缆等设备进行预防性试验时，不做 tanδ 测试。

对于可以分解为几个绝缘部分的被试品，分解后来进行 tanδ 的测试，可以更有效地发现缺陷。例如测量变压器的 tanδ 时，对套管的 tanδ 单独进行测量可以有效地发现套管的缺陷。

（4）试品表面泄漏的影响　试品表面泄漏可能影响试品内部绝缘 tanδ 的值。特别是试品的 C_x 较小时，需特别加以注意。为消除表面泄漏，除应将套管表面擦干净外，还需加屏蔽。但应注意，屏蔽线不应改变被试品内部的电场分布。

6.3.4 数字化测量方法

西林电桥测量 tanδ 时，由于受电磁场以及外界干扰因素的影响，很难调节电桥的平衡。数字化测量 tanδ 是采用数字化技术来调节电桥的平衡，而实际的测量原理大多仍是用标准电容和电阻与被试品进行比较的模拟方法。数字化测量 tanδ 不仅可以很容易地调节电桥平衡，而且可以防止外界干扰，提高了测量准确度。

数字化测量方法的原理是利用传感器从试品上取得所需的电压信号 U 和电流信号 I，经前置 A/D 转换电路数字化后，送至数据处理计算机或单片机，经数据处理后算出电流电压之间的相位差 φ，最后得到 $\tan\delta$ 的测量值，其原理如图 6-13 所示。

$\tan\delta$ 数字化测量仪器包括标准回路（C_n）和被试回路（C_x）。标准回路由内置高稳定度标准电容器与测量线路组

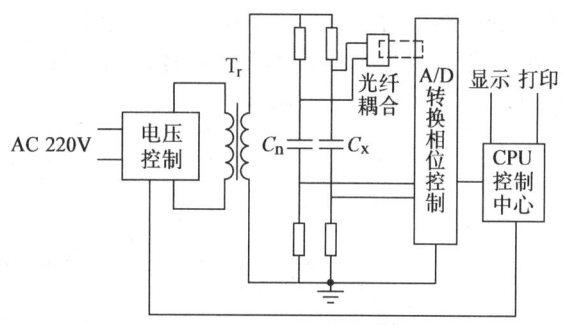

图 6-13 $\tan\delta$ 数字化测量原理

成，被试回路由被试品和测量线路组成。测量线路由取样电阻与前置放大器和 A/D 转换器组成。通过测量电路分别测得标准回路电流与被试回路电流幅值及其相位差，再由单片机运用数字化实时采集方法，通过数学运算便可得出试品的电容值和介质损耗正切值。根据数据处理方法的不同，可分为过零电压比较法、谐波分析法、自由矢量法以及异频电源法等。

6.4 局部放电的测试

如果电气设备在正常工作电压下有一定程度的局部放电（PD），则这种放电过程会在其正常工作的全部时间内持续地发展下去，这将加速设备绝缘的老化和破坏，发展到一定程度时，可能导致整个绝缘的击穿。所以，测定电气设备在不同电压下局部放电强度与变化规律，能预示设备的绝缘状态，也是估计绝缘电老化速度的重要依据。

局部放电的检测通常是测量视在放电量 Δq 和放电能量 W（Δq 与 W 的定义见 5.3.3 节）。此外，衡量局部放电强度的参量还有放电的重复率（放电频率）、平均放电电流、平均放电功率以及局部放电的起始电压与熄灭电压等。

6.4.1 局部放电的检测回路

介质内部发生局部放电时，将伴随发生许多现象。这些现象中，有属于电的，如电脉冲、介质损耗的增大和电磁波辐射；有属于非电的，如光、热、噪声、气体压力的变化和化学变化等。这些现象都可以用来判断局部放电是否存在，因此检测方法也可以分为电的和非电的两类。在大多数情况，非电的方法都不够灵敏，多半属于定性的，即只能说明是否存在局部放电。目前采用的方法是测量局部放电时的电脉冲或介质损耗，不仅可以判断局部放电的有无，还可测出放电的强弱。

国际上推荐的三种测量局部放电的回路如图 6-14 所示。图 a、图 b 适用于被试品一端接地和被试品对地绝缘的情况，图 c 是平衡检测回路，这种回路对防止外界干扰比较有利。耦合电容 C_k 为被试品 C_x 和测量阻抗 Z_m 之间提供一个低阻抗的通道。被试品一旦发生局部放电，因 C_x、C_k 和 Z_m 构成的回路内有电流流过，就可由检出阻抗把与脉冲电流成比例的脉冲电压检测出来，检测到的信号通过放大器送到测量仪器上。为使测量结果能真正反映绝缘内部的放电，还需要对高压试验回路中的电晕等放电以及外界空间的电磁干扰等采取一系列抗干扰措施，除硬件的各种防干扰措施外，也采用信号处理的方法（如小波变换）来消

除干扰的影响。为了防止电源噪声流入测量回路和被试品局部放电脉冲流到电源中去,在电源和测量回路间接入一个低通滤波器 Z。Z 可以让工频电压作用到试品上,并阻止被测的高频脉冲或电源的高频噪声通过。

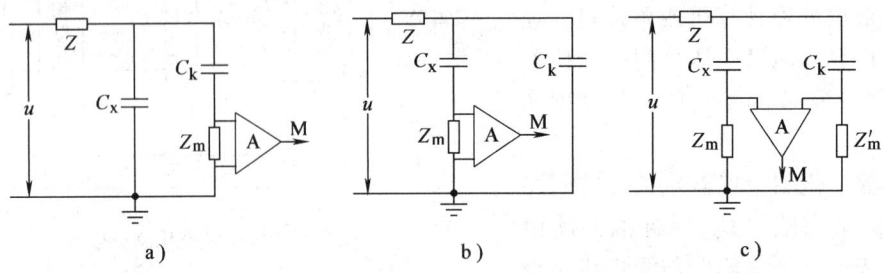

图 6-14 测量局部放电的基本回路

C_x—被试品的电容 C_k—耦合电容 Z_m, Z_m'—测量阻抗 Z—低通滤波器

u—电压源 M—测量仪器 A—放大器

6.4.2 局部放电的测量阻抗和测量仪器

测量阻抗 Z_m 与局部放电测量的灵敏度、输出波形及脉冲的分辨率等都有关系。在选择测量阻抗时主要考虑两点:第一要消除或减弱输出电压的工频分量;第二要使脉冲分量的持续时间足够小,以保证快速连续脉冲的分辨率。阻抗值应足够高,由它承担大部分脉冲电压,并决定输出电压和电流的波形。常用的测量阻抗有电阻、电感、电阻与电感并联以及电感与电容并联四种形式。

测量阻抗上的输出电压 U_z 与试品上的视在放电量 Δq 成正比,而 Δq 可反映试品内部气隙的放电电荷和放电时的能量损失 W。通常 Δq 的数值很小,测量阻抗上的输出电压信号是非常微弱的,必须经放大后才能用仪器进行测量。与这种微弱的脉冲电压同时存在的,还有其他干扰信号,需先用高通滤波器滤掉低频分量,再用合适频带的放大器单独把脉冲信号放大,再送往测量仪器。

测量仪器也称显示单元,以往是采用阴极示波器。该种示波器现在已被数字存储示波器所取代,后者便于存储并可与计算机相连接,以便供给和处理较多的局部放电信息。为了防止干扰,用于高压变电现场的局部放电测试仪,常在数字记录仪前装数字滤波器。为了提高信噪比,需采用垂直分辨率很高的数字示波器或其他数字记录仪。现在较完备的局部放电测试仪是配有微处理机及数字记录仪的专用仪器。测量仪器所测得的局部放电脉冲值是与被试品的局部放电视在放电量 Δq 成比例的,它们之间的具体比例关系与测量回路、放大器等都有关,要从指示值来算得视在放电量 Δq 是困难的,只能通过试验来确定,也即 PD 的测量仪器必须进行试验校正。常用的一种校正方法如图 6-15 所示。校准器和被试品并联,通过调节灵敏度等,使得仪器的指示值与校准器发出的放电量相等。测量被试品的局部放电时,应去掉校准器,并保持测量回路不变。

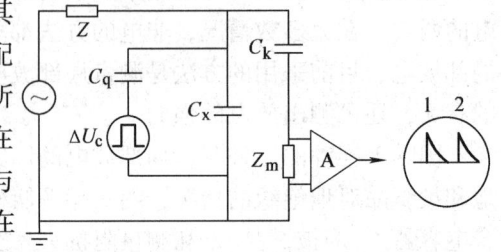

图 6-15 PD 试验的直接校正电路

6.4.3 用超声波探测器测量局部放电

近年来,超声波探测器在检测绝缘内部局部放电方面的应用逐渐增多。与前述的电脉冲方法相比较,其特点是抗干扰能力相对较强,可以在运行中和耐压试验时检测绝缘内部的局部放电,适合预防性试验的要求。它的工作原理可简述如下:当电气设备绝缘内部发生局部放电时,会产生超声波,并向四面传播,直到电气设备容器的表面。若在设备外壁(例如套管、互感器的瓷套外表面)放一压电元件,在交变压力波的作用下,具有压电效应的晶体便产生交变的弹性变形,晶体沿受力方向的两端面上便会出现交变的束缚电荷。这一表面束缚电荷的变化便引起端部金属电极上电荷的变化,或在外回路中引起交变电流,从而将交变压力波转换成电气量,由此可测量局部放电。

绝缘中内在的局部缺陷,特别是在缺陷程度尚不严重时,用别的方法往往很难发现,而用测量局部放电的方法,却能比较灵敏地指示出来。经过多年来的研究改进,这项试验方法已渐趋成熟。许多电力运行部门和电力机械制造部门,已将局部放电列入试验项目,这对发现绝缘的早期缺陷、尽早采取预防措施具有很重要的意义。

6.5 电压分布的测量

在工作电压作用下,沿绝缘结构的表面有一定的电压分布。通常当表面比较清洁时,绝缘本身的电容和杂散电容决定了这一电压分布,而当表面因污染使电阻下降时,则电压分布主要决定于表面的电导。如果绝缘中某一部分因损坏使绝缘电阻急剧下降,则表明电压分布会有明显的改变。因此测量绝缘表面的电压分布可以发现某些绝缘的缺陷。

电力系统中有大量的绝缘子在运行,线路绝缘多为悬式绝缘子串。绝缘子在运行中由于机械力、温度变化等原因常易出现整个绝缘子或绝缘子串中的某层元件瓷质绝缘开裂或击穿。另外,电场在污秽绝缘子上的分布很不均匀,潮湿时,会引起不均匀的电压分布,进而造成电压分布过于集中而使绝缘子损坏。电压分布能反映绝缘子的一些特征,如污秽分布状况、绝缘子绝缘状况等。测量电压分布可掌握绝缘子串的污秽分布和电压分布情况。另一方面,通过测量电压分布可判别零值绝缘子。因此,测量电压分布是不停电检查劣化绝缘子以及绝缘子污秽的有效方法。

测量电压分布的工具为测杆。最简单的测杆为短路叉(见图6-16),当短路叉的一端 2 先和下面绝缘子的铁帽接触,而将另一端 1 靠近被测绝缘子的铁帽时,在 1 和铁帽间便会产生火花。被测绝缘子承受的电压越高,出现火花越早,而且火花的声音也越大,因此根据放电情况可以判断被测绝缘子承受电压的情况。此种测杆不能测出电压分布的具体数值,但可以检查出坏绝缘子(又称零值绝缘子),即如果被测绝缘子是零值的(不承受电压),便没有火花。使用时应注意,当电压等级较低时(35kV 及以下),要避免因火花间隙放电而引起相对地的闪络。

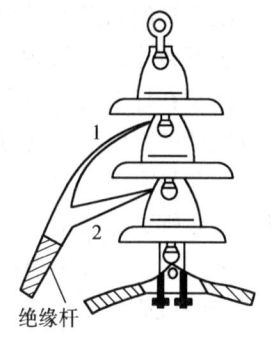

图 6-16 短路叉

调节火花间隙测杆可测出电压分布来反映被测绝缘子的劣化程度。测杆在机械上做成可以旋转的,旋转时就改变了火花间隙的距离,也即改变了火花间隙的放电电压，并在刻度盘上指示出来。如果某一元件上的分布电压低于标准值，而相邻其他元件的分布电压又高于标准值时，则该元件可能有缺陷。为了防止因火花间隙放电短接了良好绝缘而引起相对地闪络，可用电容 C 和火花间隙串联再接到探针上去。C 约为 30pF，与一只良好悬式绝缘子的电容值接近。由于 C 和间隙串联，间隙极间电容只有几皮法，故基本上不降低间隙电压。

上述测杆的一个主要缺点是分辨能力较差。由于户外背景较亮，火花放电不易被观察，而当被测绝缘子串较长、串中部绝缘子承受的电压较低时，火花放电流较小，放电声也较难分辨出来。

图 6-17 所示为一种音响式测杆的原理接线图，图中高压电容 C 及放电管等在工作时处于高电位，接收器及仪表等处于低电位，两者用空心绝缘杆连接起来。当测杆所测绝缘子两端电压降低时，放电管的放电频率降低，发声器中发出的声

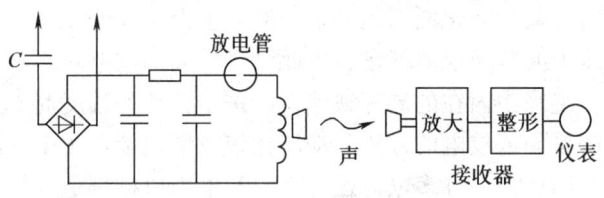

图 6-17 音响式测杆的原理图

音频率也降低，仪表读数较小；反之则较大。信号可以以声音的形式，也可以以光的形式传递。此类测杆的重量轻，并可在低压侧用仪表定量地反映被测绝缘子两端的电压。音响式测杆的检出电压范围约为 1kV~20kV。

测量电压分布的方法除了用于绝缘子检测外，在其他绝缘上也有应用。例如，通过测量电机线棒表面对铁心的电位，可以判断是否由于线棒与槽壁配合不紧密、接触不良而引起其间气隙放电。

6.6 绝缘油的电气试验和气相色谱分析

在变压器、互感器、断路器的充油套管等设备的预防性试验中，要定期对其所用的绝缘油进行试验。绝缘油是高压电气设备绝缘中重要的组成部分，除绝缘作用外，它还有冷却的作用，在断路器中则起灭弧作用。因此试验需要测试油的闪点、酸值、水分、游离炭、电气强度及介质损耗角等。如果性能不符合要求，就要将油进行处理（过滤再生）或换新油。

绝缘油的闪点下降和酸值增加，通常是由于设备局部过热导致油分解。绝缘油受潮、脏污（如纤维尘埃、炭化等）会使其击穿电压下降。同时油受潮或者变质时，$\tan\delta$ 将增大。

通过在标准油杯中进行油的击穿试验以及在专用的试验电极中测油的 $\tan\delta$ 可以检查油的电气性能。由于温度对油的 $\tan\delta$ 值影响较大，温度高时，不同质量油的 $\tan\delta$ 差别可能更大，故测量 $\tan\delta$ 时需将电极放在恒温箱中。需要注意的是，取油样和进行击穿或 $\tan\delta$ 试验时，在步骤、方法上均需按规定进行，否则很容易得出不正确的试验结果。

近年来，对油中溶解气体的气相色谱分析得到了普遍应用，已列入预防性试验标准，并有相应的试验导则，这项试验是通过检查电气设备油样内所含气体的组成和含量来判断设备内部的绝缘缺陷的。

当电气设备内部有局部过热或局部放电缺陷时，缺陷附近的绝缘将会分解而产生气体并不断溶解于绝缘油中。例如，当变压器内部存在裸金属局部过热，常见的如分接开关、铁心、裸

接头、箱壳等处有局部过热引起变压器油热分解时,变压器油色谱分析的主要特征是总烃含量较高,其中甲烷(CH_4)、乙烯(C_2H_4)也较多。如果固体绝缘过热,例如引线过热、铁轭绝缘过热或穿心螺栓过热,则由于有固体绝缘的热分解,气体中 CO、CO_2 含量将加大。如果是固体绝缘过热但温度不高,例如有的连续式绕组,由于加强绝缘膨胀堵塞油道造成纸绝缘过热,色谱分析中总烃含量不高,而 CO、CO_2 含量则较高。所以 CO、CO_2 含量高是固体绝缘(如纸、木材等)热分解的主要特征。当变压器内部存在局部放电时,其气相色谱分析的特征是乙炔(C_2H_2)和氢气含量较大。C_2H_2 含量较大是区别放电或过热的主要特征。分析油中所含气体的成分、含量,即可判断变压器等充油电气设备中隐藏缺陷的性质。

绝缘油气相色谱试验的优点是可以发现充油电气设备中某些用 $\tan\delta$ 等方法不能发现的局部性缺陷(如局部过热、局部放电),其方法迅速简便,不需要设备停电,适合于预防性试验的要求。由于系统中普遍采用这种方法,可以及时掌握变压器、互感器等设备的运行情况,有效地防止了事故的发生。

试验方法是取出运行中电气设备的油样,将油样经喷嘴喷入真空罐内,使油中溶解的气体迅速释放出来。然后将脱出的气体压缩至常压,用注射器抽取试样后进行分析。图 6-18 给出了 102G-D 气相色谱仪的使用流程。图中 N_2、H_2 为载气,气样进口分 Ⅰ、Ⅱ 两处。为了分析出气体中所包含的各种气体成分,需要利用色谱柱,如图中柱 Ⅰ 和柱 Ⅱ。色谱柱为一种 U 形或圆盘形管,装有吸附剂,如柱 Ⅰ 内可装炭分子吸附剂(80~100 目),当气样注入管中后,这些吸附剂便能使不同成分的气体先后流出色谱柱。如柱 Ⅰ 可分离出 H_2、O_2、CH_4、CO_2,柱 Ⅱ 可用微球硅胶(80~100 目),它能使烃类气体成分分离出来,如 CH_4、C_2H_6、C_2H_4、C_3H_8、C_2H_2、C_3H_6 等。

为了检测各成分的含量,采用热导池监测器及氢焰监测器。热导池监测器是用来检测气样中氢气的,同时也可检测氧气。其原理为用四个钨丝电阻臂组成电桥,未输入检测气体前电桥是平衡的,所以无输出信号。当被检气体流入测量臂后,由于改变了导热系数,因而改变了测量臂钨丝的温度,即改变了其电阻值,电桥不平衡而输出信号,信号的大小与被检测气体的种类及含量有关。氢焰监测器具有更高的灵敏度,它用来检测烃类气体和 CO、CO_2。但 CO、CO_2 需经过转化炉由镍催化剂转化成有机气体 CH_4,才能由氢焰鉴测器检测。氢焰鉴测器通过氢气在空气中燃烧生成火焰,使被检气体电离,再由极间电场吸收电离电流,电流的大小即反映被检测气体的含量。

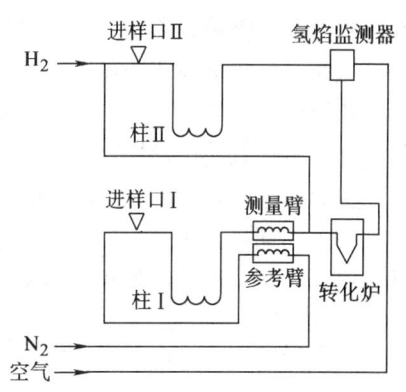

图 6-18 102G—D 气相色谱仪的使用流程

油的气体色谱分析方法对于判断上述慢性局部潜在缺陷是有效的,但对于某些突发性故障,例如匝间短路,在故障潜伏期不易发现。

近年来国内外采用气敏半导体元件来监测油中的含气成分,这实际上是简易的色谱法。气敏半导体由 N 型金属氧化物制成,放在气路流程中,当温度一定及载气(用空气)流量一定时,气敏半导体的阻值一定。当被测气体吸附到气敏半导体表面时,其表面层的电子数增加,阻值下降,使外回路电流增大,发出信号。

6.7 绝缘状态的在线监测

6.7.1 tanδ 的在线监测

1. 电桥法

在线监测 tanδ 时，仍可用前述的西林电桥测量法。但由于原来应用在电桥中的标准电容器工作电压仅为 10kV，因此对于现场中高电压电力设备的测量，需引入一电压互感器 TV 来降压，以适应标准电容器的额定电压。该方法基本接线如图 6-19 所示。由互感器带来的角差，可通过 RC 移相电路予以校正。然而，角差会因负载等的影响而有所变化，所以校正也不可能是很理想的。电桥中 R_3、C_4 的调节可以手动，也可以自动。由于是有触头调节，因此必须选择可靠性高的 R_3、C_4 可调节元件。

电桥法的优点是，它的测量与电源波形及频率不相关；其缺点是，由于 R_3 的接入，改变了被测设备原有的状态。

2. 全数字测量法

全数字测量法又称为数字积分法，是用 A/D 转换器分别对电压和电流波形进行数字采集，然后根据傅里叶分析法的原理进行数字运算，最终得到 tanδ 的值。被测设备的电压信号由同相的电压互感器 TV 提供，或再经电阻分压器输出。电流信号由设备接地线

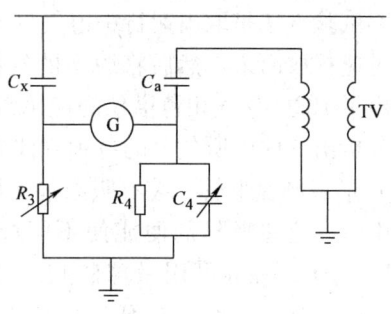

图 6-19 电桥法 tanδ 在线监测原理图

上的低频电流传感器 TA 来获取。这种电流传感器需要特殊设计，以使所产生的角差极小。由于获取电流信号方面的限制，全数字测量法仅限于使用在电容型设备上。图 6-20 为电压和电流信号提取的电路图。

实际的电压波和电流波是含有谐波的周期性函数。一个周期性函数 $f(t)$ 在满足狄里赫利条件时，可以展开成三角形式的傅里叶级数

$$f(t) = a_0 + \sum_{n=1}^{\infty}(a_n\cos n\omega t + b_n\sin n\omega t)$$

或者
$$f(t) = A_0 + \sum_{n=1}^{\infty} A_n\sin(n\omega t + \theta_n) \qquad (6-14)$$

式中，ω 为基波角频率。

对于流过试品的电流 $i(t)$ 和加在试品上同一相的电压 $u(t)$，可以通过傅里叶级数展开后，求得电流及电压各自的基波幅值 I、U 和基波相位 θ_i、θ_u，可得介质损耗角正切 tanδ

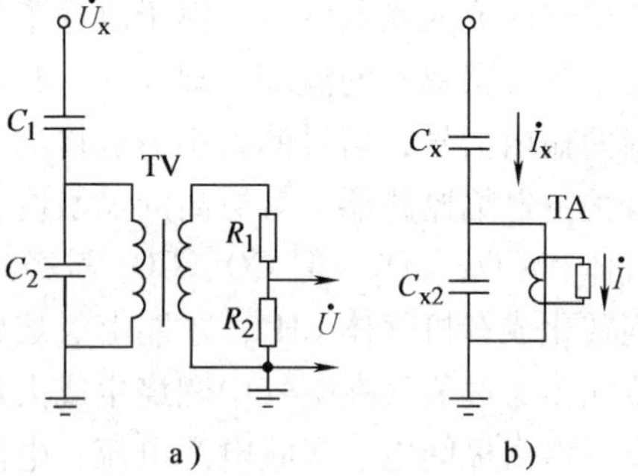

图 6-20 电压和电流信号提取的电路图
a) 电压信号 b) 电流信号

$$\tan\delta \approx \delta = \frac{\pi}{2} - (\theta_i - \theta_u) \qquad (6-15)$$

在理想条件下，根据采样定理的概念，A/D 的采样率不必取得很高即可达到足够的准

确度。但是电力系统的频率允许在一定范围内变动,尽管采样率可以很准确地达到一定值,但真正要实现同步采样是比较困难的。不能实现同步采样就会产生非同步采样误差。为了解决或减小这一误差,需在软件或硬件上另行采取措施。

6.7.2 局部放电的在线监测

对于变压器类电力设备常用的局部放电监测手段之一是油中气体分析法。实现在线自动监测和在线分析,比定时取油样更能及时发现缺陷。在现场可采用若干种脱气装置,例如让油中所含的气体通过一种透气性高分子塑料薄膜透析到气室中,然后用色谱仪进行数种可燃性气体的分析。若仅对氢气进行连续监测,则选用合适的气敏半导体元件即可实现简易的在线监测。

日本 H. Kawada 等人较早实现了对电力变压器 PD 的声电联合监测(见图 6-21)。由于被测信号很弱,而变电所现场又具有多种电磁干扰源,同轴电缆传递信号会接受多种干扰,其中之一是电缆的接地屏蔽层会受到复杂的地中电流的干扰,因此传递各路信号用的是光纤。通过电容式高压套管末屏的接地线、变压器中性点接地线和外壳接地线上所套装的带铁氧体磁心的罗戈夫斯基线圈供给 PD 脉冲电流信号。通过安装在变压器外壳不同位置的超声压力传感器,接收由 PD 源产生的压力信号,并由此转变为电信号。在自动监测装置中设置光信号发送器,并向图中所示的 CD 及各个 MC 发出光信号。最常用的是,用 PD 所产生的脉冲电流来触发监测器,在监测器被触发之后,才能检测到各超声传感器的超声压力波信号,之后由其中的光信号接收器接收各个声、电信号。

综合分析各个传感器信号的幅值和时延,可以初步判断变压器内部 PD 源的位置。如果像图 6-22 所示的波形和时延情况,则可判断 PD 源离 MC_2 的位置更近一些。由于现场存在大量的干扰,在线测量 PD 的灵敏度要比在屏蔽的实验室中测量 PD 的灵敏度低得多。一般认为现场大变压器的 PD 量大于等于 10000pC 时,应引起严重关注,所以 PD 的监测灵敏度至少应达到 5000pC。

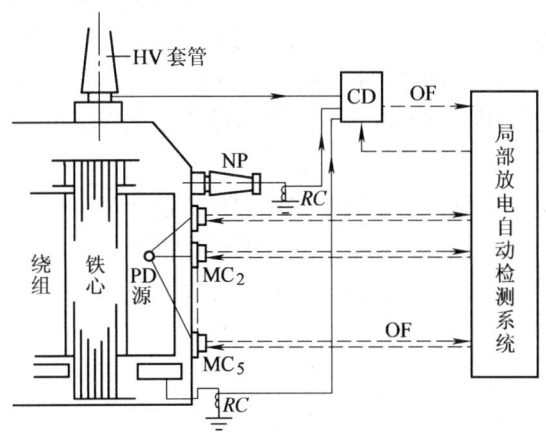

图 6-21 电力变压器 PD 在线声电联合监测
CD—电流脉冲检测器 MC—超声传感器
RC—罗戈夫斯基线圈 NP—中心点套管

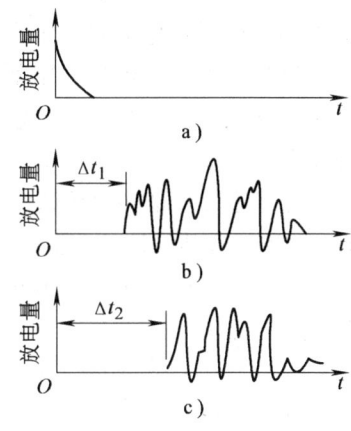

图 6-22 电力变压器 PD 在线监测时所获得的电流脉冲及超声信号
a) 来自某 RC b) 来自 MC_2 c) 来自 MC_5

为了降低干扰的影响，可以采取的措施：采用差分回路来减小外来的电磁干扰；在某相位处用开"窗口"的方法来消除固定相位的干扰；多次测量后进行平均化处理以削弱那些一次性的电磁干扰。

局部放电的脉冲电流频谱与最大峰值电压、脉冲上升时间以及脉冲宽度有关，它是由不同的频率分量组成的连续谱图，频谱分布的范围很宽，局部放电信号的频率分量可达到吉赫（GHz）范围。现场干扰信号的频率一般小于300MHz，有些频段干扰较强，有些频段则较弱。为了排除现场各种电磁干扰、提高信噪比和测量灵敏度，可在局部放电信号的主要频率分量集中的 300MHz 以下，选择干扰较弱的某一频段，采用窄带法进行测量。

局部放电超高频检测技术通过传感变压器、GIS 等内部局部放电所激发的超高频电磁波，实现局部放电的检测和定位，检测信号的中心频率和带宽可调，抗干扰

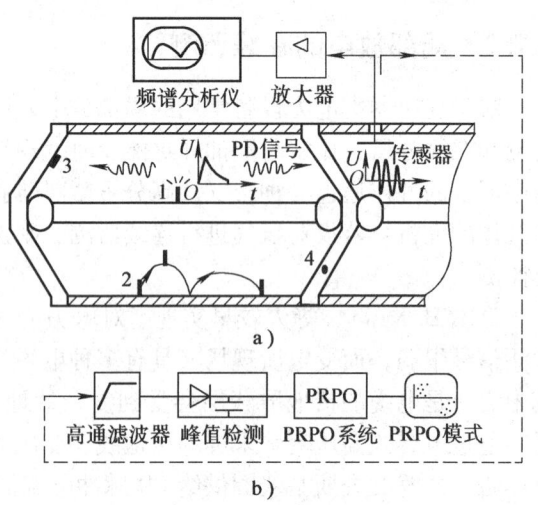

图 6-23 超高频法 GIS 中 PD 的在线监测
a) 窄带测量系统 b) 宽带测量系统

能力强。在超高频范围内提取局部放电产生的电磁波信号，检测系统受外界干扰影响小。如能将传感器预先安装在设备的箱壳内，如 GIS 屏蔽外壳的内表面、电缆接头处预埋传感器等，则电磁干扰可明显减小，可以极大地提高电力设备局部放电检测的可靠性和灵敏度，实现局部放电的在线监测。图 6-23 为超高频法 GIS 局部放电的在线监测原理图。

6.7.3 油中气体含量的在线监测

运行经验证明，气相色谱分析是发现油浸电力设备潜伏性故障的一种好方法，如能实现在线自动监测，而不是每次取油样后送回试验室分析，对及时发现缺陷将更有效。现场监测的油脱气装置有两种：一种是利用某些塑料薄膜（如聚四氟乙烯、聚酰亚胺）独特的透气件，让油中所含的气体透析到气室里；另一种是用微型泵在现场对油样吹入空气而释出某些气体（如氢气）。

目前，用于变压器油中气体监测的气体定量检测方法主要是传感器检测法、氢火焰检测器（FID）检测法和热导池检测器（TCD）检测法。传感器检测法可用于变压器油中气体的在线监测，由于气体分子吸附在半导体传感器表面，使得传感器老化，存在交叉干扰、稳定性差等缺点。

习　题

6.1　试列表比较电介质的各种极化现象的性质。
6.2　极性液体或固体极性电介质的介电常数与温度、电压频率的关系如何？为什么？
6.3　固体电介质的电导和哪些因素有关，简述其原因。
6.4　电介质的等效电路是怎样的？某些大容量的设备如电容器、长电缆、电机等，经直流高压试验

后，要求较长时间的接地放电，为什么？

6.5 电气设备绝缘试验的目的分哪两大类？各有哪些项目？

6.6 进行绝缘电阻的测试，能发现绝缘内部的哪些缺陷？哪些因素影响绝缘电阻测量的准确度，为什么？

6.7 什么叫介质损耗？为什么可以用介质损耗角正切 $\tan\delta$ 来判断介质的品质？试分析介质损耗与所施加电压的幅值、频率及温度的关系（以一种极性液体和一种离子式固体介质为例）。

6.8 简述用西林电桥测量 $\tan\delta$ 的原理，分析哪些因素影响测量的准确度？

6.9 局部放电测量中，什么叫视在放电量？试推导三电容模型中一次局部放电的真实放电量 Δq_r。

6.10 总结比较本章中介绍的各种非破坏性试验的功效和优缺点（包括能检测出的绝缘缺陷种类）、检测灵敏度、抗干扰能力、局限性等）。

6.11 某空气电容器的电容为 50pF，当电极间加入某种液体介质后，电容增大到 125pF，试问原因何在？该液体使电介质的相对介电常数大致为多少？

6.12 变压器油 20℃时的电导率 $\gamma = 10^{-13}$ S/cm，设油间隙为 2cm，电极面积为 $2m^2$，间隙作用电压为 40kV，问该间隙的电导电流为多少？

6.13 类似于双层电介质的绝缘结构，第一、二层电容、电阻分别为：$C_1 = 4200$pF、$R_1 = 1400$MΩ，$C_2 = 3000$pF、$R_2 = 2100$MΩ。当施加 40kV 直流电压时，试求：

（1）$t = 0$ 合闸时，C_1、C_2 上的电荷；

（2）充电稳定时，C_1、C_2 上的电荷；

（3）计算过渡过程时间大致多长。

6.14 直流和交流电场下的电介质损耗有何差别？选择交流电气设备的绝缘材料一般应注意什么问题？

第7章 电气设备绝缘的高电压试验

电力系统中的电气设备,其绝缘不仅经常受到工作电压的影响,还会受到诸如大气过电压和内部过电压的侵袭。为了考验其在长时间的工作电压及瞬时的过电压下是否能可靠工作,电气设备在出厂、安装调试或者大修后需要进行各种高电压试验。本章着重介绍工频高压试验、直流高压试验和冲击高压试验电压的产生和测试方法。

7.1 交流高电压试验

交流输电时,各种电力设备一般工作在 50Hz 或 60Hz 工频电压下,因而规定交流绝缘试验采用 45Hz~65Hz 的交流电压。交流电压的特性主要以峰值、有效值、波形畸变率、波顶系数等来表示,试验时电压波形的畸变应尽可能小。交流高压的产生通常采用工频试验变压器,但对于一些特殊试品,如变压器的感应试验,采用频率不超过 500Hz 的交流电压;对于大容量高电压设备的试验,采用串联谐振方法产生的 30Hz~300Hz 交流电压;固体绝缘的加速老化试验则采用几千赫的高频交流电压等。

7.1.1 工频高电压的产生

工频高电压的产生一般采用工频高压试验变压器,它是高压试验室最基本的、不可缺少的设备之一。它除了用于工频高压试验外,也是试验研究气体绝缘间隙、电晕损耗、静电感应、长串绝缘子的闪络电压以及带电作业等必需的高压电源设备。

1. 工频高压试验对试验设备的要求

图 7-1 是进行工频高压试验的一般线路图。其中调压器 B、试验变压器 T 可产生不同幅值的工频高压以满足试验的需要;球间隙 Q 和电压表 V 用以测量电压;R_1、R_2 是保护电阻,R_1 用来限制过电流和过电压,从而保护试验变压器,R_2 用于保护球电极;被试品 T.O. 接在高压引线与接地线之间。

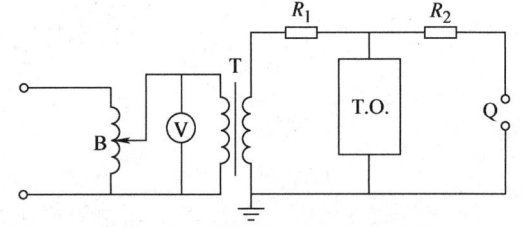

图 7-1 工频高压试验的一般线路图

工频试验变压器和与之配套的调压器与普通调压器和变压器在结构、性能上都有不同的地方,这是由于工频高压试验的特点及其对设备的要求所决定的。这些要求主要在电压、调压与波形、容量三个方面。

(1) 电压 由于工频高压试验通常用于代替雷电过电压或者内部过电压来考核电气产品的绝缘性能,而这些试验电压要比设备的额定工作电压高得多。例如对于 110kV 等级的电力变压器,工频试验电压则要求 230kV。此外,为了进一步研究绝缘性能,了解其击穿强度,还需要进行绝缘击穿试验。电气产品的击穿电压一般比试验电压高得多。目前,我国和世界上多数工业国家都已有 2250kV 的试验变压器,个别国家试验变压器的电压已经达到了 3000kV。

(2) 调压与波形 绝缘介质在不同的升压情况及不同波形的电压作用下击穿特性是不同的,为了使试验研究结果能够相互比较和参考,对调压及电压波形作了统一的规定。电压波形应该是正负半波对称的正弦波,频率在 45Hz ~ 55Hz 之间,电压的有效值等于幅值除以 $\sqrt{2}$,即波顶系数。标准规定,波顶系数应在 $\sqrt{2} \pm 0.07$ 范围内。对于调压装置,应能够按所要求的速度连续、平稳地调节电压。

(3) 容量 对于试验变压器,除了输出电压应满足要求外,在容量方面主要是由工作时间的长短以及负载所需电流的大小来决定的。

在工频击穿试验中,被试品一旦击穿,就立刻切断电源;在工频耐压试验中,根据试品的不同,当电压升至规定值后,有的迅速降低电压(如对外绝缘进行试验时),有的维持 1min ~ 5min 就迅速降低(如对有机绝缘材料构成的内部绝缘进行试验时)。只是在个别试验里(如试验线路的电晕试验),以及对个别电气产品的耐压试验(如高压电力电缆型式试验时)才有较长的运行时间。因此,在大部分高压试验里,试验变压器的连续工作时间不长,而在额定电压下满载运行的时间更少,这比长期处于满载下工作的电力变压器的运行情况要好得多。

对于大多数情况,工频电压下电气设备可以看作容性试品,也即流过被试品的是电容电流 $I_c(\text{A})$,可表示为

$$I_c = \omega C U \times 10^{-9} \tag{7-1}$$

式中,ω 为角频率,$\omega = 2\pi f (f = 50\text{Hz})$;$C$ 为试品的电容量(pF);U 为所加的试验电压(kV)(有效值)。

大多数被试品电容不超过 5000pF。设 $C = 5000\text{pF}$,试验电压 $U = 500\text{kV}$,根据式(7-1)即可得 $I_c = 0.78\text{A}$,可见一般流过被试品的电流值是不大的。对 250kV 以上的试验变压器常采用 1A 制,即高压额定输出电流为 1A,通常这已能满足一般的试验要求。对于人工污秽等少数特殊情况,要求试验设备的短路电流为 4A ~ 10A。

选择试验变压器的额定容量(kVA)按下式考虑:

$$P = I_c U = \omega C U^2 \times 10^{-9} \tag{7-2}$$

式中各量的单位同式(7-1)。

由上式可见,试验变压器的容量一般不大,而且运行的条件比电力变压器有利,所以设计时采用较小的安全系数,在额定电压下只能作短时运行。对特高压的试验变压器,只有在 2/3 的额定电压下才能长期运行。

2. 串级试验变压器

当单个变压器的电压超过 500kV 时,变压器的重量、体积均要随电压的升高而迅速增加,这在机械、绝缘结构设计上都有相当大的困难,所以目前单个变压器的额定电压很少超过 750kV。当需要更高电压等级的试验变压器时,常用几个变压器串接的方法,构成串接试验变压器。串接试验变压器就是使几台变压器二次绕组的电压相叠加,从而使单台变压器的绝缘结构大大简化。

图 7-2 所示的串级方式称为自耦式串级变压器,这是目前最常用的串级方式。这里,后级变压器的励磁电流由前级变压器供给。

设该装置输出的额定电流为 $I_2(\text{A})$,每一级变压器高压侧绕组的额定电压为 $U_2(\text{kV})$,

则该装置输出的额定电压为 $3U_2(\mathrm{kV})$，总的额定输出容量为 $3U_2I_2(\mathrm{kVA})$。最高一级变压器 T_3 的额定容量为 $U_2I_2(\mathrm{kVA})$，中间一台变压器 T_2 的额定容量为 $2U_2I_2(\mathrm{kVA})$，这是因为该变压器除了要直接供应负荷所需的 U_2I_2（kVA）容量外，还得供给 T_3 的励磁容量 U_2I_2（kVA）。同理，最下面变压器 T_1 应具有的额定容量为 $3U_2I_2(\mathrm{kVA})$。所以当串级级数为 3，则串级变压器的额定输出容量 $W_\mathrm{T}=3U_2I_2=3W$，而整套装置的总容量应为各变压器容量之和，即

$$W_\Sigma = U_2I_2 + 2U_2I_2 + 3U_2I_2 = W(1+2+3) = 6W$$

所以，装置的利用系数

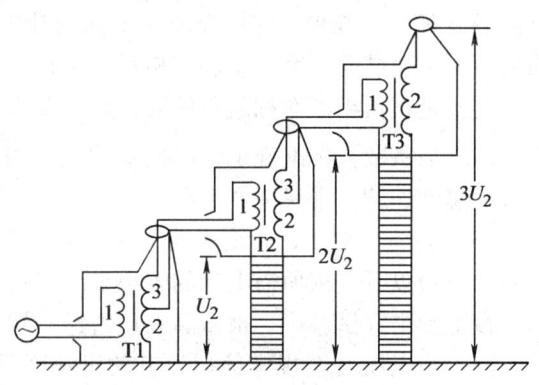

图 7-2　自耦式串接试验变压器
1—低压绕组　2—高压绕组　3—串级励磁绕组

$$\eta = \frac{W_\mathrm{T}}{W_\Sigma} = \frac{3W}{6W} = 50\%$$

显然，串接台数越多，装置利用系数就越低，且随着串接台数的增加，整套串接试验变压器的总漏抗值急剧增加，因此串级试验变压器的串接数一般不超过 3 台。

组成串接试验变压器的各台变压器都可单独使用，也可以并联使用。当被试品发生绝缘闪络时，会出现急剧变化的暂态电压，因此必须防止在各级变压器上出现异常电压。

3. 调压装置

为了防止高压端出现异常电压，一次侧电压的投入应尽可能从低电压开始，然后逐渐升高至试验电压值。通常在高压试验变压器的前级选配合适的调压器，借助调压器进行电压调整，使高压试验变压器输出满足所要求的无级连续、均匀变化的试验电压。高压试验配用的调压器，除了其输出容量、相数、频率、输出电压变化范围等基本参数应满足试验要求外，还要求调压器应具有：①输出电压质量好，要求调压器输出电压波形尽量接近正弦波，输出电压下限最好为零等；②调压特性好，要求调压器阻抗不宜过大，调压特性曲线线性平滑，调节方便、可靠。调压装置主要有以下几种：

（1）自耦式调压装置　自耦式调压器实际上就是自耦式变压器，只是它们的二次电压抽头不是固定的，而是用一滑动触头（炭刷）沿着绕组移动，变成可调的，只要改变滑动触头的位置就可改变二次绕组的匝数，从而使输出电压改变。此类接触调压器按其铁心形式可分为环式和柱式两种。传统小容量高压试验广泛采用环式接触调压器，这种调压器结构简单、输出波形好、体积小、价格便宜。但接触调压器的主要缺点是有触点调节，调节过程中会产生火花，而且容量和使用寿命都受到限制。对于柱式调压器，具有阻抗电压低、输出电压下限值小、输出电压波形好、调压器的输出电压特性平滑线性等优点。目前单相柱式调压器的容量可达 2500kVA，三相可达 3000kVA。

（2）移圈式调压器　移圈式调压器的结构和电磁原理与变压器相似，它一般有三个线圈，其中两个为匝数相等、绕向相反、互相串联的线圈；另一个为套在这两个线圈之外的短路线圈。它借助短路线圈沿铁心柱高度方向的上下移动，改变主回路两个线圈的阻抗和电压分配，以达到调节输出电压的目的。这种调压器由于不存在滑动触头，故容量可做得很大。

但由于这种调压器的主磁通不能完全通过导磁材料形成闭合磁路，所以漏抗较大，且随短路线圈位置的改变而改变，从而使输出波形产生不同程度的畸变。对于波形要求不十分严格和容量较大的场合，移圈式调压器应用比较广泛。

（3）感应调压器 感应调压器的结构和电磁原理类似堵转的绕线转子异步电动机，能量转换关系类似变压器。它通过调整转子角位移，改变定子或转子绕组的感应电动势相位（三相）或幅值（单相），以达到无触点调压的目的。感应调压器的短路阻抗较移圈调压器小，波形畸变率也比移圈调压器小。

7.1.2 串联谐振交流高电压的产生

对于容量大、损耗小的试品，如电缆、电容器以及气体绝缘开关装置等的绝缘试验，如采用工频电压进行试验，要求的电源很大，一般很难实现。为了适应大容量试品的耐压试验需要，可采用高压串联谐振试验设备。

串联谐振试验设备是利用 LC 串联谐振的原理，使试品受到交流高电压的作用，而供电设备的额定电压及容量可大为减小。其原理电路如图 7-3 所示，图中，L 是电感器，C 为试品及分压器和外加电容器的总电容，R 为回路的总电阻，它包括引线、电感固有的电阻和特地接入的调整电阻，也代表高压导线的电晕损耗及试品介质损耗的等效电阻。

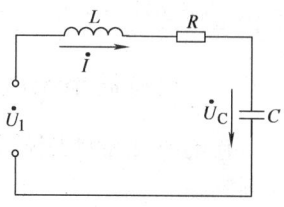

图 7-3 串联谐振的等效电路

如果回路参数满足谐振条件，即

$$\omega L = \frac{1}{\omega C} \quad (7\text{-}3)$$

则变压器二次侧接入的电抗器和被试品电容 C 一起对电源频率 ω 发生谐振。若变压器二次电压为 U_s，谐振时流过被试品的电流 $I = U_s/R$，加在被试品和电抗器上的电压为

$$U_C = U_L = \frac{1}{\omega C} I = \frac{\omega L}{R} U_s = Q U_s \quad (7\text{-}4)$$

式中，Q 为回路谐振的品质因数，$Q = \omega L/R$ 或 $1/\omega CR$，一般为 40~80。

此时所需要的电源容量为

$$P = I^2 R = \frac{U_s^2}{R} \quad (7\text{-}5)$$

而被试品及电感上获得的无功功率为

$$P_C = P_L = I^2 \omega L = \frac{\omega L}{R} \frac{U_s^2}{R} = QP \quad (7\text{-}6)$$

这种方法有以下优点：

1）试验回路对基波频率产生谐振，因而波形的畸变小。

2）被试品发生击穿时谐振条件被破坏，串联电抗器限制短路电流，故绝缘击穿处的电弧不会将故障点扩大。

为了使回路参数满足谐振条件，可以调节电容或电感，也可以调节电源频率。目前最常用的是调节电源频率来满足谐振条件，称为变频串联谐振装置。其原理框图如图 7-4 所示。

交流两相或三相工频电源经变频控制单元输出 30Hz~300Hz 可调的交流电压，励磁变压器（T_r）升压，谐振电抗器 L 和被试品 C_x 构成高压谐振电路来产生交流高压。电容分压器是纯电容式的，用来测量试验电压。先由变频控制单元经励磁变压器向主谐振电路送入一个较低的电压 U_s，调节变频控制单元的输出频率，当频率满足谐振条件时，电路即达到谐振状态。此时能在较小的励磁电压 U_s 下，使被试品 C_x 上产生几十倍于 U_s 的电压 U_{Cx}。回路谐振后，在此频率下输出的电压波形为纯正弦波，而其他频率分量的输出电压都很低。系统的频率取决于回路的 LC 参数。当负载电容 C_x 的变化范围很大时，可以根据 C_x 的大小，适当调整电抗器的电感 L 值，使得谐振频率始终在规定的范围内。

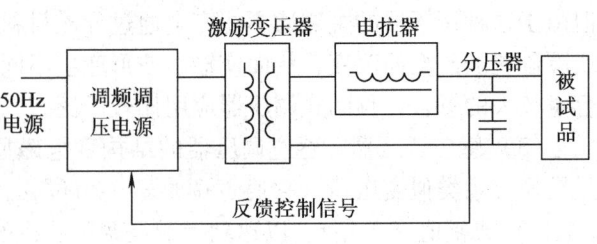

图 7-4　变频串联谐振装置的原理框图

但是必须注意的是，当回路的损耗增大时，会引起输出电压的变化；串联谐振装置不能取代工频试验变压器。

7.1.3　交流高电压试验

在电气设备的工频高压试验中，除了按照有关标准规定认真制订试验方案外，还需注意下列问题。

1. 防止工频高压试验中可能出现的过电压

在工频高压试验中，大多数试品是电容性的。当试验变压器施加工频高压时，往往会在试品上产生"容升"效应，也就是实际作用到试品上的电压值会超过按变比高压侧所应输出的电压值。试品的电容以及试验变压器的漏抗越大，则"容升"效应越明显，这是工频高压试验中应尽量避免的。

另外，对一次绕组突然加压，而不是由零逐渐升高电压，或者当输出电压较高时突然切断电源，都有可能由于过渡过程而在试验回路中产生过电压。被试品的突然击穿，特别是高气压下气体间隙和油间隙的多次击穿和重燃，可以出现相当大幅值的过电压。防止产生这种过电压的办法是在变压器出线端与被试品之间串接一适当阻值的保护电阻 R_1，一方面它限制了电压的幅值，同时限制了流过被试品和试验变压器的短路电流。R_1 的阻值可按 $0.1\Omega/V$ 选取，并且应有足够的功率和足够的长度，以保证在被试品击穿时，不会发生沿面闪络。

2. 试验电压的波形畸变与改善措施

在进行工频高压试验中，试验电压波形出现畸变，不仅造成测量结果的不准确，而且还会造成试验结果的不准确。造成试验变压器输出波形畸变的最主要原因是由于试验变压器或调压装置的铁心在磁化曲线的饱和段工作时，励磁电流呈非正弦波，当变压器和调压器存在漏抗时，会造成变压器输出波形畸变。被试品的容量越大，波形畸变越严重。输入电压的波形本身不标准也会造成电压波形的畸变。

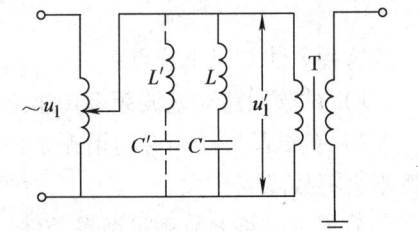

如图 7-5 所示为改善工频试验变压器输出波形的一种常用办法，在试验变压器的一次绕组并联一个 LC 串联谐振回路。若主要需减弱 3 次谐波，则 LC 回路可按

图 7-5　试验变压器一次绕组并联 LC 谐振回路以改善波形

$3\omega L = \dfrac{1}{3\omega C}$ 来选择其参数，ω 为基波角频率（50Hz）。这样使励磁电流中的 3 次谐波分量有了短路回路，可保证输出电压基本为正弦波。若还存在 5 次谐波分量，则可再并联另一个 L' C' 串联谐振回路，按 $5\omega L' = \dfrac{1}{5\omega C'}$ 来选择其参数。滤波电容一般可取 $C = 6 \sim 10\mu F$。

3. 外施电压试验和感应高压试验

对于带绕组的被试品，用外施电压对其主绝缘作工频高压试验时，首先应将各绕组的首尾短接，然后根据不同要求做其他接线，这样能防止电容电流流过励磁感抗造成不允许的电压升高。

有些电气设备，如变压器、电抗器、消弧线圈等，其绕组绝缘是分级的，线端绝缘较强，中性点或接地端绝缘较弱。这样，绕组的各不同部位应该耐受和能够耐受的试验电压当然也就不同，则不能采用外施电压试验。另外，外施电压法对绕组的纵绝缘和相间绝缘也难以进行试验。解决这个问题的办法就是感应高压试验，即在其低压绕组上加足够高的电压，使中压绕组、高压绕组感应出所需的试验电压。试验标准规定，各绕组的感应电压应为其额定电压的两倍。因为绕组自身感应出电压，所以这种电压在绕组各点的分布是接近于运行情况的，也即可以做到使中性点和绕组主绝缘上承受的电压均符合试验标准的要求，同时，绕组的纵绝缘也受到了相应的考验。

由于变压器通常都是按下述条件设计的：在额定频率和电压下，铁心将工作在磁化曲线的弯曲点附近。若仍用额定频率来进行上述的感应试验，则铁心中磁通将严重饱和，励磁电流将增大到不能允许的程度，为此应将频率增加到两倍。这样，当电源频率和感应电动势一起增加到两倍时，铁心中的磁通密度将保持原值不变。频率更高时，磁通密度还可以比原值更低。但频率增加时，铁耗、介质损耗将随之很快增加，所以试验标准规定：电源频率不得超过 400Hz，在不超过 100Hz 时，试验时间为 1min；超过 100Hz 时，试验时间 $t(s)$ 按下式计算（但不得少于 20s）：

$$t = 60 \times \dfrac{100}{f} \tag{7-7}$$

式中，f 为电源频率（Hz）。

感应电压试验使绕组的主绝缘和纵绝缘都得到了试验，接近于实际运行情况，这在外施高压试验中是不能实现的。在实际的工频高压试验中，应根据不同的试品、不同的试验要求，制订出合理的方案，以满足各种不同电气设备试验标准的规定。

7.2 直流高电压试验

7.2.1 直流高电压的产生

电力设备常需进行直流电压下的绝缘试验，例如测量泄漏电流。一些大容量的交流设备，如油纸绝缘电力电缆，也常用直流耐压试验来代替交流耐压试验。至于高压直流输电所用的电力设备更需进行直流高压试验。此外，一些高压试验设备，例如冲击电压发生器和冲击电流发生器，需用直流高压作电源。因此，直流高压试验设备是进行高电压试验的一项基本设备。

直流电压的特性由极性、平均值、脉动等来表示。高压试验的直流电源在提供负载电流时，脉动电压要非常小，即直流电源必须具有一定的负载能力。产生直流高压最常用的是变压器和整流回路的组合，另外还可通过静电方式。

1. 半波整流回路和直流高压设备的基本参数

应用最广泛的产生直流高压的方法是将交流电压通过整流元件整流而获得。常用的整流设备如图7-6所示的半波整流电路，它与电子技术中常用的低电压半波整流电路基本相同，只是增加了一个保护电阻 R。这是为了限制试品放电时通过高压硅堆和变压器的过电流，以免其损坏高压硅堆和变压器。

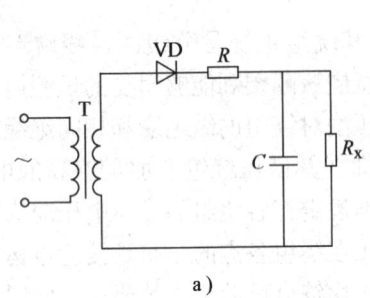
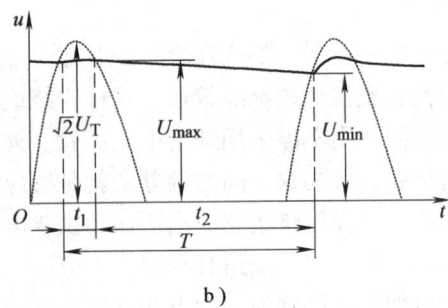

图7-6 半波整流电路及输出电压波形图

a) 半波整流电路　b) 输出电压波形

T—工频试验变压器　C—滤波电容器　VD—整流元件（高压硅堆）　R—保护电阻

U_{max}, U_{min}—试品输出直流电压的最大值、最小值　U_T—试验变压器T的输出电压（有效值）

直流高压试验设备有三个基本技术参数，即输出的额定直流电压（算术平均值）U_d、相应的额定直流电流（平均值）I_d以及电压脉动系数 S。

$$S = \frac{\delta u}{U_d} \tag{7-8}$$

式中

$$\delta u \approx \frac{U_{max} - U_{min}}{2}, \quad U_d \approx \frac{U_{max} + U_{min}}{2}$$

δu 表示输出电压的脉动幅值或纹波。根据国际电工委员会和我国国家标准规定，直流高压试验设备在额定电压和额定电流下的脉动系数（也称纹波系数）S 应不大于3%。

对于上述半波整流回路，若试品为 R_x，则电压脉动幅值为

$$\delta u = \frac{I_d T}{2C} = \frac{I_d}{2fC} \tag{7-9}$$

而脉动系数

$$S = \frac{\delta u}{U_d} = \frac{I_d}{2fCU_d} = \frac{1}{2fCR_x} \tag{7-10}$$

保护电阻 R 的选择，可按下式确定：

$$R = \frac{\sqrt{2}U_T}{I_{sm}} \tag{7-11}$$

式中，U_T 是工频试验变压器T的输出电压（有效值）；I_{sm} 是根据硅堆的过载特性曲线所确定的短时允许的过电流峰值。如果选定的硅堆额定整流电流为 I_f，过载时间为0.5s，则通常取 $I_{sm} = 10I_f$；若过载时间更长时，则 R 应取得更大些。

2. 倍压整流回路

如果要产生更高的电压可采用倍压电路,如图 7-7 所示。这种电路实际上可看作两个半波电路的叠加,因而它的参数计算可参照半波电路的计算原则进行。这种电路对变压器 T 有些特殊要求,T 的二次电压仍为 U_T,但其两个输出端对地绝缘不同,A 点对地绝缘为 $2U_T$,而 A′ 点为 U_T。输出电压为变压器二次电压的 2 倍。最常用的倍压电路如图 7-8 所示,变压器一端接地,另一端为 U_T,对绝缘无特殊要求,硅堆的反向峰值电压为 $2\sqrt{2}U_T$,电容 C_1 的工作电压为 $\sqrt{2}U_T$、C_2 为 $2\sqrt{2}U_T$、输出电压为 $2\sqrt{2}U_T$。

这种电路的工作原理简述如下:

假定电源电动势从负半波开始,当电源为负时,硅堆 VD_1 截止,VD_2 导通,电源经 VD_2、R 对电容 C_1 充电,1 点电位为正,3 点电位为负,C_1 上的最高充电电压可达 $\sqrt{2}U_T$,此时 1 点的电位接近于地电位。当电源电

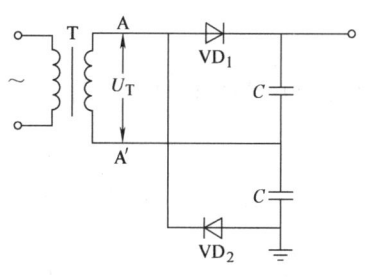

图 7-7 倍压电路

压由 $-\sqrt{2}U_T$ 逐渐升高时,1 点电位也随之抬高,此时 VD_2 截止;当 1 点电位高于 2 点电位时,VD_1 导通,电源经保护电阻以及 C_1、VD_1 向 C_2 充电,2 点电位逐渐升高。当电源电压从 $+\sqrt{2}U_T$ 逐渐下降,1 点电位随之降落,当 1 点电位低于 2 点电位时,硅堆 VD_1 截止。当 1 点电位继续下降到低于地电位时,VD_2 又导通,电源再经 VD_2 对 C_1 充电。重复上述过程,当设备空载时,最后使 1 点电位在 $0 \sim 2\sqrt{2}U_T$ 范围内变化,2 点对地电压为 $2\sqrt{2}U_T$。

3. 串级直流发生器

利用图 7-8 的倍压电路为基本单元,多级串联起来,可组成串级直流高压发生器,其原理如图 7-9 所示。

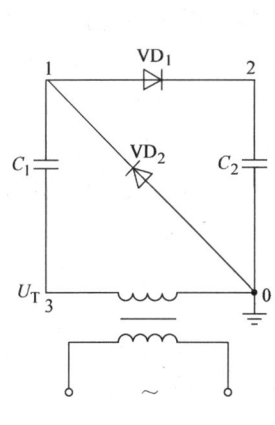

图 7-8 常用倍压电路

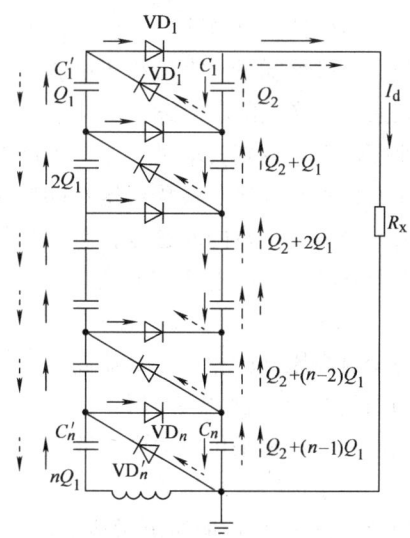

图 7-9 串级直流高压发生器原理图

假设串接级数为 n,电源变压器的输出电压最大值为 U_m,并且设左柱、右柱电容器的电容量相等,则串级直流高压发生器的脉动电压

$$\delta u = \frac{n(n+1)I_d}{4fC} \tag{7-12}$$

式中，I_d 为平均输出电流（A）；f 为电源频率（Hz）。

输出电压的平均值为

$$U_d = 2nU_m - \frac{I_d}{6fC}(4n^3 + 3n^2 + 2n) \tag{7-13}$$

式中，ΔU_a 为平均电压降落，$\Delta U_a = \frac{I_d}{6fC}(4n^3 + 3n^2 + 2n)$。串级直流高压发生器的脉动系数为

$$S = \frac{\delta u}{U_d} = \frac{n(n+1)I_d}{4fCU_d} \tag{7-14}$$

从式（7-12）～式（7-14）可知，脉动电压和脉动系数近似地与级数的二次方成正比，电压降落近似地与级数的三次方成正比。对于一定的输出电流，确定的电容量 C 和电源频率 f 并不是串接级数越多平均输出电压越高，而且电压脉动系数却随串级数的增加而迅速增加。因此，取合适的串接级数时，才能得到所期望的直流高压。

从上述公式还可知道，减小电压脉动系数可用下述方法：提高每级电容器的工作电压以减小串接级数 n，增加每级电容器的电容量 C，或提高供电电源频率 f。目前电力系统中对电气设备进行直流耐压和泄漏电流等现场试验的直流高电压设备，通常采用提高电源频率的方法，常选用频率为数百至数万赫兹的电力电子器件组成的逆变器（直流-交流换流器）作为交流电源，使整套设备小型化，便于携带，以适合现场试验的需要。

7.2.2 直流高电压的试验

直流高压试验是考验电气设备抗电强度的，它反映设备受潮、劣化和局部缺陷等多方面的问题。一般情况下，直流高压试验所需的试验电流是不大的，通常在几到几十毫安。但是某些试品在击穿前瞬时泄漏电流很大，如沿面放电，特别是湿污状态下的沿面闪络，击穿前瞬时泄漏电流将达到安培级。这样大的泄漏电流将使设备内部产生很大压降而使试验结果不正确。所以直流高压试验要根据不同试品、不同试验要求选择合适的电源容量。直流高压试验中另一个需要注意的问题是，当试品放电，或者发生器输出端可能发生对地短路时，为了限制电容器柱的放电电流和流经高压硅堆的电流，需在试品与高压输出端之间串接一保护电阻。

与交流高压试验相比，直流高压试验具有以下特点：

1）试验中只有微安级泄漏电流，试验设备不需要供给试品电容电流，因而试验设备的容量较小。特别是采用电力电子变换的高频电源后，整套直流耐压试验装置的体积、重量大大减小，便于进行现场试验。

2）在试验时可以同时测量泄漏电流，由其"电压-电流"曲线能有效地显示绝缘内部的集中性缺陷或受潮，提供有关绝缘状态的补充信息。

3）在直流高压下，局部放电较弱，不会加快有机绝缘材料的分解或老化变质，在某种程度上带有非破坏性试验的性质。

4）在直流试验电压下，绝缘内的电压分布由电导决定，因而与交流运行电压下的电压

分布不同,所以它对交流电气设备绝缘的考验不如交流试验那样接近实际情况。

对于绝大多数组合绝缘来说,它们在直流电压下的电气强度远高于交流电压下的电气强度,因而交流电气设备的直流耐压试验必须提高试验电压,才能具有等效性。

7.3 冲击电压试验

所谓冲击电压,是指持续时间短、电压上升速度快、达到幅值后又缓慢下降的一种暂态电压。冲击电压由波头时间、波尾时间、峰值和极性来表示。冲击电压又分为持续时间较短的雷电冲击电压和持续时间较长的操作冲击电压。

冲击电压或冲击电流的特性由峰值以及波头、波尾时间来表示。为了保证冲击电压试验结果的可比性和重复性,试验一般采用标准冲击电压波形。标准雷电冲击的定义如图 7-10 所示。

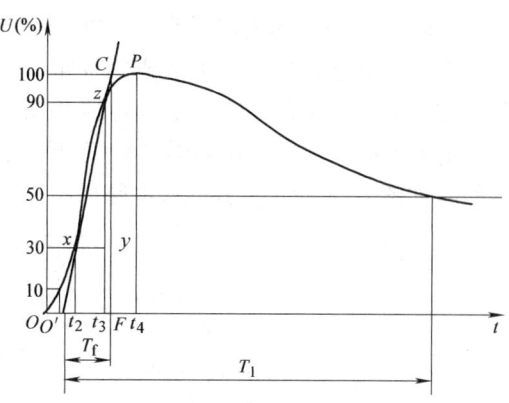

根据波形定义,标准雷电冲击的波头时间为

$$T_f = 1.67 T_x \qquad (7-15)$$

式中,T_x 为 30%~90% 峰值间所测得的时间。波头时间为 $T_f(\mu s)$、波尾时间为 $T_t(\mu s)$ 的冲击电压通常用 $\pm T_f/T_t$ 来表示,"$\pm$"表示电压的极性。因此,标准雷电冲击电压和

图 7-10 标准雷电冲击电压波形

标准操作冲击电压分别定义为 ±1.2/50μs 和 ±250/2500μs。在特殊场合或为了特殊目的,还要求产生截断波冲击电压、陡波冲击电压等各种波形的冲击电压。另外,随着输电电压等级的提高,冲击试验电压也相应越来越高,个别场所的冲击电压发生器已达到 6MV。

7.3.1 冲击电压发生器与参数计算

为了研究电力设备在遭受雷电过电压和操作过电压时的绝缘性能,许多电气设备在型式试验、出厂试验或大修后需进行冲击电压试验,产生冲击电压的设备称为冲击电压发生器。

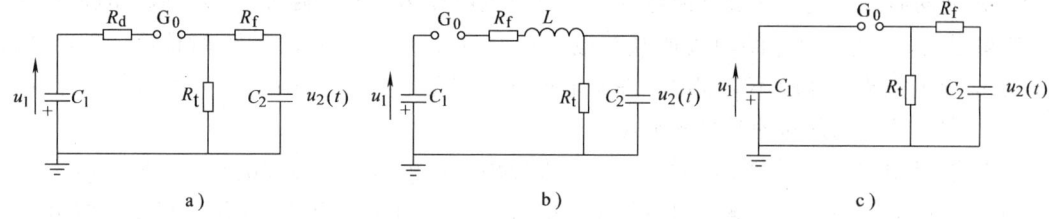

图 7-11 冲击电压产生的三种等效电路
a) 典型等效电路 b) 考虑回路电感的等效电路 c) 高效回路的等效电路

1. 冲击电压产生的基本原理

一般地,电容器通过电阻的充放电可产生接近双指数的冲击电压或冲击电流,图 7-11a

为冲击电压产生的典型等效电路，图7-11b、c分别为考虑了回路电感以及不同布置回路电阻时的等效电路。

在图7-11a等效放电回路中，C_1为主电容，C_2为试品及测试设备等的电容。当G_0放电，C_1向C_2充电，C_2上建立电压，同时C_1上电压下降。当C_2上的电压u_2与C_1上的电压u_1相等时，C_1、C_2同时对R_t放电，C_2上电压u_2随时间变化的曲线如图7-12所示。C_2的充电过程形成波头，波头时间与常数$(R_d+R_f)C_2$有关；C_1、C_2并联放电过程形成冲击电压的波尾，波尾时间主要与常数C_1R_t有关。所以调节R_t和R_f的阻值，可以调节冲击电压的波形。R_f的大小决定了波头的长短，故称为波头电阻；R_t的大小决定了波长，故称为波尾电阻。

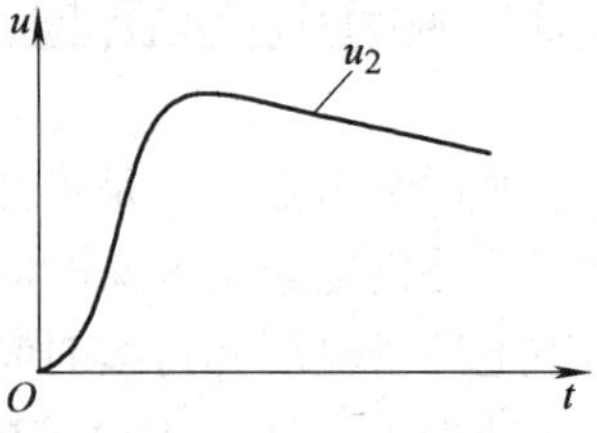

由于一个电容器充放电形成的冲击电压幅值有限，常采用多级冲击电压发生器，即多个电容器并联充电，再通过火花间隙使电容器串联放电，从而形成幅值很高的冲击电压。冲击电压的发生回路有多种多样，基本回路如图7-13所示，其等效电路如图7-11a所示。

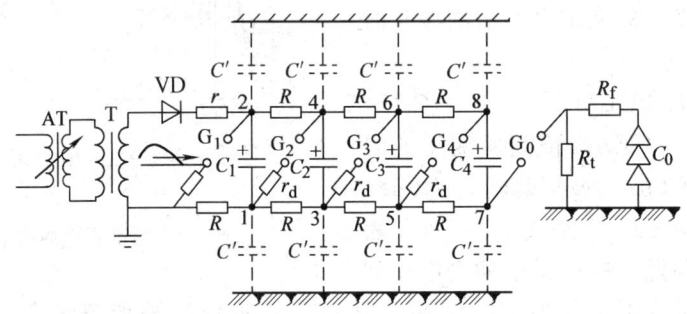

图7-12 负载上电压的变化

图7-13 多级冲击电压发生器基本回路

AT—调压器 T—试验变压器 r—保护电阻 R—充电电阻 $C_1 \sim C_4$—主电容

r_d—阻尼电阻 C'—对地杂散电容 G_1—点火球隙 $G_2 \sim G_4$—中间球隙

G_0—隔离球隙 R_t—波尾电阻 R_f—波头电阻 C_0—被试品及测量设备的电容

冲击电压发生器的工作分为充电和放电两个阶段。充电时，由试验变压器T和高压硅堆VD构成的整流电源，以峰值电压U经保护电阻r及充电电阻R向主电容$C_1 \sim C_4$充电。经过一定时间后，主电容通过整流电源并联充电到电压U，各球隙$G_1 \sim G_4$间的电位差也为U。如果事先调节球隙G_1的距离使其放电电压略高于U，$G_2 \sim G_4$的距离相近，都略大于G_1，那么充电完毕后球隙不会放电。在充电过程中波尾电阻R_t、试品C_0等都由隔离球隙G_0与充电回路隔开，因此对地都是零电位。

当需要启动冲击电压发生器时，可向点火球隙的针极送去一脉冲电压，针极和球表面之间产生火花放电，引起点火球隙放电，于是电容器C_1的上极板经G_1接地，点1电位由地电位变为$-U$。电容器C_1和C_2间有充电电阻R隔开，R比较大，在G_1放电瞬间，点2和点4电位不可能突变，点4电位仍为$+U$，中间球隙G_2上的电位差突然上升到$2U$，G_2也放电，于是点3的电位为$-2U$。同理，G_3、G_4也相继放电，将电容器$C_1 \sim C_4$串联起来。最后隔离球隙G_0也放电，此时输出电压为$C_1 \sim C_4$上的电压总和，即$-4U$。上述过程可概括为"电容器并联充电，再串联放电"，由一组球隙来完成。要求这组球隙在G_1不放电时均不放电，

一旦 G_1 放电，则按顺序逐个放电。满足这个条件的，球隙同步好。R 在充电时起回路的连接作用，在放电时起隔离作用。

目前，冲击电压发生器的常见回路如图 7-14a 所示，为了提高输出电压，通常采用双边电容器充电方式，如图 7-14b 所示。这种回路的 r_t 和 r_f 被分散在各级小回路内，没有专用的 r_d，也没有隔离球隙 G_0，只有充电电阻 R 和兼作充电电阻的 r_t 和 r_f。这种回路的等效电路如图 7-11c 所示，由于不存在阻尼电阻 R_d，在相同的充电电压下输出电压略高，故称为高效回路。而图 7-13 所示的基本回路为低效回路。

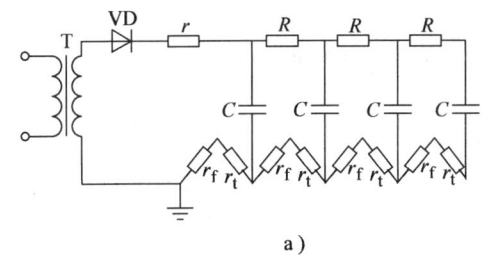 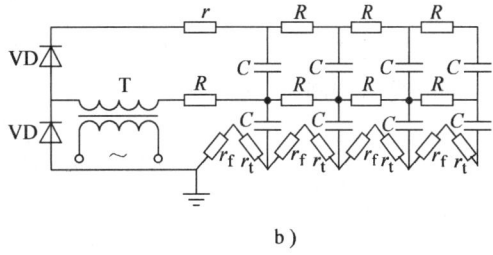

图 7-14 冲击电压发生器的典型充电回路
a) 单边充电回路 b) 双边充电回路

2. 冲击电压发生器放电回路的近似计算

冲击电压试验时，被试品上必须加上规定波形的冲击电压，因此必须根据试验所规定的波形，预先确定回路参数。对于标准雷电波，波头时间很短，而波尾衰减相对很慢，因此在考虑波头时，可忽略波尾衰减的影响，近似认为 R_t 开路，在确定波头时可认为

$$u_2 \approx U_{2\max}(1 - e^{t/\tau_2}) \tag{7-16}$$

式中，τ_2 为波头时间常数，$\tau_2 = (R_d + R_f)\dfrac{C_1 C_2}{C_1 + C_2}$。

根据标准雷电波的定义（见图 7-10），t_1 时 $u_2 = 0.3 U_{2\max}$，t_2 时 $u_2 = 0.9 U_{2\max}$，所以

$$0.3 U_{2\max} = U_{2\max}(1 - e^{-t_1/\tau_2}) \tag{7-17}$$

即 $e^{-t_1/\tau_2} = 0.7$

$$0.9 U_{2\max} = U_{2\max}(1 - e^{-t_2/\tau_2}) \tag{7-18}$$

即 $e^{-t_2/\tau_2} = 0.1$

由式 (7-17) 和式 (7-18)，得

$$t_2 - t_1 = \tau_2 \ln 7 \tag{7-19}$$

因图 7-10 中 $\triangle O'FC$ 与 $\triangle xyz$ 相似，故

$$\frac{T_f}{t_2 - t_1} = \frac{1}{0.6} \tag{7-20}$$

根据式 (7-19) 和式 (7-20)，有

$$T_f \approx 3.24(R_d + R_f)\frac{C_1 C_2}{C_1 + C_2} \tag{7-21}$$

在考虑波长时，不考虑 R_d 和 R_f 的影响，近似地认为 C_1 和 C_2 对 R_t 放电，则 u_2 以指数曲线下降

$$u_2 = U_{2\max} e^{-t/\tau_1} \tag{7-22}$$

式中，τ_1 为波尾时间常数，$\tau_1 = (C_1 + C_2)(R_t + R_d)$。根据定义

$$\frac{1}{2}U_{2\max} = U_{2\max} e^{-T_t/\tau_1} \tag{7-23}$$

T_t 为波尾时间，化简得

$$T_t = \tau_1 \ln 2 \approx 0.69(R_t + R_d)(C_1 + C_2) \tag{7-24}$$

冲击电压发生器的效率 η 定义为

$$\eta = \frac{U_{2\max}}{U_1} \tag{7-25}$$

式中，$U_{2\max}$ 为冲击电压发生器输出电压的峰值；U_1 为各级主电容充电电压之和。

对于低效回路

$$\eta \approx \frac{R_t}{R_d + R_t} \frac{C_1}{C_1 + C_2} \tag{7-26}$$

对于高效回路

$$\eta \approx \frac{C_1}{C_1 + C_2} \tag{7-27}$$

由式（7-21）和式（7-24），可根据所要求的波形选择回路参数。通常 C_2 是由试品决定的。而 C_1 一般取 $(5\sim10)C_2$，即可根据所需波形求出 $(R_d + R_f)$ 和 R_t。另外，R_d 是用来阻尼每级回路的振荡的，通常取几十欧，对高效率回路，$R_d = 0$，这样，回路中所有参数都可确定了。

近似计算方法的优点是简单，利用它可以很快计算出所需的回路参数，但它不够精确，特别是当波尾时间和波头时间相差不是很大时，例如对于某些非标准波形和操作波，此法将带来较大的误差。

对于冲击电压发生器回路更精确的计算也是不难做到的。但即使是精确计算的结果，也只能作为参考，真正的波形还有待于实测，并根据测试结果，进一步调整回路参数，才能获得所需波形。

7.3.2 截断波的产生方法

国家标准规定，变压器类设备应作雷电冲击截断波试验，以模拟实际情况中的绝缘子闪络或避雷器动作时所形成的截断波。产生截断波的原理很简单：将一截断间隙与被试品并联，调节间隙距离使之具有所需的击穿电压；冲击电压发生器送出一全波，由于截断间隙的击穿，作用在被试品上的电压就是截断波。早期截断波的产生采用棒间隙或球间隙，这个方法有较大的缺点。首先，必须精确地调节间隙的距离，使之具有所需的截断时间，这必须通过多次试验才能达到。在多次试验时，被试品是不允许接入的，但当正式试验时，由于被试品的接入，参数变了，冲击波形、幅值都将改变，从而截断间隙的截断时间就不同于空载时调整好的数值了。其次，棒间隙本身放电的分散性很大，很难保证在需要的时间范围内动作。球间隙本身放电的分散性较小，但球

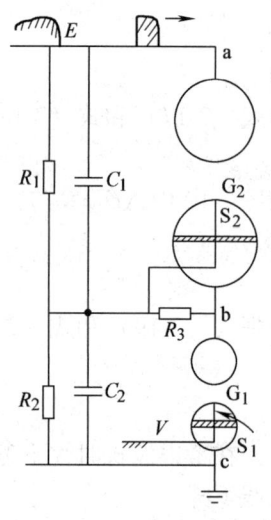

图 7-15 截断波的产生

隙放电只能发生在波前和波峰处，不可能发生在波尾。

目前多采用可控截断电路来控制截断时间，截断间隙采用针孔球隙，如图 7-15 所示。触发脉冲导致间隙 G_1 放电后，间隙 G_2 上将承受全部电压，同时，R_3 上电流流过形成压降，S_2 处出现触发火花，导致 G_2 放电，形成截断。调节此球隙的自放电电压略大于全波电压，控制信号来自冲击发生器本体中的波尾电阻或分压器，经电缆或延时传输线到触发装置，调节延时传输线和触发装置本身的时延，即可得到所需的截断时间。

近年来，电压等级较高的截断装置多采用多球间隙代替单球间隙，由于截断电压被多对球隙分担，故球径可以小得多，同时减小了设备占用的实验室空间。

7.3.3 操作冲击电压的获得

随着超高压、特高压输电的出现，用操作波电压进行绝缘试验的电气设备日显重要。目前产生操作电压波的方法可大致分为两类：

（1）利用冲击电压发生器产生操作波　已知冲击电压发生器可产生雷电波，调节波头、波尾电阻，可改变波头、波尾时间，也可以得到标准所规定的操作冲击电压。在进行操作冲击电压发生回路的参数计算时需要注意，一是不能用计算标准雷电波的近似估计的方法来计算操作波的回路参数，否则将带来很大的误差；二是要考虑充电电阻对波形的影响。

（2）利用电容器对变压器一次绕组放电产生操作波　如图 7-16 所示，一组电容 C 事先由直流充电至一定值 U_0，然后通过球隙 G 的击穿，使 C 向试验变压器的一次绕组（低压侧）放电，在变压器的二次绕组（高压侧）便会因电磁感应基本上按电压比产生高电压的操作波形。此图是国际电工委员会（IEC）高电压试验技术 60-2 号会刊所推荐的接线图，R_1 和 C_1 是用来调节波形的。

图 7-16 中，T 为试验变压器或被试的电力变压器。在较低电压下调节 R_1 和 C_1 得到所需

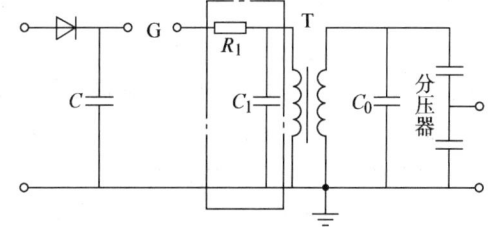

图 7-16　IEC 推荐的一种操作冲击发生
装置原理图
C—主电容　R_1，C_1—调波电阻和电容
C_0—负载电容　G—触发球隙

要的波形，然后再根据试验需要升高电压。这种方法为变压器的现场试验创造了方便条件，因这时变压器就是被试品自身，而其他器件是不难在现场组装起来的。

7.3.4 陡波前冲击电压的产生

绝缘配合、雷害防护以及绝缘击穿现象的研究等常常采用陡波前冲击电压，图 7-17 是其发生装置的等效电路。利用冲击电压发生器对电容器 C_1 充电，C_1 上的电荷通过间隙 G_2 放电，可获得陡波前冲击电压 e_s。电压的波头时间决定于 C_1—G_2—R_2 回路尺寸以及放电间隙 G_3 的火花形成时间。将回路封入高气压 SF_6 气体中，可减小回路尺寸，并且

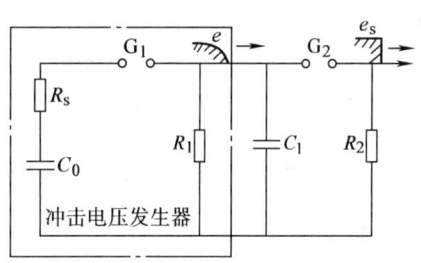

图 7-17　陡波冲击电压发生器等效电路

可提高间隙 G_2 的放电电压，从而获得幅值为 $10^2 \sim 10^3$ kV、波头时间为 0.02~0.1 μs 的陡波前冲击电压。

7.4 脉冲功率技术

7.4.1 脉冲功率技术的内涵与特点

脉冲功率技术是一种研究强电脉冲功率放大的技术。它以较低功率在较长的时间内储存电场或磁场能量，然后借助各种开关进行快速能量切换、脉冲压缩、功率放大，在很短时间内将脉冲电磁能量释放到特定的负载上。

脉冲功率技术的表征参量是：峰值电压 U_{max}、峰值电流 I_{max}、峰值功率 P_{max}，以及脉冲波形参数，包括脉冲上升时间 t_R、脉冲宽度 t_H、脉冲下降时间 t_p、脉冲作用时间及幅值等。这里所说的脉冲功率技术是指大功率高电压脉冲技术，与一般用于实验核物理和无线电技术及计算机技术中电压为几百伏或更低的小功率电压脉冲技术不同，也与脉冲雷达和快脉冲激光不同，其根本区别在于所利用功率器件的特性和参数范围：峰值电压为几十千伏至几十兆伏；峰值电流为几千安至几十兆安；脉冲宽度和上升时间为纳秒至微秒；峰值功率为几十兆瓦至几百太瓦。一般把产生峰值功率达吉瓦以上的脉冲功率技术叫做高功率脉冲技术。

脉冲功率技术基本上分为两类：一类是以单次工作方式产生脉冲，重点是获得高的峰值功率，又可分为高电压大电流和低电压大电流两种；另一类是重复频率工作方式产生重复频率脉冲，重点是获得高平均功率和进行脉冲调制。两者的技术途径、对器件的要求有很大不同，因而研究重点也不同。

脉冲功率技术中常用名词的意义如下：

1) 脉冲上升时间 t_R：定义为脉冲幅值 10% 上升至 90% 的时间。
2) 脉冲宽度 t_H：定义为幅值降到一半处的时间宽度（又叫半高宽）。
3) 脉冲下降时间 t_p：定义为脉冲幅值 90% 下降至 10% 的时间。
4) 预脉冲：定义为主脉冲前面幅值较低的脉冲，在脉冲功率装置中它是一个重要参量。
5) 占空因子 DF：定义为脉冲持续时间与间隔脉冲周期之比：$DF = t_H f_p$，式中 t_H 为脉冲宽度，f_p 为重复频率。

脉冲功率技术是高电压工程与物理、电介质绝缘、等离子体、电磁场、带电粒子束等科学技术领域综合交叉的产物，而脉冲功率技术的发展又促进形成新的交叉学科，如高功率电磁学、高功率电子学等。

脉冲功率技术的主要研究对象包括：能量储存、高电压和大电流脉冲产生、脉冲压缩、电磁能量传输和转换，以及与此相应的器件技术、快脉冲测量技术等。

7.4.2 脉冲功率装置的基本构成

脉冲功率装置基本上由三大部分组成，即初级能源和初级储能和压缩、脉冲产生和压缩、脉冲传输与阻抗匹配，以及负载系统，如图 7-18 所示。初级储能系统由初级能源供电，以相对慢的储能通过开关产生高电压或大电流脉冲，同时快速传递给脉冲储能部件，再通过开关将脉冲形成和压缩，由传输部件将脉冲电磁能量传递给负载。其中，初级储能、成形、压缩和传输等部分构成了脉冲功率驱动源。

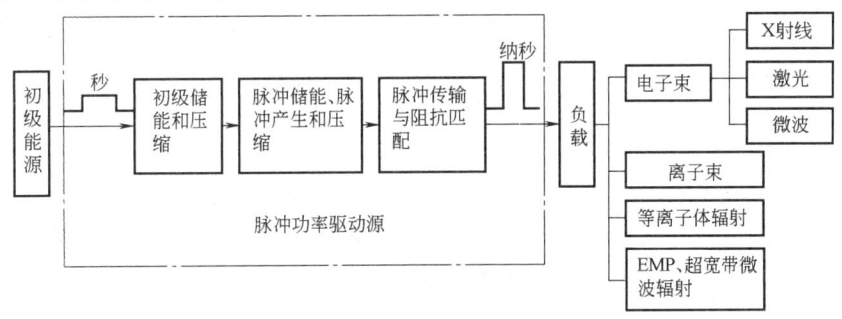

图 7-18 脉冲功率装置的一般组成

1. 初级储能和脉冲产生系统

初级储能和脉冲产生系统的主要作用是储存初级电磁能量，通过开关和不同的电路的组合产生微秒或更慢的大电流或高电压脉冲。在脉冲功率装置中最常用的初级储能和脉冲产生系统主要有脉冲电容器组、Marx 产生器、直线型脉冲变压器、特斯拉脉冲变压器、爆磁压缩脉冲发生器等。其中，Marx 发生器和直线型脉冲变压器是大型脉冲功率装置中最常用的两种初级储能系统，比较适合单次高功率工作方式。其重复频率不高，一般只能工作在较低的平均功率水平下。表征初级储能和脉冲产生系统性能的主要参量是：储能、输出电压，输出电流、放电特征时间常数 $\tau = \sqrt{L_m C_m}$（L_m 为发生器的等效串联电感，C_m 为发生器的串联电容）、每兆伏的电感量、建立时间 t_e（定义为第一级开关动作至最后一级动作的时间）及其抖动、自放概率、工作寿命（一般用放电次数表示）等。

2. 脉冲储能、压缩和传输系统

脉冲储能、压缩和传输系统的主要作用是将初级系统产生的电压脉冲或电流脉冲压缩和成形，达到负载所要求的脉冲波形，并实现功率放大（电流放大或电压放大）。同时，通过阻抗匹配，将脉冲电磁能量传输给负载。脉冲储能是指储能部件在脉冲工作方式下储存能量，一般可采用电容储能、电感储能和电容电感混合储能。脉冲压缩是通过闭合开关或断路开关快速释放脉冲储能部件中的电磁能量，实现功率放大。脉冲电磁能传输和汇聚一般由水介质传输线和磁绝缘传输线完成。

3. 负载系统

负载系统的作用是实现脉冲电磁能量的转换，不同用途的脉冲功率装置有不同的负载系统，包括电子束二极管、Z 箍缩负载、等离子体发生装置等。

1) 电子束二极管：是脉冲功率装置高功率负载中最重要的一种，主要用来获得强脉冲电子束、γ 射线、X 射线、高功率微波和强激光等。按照绝缘类型，可分为轴向绝缘型二极管和径向绝缘型二极管；按阻抗高低，可分为高阻抗电子束二极管和低阻抗电子束二极管。按照结构形式，电子束二极管还可分为同轴圆筒二极管和平行平面二极管。

2) Z 箍缩（Z-Pinch）负载：Z 箍缩（Z-Pinch）装置起源于 20 世纪 50 年代。其原理是利用脉冲功率装置对金属丝阵列或者柱状气流放电，流过丝阵或气柱放电通道的大电流将其加热并形成等离子体，在大电流产生的强磁场磁压作用下，等离子体向轴线箍缩（内爆），产生沿轴线的细丝状等离子体柱，形成高温（几百万至几千万摄氏度）、高密度（10^{15} ~

10^{22} 个/cm³）等离子体，并辐射 X 射线和脉冲中子等。由于是轴向（Z 方向）电流引起箍缩，故称为"Z 箍缩（Z-Pinch）"，以区别于其他形式的箍缩。这种装置结构简单，而且可同时解决受控核聚变的两个根本问题：等离子体加热和约束，有可能成为受控核聚变的一个主要技术途径。目前，Z 箍缩负载最为常见的形式有两种，即圆筒形鼠笼状金属丝阵列和圆筒形喷气负载。

3）等离子体发生装置：脉冲功率装置驱动等离子体发生装置，可产生不同形式的等离子体，在电子束、离子束、X 射线、材料处理与加工、消毒灭菌、等离子体点火与驱动等方面具有很好的应用前景。例如稠密等离子体焦点装置，其起源于 20 世纪 60 年代初期，是一种高电压、大电流、微秒脉冲的气体放电等离子体发生装置。该焦点装置在低气压气体中放电，形成高温度（1keV～5keV）、高密度［（10^{19}～10^{21}）/cm³］、窄脉冲［（几十～100）ns］的等离子体，可用于产生高密度 X 射线、电子束、离子束等。该焦点装置工作介质为氘或氚时，可产生高功率脉冲中子。

7.4.3 脉冲功率技术的应用

1. 核辐射效应模拟

核爆炸时可释放巨大能量并伴随产生 γ 射线、X 射线、中子、电磁脉冲等强烈辐射，脉冲功率技术正是在这样的需要背景下得以迅速发展的。可用脉冲功率装置和电子束二极管等构成高阻抗强流脉冲相对论电子束加速器来产生高能电子束，并通过轰击高 Z 材料，产生韧制辐射来模拟核爆瞬发 γ 射线。这种加速器又叫闪光 X 射线机。

高空核爆炸的能量约 80% 以 X 射线形成辐射，其光子能量远比 γ 射线低。X 射线产生的主要是热应力和电离效应，较低能量的 λ 射线能量在物体表面瞬时沉积，形成高温高压，从而造成热力学破坏，而部分能量较高的 X 射线可以穿透壳体，对电子设备造成瞬时或永久性损伤。X 射线辐照的效应可用两种方法模拟：一种方法是以 Marx 发生器、低阻抗水介质传输线、电子束二极管等构成低阻抗强流脉冲电子束加速器，通过产生韧制辐射来模拟。对于温 X 射线（光子能量为 20keV～100keV）效应，主要用低阻抗强流脉冲电子加速器产生的韧制辐射来模拟。另一种方法是基于电容器组放电的浓密度等离子体焦点装置，产生 60keV 以下的 X 射线，但该 X 射线能量密度较低。对于冷 X 射线（1keV～20keV）效应，主要采用脉冲电子束、脉冲离子束和等离子体辐射来模拟，三种模拟手段互为补充，都采用大型低阻抗高功率脉冲装置（单台或多路并联），只是负载不同。另外，还可采用脉冲大电流的电磁力加速金属飞片模拟冷 X 射线对材料、结构的动量和冲量效应。最有代表性的 X 射线模拟器主要有美国圣地亚哥国家实验室的 Z 装置，其 1keV X 射线总能量可达 450kJ。

2. 核爆电磁脉冲（EMP）模拟

核爆电磁脉冲主要由 γ 射线与介质相互作用而产生的电磁辐射。对高空核爆电磁脉冲，电场达 20kV/m～50kV/m、磁场达 2.2kA/m，覆盖面积可达 1000km 以上；频谱宽度达 1kHz～1GHz，主频为 20MHz。它对电子系统、电力系统、控制、指挥、通信、计算机和信息系统都会造成严重的扰动和破坏。

EMP 模拟器主体由高压脉冲功率源、天线和终端匹配负载组成。用作激励天线的高压脉冲功率源一般由 Marx 发生器、峰化电容器和输出开关组成。峰化电容器的作用是陡化脉冲前沿，EMP 波形的上升时间主要决定于峰化回路中的电感和天线的波阻抗（具有匹配的终端负载），对于要求更快上升前沿的脉冲则需要采用二级压缩回路来陡化前沿。EMP 波形后沿由 Marx 发生器的建立电容和波阻抗决定。

3. 惯性约束核聚变（ICF）

氘、氚等较轻元素的原子核相遇时聚合为较重的原子核并释放出巨大能量的过程称为核聚变。人工控制的持续核聚变反应可分为磁约束核聚变和惯性约束核聚变两大类。目前认为，实现惯性约束核聚变主要有三种技术途径，即激光核聚变、重离子核聚变和快 Z 箍缩核聚变。

激光核聚变：在 1963 年俄罗斯列别捷夫物理所 N. G. Basov 和 O. N. Krokhin 首先提出了激光核聚变的概率，即将高度聚焦的强激光束照射到由氘、氚等材料组成的靶材，使氘、氚等原子核聚变反应的过程。直到 20 世纪 70 年代初，激光核聚变物理出现了重大突破，从而使高功率激光技术快速发展，俄、美、日、法、中、英等国相继建造了多台激光装置。20 世纪 90 年代中，美国开始建造巨型固体激光器国家点火（National Ignition Facilty，NIF）装置，我国适时启动了神光-Ⅲ激光装置。这些激光器驱动脉冲都采用了多个模块组成的电容器组，通过开关放电而形成高压大电流脉冲，驱动氙灯放电而产生高功率激光。例如 NIF 装置中，驱动源的电容器组电压为 24kV，可输出电流达 96MA。

快 Z 箍缩核聚变：在高电压大电流脉冲驱动下 Z 箍缩负载金属丝阵列放电形成等离子体，等离子体在大电流产生的强磁场磁压作用下，向轴线箍缩（内爆），形成沿轴线的细丝状等离子体柱，产生高温（几百万至千万摄氏度）、高密度 [($10^{15} \sim 10^{22}$)/cm^3] 等离子体，并辐射兆焦耳至几十兆焦耳量级的强 X 射线，可进行惯性约束核聚变。Z 箍缩技术研究已有几十年的历史，由于受到与内爆等离子体不稳定性控制有关问题的限制，进展一直比较缓慢。从 20 世纪 70 年代开始，高功率脉冲技术的发展使获得幅值 1~20MA、脉宽 50~100ns 的脉冲大电流成为可能，这有力地推动了 Z 箍缩技术以及快 Z 箍缩惯性约束核聚变的发展。

快 Z 箍缩具有产生 X 射线的效率高（可达 15%~25%）的特点，但要实现快 Z 箍缩惯性约束核聚变，脉冲功率驱动源十分关键。就目前已有的技术水平，要获得 50MA 以上的快脉冲电流，脉冲功率技术必须有重大的突破。

4. 闪光照相

闪光照相是利用强的脉冲 X 射线对高速运动物体某一时刻的运动状态进行透视照相，可以透视高速运动物质的结构、状态及演化过程。闪光照相有以下要求：适当的光子能量，以保证有足够的穿透被照物体的能力；对不同原子序数材料，需要一定的电子能量；高的 X 射线照射剂量，以保证被测量的信号有足够强度，提高信噪比；小的 X 射线焦斑，以获得高空间分辨的照相图像；短脉冲，以保证拍摄到运动物体某时刻的图像；出光定时精度高，以保证 X 射线出光时刻与所研究的快速过程开始时刻精确同步；多脉冲，以获得不同时刻的多幅图像，或不同角度的多幅图像。目前用于闪光照相的设备主要是直线感应电子加速器。直线感应电子加速器主要由注入器（电子束源）、感应加速腔和脉冲功率系统三大部分组成。

5. 高功率微波

高功率微波是一种电磁波，它的频率范围为 0.1Hz~300Hz，峰值辐射功率范围为 0.1GW~100GW。高功率微波可分为窄带高功率微波和超宽谱高功率微波。窄带高功率微波是由脉冲功率装置中二极管产生的电子束,通过束波相互作用(即各种波导电磁结构的微波器件)产生微波;而超宽谱微波是由脉冲功率源产生的亚纳秒或纳秒级超短脉冲,直接激励天线,获得超宽谱电磁辐射。高功率微波以工作方式分为单次和重复频率两种。单次高功率微波(又称微波弹)的激励源主要是基于磁爆压缩工作原理的脉冲功率源,而重复频率高功率微波的激励源主要是重复频率脉冲功率源。作为激励高功率微波的脉冲功率源,要求其具有高的峰值功率、平均功率、重复频率、能量,以及宽的脉冲宽度,这也将促进脉冲功率技术的发展。

6. 材料科学及其他领域

利用高功率脉冲离子束(HPIB)进行材料表面改性是 20 世纪 80 年代发展起来的一项新技术,经过 20 多年的发展,已取得了重大进展。在金属材料表面处理及改性方面,高功率脉冲离子束可以进行金属材料表面清洗、抛光、熔融、混合/淬火、非晶化与压力波强化处理等,改善金属材料表面的硬度、耐磨性、抗腐蚀性和耐高温等性能。在纳米粉末制备方面,利用大电流脉冲施加在金属丝上,金属丝在脉冲电流作用下被快速加热、熔化和汽化,并在介质气体碰撞下急速冷却形成超细金属粉末体或合金粒子,即所谓电爆炸法。目前,电爆炸法已成为一种超细粉的工业化制备方法。

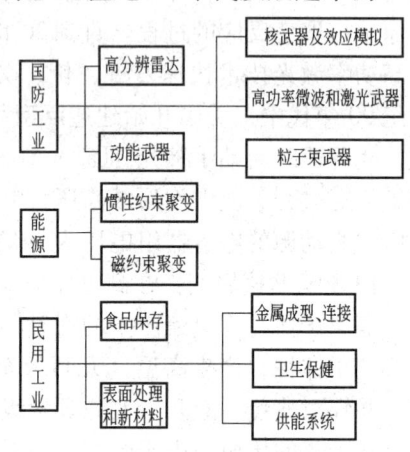

总之,脉冲功率技术是由国防科研需要而开始发展起来的一门新学科,经过 40 多年的发展,在国防科

图 7-19 脉冲功率技术应用领域

研、高新技术研究和民用工业等领域已得到越来越广泛的应用,如图 7-19 所示。

7.5 稳态高电压的测量

稳态高电压,主要是指工频交流高压和直流高压。测量高电压时,除了要测量电压的幅值,经常还需要测量电压的波形。在测量高电压时往往有泄漏、电晕以及杂散电容等的影响,准确测量难度较大。在高电压测量中,除采用测量球隙等直接测量法之外,还经常采用多种转换装置。因此,高压测量系统通常包括转换装置、转换装置至试品间的引线、接地连线、低压测量回路和测量仪表等组件。

IEC 60—2 和 GB/T 16927.2《高电压试验技术 第 2 部分:测量系统》把测量系统分为两类:一类称为认可的测量系统,另一类为标准测量系统。后者具有更高的测量准确度,可用于对前者进行校准。实验室中一般使用认可的测量系统进行测量。对于交流电压的测量,要求测量系统在测量额定电压的峰值或有效值时的总不确定度在 ±3% 之内;对直流电压的测量,一般要求测量系统在测量试验电压算术平均值时的总不确定度应不超过 ±3%,测量直流电压的纹波幅值时,要求总不确定度不超过 ±10%,或脉动系数测量的不确定度应小于 ±1%。

在高压实验室中用来测量稳态高电压的方法很多,目前常用的有下列几种:

1)利用气体放电测量交流高电压,如测量球隙。

2) 利用静电力测量高电压，如静电电压表。
3) 利用整流电容电流或充电电压来测量高电压，如峰值电压表。
4) 利用分压器测量高电压，如电容分压器和电阻分压器。

7.5.1 气体放电间隙

1. 球间隙

测量球隙是由一对直径相同的金属球构成的。由气体放电的理论可知，当球间隙为稍不均匀电场时，球间隙的放电电压与球径、间隙距离以及大气状态存在一定的对应关系，利用这个性质，形成了放电电压与间隙距离的关系。

为了保证测量所要求的精度，国际电工委员会和国家标准 GB311 对测量用球隙的结构、布置、连接和使用制定了标准，图 7-20 为垂直型标准球隙。标准规定了球杆、操作机构、绝缘支持物、高压引线以及与周围物体、对地和天花板等的距离。同时要求球面光滑，曲率要均匀。这些都是为了保证球间隙有一个符合标准要求的、比较均匀的电场，而且周围物体不会对其产生影响。为了保护球间隙和电源，回路中还需串联电阻，其阻值可取 $100\text{k}\Omega \sim 1\text{M}\Omega$。

按照标准，如果间隙距离不超过球径的 1/2，可保证测量的不确定度在 ±3% 以内。用球隙测量工频电压时，应取连续三次击穿电压的平均值，相邻两次击穿间隔时间一般不小于 1min，各次击穿电压与平均值之间的偏差不大于 3%。

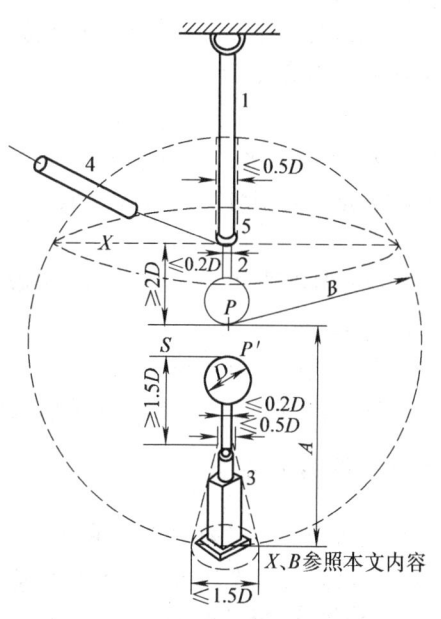

图 7-20 垂直型标准测量球隙

用球间隙测量直流电压时，测量装置、测量方法与测量交流电压时的一样。用球间隙测量直流高压比测冲击和交流高压有更大的测量不确定度，这种测量不确定度常常是由空气中的灰尘或纤维引起的。如果加压时间很长，就可能得到特别低的放电电压。当球隙距离不大于 0.4D 时，若没有过多的灰尘，其测量不确定度在 ±5% 以内。

球间隙测量电压时，必须进行大气条件的修正。经过校正，只要根据低压仪表的读数，即可确定高压侧输出电压值。测量时的相对空气密度为 δ，实际放电电压 U 可由下式求得：

$$U = \delta k U_s \tag{7-28}$$

式中，U_s 为标准条件下间隙的放电电压；k 为湿度修正系数，$k = 1 + 0.002(h/\delta - 8.5)$ [其中，h 为绝对湿度 (g/m^3)]。

上式是在 $5\text{g/m}^3 \sim 12\text{g/m}^3$ 范围内测得的数据，当大气相对湿度较高时，球表面结露，放电电压会大幅度下降。

球隙结构简单，易于维护，几乎是直接测量超高压的唯一设备。但由于测量时必须放电，容易引起过电压而造成被试品及设备不必要的损伤，此外测量时较费时间以及被测电压越高，球径越大，所需的空间越大，这些都是利用球隙测量电压的缺点。球间隙直接测量电压时非常费时，因此常用于求取高压侧电压值与试验变压器低压侧的仪表读数间的比例关系。

2. 棒间隙

用球间隙测量直流电压时，会出现较大的分散性，因此，IEC 中推荐使用图 7-21 所示结构的棒间隙。标准棒间隙测量直流电压时，其测量不确定度在 ±3% 以内，测量方法与球间隙一样，一般用于求取直流发生装置低压侧电压表的读数与高压侧电压的关系。

标准大气条件，正、负极性的直流电压下，棒间隙 10 次放电电压的平均值（kV）可由下式给出：

$$U_\mathrm{s} = 2 + 0.534d \tag{7-29}$$

式中，d 为间隙距离（mm），$250\mathrm{mm} \ll d \ll 2000\mathrm{mm}$。若实际测量时的相对空气密度为 δ，则实际放电电压为

$$U = \delta k U_\mathrm{s} \tag{7-30}$$

式中，k 为湿度修正系数，$k = 1 + 0.014(h/\delta - 11)$。一般地，$1\mathrm{g/m^3} \leq h \leq 13\mathrm{g/m^3}$。

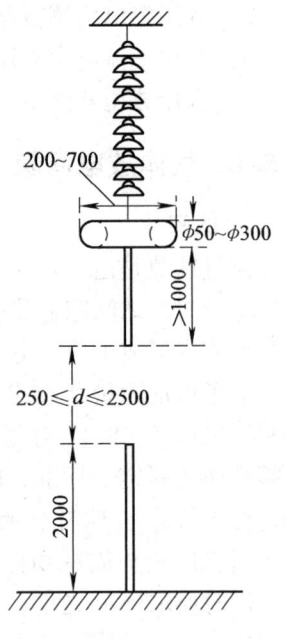

图 7-21 直流电压测量用棒间隙（单位 mm）

棒间隙直接测量直流电压时也非常费时，一般用于求取直流高压输出值与直流发生器低压侧仪表读数间的比例关系。

7.5.2 静电电压表

分别带正、负电荷的导体间存在着静电吸引力，吸引力的大小与两导体间的电位差的二次方成正比，静电电压表就是利用这个原理做成的。测量此静电力的大小或是由静电力产生的某一极板的位移（或偏转）来反映所加电压大小的表计称为静电电压表。

如图 7-22 所示，有一对平板电极，电极间距离为 l，电容为 C，所加电压瞬时值为 u。对于平行极板，由于极板间为均匀电场，则面积为 S 的电极所受的力 f 为

$$|f| = \frac{1}{2} u^2 \frac{S \varepsilon_0 \varepsilon_\mathrm{r}}{l^2} \tag{7-31}$$

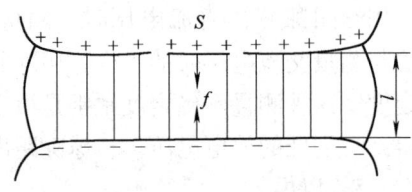

图 7-22 静电电压表用平板电极

式中，u、l、S 的单位分别为 kV、cm、cm^2。

静电作用力与电压二次方成正比，与电压的极性无关，总是正的。若电压不是恒定的，静电作用力也与时间有关。于是用力的平均值（单位为 J/m）来测量电压，有

$$F = \frac{1}{T} \int_0^T f(t)\mathrm{d}t = \frac{\varepsilon_0 \varepsilon_\mathrm{r} A}{2l^2} \frac{1}{T} \int_0^T u^2(t)\mathrm{d}t = \frac{\varepsilon_0 \varepsilon_\mathrm{r} A}{2l^2} U^2 \tag{7-32}$$

式中，U 为电压的有效值

$$U = l \sqrt{\frac{F}{4.52} \frac{10^4}{\varepsilon_\mathrm{r} S}} \tag{7-33}$$

通过测量静电作用力的大小,就可以得到电压的高低。静电电压表测量交流电压时,所测到的为交流电压的有效值。

从式(7-33)可知,只要已知 l、ε_r、S,并测出所受的力 F,即可求出电压 U。工程上常用的静电电压表是利用可动电极(图7-22中的 S)在电场力的作用下产生位移(或偏转)的程度来反映被测电压高低的,它需要用别的测量仪表来校正和标定它的电压刻度。

与交流电压的测量原理一样,静电电压表也可用于测量直流电压的平均值。但是,它实际测量的是直流电压瞬时值二次方的平均值,因此在纹波较大的情况下,测得的值并不是直流电压的平均值,这一点必须加以注意。

静电电压表的内阻很高,因此在测量时几乎不会改变试品上的电压,这是它的突出优点。当电压不太高时,它能方便地在高压端直接测出电压值。

7.5.3 利用高压电容器的测量方法

1. 电容器电流整流法测量交流峰值

在电容器上施加交流电压,通过测量充电电流来确定电压值。通过半波整流或全波整流,利用直流电流计测量整流电流可求得电压的峰值,而采用有效值指示的交流电流计则可求得电压的有效值。图7-23是半波整流时的测量回路,R 为整流器的保护电阻,其阻值比电流计、整流器的内阻要大得多。i_c 为电流的平均值,电压的峰值 U_1 表示如下:

半波整流的情况

$$U_1 = \frac{i_c}{2fC} \quad (7-34)$$

全波整流的情况

$$U_1 = \frac{i_c}{4fC} \quad (7-35)$$

式中,f 为电压的频率。

与耦合电容器类似,利用静电容量大的电容器,可用交流电流计直接测量充电电流的有效值 I,如果电压的有效值为 U_e,则 U_e 可由下式求得:

$$U_e = \frac{I}{2\pi fC} \quad (7-36)$$

由于高频谐波电流的容抗比基波电流要小,如果所测电压存在波形畸变,这种方法很容易带来较大的测量不确定度。

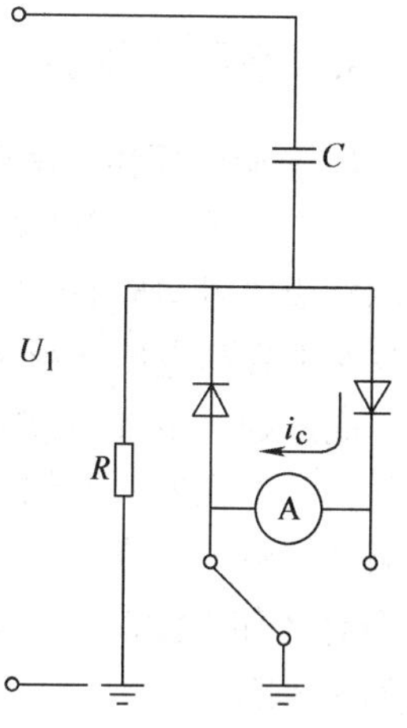

图 7-23 电容器电流整流法

2. 电容器充电电压法测量交流峰值

如图 7-24 所示,被测交流电压经整流硅堆 VD 使电容充电至交流电压的幅值,电容电压由静电电压表或微安表串联电阻来测量。如果静电电压表或微安表串联电阻测得的电压为 U_d,则电压峰值

$$U_m = \frac{U_d}{1 - \dfrac{T}{2RC}} \quad (7-37)$$

式中,T 为交流电压的周期(s);C 为电容器的电容量;R 为测量电阻。

一般情况下，当 $RC \gg 20T$ 时，式（7-37）的误差不大于 2.5%。

3. 直流脉动电压的测量

图 7-25 所示为高压电容与电阻串联来测量直流电压的脉动。若直流高压含有脉动电压分量 U_r，当脉动电压的频率为 f，则电阻 R 两端的电压为

$$U = \frac{j2\pi fCRU_r}{1 + j2\pi fCR} \tag{7-38}$$

如果 $2\pi fCR \gg 1$，则 $U \approx U_r$，可得到脉动电压。

也可以采用电容器电流整流法来测量直流电压脉动的幅值，其测量方法与交流峰值测量方法相同。

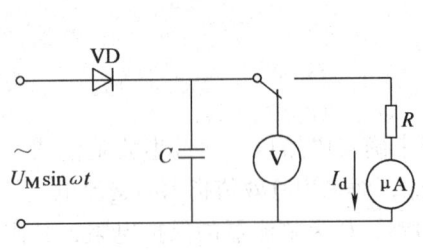

图 7-24　电容器充电电压法

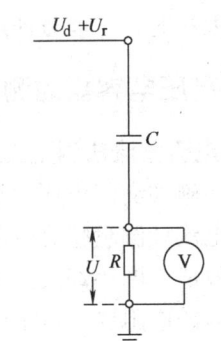

图 7-25　直流脉动的测量

7.5.4　高压分压器

1. 高阻分压器和串有高阻的电流表

高阻分压器或串有高阻的电流表常用于高压的测量，测量原理如图 7-26 所示。不论是用高欧姆电阻构成的电阻分压器还是高欧姆电阻与微安表串联来测量高压，其关键都是要设计一个能在高电压下稳定工作的高欧姆电阻器，当构成电阻分压器时它就是分压器的高压臂。高欧姆电阻 R_1 通常是由多个电阻元件串联而成的。测量交流电压时，流过电阻的电流 I_1 约为几十毫安，而用其测量直流电压时，流过电阻的电流 I_1 一般选择 0.5mA～2mA，实际上常选 1mA，如果泄漏电流和电晕的影响很小，I_1 可选择小一点。

高欧姆电阻与微安表串联测量高压时，为防止测量仪表超量程，常在测量仪表旁并联放电间隙或放电管 P，同时为了防止引线和微安表（一般放在控制桌上）发生开路而在控制台出现高电压，微安表应并联电阻 R_3，R_3 的阻值比微安表内阻大 2～3 个数量级（正常测量时对微安表的分流可忽略不计），一般取数千欧。

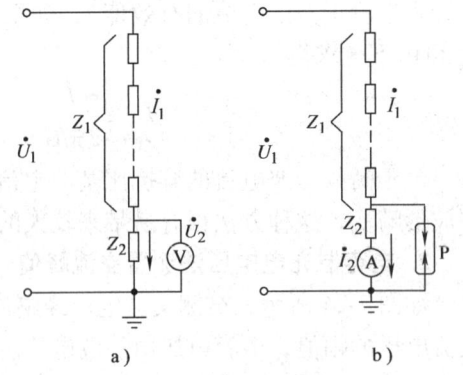

图 7-26　高欧姆电阻测量稳态高压示意图
a) 高阻分压器　b) 高阻与电流表串联

采用高阻分压器和串有高阻的电流表来测量直流高压时，电阻本身发热、电晕放电或绝缘泄漏会造成测量结果的不准确。在选择电阻时，电阻的温度系数应尽可能小，可选用碳膜或金属膜电阻等，其功率应大于分压器额定功

率以减小温升。高阻值电阻可浸入绝缘油中以增强散热，同时可以防止电晕放电和绝缘泄漏。

交流高压的测量有时也使用电阻分压器，但由于对地杂散电容的作用，不但会引起幅值误差，还会引起相位误差。被测电压越高，分压器本体电阻值越大，对地杂散电容越大，引起的误差也越大。因此电阻分压器只适用于被测电压低于100kV的情况。

2. 电容分压器

当被测电压较高时，直接指示仪表测量就比较困难，通常采用电容分压器配用低压仪表来测量交流高压，其原理如图7-27所示，C_1为分压器的高压臂，C_2为低压臂。如果采用高阻抗电压表测得低压侧电容的两端电压u_2，高压侧电压u_1为

$$u_1 = \left(\frac{C_1 + C_2}{C_1 C_2}\right) u_2 = K u_2 \qquad (7\text{-}39)$$

式中，K为分压比，$K = \dfrac{C_1 + C_2}{C_1}$。显然，只要$C_1 \ll C_2$，则$u_1 \gg u_2$，大部分电压降在$C_1$上，从而实现用低压仪表测量高压的目的。

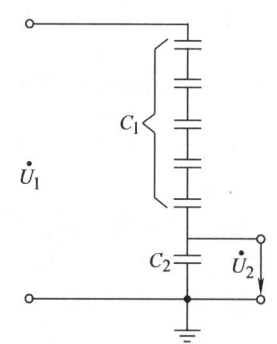

图7-27 交流电容分压器

根据电压侧接入的电压表特性的不同，可以测量交流电压的有效值或峰值。接入示波器，还可测量电压的波形。对于分压器，要求它的分压比K是常数，即不应随被测电压的波形、频率、幅值、周围大气条件、安装地点的变化而改变。此外，分压器的接入应不影响电压波形和幅值。

电容分压器中，要求C_1很小，但又能承受很高的电压，因此C_1往往成为分压器中的主要元件。实际的电容分压器有两种主要形式：一种称为分布式电容分压器，它的高压臂由多个电容器元件串联组装而成，要求每个元件尽可能为纯电容，介质损耗和电感尽可能小；另一种称为集中式电容分压器，它的高压臂使用一个气体介质的高压标准电容器，气体介质常采用N_2、CO_2、SF_6及其混合气体。目前我国已经能生产1200kV高压标准电容器。

对于电容分压器低压臂电容C_2，要求电容量较大而承受的电压较低，因此C_2应采用高稳定度、低损耗、低电感量的云母、聚苯乙烯等介质的电容器。电容量根据分压比和低压仪表的量程确定。

通常试品和分压器在试区内，测量仪表在控制室内，两者相隔较远，一般用屏蔽电缆将低压引出送至控制室以防止外界的电磁干扰。

使用电容分压器的另一个问题是高压臂对地杂散电容引起的分压比的变化。对于分布式电容分压器，为了减小对地杂散电容的影响，通常取C_1在300pF左右。对于集中式分压器，由于其良好的屏蔽而不会引起高压臂等效电容的明显变化。

常在分压器的低压臂并联电阻R，用于防止电晕等因素在低压臂上出现直流分量，一般选取$R \gg 1/\omega C_2$。

7.6 冲击电压的测量

无论是雷电冲击波或操作冲击波，冲击电压都是一种持续时间较短的暂态电压，要求冲击电压的测量系统必须具有良好的瞬态响应特性。一些测量方法适用于稳态过程（如直流

和交流电压)的测量,而不一定适用于冲击电压的测量。冲击电压的测定,包括幅值测量和波形记录两个方面。标准规定,标准全波、波尾截断波以及 $1/5\mu s$ 短波,幅值的测量不确定度不超过 $\pm3\%$;$1\mu s$ 以内波头截断波,其幅值的测量不确定度不超过 $\pm5\%$;波头及波长时间的测量不确定度不超过 10%。

目前最常用的冲击电压的测量方法有:①测量球隙;②分压器-示波器。球隙和峰值电压表只能测量幅值,示波器能记录波形,当然也就指示了任一时刻的瞬时值。

7.6.1 球间隙测量冲击电压的幅值

用球间隙测量冲击电压时,同样要遵守标准对球间隙的规定。但球间隙测量冲击电压时,还有它自己的特殊问题,这是由冲击电压的特点所决定的。由气体放电理论可知,当电压作用时间非常短时,气体放电需要一定的时延,而且具有一定的分散性,这与间隙中有效电子的产生有关。在球间隙上加一定幅值的冲击电压时,间隙的放电有一定概率,因此,常用 50% 放电电压来表示球间隙的冲击电压幅值。50% 放电电压是指一定距离的球间隙,一定电压作用下球间隙的放电概率为 50%。由于球间隙的伏秒特性大体上是一条水平线,冲击比为 1,即球间隙的 50% 冲击放电电压和稳态电压下的击穿电压基本相同,因此在球间隙放电电压的标准表中,负极性冲击、直流和交流电压是合用一张表的。正极性冲击虽然列在另一表中,但两者的差别不大。标准表中的数据一般只适用于波头时间大于 $1\mu s$ 的冲击电压。

在利用球隙测量冲击电压时,还应注意下列两个问题:①在球隙距离太小(放电电压50kV 以下),或者球隙直径太小(小于 12.5cm)时,为减小分散性,应对球隙进行照射;②利用球隙测量冲击电压时,一般不希望在球隙前串联电阻,因为这时电压变化很快,球隙击穿瞬间 $i_C = C\dfrac{du}{dt}$ 很大,串联电阻后会在其上造成很大的压降,使测量出现较大的测量不确定度。为了避免球隙击穿时所造成的振荡对被试品的损伤,需要加入串联保护电阻。该电阻应为无感电阻,其值应不大于 500Ω。

确定 50% 放电电压的方法分为多级法和升降法两种。

(1) 多级法 以预期的 50% 放电电压的 2%~3% 作为电压级差,对被试品分级施加冲击电压,每级施加电压 10 次,至少要加四级电压。要求在最低一级电压时的放电概率接近于 0,而在最高一级电压时的放电概率接近 100%。求出每级电压下的放电次数和施加次数之比 P(即放电概率)后,将其按电压值标于正态概率纸上,给出拟合直线 $P = f(U)$,在此直线上对应于 $P = 0.5$ 的电压值即为 50% 放电电压。

(2) 升降法 估计 50% 放电电压的预期值 U_i,取 U_i 的 2%~3% 为电压增量 ΔU,先施加冲击电压 U_i 一次,如未引起放电,则下次施加电压应为 $U_i + \Delta U$;如 U_i 已引起放电,则下次施加电压应为 $U_i - \Delta U$。以后的加压都按下述规律:凡上次加压已引起放电,则下次加压比上次电压降低 ΔU;凡上次加压未引起放电,则下次加压比上次电压升高 ΔU。这样反复加压 20~40 次,分别计算出各级电压下 U_i 的加压次数 n_i,按下式求出 50% 放电电压:

$$U_{50\%} = \frac{\sum U_i n_i}{\sum n_i} \tag{7-40}$$

7.6.2 冲击电压分压器

在冲击电压测量中,常采用数字存储示波器、数字记录仪等来观测冲击电压的幅值和波形,但数字存储示波器等记录仪器的输入电压一般只有几百伏,这就需要电压分压器将几百千伏甚至上兆伏的高电压不失真地降到示波器所能承受的电压,通过同轴电缆送至示波器。考虑到电缆传输环节会带来干扰,输入电缆的电压也不宜过低,以便获得较高的信噪比。

为了能测得真实的波形和准确的峰值,要求分压比准确,而且不随电压、等效频率(波形)等因素变化。国家标准规定,分压比应稳定,其允许的不确定度为±1%。一个冲击测量系统不仅是分压器本体,还包括分压器和冲击电压发生器间的高压引线、分压器和示波器间的测量电缆,每个组成部分都可能引起误差。国家标准对整个冲击测量系统的不确定度及其检验方法都作了具体规定。

冲击分压器基本上分为电阻和电容两种。为改善分压器的性能,在这两种基本形式的基础上又发展成阻容混合分压器,它可以是阻容并联,也可以是阻容串联,如图7-28所示。

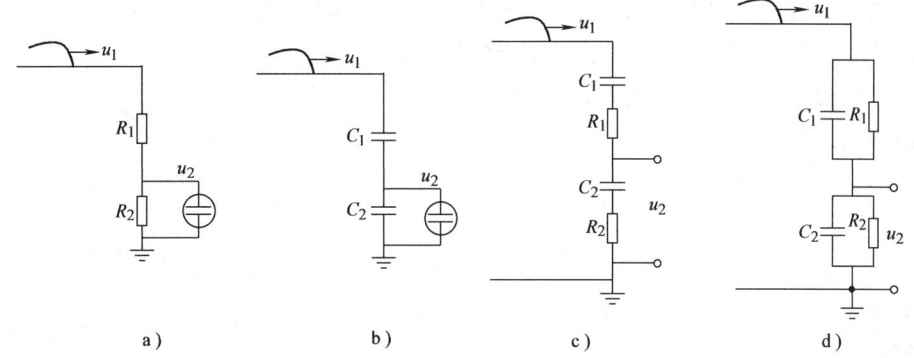

图 7-28 冲击电压分压器的种类
a) 电阻分压器 b) 电容分压器 c) 阻尼分压器 d) 阻容并联分压器

对于雷电冲击电压的测量,这些分压器一般都可采用;但对于操作冲击电压的测量,主要采用电容分压器。阻尼电容分压器是指多个电容串联、每一段分别串接阻尼电阻而构成的一种分压器,可有效抑制高压端的局部振荡,具有良好的特性。除了可测量雷电冲击和操作冲击外,也可用于交流电压的测量,使用范围较宽。另外,阻容分压器中并联大电阻时,可构成一种通用型分压器,可用于测量从直流电压至冲击电压的所有电压波形。

分压器构成的测量系统的特性由分压比和响应来表示。分压比等于分压器输入端所加电压的峰值除以测量系统输出端出现的电压峰值。响应的快慢反映分压回路能否将波形无畸变地传送到测量仪表,它的定义是:分压器的输入端施加某一波形电压 $A(t)$,与之相对应,在测量系统的输出端会有电压 $U(t)$,$U(t)$ 即为对 $A(t)$ 的响应。通常采用 $A(t)$ 为直角波时的响应来反映分压器的特性。

响应的好坏常用响应时间来定量表示。若在分压器高压侧施加一单位阶跃波,分压器低压侧输出的波形可能有指数型和振荡型两种类型,如图 7-29 所示。归一化的波形曲线与单位阶跃之间形成的面积称为方波响应时间 T,如图 7-29a 所示。$u(t)$ 的幅值都规一化为 1,响应时间则由图中斜线部分的面积 T 来表示

$$T = \int_0^\infty [1 - u(t)] dt \tag{7-41}$$

假定某分压器的响应为 $(1 - e^{-t/T})$,则该分压器的响应时间和按式 (7-41) 计算的响应时间相同,因此,响应时间为 T 的分压器特性可等价地由 $(1 - e^{-t/T})$ 来表示。T 越小,

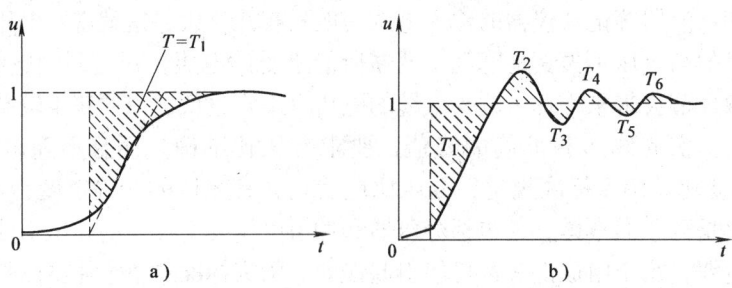

图 7-29 分压器的响应特性
a) 阻尼型 b) 振荡型

分压器的特性就越好。

如果用响应时间为 T 的分压回路来测量图 7-30 所示的波头截断波 $u_1(t)$，则会出现如下测量不确定度：$u_1(t)$ 可按直线上升到幅值 1，然后被截断，又瞬时降为 0 的三角波来近似表示，即

$$\left.\begin{array}{ll} u_1(t) = \dfrac{t}{t_d} & (0 \leqslant t \leqslant t_d) \\ u_1(t) = 0 & (t > t_d) \end{array}\right\} \qquad (7\text{-}42)$$

当采用响应特性为 $(1 - e^{-t/T})$ 的分压回路进行测量时，则响应波形为

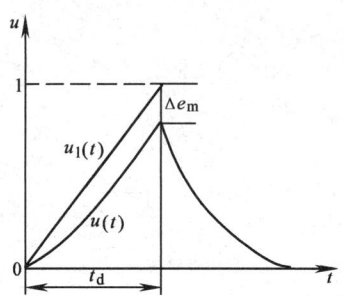

图 7-30 波头截断波的测量

$$u(t) = \dfrac{t}{t_d}\left[1 - \dfrac{T}{t}(1 - e^{-t/T})\right] \qquad (7\text{-}43)$$

$t = t_d$ 时，出现 Δe_m 的幅值不确定度，可表示为

$$\Delta e_m = \dfrac{T}{t_d}(1 - e^{-t/T}) \qquad (7\text{-}44)$$

由于 $e^{t_d/T} \approx 0$，故 $\Delta e_m \approx T/t_d$，幅值不确定度随响应时间的增加而增大。方波响应时间越大，表示分压器失真度越大。对振荡型响应特征，实际上按部分响应时间 T_1 及过冲 δ 两个参数来衡量其性能更为恰当。

1. 电阻分压器

测量冲击电压的电阻分压器，其原理接线同测量直流和交流的电阻分压器。电阻元件一般都用金属电阻线按无感法绕制，要求残余电感尽可能小。

电阻分压器的各部分对地都有杂散电容，对于冲击电压，$\dfrac{du}{dt}$ 很大，流经杂散电容的电流不容忽视，使得流过分压器各部分的电流不相等，这不仅造成波形测量的不确定度，还造成幅值测量的不确定度。

电阻分压器的等效电路如图 7-31 所示，R、C_e 分别是分压器的总电阻和总对地电容。如果将响应的最终值规一化为 1，则其直角波响应为

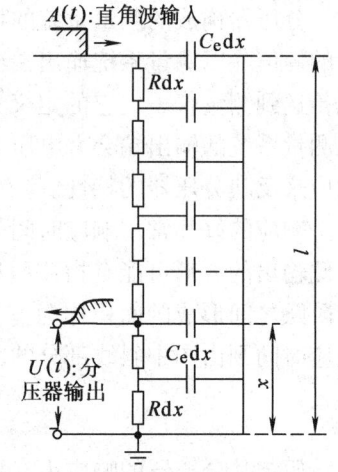

图 7-31 电阻分压器的等效电路

$$U(t) = 1 + 2\sum_{k=1}^{\infty} (-1)^k e^{-\frac{k^2\pi^2}{RC_e}t} \tag{7-45}$$

响应时间为

$$T = -2\sum_{k=1}^{\infty} (-1)^k \int_0^\infty e^{-\frac{k^2\pi^2}{RC_e}t} dt \tag{7-46}$$

$$= \frac{1}{6}RC_e$$

分压器电阻值越大或对地电容越大，响应时间会越长，因而特性就越差。

由此可见，欲减小方波响应时间，必须减小 RC_e 的值，这就要求分压器的尺寸应尽可能小，以减小 C_e 的值，同时 R 的值也不宜过大。考虑到 R 值太小，会影响冲击电压发生器的回路参数，一般取几千欧到 $20k\Omega$。

为进一步改善分压器的方波响应特性，常常在高压端装合适的屏蔽环来补偿对地杂散电容，同时起到防止电晕的作用。

图 7-32 是电阻分压器的测量回路，图中 R_1、R_2 是高压臂和低压臂电阻，R_3、R_4 是匹配电阻，Z 为电缆的波阻抗。其中，$R_2 + R_3 = R_4 = Z$，电缆两端都经波阻抗接地，两端都无反射波。这时出现在示波器上的电压为

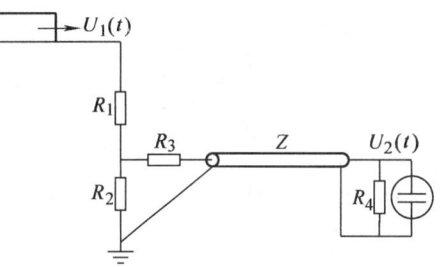

图 7-32 电阻分压器的测量回路

$$U_2 = U_1 \frac{R_2//(R_3+Z)}{R_1 + R_2//(R_3+Z)} \frac{Z}{R_3+Z} = U_1 \frac{R_2 Z}{(R_1+R_2)(R_3+Z) + R_1 R_2} \tag{7-47}$$

所以，分压比

$$K = \frac{U_1}{U_2} = \frac{(R_1+R_2)(R_3+Z) + R_1 R_2}{R_2 Z} \tag{7-48}$$

2. 电容分压器

测量冲击电压的电容分压器，其原理电路同图 7-28b 所示，高压臂电容 C_1 一般由多个电容器串联而成。

电容分压器的各部分对地也有杂散电容，会在一定程度上影响其分压比，但因分压器本体也是电容性的，所以只要周围环境不变，这种影响将是恒定的。仅从分压器本体来看，电容分压器的对地杂散电容不会引起波形的畸变。但是，如果考虑分压器本体的固有电感以及高压引线的电感等而引起的波形振荡，此时电容分压器的特性就不如电阻分压器了。为了阻尼振荡，需在高压端串联阻尼电阻，阻尼电阻的引入大大增加了分压器的方波响应时间，从而使测量波形发生畸变。下面简要讨论电容分压器的测量回路。

电容分压器和示波器的连接不能像电阻分压器那样采用电缆末端并联电阻的办法，如图 7-33 所示。虽然这种连接方式在电缆末端不会引起折反射，但传入电缆的电压波 u_{a0} 却发生畸变。在暂态时，电缆可看作波阻抗 Z，低压臂是电容 C_2 与波阻抗 Z 并联，而在稳态时，电缆可看作集中电容 C_c，低压臂是 C_2、C_c 和 R 的并联，显然分压比不是一个常数，它是随所加电压波形而变化的。在冲击电压的波头部分，电压变化快，分压比主要由 C_1、C_2 决定，但波尾部分电压变化较慢时，C_2 容抗大大增加，并联的 R 使分压器低压臂阻抗发生很大变

化,从而使所测波形失真,造成测量的不确定度和波形畸变。

解决的方法是采用图7-34a所示电路。在电缆首端串联一个电阻,且 $R_1 = Z$,电缆末端开路,这时在电缆末端将发生全反射。但由于首端串联 $R_1 = Z$,因而进入电缆的电压只是 $\frac{1}{2}u_{a0}$,全反射后正好等于 u_{a0}。

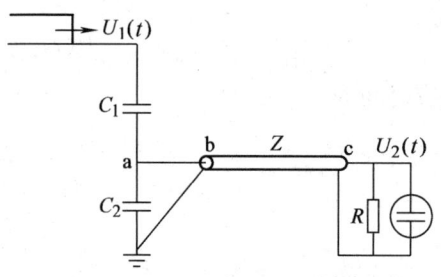

图 7-33 电容分压器一种错误的测量回路

在电压的起始瞬间,分压比主要由电容决定

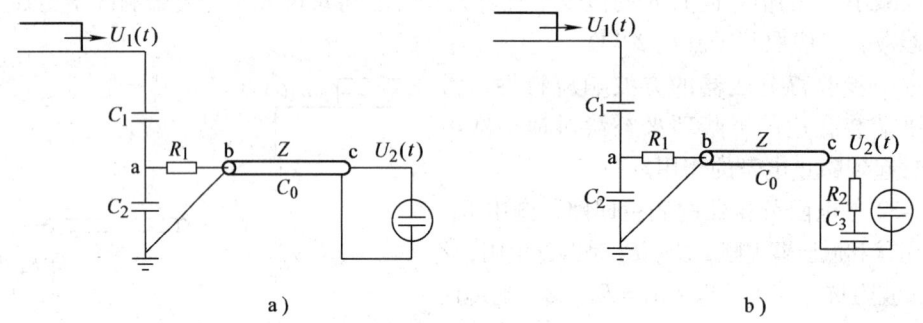

图 7-34 电容分压器的测量回路
a) 首端匹配 b) 首末端匹配

$$u_{a0} = u_1 \frac{C_1}{C_1 + C_2} \tag{7-49}$$

$$K = \frac{C_1 + C_2}{C_1} \tag{7-50}$$

电缆末端的反射波到达首端后,又将引起新的反射,但只要 RC_2 足够大,这一反射对波头的影响是很小的。在稳态情况下,分压比

$$K = \frac{C_1 + C_2 + C_C}{C_1} \tag{7-51}$$

当 $C_2 \gg C_C$ 时,电缆对分压比 K 的影响很小。

图7-34b是图7-34a的改进回路,电缆波阻抗为 Z,电容为 C_C,除在电缆首端有匹配电阻 $R_1 = Z$ 外,在电缆末端还匹配有 R_2 和 C_3,使 $C_1 + C_2 = C_3 + C_C$。在这种情况下,稳态的分压比与起始时的分压比相同

$$K = \frac{C_1 + C_2 + C_3 + C_C}{C_1} \tag{7-52}$$

因为 $C_1 + C_2 = C_3 + C_C$

所以 $$K = 2\frac{C_1 + C_2}{C_1} \tag{7-53}$$

串联阻容分压器是电容分压器的一种改进,目前最常用的是低阻尼串联阻容分压器,它将阻尼电阻分散在各电容元件中,得到比较好的方波响应特性。串联阻容分压器的测量回路与电容分压器的测量回路相同。

并联阻容分压器要求高压臂的电容和电阻的乘积 C_1R_1 与低压臂的电容和电阻的乘积 C_2R_2 相等，即 $C_1R_1 = C_2R_2$。

7.6.3 纳秒脉冲测量技术

1. 纳秒脉冲电流的测量

（1）分流器 简单讲，分流器就是一个电阻值很小的电阻，当用于测量脉冲电流时，将其接入被测电路，通过测量其两端的电压，根据欧姆定律就可推测得出被测电流值。由于分流器是串联在放电回路中，其接入不应该影响放电回路电流波形，因此，分流器的电阻应远小于放电回路总电阻值。同时，分流器必须有很大的通流容量，而大电流会产生电磁力，所以，它还必须具有很好的机械强度。分流器电阻材料可采用锰铜、镍铜等非磁性材料电阻膜。对分流器的设计要求如下：

1）根据被测电流的幅值和脉宽，选取各个分流电阻的功率。

2）电感尽量小。若分流器的电阻 R_s 和电感 L 之间满足关系式 $R_s \gg \omega L$，否则分流器两端电压会出现较高的感性分量，其电压降可表示为

$$U(t) = R_s i(t) + L\frac{di}{dt}$$

分流器结构一般有同轴式、对折式和盘式三种类型，如图 7-35 所示。同轴式分流器由电阻膜内筒、金属屏蔽外筒和测量引线构成，测量引线及两筒同轴配置，因此两筒上电流流向相反，磁通相互抵消，电感非常小。

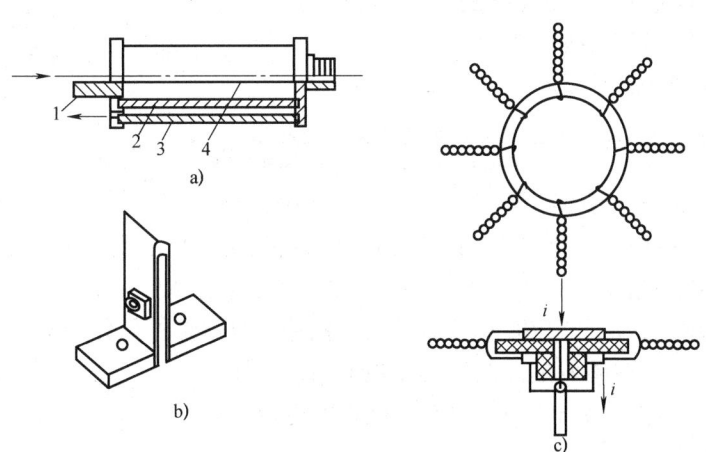

图 7-35 分流器结构形式
a）同轴式 b）对折式 c）盘式
1—电流端子 2—电阻膜内筒 3—金属屏蔽外筒 4—测量引线

分流器构成的冲击电流测量系统如图 7-36 所示。由于是大电流，因此必须注意接地点的电位升高和对测量信号的影响。测量系统的特性由电流比和响应来表示，电流比可按下式计算：

$$m_i = \frac{R_s + R_1 + R_k + R_2}{R_s R_2} \approx \frac{2}{R_s} \tag{7-54}$$

式中，$R_s + R_1 \approx R_2 \approx Z$，$R_s + R_k \ll R_1 + R_2$，$R_1 \approx R_2$，而 R_k 和 Z 分别为测量电缆的电阻和波阻抗。

测得的电压乘以 m_i，可求得冲击电流。测量系统的响应主要决定于分流器，分流器的响应时间近似为

$$T \approx \frac{\mu_0}{6} \frac{d^2}{\rho} \times 10^6 \tag{7-55}$$

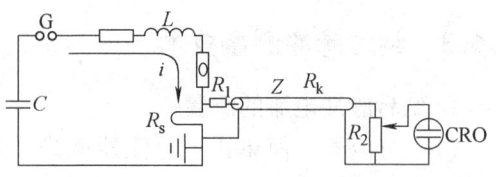

图 7-36 分流器测量回路

式中，μ_0 为真空磁导率，$\mu_0 = 4\pi \times 10^{-7} \text{H/m}$；$d$ 为圆筒形电阻体的厚度（m）；ρ 为电阻率（$\Omega \cdot$m）。

对于同轴式分流器，由于金属屏蔽外筒的存在，使得杂散电容增加，增加了分流器的响应时间，因此，同轴式分流器呈现出正的响应特性。而对折式分流器的残余电感大、杂散电容小，呈现出负的响应特性。

（2）罗戈夫斯基线圈 当对几百千安以上的冲击电流进行测量时，分流器的制造非常困难，另外，还会出现类似等离子体那样，电流流过很大的截面，或电流回路不能串接测量器件等情况，这时常采用图 7-37 所示的罗戈夫斯基线圈来测量。

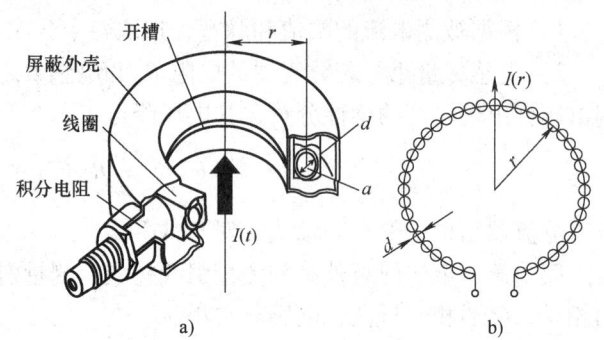

图 7-37 罗戈夫斯基线圈
a) 结构 b) 内部线圈

假设线圈沿闭合路径均匀绕制，截面 S 上磁场处处相等，线圈匝数为 N。线圈端部感应的电压为

$$e(t) = -\frac{\mathrm{d}}{\mathrm{d}t}\oint \mu HS\left(\frac{N}{l}\right)\mathrm{d}l = -\frac{\mu SN}{2\pi r}\frac{\mathrm{d}I}{\mathrm{d}t} = -M\frac{\mathrm{d}I}{\mathrm{d}t} \tag{7-56}$$

式中，$M = SN\mu/(2\pi r)$；μ 为磁导率；r 为中心的半径。

显然，由于线圈中的感应电压与线圈截面穿过的磁通变化率成正比，因此将感应电压进行积分，可得到被测电流。实际积分方法有两种：一是采用 RL 积分器，也即是常说的自积分罗戈夫斯基线圈；二是采用 RC 积分器或数字积分，也就是外积分罗戈夫斯基线圈。

（3）RL 积分器 线圈两端并联一测量电阻 R，如图 7-38 所示。此时可测得电阻两端电压为 $u_R(t)$，流过的电流 $i_2(t)$ 为 $u_R(t)/R$，则有

$$e(t) = L\frac{\mathrm{d}i_2(t)}{\mathrm{d}t} + (R_L + R)i_2(t) \tag{7-57}$$

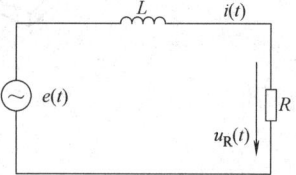

图 7-38 RL 积分器等效电路

若 $R_L + R$ 很小，且 $(R_L + R) \ll \omega L$，则有

$$-M\frac{\mathrm{d}I}{\mathrm{d}t} = L\frac{\mathrm{d}i_2(t)}{\mathrm{d}t} \tag{7-58}$$

两边积分，可得

$$I(t) = -Ni(t) = -N\frac{u_R(t)}{R} \tag{7-59}$$

RL 积分器,当满足 $(R_L + R) \ll \omega L$ 时,通过测量线圈两端并联电阻上的电压,即可得到被测电流的大小,而且被测信号越快,也即 ω 越大,越能满足 $(R_L + R) \ll \omega L$ 的要求。ω 是被测脉冲电流的频率下限。

(4) RC 积分器 图 7-39a 为结构示意图,等效电路如图 7-39b 所示,它主要包括线圈主体和获取信号的 RC 积分器两部分。根据等效电路可得

$$e(t) = L\frac{dI_R}{dt} + I_R(R + R_L) + \frac{1}{C}\int dI_R dt \quad (7\text{-}60)$$

当满足 $\omega L \ll (R + R_L)$,$(R_L + R) \gg \frac{1}{\omega C}$,以及 $R_L \ll R$ 时,电容两端电压 $u_C(t)$ 与被测电流之间有如下关系:

$$I(t) = -\frac{1}{M}\int_0^t e(t)dt = -\frac{RC}{M}u_C(t) \quad (7\text{-}61)$$

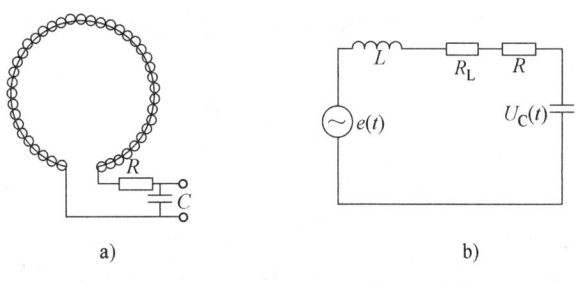

图 7-39 RC 积分器结构与等效电路
a) RC 积分器结构 b) 等效电路

式中,M 为电流回路与罗戈夫斯基线圈之间的互感。

2. 纳秒脉冲电压的测量

(1) 电容分压器 测量纳秒脉冲电压的电容分压器,其原理电路同图 7-26b。由于高压臂电容 C_1 是由多个电容器串联组成的,残余电感较大,而且分压器与被测信号间存在一根引线,也增加了测量回路电感,因此必须增加阻尼电阻,使分压器的响应时间增加。所以,传统的电容分压器不适合纳秒脉冲电压的测量。由于纳秒脉冲电压一般采用同轴或平板传输线传输,因此可采用分布式电容来构成电容分压器进行测量,其结构如图 7-40 所示。当脉冲电压沿传输线传播时,不同的横截面处在同一时刻感应到的电位是不相等的,要测量出准确的电压波形,就要求感应电极板的尺寸远远小于被测脉冲的波长。沿脉冲传播方向的电极尺寸可按下式计算:

$$d = \left(\frac{2c_0}{f_{max}}\right)\left[\frac{\pi}{2} - \frac{1}{\sin(1 - 2\Delta U/U)}\right]/2\pi \quad (7\text{-}62)$$

式中,d 为允许的电极直径;c_0 为光速;f_{max} 为被测脉冲的最高频率;$\Delta U/U$ 为电极表面允许的相对电位差。

分布式电容分压器的上限截止频率很高,而下限截止频率主要决定于分布式电容分压器的低压侧电容大小 C_2,即

$$f_L = \frac{1}{2\pi R(C_1 + C_2)} \quad (7\text{-}63)$$

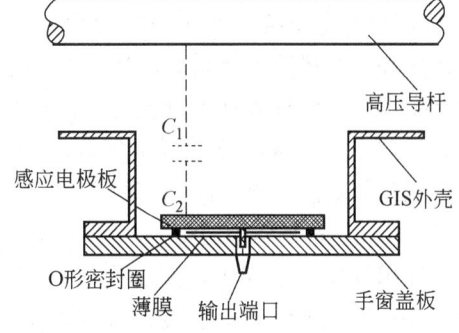

图 7-40 分布式电容分压器结构

式中,R 为低压测量回路的对地阻抗;C_1、C_2 分别为分压器的高压臂电容和低压臂电容。

可以看出,要降低分压器的下限频率,应尽可能增加低压臂的电容。另外,也可采用阻

抗变换方法，增加低压测量回路的阻抗，降低分压器的下限频率。

(2) 电阻分压器 纳秒脉冲电压测量的电阻分压器，其原理电路同图 7-26a。由于分压器电阻体存在残余电感，因此会造成被测波形发生畸变。分压器存在电感时其等效电路如图 7-41 所示。根据电路可以得到

$$U_2 = \frac{U_1 R_2}{R_1 + R_2}(1 - e^{-\frac{t}{\tau_L}}) \qquad (7\text{-}64)$$

式中，τ_L 为电感时间常数，$\tau_L = L/R_1 + R_2$。

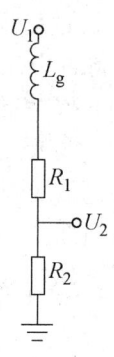

图 7-41 电阻分压器存在残余电感时的等效电路

对于一个纳秒脉冲信号，电感的存在阻碍了回路电压变化，使得波形产生过冲或振荡。为了减小过冲和振荡，经常增加电阻来进行阻尼，这使得分压器的响应时间变慢，被测波形前沿变缓。因而在设计分压器时，必须根据被测信号的特性对分压器的等效电感加以限定，一般认为当 $L_g/R < 0.05T_r$ 时，等效电感的影响可以忽略。式中，L_g 为分压器残余电感；R 为分压器的总电阻；T_r 为被测信号波形的上升时间。

在纳秒脉冲电压下，电阻分压器对地杂散电容的影响会更显著，一方面会导致分压器在不同等效频率下分压比存在很大差异；另一方面在进行纳秒快脉冲测量时，会形成很长的由暂态到稳态的过渡过程。同时，随着杂散电容的增加，分压器的响应特性变差，增加了分压器测量的不确定度。对于对地电容，一般要求是 $0.23 C_e R < T_r$。式中，C_e 为分压器对地分布电容，R 和 T_r 与上述相同。可以看出，对于纳秒脉冲电压的测量，在降低分压器对地杂散电容和残余电感的同时，可采用低阻值电阻来作为分压器的高压臂电阻，并采用两级分压测量等方法，以满足纳秒脉冲测量的要求。

7.7 光电与数字化测量技术

7.7.1 光电测量技术

随着电-光变换技术（E/O 变换）和光-电变换技术（O/E 变换）的发展，利用光纤传输技术和光学传感器测量高电压，特别是测量冲击高电压越来越受到人们的重视。由于光波的频率很高，而且光纤本身就是绝缘体，因此在响应、绝缘和干扰等方面具有非常优越的性质。目前光纤传输系统的测量频带已经可以做得很宽，能够满足测量准确度的要求。

1. 电流-光变换的应用

利用发光二极管将电流变换成光信号，通过光纤传送，再由光电二极管或光电倍增管变换成电信号进行测量。

图 7-42 所示是采用该方法而制成的光电式冲击电压分压器。在屏蔽电阻分压器的输入端设置补偿回路，补偿回路的电流（与输入电压波形成正比）经 E/O 变换后，信号送至接地

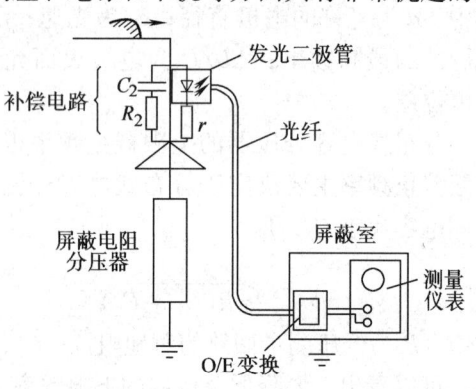

图 7-42 光电式冲击电压分压器

侧，再经 O/E 变换，进行测量。采用这种方法，即使是大型分压器响应特性也会很好，如制成的 2000kV 分压器，响应时间只有 10ns。

图 7-43 是电流的光测量系统的原理图，利用光纤绝缘，可以很容易地测量高电位的电流（直流、交流和冲击电流）。E/O 变换和 O/E 变换部分可数字化或进行频率调制，也有很高的测量精度。

2. 磁光效应的应用

光通过铅玻璃时，如果在平行于光的行进方向加上磁场，光的振动面会发生旋转，这种现象称为法拉第效应（Faraday Effect）。图 7-44 是磁光效应激光变流器的原理图。由激光器发出的光经过偏振器后，偏振面变为一定的方向。偏振光通过铅玻璃后，它的偏振面会转动一个角度 θ，角度 θ 与磁场成正比，而磁场又正比于电流 i。通过检测转动角 θ，并将信号变换成电量，就可测定电流的大小。与电磁式变流器相比，由于光路采用光纤，因此容易实现绝缘，并且可以测量直流以及冲击电流。

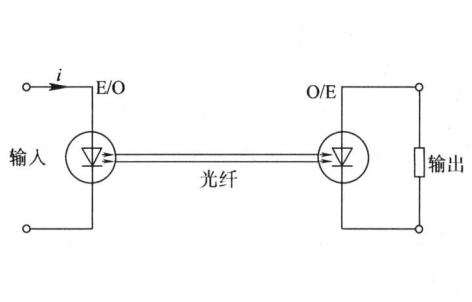

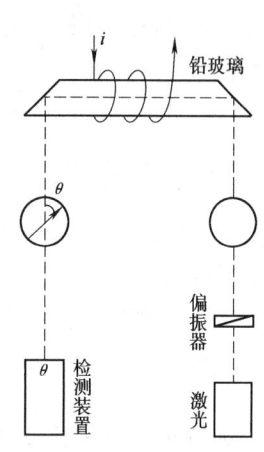

图 7-43 电流的光测量系统　　　　图 7-44 电流的光测量系统

3. 电光效应的应用

BOS（$Bi_{12}SiO_{20}$）、ADP（$NH_4H_2PO_4$）、KDP（$K_2H_2PO_4$）、$LiNbO_3$、ZnS 等晶体上施加电压时，会出现波克耳斯效应（Pockels Effect）。光的振动面使得只有一定方向的直线偏振光能穿过晶体。如果在光轴方向施加电压，则 x 与 y 方向的振动分量的光折射率会发生变化，形成相位差，输出光变为椭圆偏振光。形成的相位差决定于施加电压的大小，因此，检测相位差的大小，可测得所加电压值。

电压测定器的构成如图 7-45 所示，激光经过偏振器后变为直线偏振光，再穿过波克耳斯晶体和 1/4 波长板。光通过 1/4 波长板后，x 和 y 方向的光分量间会出现 1/4 波长的相位差（90°），穿过的光变为圆偏振光。如果在波克耳斯晶体上施加被测电压，相位差会发生变化，输出光则为椭圆偏振光。与偏振器相对应，在光的主轴方向放置检光器，通过改变光的强弱，利用受光器来测定经过检光器后的光的相位变化。

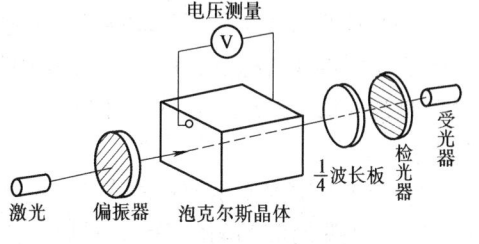

图 7-45 光学式电压测定器

7.7.2 数字化测量技术

数字示波器（DSO）等数字化记录系统的引入对高电压测量技术产生了很大的影响。在高电压测量领域，它不仅可用于稳态电压的测量和谐波分析，更重要的是，它被应用于快速瞬态过程的测量，如冲击电压（电流）的测量、电气设备局部放电波形的测量等。它的应用不仅便于人们观测、存储和分析被测波形，而且可以通过 USB 等接口电路或网线与计算机相连，分析计算、打印和存储。数字化测量的主要技术指标如下：

（1）采样率 f_s　采样率为每秒采集样本的次数，现在通用的非正规单位是 samples/second（Sa/s），比如采样率为100MSa/s，即代表每秒采样为 10^8 次。采样率 f_s 的倒数即为采样周期 T_s，T_s 是相邻两个采样点之间的时间间隔。

DSO 只能在离散的时间序列对输入量进行采样，所以它在 Y 及 X 方向，也即在电压和时间参数上都会存在测量不确定度，这些测量不确定度都和采样率的大小有关。以测量正弦波的峰值为例，若其角频率为 ω，设采样点对称地落在波峰的两侧，则此时峰值测量的不确定度较大。设峰值为单位值1，则峰值测量的相对不确定度为

$$E_{sm} = 1 - \cos\frac{\omega T_s}{2} = 1 - \cos\frac{\pi f}{f_s} \tag{7-65}$$

若 f_s/f 为4，则 E_{sm} 约为30%，相当于 -3dB；若 f_s/f 为 20~30，则 E_{sm} 为 1%~0.5%。当测量雷电波的波前截断波或陡波的峰值时，因信号上升陡度大，峰值采样不确定度的矛盾更大，要求有很高的采样率。

IEC1083—1 规定了高电压测量中 DSO 的技术要求，提出了测量冲击电压的采样率

$$f_s \geq \frac{30}{T_x} \tag{7-66}$$

式中，T_x 为被测时间间隔。对于 1.2/50μs 的标准雷电冲击电压，T_x 为 30%~90% 峰值间的时间间隔，即 $0.6T_f$。标准雷电波的最短波头时间 $T_f = 0.84$μs，则 T_x 约为 500ns，数字示波器的采样率

$$f_s \geq \frac{30}{500 \times 10^{-9}} S^{-1} = 60 \times 10^6 S^{-1} \tag{7-67}$$

（2）位数 N 及垂直分辨率 γ　DSO 的幅值分辨率取决于垂直分辨率，反映了 DSO 所能检测到的输入电压的最小增量。垂直分辨率取决于 A/D 转换的位数 N(bit)，即

$$\gamma = 2^N - 1 \tag{7-68}$$

对于认可的测量系统，要求 A/D 转换的位数 N 至少为 8bit，对于需要进行信号处理的试验，要求数字测量系统的位数至少为 9bit。

（3）模拟带宽 f 和上升时间 T_r　像模拟示波器一样，示波器的带宽是一重要技术指标，反映了波形再现的逼真程度。在选择示波器的带宽时，一般采用 5 倍定律，即示波器的带宽至少是被测信号的最高频率分量的 5 倍。在高电压单次瞬态过程的测量时，需讲究的是实时带宽。

上升时间决定于示波器的带宽，$T_r = K/f$，K 为常数，一般取 0.35~0.45。要求上升时间应小于被测时间间隔的 3%。对标准雷电波，要求示波器的上升时间应小于 15ns。

（4）记录长度及内存容量　记录长度是指数字记录仪及 DSO 每一通道一次记录的总字

数,也即采样的点数。采样率越高,记录的时间越长,要求示波器的内存容量越大。以往产品的内存容量只有几百字节,现今的产品可达几兆字节。DSO 记录长度的增长,使能观测的时间间隔增加了,这也是它比之模拟存储示波器的一大优点。后者受示波器显示屏的限制,能观测的时间间隔也很有限。

习 题

7.1 工频高压试验中,如何选择试验变压器的额定电压和额定功率?设一试品的电容量为 4000pF,试验电压为 600kV(有效值),求该试验中流过试品的电流和试验变压器的输出功率。

7.2 简述用静电电压表测量交流电压的有效值和峰值电压表测量交流电压峰值的基本原理。

7.3 用球隙测量交流电压,已知球隙的直径 $D = 100$cm,球隙间的距离 $s = 24$cm,所加电压恰好使球隙放电,试验时的大气条件为:温度 $t = 25$℃,大气压力 $p = 133.322 \times 730$Pa(即 730mmHg),求这时实际所加的试验电压为多少千伏?已知 $D = 100$cm,$s = 24$cm,标准大气条件下的放电电压 $U_H = 595$kV。

7.4 工频高压试验简化等效电路如图 7-46 所示,其中 R 为回路中的总电阻,X_L 为总感抗,C_0 为被试品的电容,U_1 为按电压比高压侧应输出的电压值,如果 $R = 10$kΩ,$X_L = 100$kΩ,$C = 3000$pF,$U_1 = 500$kV(有效值),求实际加到试品 C_0 上的电压并画出相量图。

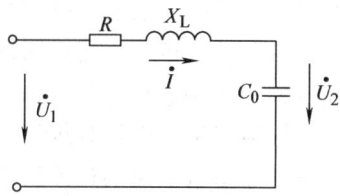

图 7-46 工频试验变压器的等效电路

7.5 试设计一台 4 级串级直流发生器,要求输出电压的平均值 $U_d = 800$kV,电流 $I_d = 10$mA,电压脉动系数 $S_T < 3\%$(画出电路,并选择电容器、硅堆、变压器等参数)。

7.6 测量直流高压时能不能使用电容分压器?用电阻分压器测量高压时引起误差的主要原因是什么?

7.7 有一台 5 级高效率冲击电压发生器,已知主电容 $C = 0.2μF$,额定电压 $U_C = 100$kV,被试品及分压器等总电容 $C_2 = 4000$pF,产生 1.2/500μs 的标准雷电波。

(1) 画出该冲击电压发生器的主回路图;
(2) 画出该冲击电压发生器的等效放电回路;
(3) 用近似估算法求每级的波头、波尾电阻值;
(4) 求该冲击电压发生器的效率和最高输出电压。

7.8 设计一电容分压器冲击测量系统并决定其参数。已知被测雷电冲击电压为 500kV,示波器输入电压为 200V,分压器高压臂电容 $C_1 = 500$pF,传输电缆长为 20m,波阻抗为 50Ω,电容量为 100pF/m。

7.9 一冲击电压发生器,被试品电容器为定值,调试时发现波头太长而波尾太短,应如何改变参数使其符合波形要求?

7.10 试简要总结各种绝缘测试方法(包括破坏性与非破坏性试验)的特点(如能发现哪些缺陷,不能发现哪些缺陷)和它们之间相辅相成的关系。

第8章 集中参数的过渡过程及线路和绕组中的波过程

电力系统是由各种电气设备,即发电机、变压器、互感器、避雷器、开关、电抗器或电容器组等通过母线与线路连接起来的整体。从电路角度讲,除电源外,上述设备及线路都可以用 R、L、C 三个典型元件组合而成。当由于某种原因使电路中的能量状态发生变化时,其过渡过程中就可能出现过电压。

当电路中的设备(元件)最大实际尺寸 l 大于人们所感兴趣的谐波波长 λ 时,可以作为集中参数处理,否则应作分布参数对待,即

$$\begin{cases} \text{集中参数} & \lambda > l \\ \text{分布参数} & \lambda < l \end{cases}$$

这些参数可能是线性的,也可能是非线性的,它们与电压、电流有关,甚至与时间有关。而且,它们之间还可能存在着电磁耦合,从而进一步造成问题的复杂性。

电磁波在分布参数上的传播过程叫做波过程。为什么要研究波过程呢?这是因为在冲击波的作用下,输电线路、电缆、变压器绕组、电机绕组等元件的等效电路都要用分布参数电路来表示。也可以说,波过程就是分布参数电路的过渡过程。分布参数电路最根本的特点在于电压、电流不但是时间 t 的函数,而且是位置 x 的函数。

电力系统中出现的过电压往往是以波的形式出现的,掌握波的传播过程及其规律,是研究电力系统过电压的理论基础。

8.1 线性集中参数电路的过渡过程

8.1.1 直流电压作用在 LC 串联回路上的过渡过程

如图 8-1 所示,假定一个无穷大直流电源对集中参数的电感、电容充电,且 $t = 0_-$,$i = 0$,$u_C = 0$。

在 $t = 0$ 时合闸,可以建立如下方程:

$$E = u_L(t) + u_C(t) = L\frac{di(t)}{dt} + \frac{1}{C}\int i(t)dt$$

即

$$LC\frac{d^2 u_C(t)}{dt^2} + u_C(t) = E \tag{8-1}$$

解为

$$u_C(t) = E(1 - \cos\omega_0 t), \quad \omega_0 = \frac{1}{\sqrt{LC}} \tag{8-2}$$

$$i(t) = C\frac{du_C(t)}{dt} = \frac{E}{\sqrt{L/C}}\sin\omega_0 t \tag{8-3}$$

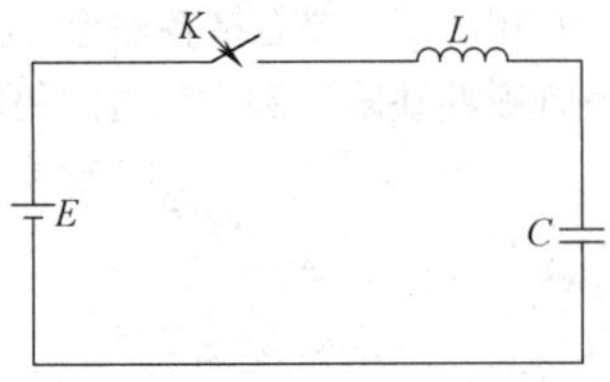

图 8-1 双能量电路

电容上电压 u_{Cm} 可达到 $2E$。

从能量来分析：

当电容 C 上的电压达到 E 时，能量为 $\frac{1}{2}CU^2 = \frac{1}{2}CE^2$

此时，电感上能量为 $\frac{1}{2}Li^2$

若
$$i_{max} = \frac{E}{\sqrt{L/C}}$$

则
$$\frac{1}{2}Li^2 = \frac{1}{2}L\left(\frac{E}{\sqrt{L/C}}\right)^2 = \frac{1}{2}CE^2$$

即电感上能量与电容能量相等。

当电容上电压达到 E 后，电源继续供应能量，并且电感也向电容供给能量，则：

原来一段时间
$$\frac{1}{2}CE^2 + \frac{1}{2}CE^2 = CE^2$$

下一段时间
$$\frac{1}{2}CE^2 + \frac{1}{2}CE^2 = CE^2$$

即电容上有
$$2CE^2 = \frac{1}{2}C(2E)^2$$

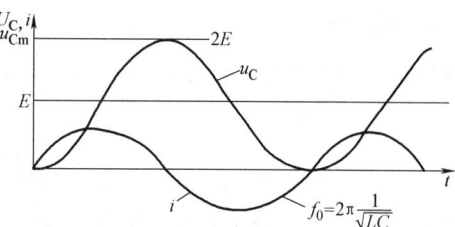

图 8-2 电压、电流波形

也就是电容上可达 $2E$ 的过电压。

上面只介绍了 $t = 0_-$，$i = 0$，$u_C = 0$ 的情况，如果 $t = 0_-$ 时，$u_C \neq 0$ 则可得到通解
$$u_C(t) = E - [E - u_C(0)]\cos\omega_0 t \tag{8-4}$$

如果 $u_C(0) = E$，则 $u_C(t) = E$，$i(t) = 0$。

如果 $u_C(0) = -E$，则 $u_C(t) = E - 2E\cos\omega_0 t$，$u_{Cm}$ 可达 $3E$。

电容 C 上的电压与它的初始值有关，在理想状态下最大值可达电源电压的三倍。当然，实际回路总是存在着电阻，它将会对电压幅值产生影响。

8.1.2 交流电压作用在 RLC 串联回路上的过渡过程

图 8-3 所示为由线性电阻、电容和电感元件组成的串联回路。

设图 8-3 中，电源电动势 $e(t) = E\cos(\omega t + \varphi)$，回路的微分方程为

$$\frac{d^2 u_C(t)}{dt^2} + 2\mu\frac{du_C(t)}{dt} + \omega_0^2 u_C(t) = \omega_0^2 E\cos(\omega t + \varphi) \quad (8-5)$$

其解为
$$u_C(t) = e^{-\mu t}E(A_1\cos\omega'_0 t + A_1\sin\omega'_0 t) +$$

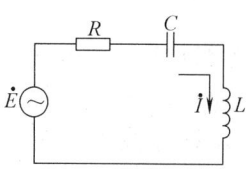

图 8-3 线性回路

$$\frac{E}{\sqrt{\left(1-\frac{\omega^2}{\omega_0^2}\right)^2+4\frac{\mu^2}{\omega_0^2}\frac{\omega^2}{\omega_0^2}}}\cos(\omega t+\varphi-\delta) \tag{8-6}$$

式中，μ 为回路的阻尼率，$\mu=\dfrac{R}{2L}$；ω_0 为忽略损耗电阻 R 时回路的自振角频率，$\omega_0^2=\dfrac{1}{LC}$；ω_0' 为计及损耗电阻 R 时回路的自振角频率，$\omega_0'=\sqrt{\omega_0^2-\mu^2}$；$\delta=\arctan\dfrac{2\mu\omega}{\omega_0^2-\omega^2}$；$A_1$、$A_2$ 是与回路初始条件有关的积分常数。

式 (8-6) 右边第一项是 $u_C(t)$ 的暂态分量，它与回路 μ 值有关，μ 值愈大，衰减愈快，理论上说，若 $\mu=0$，暂态分量将永不消失。实际上，L、C 元件本身总有损耗，所以暂态分量在一定时间后是要消失的。电力系统的平均 μ 值约为 16，即自由分量在 5 个周波之后下降到原来的 20%，因为 $e^{-\mu}=e^{-16\times0.1}\approx0.2$，而在 15~16 个周波后，暂态分量可认为已衰减殆尽。式 (8-6) 右边第二项是 $u_C(t)$ 的稳态分量，其幅值为

$$u_C=\frac{E}{\sqrt{\left(1-\frac{\omega^2}{\omega_0^2}\right)^2+4\frac{\mu^2}{\omega_0^2}\frac{\omega^2}{\omega_0^2}}} \tag{8-7}$$

这里所要讨论的谐振现象是指稳态，不包括暂态，因而下面只对稳态值进行一些分析。

1. $\mu=0$

1) $\omega_0>\omega$，即回路中 $\dfrac{1}{\omega C}=X_C>X_L=\omega L$，此时，回路为容性工作状态。因为 $\delta=0$，所以 u_C 与电源同相位。幅值为 $U_C=\dfrac{\omega_0^2}{\omega_0^2-\omega^2}E>E$，如图 8-4 中 $\mu/\omega_0=0$ 曲线在 $0<\omega/\omega_0<1$ 区间内所示。

2) $\omega_0=\omega$，即 $X_C=X_L$，回路处于谐振状态。U_C 将出现最大值 $U_{CM}\to\infty$，如图 8-4 中 $\mu/\omega_0=0$ 曲线在 $\omega/\omega_0=1$ 点所示。

3) $\omega_0<\omega$，即 $X_C<X_L$，回路为感性工作状态。$\delta=\pi$，u_C 与电源反相，幅值 $U_C=\dfrac{\omega_0^2}{\omega_0^2-\omega^2}E$。$U_C$ 仍有可能大于 E，如图 8-4 中 $\mu/\omega_0=0$ 曲线在 $\omega/\omega_0>1$ 区间内所示。

2. $\mu\neq0$

1) $\omega_0=\omega$ 时

$$U_C=E\frac{\omega}{2\mu}=\frac{E}{R}\frac{1}{\omega C}$$

参见图 8-4 中 $\mu/\omega_0\neq0$ 曲线在 $\omega/\omega_0=1$ 点所示的 U_C 值。

2) $\omega_0\neq\omega$，欲求此时 U_C 的最大幅值 U_{CM}，则可将 ω/ω_0 看作变量，对式 (8-7) 求导数，得 $\omega/\omega_0=\sqrt{1-2(\mu/\omega_0)^2}$ 时会出现最大值

$$U_{CM}=\frac{E}{\dfrac{2\mu}{\omega_0}\sqrt{1-\left(\dfrac{\mu}{\omega_0}\right)^2}} \tag{8-8}$$

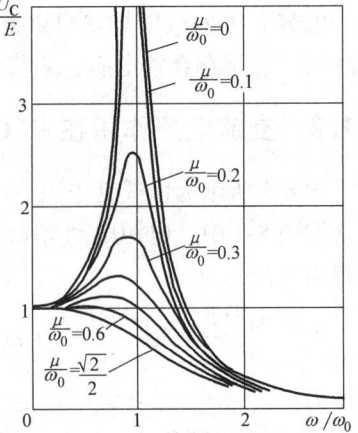

图 8-4 交流电源时不同参数条件下的电容上电压和频率的关系

图 8-4 中，$\mu/\omega_0 \neq 0$ 的各条曲线也显示出相应的 U_{CM} 值。

由式（8-8）可知，线性谐振过电压仅由 $\dfrac{\mu}{\omega_0} = \dfrac{1}{2}\dfrac{R}{\sqrt{L/C}}$ 决定。例如，若要求工频电压 $U_{CM}/E < 1.3$，则应有 $\mu/\omega_0 > 0.42$，即 $R > 0.84\sqrt{L/C}$。

电力系统运行中可能出现谐振，除空载线路及不对称接地故障时的谐振外，还有消弧线圈补偿网络和某些传递过电压的谐振。

8.2 波在单根均匀无损导线上的传播

实际的输电线路是多导线的，讨论波在单根均匀无损导线上的传播规律和计算方法，是研究波在平行多导线中传播的前提。

8.2.1 单根输电线路的等效电路

在电路的阻抗元件中，感抗（ωL）与容抗（$1/\omega C$）是与频率有关的。例如电抗器，在低频时，其对地电容与匝间电容呈现较大的容抗，可以视为开路，将电抗器看作一个电感；但在高频时，则必须计及电容的影响；在极高的频率下，电抗器的感抗很大，则可视为开路，此时电抗器不再呈现感抗，而呈容抗了。同样，对于一条输电线路，其参数的取舍，也要根据不同条件来决定。例如在短路电流计算中，由于作用在导线上的电压不高，电源频率（工频）较低，相对于很大的短路电流来说，线路的电容电流很小，因此可以认为沿线路各点流过的电流相等，即将输电线路用一个集中电感来代替，并不影响计算的准确性。但在雷击线路时，雷电波的电压高达数百万伏，电流达数十至数百千安，而且它的等效频率很高，若以波头时间为正弦波的 1/4 周期计算，则雷电冲击电压波头的等效频率约为 2.08×10^5 Hz $\{f = [1/(4 \times 1.2 \times 10^{-6})]\mathrm{Hz}]\}$，即等效频率近似为工频的 4160 倍。当雷击线路时，在幅值和频率都很高的雷电波作用下，线路电容不能忽略。同样，很大的雷电流沿导线流动，变化速度很快，因此在分析雷击线路暂态过程时，导线的电容与电感不能忽略。

计及导线的电感、电阻、对地电容及电导沿线的分布性，可用若干个 π 形链组成的电路来等效，如图 8-5a 所示。图中，L_0、R_0、C_0、G_0 分别表示导线单位长度上的电感、电阻、对地电容和电导。事实上，它们并非常数，例如冲击电晕对 C_0、G_0 有较大的影响。但在分析波过程基本规律时，可假定这些参数为常数。

一般情况下，输电线路对地电导甚小，可以略去；导线与大地的电阻会使波衰减和变形，其影响随波的传播距离增长而增加，但为了简化分析，可略去 R_0、G_0。不计 R_0、G_0 的导线称为无损导线，如图 8-5b 所示。

8.2.2 波阻抗与波速

若在图 8-5b 电路始端作用一直流电压，线路上便有电荷向 x 方向移动，因电感 L_0 的作用，线路上各点电压建立所需时间是不同的。此外，当电荷向右移动时，有一部分电荷流到电容中去，故在同一时间导线上各点的电压和电流不同，导线上电压和电流是从始端向末端逐渐地建立起来的。当电荷在导线上流动时，对地电容 C_0 充电，故在导线与地之间建立起电场。当电荷通过电感 L_0 时，将在导线周围建立磁场。在导线的某一点上将出现电场强度

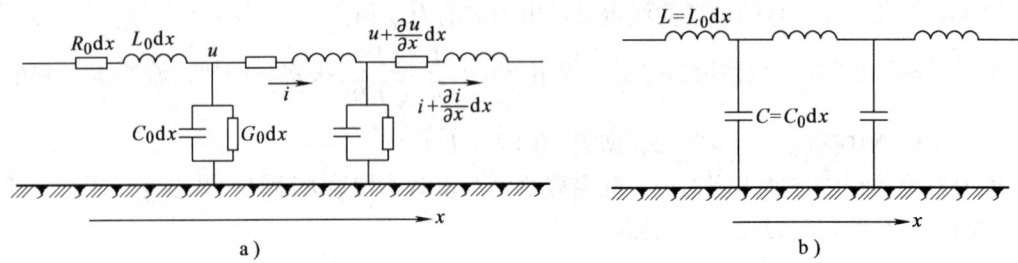

图 8-5 均匀单根导线
a) 单根导线的等效电路　b) 无损导线的等效电路

E、磁场强度 H，它们将以一定速度向导线某一方向运动。在无损导线的周围空间，E 与 H 相互垂直，并位于同一平面内，因此称为平面波。这个相互有联系，并以一定速度运动着的 E、H 叫做平面电磁波，有时也称为电磁流动波。

假设在时间 dt 内，波前进了 dx，在这段时间内，长度为 dx 的导线的电容 $C_0 dx$ 充电到 u，获得电荷为 $C_0 dxu$，这些电荷在时间 dt 内通过电流波 i 送过来，因此

$$C_0 dxu = idt \tag{8-9}$$

另一方面，在同样的时间 dt 内，长度为 dx 的导线上已建立起电流 i，这段导线的电感为 $L_0 dx$，则所产生的磁链为 $L_0 dxi$。这些磁链是在时间 dt 内建立的，因此导线上的电压为

$$u = L_0 dxi/dt \tag{8-10}$$

将式 (8-9) 和式 (8-10) 中消去 dt、dx，可以得到反映电压波与电流波关系的波阻抗为

$$u = \pm \sqrt{\frac{L_0}{C_0}} i = \pm Zi \tag{8-11}$$

$$Z = \sqrt{\frac{L_0}{C_0}} \tag{8-12}$$

由式 (8-9) 和式 (8-10) 可知，dx/dt 为波在导线上的传播速度 v，故可改写为

$$i = uC_0 v \tag{8-13}$$

$$u = iL_0 v \tag{8-14}$$

将式 (8-13) 与式 (8-14) 相乘可得

$$ui = iL_0 vuC_0 v$$

从而导出行波的传播速度为

$$v = \pm \frac{1}{\sqrt{L_0 C_0}} \tag{8-15}$$

Z 与 v 的正负号表示行波传播的正、反方向。由式 (8-11) 可知，在无损均匀导线中，某点的正、反方向电压波与电流波的比值是一个常数 Z，该常数具有电阻的量纲——Ω，称为导线的波阻抗，它是一个非常重要的参数。波阻抗虽然与电阻具有相同的量纲，而且从形式上也表示导线上电压波与电流波的比值，但两者的物理含义是不同的：波阻抗表示只有一个方向的电压波和电流波的比值，其大小只决定于导线单位长度的电感和电容，与线路的长度无关，而导线的电阻与长度成正比；波阻抗说明导线周围电介质所获得的电磁能的大小，以电磁能的形式储存在周围电介质中，并不被消耗，而电阻则吸取电源能量并转变为热能消

耗掉；波阻抗有正、负号，表示不同方向的流动波，而电阻则没有。

根据电磁场理论，对于单根导线，其单位长度的电感 L_0（H/m）和电容 C_0（F/m）分别用下式计算：

$$L_0 = \frac{\mu_0 \mu_r}{2\pi} \ln \frac{2h_p}{r} \tag{8-16}$$

$$C_0 = \frac{2\pi \varepsilon_0 \varepsilon_r}{\ln \dfrac{2h_p}{r}} \tag{8-17}$$

式中，h_p 为导线对地的平均高度（m），$h_p = h - \dfrac{2}{3}f$；h 为导线悬挂点高度（m）；f 为导线的弧垂（m）；r 为导线的半径（m）；ε_0 为真空介电系数 [$1/(36\pi) \times 10^{-9}$ F/m]；ε_r 为介质相对介电系数，对架空线，导线周围的介质为空气时，取 $\varepsilon_r = 1$，对油浸纸电缆，取 $\varepsilon_r = 4 \sim 5$；μ_0 为真空磁导率（$4\pi \times 10^{-7}$ H/m）；μ_r 为介质相对磁导率，对架空线与电缆均可取 1。

将式（8-16）、式（8-17）分别代入式（8-12），可得

$$Z = \sqrt{\frac{L_0}{C_0}} = \frac{1}{2\pi}\sqrt{\frac{\mu_r \mu_0}{\varepsilon_r \varepsilon_0}} \ln \frac{2h_p}{r} \tag{8-18}$$

对架空线

$$Z = 60\ln \frac{2h_p}{r} = 138\lg \frac{2h_p}{r}$$

架空线的波阻抗一般在 300~500Ω 范围内。

对电缆线路，其波阻抗变化范围较大，在 10~100Ω 之间。

同样，行波的传播速度（m/s）为

$$v = \frac{1}{\sqrt{L_0 C_0}} = \frac{1}{\sqrt{\mu_r \mu_0 \varepsilon_r \varepsilon_0}} = \frac{3 \times 10^8}{\sqrt{\mu_r \varepsilon_r}}$$

可见波速与导线周围介质有关，与导线的几何尺寸及悬挂高度无关。对架空线路，$v \approx 3 \times 10^8$ m/s，接近光速；对电缆，$v \approx 1.5 \times 10^8$ m/s，为光速的一半。

8.2.3 波动方程及其解

为求出均匀无损线路上行波运动规律的一般表达式，可将图 8-5b 中取出一个长度单元 $\mathrm{d}x$ 进行研究，如图 8-6 所示，则

$$\mathrm{d}u = \left(u + \frac{\partial u}{\partial x}\mathrm{d}x\right) - u = -L_0 \mathrm{d}x \frac{\partial i}{\partial t}$$

$$\mathrm{d}i = \left(i + \frac{\partial i}{\partial x}\mathrm{d}x\right) - i = -C_0 \mathrm{d}x \frac{\partial u}{\partial t}$$

整理可得

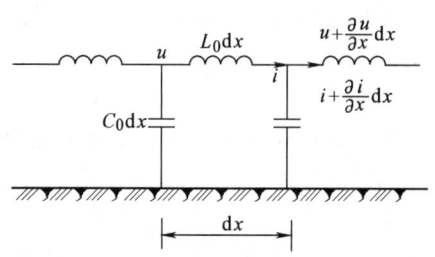

图 8-6 均匀无损单导线线路单元等效电路图

$$\left.\begin{aligned}\frac{\partial u}{\partial x} &= -L_0 \frac{\partial i}{\partial t} \\ \frac{\partial i}{\partial x} &= -C_0 \frac{\partial u}{\partial t}\end{aligned}\right\} \tag{8-19}$$

对式(8-19)求偏导，经整理可得下列电压波与电流波的偏微分方程

$$\left.\begin{aligned}\frac{\partial^2 u}{\partial x^2} &= L_0 C_0 \frac{\partial^2 u}{\partial t^2} = \frac{1}{v^2}\frac{\partial^2 u}{\partial t^2} \\ \frac{\partial^2 i}{\partial x^2} &= C_0 L_0 \frac{\partial^2 i}{\partial t^2} = \frac{1}{v^2}\frac{\partial^2 i}{\partial t^2}\end{aligned}\right\} \tag{8-20}$$

以上是描述线路 x 点在时刻 t 的电压和电流的波动方程。它的解为

$$\left.\begin{aligned}u(x,t) &= u_f(x-vt) + u_b(x+vt) \\ i(x,t) &= [u_f(x-vt) - u_b(x+vt)]/Z \\ &= i_f(x-vt) + i_b(x+vt)\end{aligned}\right\} \tag{8-21}$$

式中，u_f，u_b 及 i_f，i_b 为构成电压波与电流波的两个分量。

8.2.4 前行波和反行波

式（8-21）中，$u_f(x-vt)$ 是 $(x-vt)$ 的函数，随着时间 t 的增加是向 x 增加方向运动的，称为前行波；同样 $u_b(x+vt)$ 是 $(x+vt)$ 的函数，随着 t 的增加是向 x 减小的方向运动的，称为反行波。因此可将式（8-21）改写为

$$\left.\begin{aligned}u(x,t) &= \vec{u} + \overleftarrow{u} \\ i(x,t) &= \vec{i} + \overleftarrow{i}\end{aligned}\right\} \tag{8-22}$$

下面分析前行波 $u_f(x-vt)$ 的物理含义。如图 8-7 所示，假定箭头所指为 x 的正方向，波沿着 x 的正方向传播。在时间 t_1 时，前行波的瞬间分布在虚线所示位置，经过时间 $\mathrm{d}t$，该波以 v 的速度到达实线所示位置，传播距离 $\mathrm{d}x = v\mathrm{d}t$。从两个不同时刻的分布图来看，$u_f(x-vt)$ 前移了，其前移速度为 v，经过时间 $\mathrm{d}t$，前移的距离为 $\mathrm{d}x$。若观察者由任一时刻 t_1 开始，从线路上的任一点 x_1 出发，沿 x 方向以速度 v 运动，则对于任何时刻 t 和他所在的位置 x，有

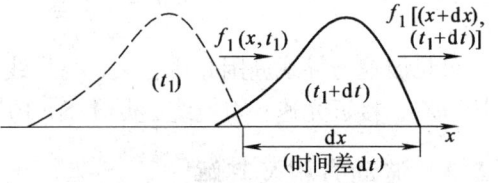

图 8-7 前行波的传播

$$x - vt = [x_1 + v(t-t_1)] - vt = x_1 - vt_1 = 常量$$

因此他所观察到的 $u_f(x-vt)$ 值始终不变。

同样的道理，$u_b(x+vt)$ 表示以速度 v 向 x 的反方向传播的电压反行波。

前面已经分析，电压波与电流波数值之间的关系是通过波阻抗 Z 相联系的。但不同极性的行波向不同的方向传播，需要规定一定的正方向。电压波的符号只决定于导线对地电容上相应电荷的符号，和运动方向无关。而电流波的符号不但与相应的电荷符号有关，而且与电荷的运动方向有关。

综上所述，可得出描述行波在均匀无损单根导线上传播的基本规律的 4 个方程：

$$\left.\begin{array}{l} u(x,t) = u_f + u_b \\ i(x,t) = i_f + i_b \\ u_f = Zi_f \\ u_b = -Zi_b \end{array}\right\} \quad (8\text{-}23)$$

式（8-23）的物理意义是：导线上任何一点的电压或电流，等于通过该点的前行波与反行波之和；前行波电压与电流之比等于 $+Z$；反行波电压与电流之比等于 $-Z$。从这四个方程出发，加上边界及起始条件，即可解决各种类型的波过程问题。

例 8-1 沿高度 h 为 10m，导线半径为 10mm 的单根架空线有一幅值为 700kV 过电压波运动，试求电流波的幅值。

解：根据式（8-18），导线的波阻抗 Z 为

$$Z = 138\lg\frac{2h}{r} = 138\lg\frac{2\times10}{10^{-2}}\Omega = 450\Omega$$

电流波幅值为

$$I_f = U_f/Z = (700/450)\text{kA} = 1.56\text{kA}$$

例 8-2 在上例中，如还有一幅值为 500kV 的过电压波反向运动，试求此两波叠加范围内导线的电压和电流。

解：根据式（8-23），反行波电流幅值为

$$I_b = -U_b/Z = (-500/450)\text{kA} = -1.11\text{kA}$$

两波叠加范围内，导线对地电压为

$$U = U_f + U_b = (700 + 500)\text{kV} = 1200\text{kV}$$

电流为

$$I = I_f + I_b = (1.56 - 1.11)\text{kA} = 0.45\text{kA}$$

8.3 行波的折射与反射

前面讨论了行波在均匀无损单导线上传播的基本规律。但在实际工程中分析过电压保护问题时，经常会遇到一条分布参数的长线和波阻抗不同的另一条分布参数的长线或与集中元件的集中阻抗（如接地电阻 R）相连接的情况。不同波阻抗的连接点称为节点，若有一行波来到节点时，必然要发生能量的重新分配过程，即会在节点上发生行波的折射与反射。

8.3.1 折射系数和反射系数

如图 8-8 所示，导线 1、2 分别有不同的波阻抗 Z_1、Z_2。两导线相连接于 A 点。沿线路 1 有一电压波 u_{1f} 向线路 2 传播，到达节点 A 的波称为入射波。在线路 1 中的反行波 u_{1b} 是 u_{1f} 在 A 点的反射所产生的，称为反射波。通过节点 A 后在线路 2 中产生的前行波 u_{2f} 是入射波 u_{1f} 在 A 点发生折射产生的波，称为折射波。为

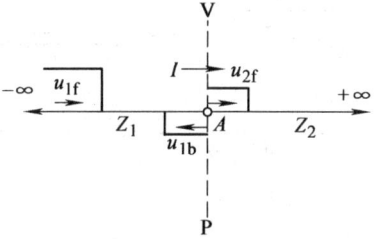

图 8-8 波的折射与反射

简化分析，假定导线 1 与导线 2 为无限长导线来讨论波在 A 点发生反射与折射。于是，由式 (8-23) 可得导线 1 上总的电压和电流为

$$u_1 = u_{1f} + u_{1b}$$
$$i_1 = i_{1f} + i_{1b}$$

而导线 2 上的电压和电流为

$$u_2 = u_{2f}$$
$$i_2 = i_{2f}$$

若线路 2 为无限长导线，则 $u_{2b}=0$，$i_{2b}=0$。由于在节点 A 处只能有一个电压和电流值，因此 $u_1 = u_2$，$i_1 = i_2$，则

$$u_{1f} + u_{1b} = u_{2f}$$
$$i_{1f} + i_{1b} = i_{2f}$$

由式 (8-23) 得 $i_{1f} = u_{1f}/Z_1$，$i_{2f} = u_{2f}/Z_2$，$i_{1b} = -u_{1b}/Z_1$，代入上式后得

$$u_{2f} = \frac{2Z_2}{Z_1 + Z_2} u_{1f} = \alpha u_{1f} \tag{8-24}$$

$$u_{1b} = \frac{Z_2 - Z_1}{Z_1 + Z_2} u_{1f} = \beta u_{1f} \tag{8-25}$$

式中，$\alpha = \dfrac{2Z_2}{Z_1 + Z_2}$，$\beta = \dfrac{Z_2 - Z_1}{Z_1 + Z_2}$。

α 表示折射电压波与入射电压波之比值，称为电压波折射系数，其值总为正值，且在 $0 \leq \alpha \leq 2$ 范围内；β 表示反射电压波与入射电压波之比值，称为电压波反射系数，其值可正可负，且 $-1 \leq \beta \leq 1$。不难证明，α 和 β 之间的关系是 $1 + \beta = \alpha$。

当线路末端开路时，相当于在末端接一条波阻抗为 ∞ 的导线，用式 (8-24) 及式 (8-25) 可以算出 $\alpha = 2$，$\beta = 1$，则 $u_{1b} = u_{1f}$，$i_{1b} = -i_{1f}$，如图 8-9 所示。电压反射波与入射波叠加，使末端电压上升一倍，电流为零。即波到达开路的末端时，全部磁场能量变为电场能量，使电压上升一倍。

同样的方法，当末端短路时，可算出 $\alpha = 0$，$\beta = -1$；$u_{1b} = -u_{1f}$，$i_{1b} = i_{1f}$，如图 8-10 所示。此时电压的反射波与入射波符号相反，数值相等，故末端电压为零，电流上升一倍。也可理解为末端来了一个反行波，同时使电流升高一倍，即当波到达短路的末端时，全部电场能量转变为磁场能量，使电流上升一倍。

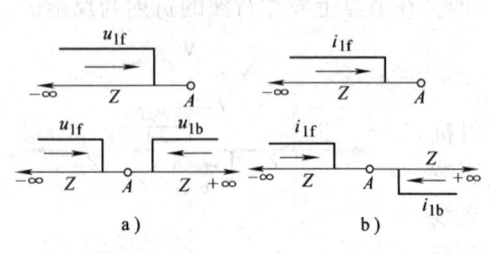

图 8-9　线路末端开路时波的折射及反射
a) 电压波　b) 电流波

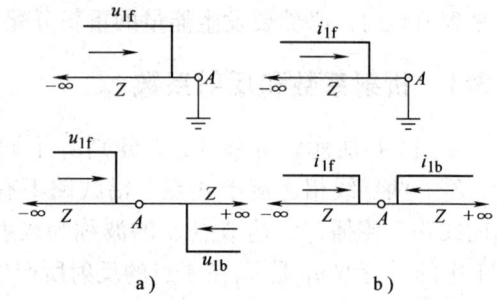

图 8-10　线路末端短路时波的折射及反射
a) 电压波　b) 电流波

若 $Z_1 \neq Z_2$ 的两导线相连，其电压波及电流波的折射及反射情况如图 8-11 所示。

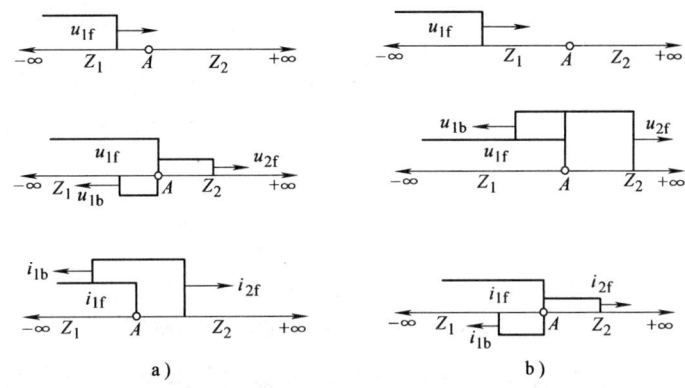

图 8-11　$Z_1 \neq Z_2$ 时在节点上的折射及反射

a) $Z_1 > Z_2$，$u_{1f} > u_{2f}$　b) $Z_1 < Z_2$，$u_{1f} < u_{2f}$

很清楚，$Z_1 = Z_2$ 时，没有行波的反射现象，波形不发生任何变化。当 $R = Z_1$ 时，与 $Z_2 = Z_1$ 一样，称之为匹配，不同的是入射的电磁波能量全部被 R 吸收，并转变为热能，如图 8-12 所示。

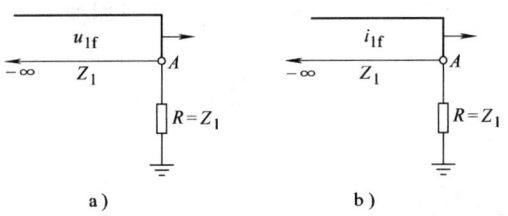

图 8-12　末端接有 $R = Z_1$ 时波的入射、反射及折射情况

a) 电压波　b) 电流波

8.3.2　彼德逊法则

从式 (8-24) 可得集中参数的等效电路，如图 8-13 所示。若求折射波电压，可以将一个内阻为 Z_1、电源为入射波电压两倍的 $2u_{1f}$ 与波阻抗 Z_2 相连，则 Z_2 两端压降即为折射波电压的 u_{2f}。这个等效电路叫做彼德逊等效电路。其使用条件是线路 Z_2 中没有反行波，或 Z_2 中的反射波尚未到达节点 A。

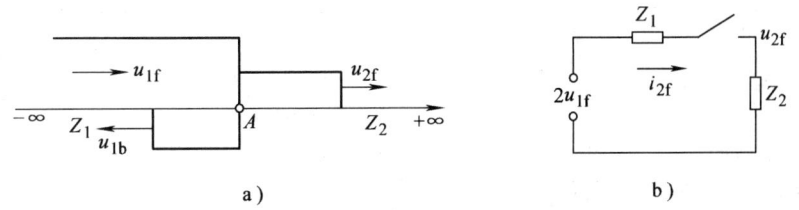

图 8-13　彼德逊等效电路

a) 接线　b) 等效电路

例 8-3　某一变电所的母线上有 n 条出线，其波阻抗均为 Z，如沿一条出线有幅值为 U_0 的直角波袭来，如图 8-14a 所示，求各出线电压幅值及电压折射系数。

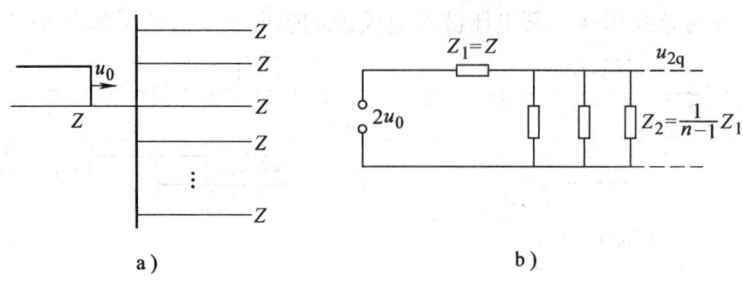

图 8-14 有 n 条架空线的变电所母线上的折射电压
a) 波侵入变电所母线 b) 彼德逊等效电路

解：应用彼德逊等效电路，如图 8-14b 所示，可求出各出线电压幅值为

$$U_2 = \frac{2U_0}{Z + \frac{Z}{n-1}} \cdot \frac{Z}{n-1} = \frac{2}{n}U_0$$

电压折射系数 $\alpha = 2/n$。

由此可见：当 n 愈大，α 愈小，也即波折射到多出线的变电所时，母线上的电压将降低。

此外，由 $1 + \beta = \alpha$，可得从变电所母线发出的电压反射波 U_b（幅值），即

$$\beta = \alpha - 1 = 2/n - 1 = (2-n)/n$$

所以

$$U_b = \beta U_0 = (2-n)U_0/n$$

8.3.3 等效波法则

在实际电网中可能有多根不同线路连接于同一节点 X，如图 8-15 所示，各条线路的波阻抗分别为 Z_1，Z_2，…，Z_n。沿这些导线可能有任意形状的电压波，u_{1x}，u_{2x}，…，u_{nx} 入射至 X 点。在 X 点还接有一负载阻抗 Z_x，如果需要计算 X 点的电压 $u_x(t)$，并求出从 X 点入射到各线路的电压 u_{x1}，u_{x2}，…，u_{xn}（见图 8-15a）。可根据边界条件求得

$$u_x + i_x Z_\Sigma = 2u_\Sigma \quad (8\text{-}26)$$

式中 $Z_\Sigma = \dfrac{1}{\sum\limits_{n=1}^{n} \dfrac{1}{Z_n}}$，$u_\Sigma = Z_\Sigma \sum\limits_{n=1}^{n} \dfrac{u_{nx}}{Z_n}$

与彼德逊法则比较，同样可以得到一集中参数等效电路，如图 8-15b 所示，用此电路可使计算简化。

求得 u_x 后，可用下式算出由 X 点流向每条线路的电压波：

$$u_{xn} = u_x - u_{nx} \quad (n = 1, \cdots, n) \quad (8\text{-}27)$$

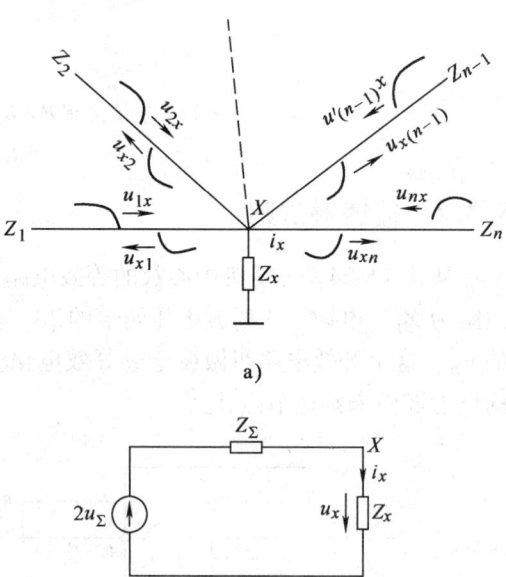

图 8-15 多根不同的导线连接于一个点的波过程
a) 波沿着多根导线入射到 X 点
b) 等效波法则等效电路

并且这一电压经过 $\tau_{xn} = l_{xn}/V_n$ 到达线路末端 n 点，作为线路流向 n 点的入射波。

8.4 行波通过串联电感与旁过并联电容

在实际电网中，常常会遇到分布参数线路与集中电感或电容的各种方式的连接，如改善功率因数的并联电容器、限制短路电流的串联电抗器等。由于并联电容或串联电感的存在，将使在线路上传播的行波发生幅值和波形的改变。

8.4.1 直角波通过串联电感

当一无穷长直角波 U_{1f} 自具有波阻抗 Z_1 的导线经电感过渡至具有波阻抗 Z_2 的导线时的情况，如图 8-16a 所示。设 Z_2 中反行波未到达节点，则其等效电路如图 8-16b 所示。由此可得

$$2u_{1f} = i_{2f}(Z_1 + Z_2) + L\frac{di_{2f}}{dt}$$

其解为

$$i_{2f} = \frac{2u_{1f}}{Z_1 + Z_2}(1 - e^{-t/T}) \tag{8-28}$$

式中，T 为该回路的时间常数，$T = L/(Z_1 + Z_2)$。

由上文可知

$$u_{2f} = i_{2f}Z_2 = \frac{2Z_2}{Z_1 + Z_2}u_{1f}(1 - e^{-t/T}) \tag{8-29}$$

从式（8-28）、式（8-29）可知，前行波电压、电流都由两部分组成：前一部分为与时间无关的强制分量；后一部分是随时间衰减的自由分量。还可知，无穷长直角波通过集中电感时，波头被拉长，而电压、电流的稳态值与未串联电感时一样。波头被拉长，是由于电感 L 的作用，L 愈大，T 愈大，波头就愈平缓。

沿 Z_1 返回的反射波可由下式求得：

$$u_{2f} + L\frac{di_{2f}}{dt} = u_{1f} + u_{1b}$$

将式（8-28）、式（8-29）代入上式可得

$$u_{1b} = \frac{Z_2 - Z_1}{Z_1 + Z_2}u_{1f} + \frac{2Z_1}{Z_1 + Z_2}u_{1f}e^{-t/T} \tag{8-30}$$

$$i_{1b} = -\frac{u_{1f}}{Z_1} = -\frac{Z_2 - Z_1}{Z_1 + Z_2}\frac{u_{1f}}{Z_1} - \frac{2u_{1f}}{Z_1 + Z_2}e^{-t/T} \tag{8-31}$$

由式（8-30）、式（8-31）可见，当 $t = 0$ 时，$i_{2f} = 0$，$u_{2f} = 0$；$u_{1b} = u_{1f}$，$i_{1b} = -i_{1f}$，这是因为电感中的电流是不能突变的。当波到达电感瞬间，电感相当于开路，全部磁场能量转变为电场能量，使电压升高一倍，然后按指数规律变化。当 $t \to \infty$ 时，$i_{2f} = \frac{2u_{1f}}{Z_1 + Z_2}$，$u_{2f} = \frac{2Z_2}{Z_1 + Z_2}u_{1f} = \alpha u_{1f}$；$u_{1b} = \frac{Z_2 - Z_1}{Z_1 + Z_2}u_{1f} = \beta u_{1f}$，$i_{1b} = -\frac{Z_2 - Z_1}{Z_1 + Z_2}\frac{u_{1f}}{Z_1}$。这也不难理解，在无穷长直角电

压波作用下，当 $t\to\infty$ 时，电感相当于短路，已不起作用，好像其折射波、反射波是由 Z_1 和 Z_2 直接连接的节点下产生的。因此，折、反射系数 α、β 的含义与前述一样。

电压、电流反射波随时间的变化如图 8-16c 所示。

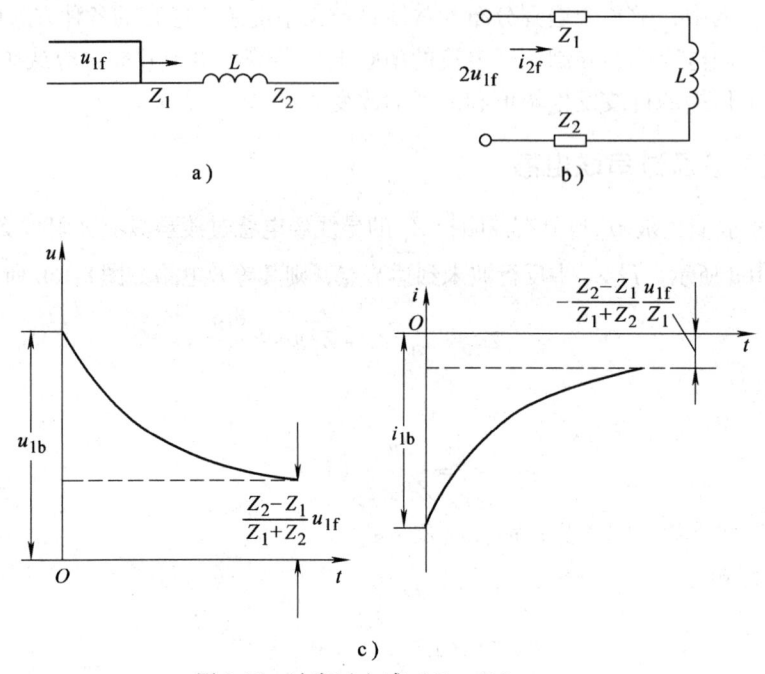

图 8-16　波穿过电感（$Z_2 > Z_1$）
a）接线图　b）等效电路　c）电压、电流反射波随时间变化

折射电压波 u_{2f} 的陡度可由式（8-29）求得

$$\frac{\mathrm{d}u_{2f}}{\mathrm{d}t} = \frac{2u_{1f}}{L}Z_2 \mathrm{e}^{-t/T}$$

陡度的最大值在 $t=0$ 时为

$$\left.\frac{\mathrm{d}u_{2f}}{\mathrm{d}t}\right|_{\max}^{t=0} = \frac{2u_{1f}Z_2}{L} \tag{8-32}$$

最大空间陡度为

$$\left.\frac{\mathrm{d}u_{2f}}{\mathrm{d}l}\right|_{\max}^{t=0} = \left.\frac{\mathrm{d}u_{2f}}{\mathrm{d}t}\right|_{\max}^{t=0}\frac{\mathrm{d}t}{\mathrm{d}l} = \frac{2u_{1f}Z_2}{Lv} \tag{8-33}$$

从上式可见，降低 Z_2 上前行电压波 u_{2f} 陡度的有效措施是增加电感 L，电感愈大，陡度愈小。所以在电力系统中，有时用电感来限制侵入波的陡度。

无穷长直角波通过电感后，在导线 Z_2 上的前行波电压、电流变为指数波。

8.4.2　直角波旁过并联电容

图 8-17a 给出无穷长直角波 u_{1f} 旁过电容接线方式。设导线 2 的反射波未到达节点 A，其等效电路如图 8-17b 所示。由此可建立以下方程：

$$2u_{1f} = i_1 Z_1 + i_{2f} Z_2$$

$$i_1 = i_{2f} + C\frac{du_{2f}}{dt} = i_{2f} + CZ_2\frac{di_{2f}}{dt}$$

其解为

$$i_{2f} = \frac{2u_{1f}}{Z_1 + Z_2}(1 - e^{-t/T}) \tag{8-34}$$

$$u_{2f} = \frac{2Z_2}{Z_1 + Z_2}u_{1f}(1 - e^{-t/T}) = \alpha u_{1f}(1 - e^{-t/T}) \tag{8-35}$$

式中，T 为该电路的时间常数，$T = \frac{Z_1 Z_2}{Z_1 + Z_2} C$；$\alpha$ 为电压波的折射系数，$\alpha = \frac{2Z_2}{Z_1 + Z_2}$。

由式（8-34）、式（8-35）可知，u_{2f}、i_{2f} 均由零值依指数规律渐趋稳态值，原来是直角波现在变为指数波，波首变平，且稳态值只决定于波阻抗 Z_1 及 Z_2，而与电容 C 无关。这说明在直角波作用下，经过一定时间，电容充好电，相当于开路，对导线 1 与导线 2 之间的波传播过程不再起任何作用。

因为

$$u_{1f} + u_{1b} = u_{2f}$$

所以在导线 Z_1 上的反射波可由下式求得：

$$u_{1b} = \frac{Z_2 - Z_1}{Z_1 + Z_2}u_{1f} - \frac{2Z_2}{Z_1 + Z_2}u_{1f}e^{-t/T} \tag{8-36}$$

$$i_{1b} = -\frac{u_{1b}}{Z_1} = -\frac{Z_2 - Z_1}{Z_1 + Z_2}\frac{u_{1f}}{Z_1} + \frac{2Z_2}{Z_1 + Z_2}\frac{u_{1f}}{Z_1}e^{-t/T} \tag{8-37}$$

当 $t = 0$ 时，$u_{1b} = -u_{1f}$，这是由于电容上电压不能突变，波到达节点 A 的瞬间，全部电场能量转变为磁场能量，相当于线路末端短路时的反射。

在 Z_2 线路中折射电压的最大陡度可由式（8-35）求出

$$\left.\frac{du_{2f}}{dt}\right|_{\max}^{t=0} = \frac{2u_{1f}}{Z_1 C} \tag{8-38}$$

最大空间陡度

$$\left.\frac{du_{2f}}{dl}\right|_{\max}^{t=0} = \frac{2u_{1f}}{Z_1 C v} \tag{8-39}$$

从上式可见，最大空间陡度与 Z_2 无关，仅与 Z_1 和 C 有关。故为了限制波的陡度，采用并联电容还是串联电感需要进行经济上的核算。

无穷长直角波旁过电容时，前行波电压、电流变为指数波。反行波电压、电流的波形如图 8-17c 所示。

例 8-4 有一幅值为 $E = 100\text{kV}$ 的直角波沿波阻抗 $Z_1 = 50\Omega$ 的电缆线路侵入波阻抗为 $Z_2 = 800\Omega$ 的发电机绕组，绕组每匝长度为 3m，匝间绝缘耐压为 600V，绕组中波的传播速度 $v = 6 \times 10^7 \text{m/s}$。求用并联电容器或串联电感来保护匝间绝缘时它们的数值。接线如图 8-18 所示。

解：发电机允许承受的侵入波的最大陡度为

$$\left(\frac{du_2}{dt}\right)_{max} = \left(\frac{du_2}{dl}\right)_{max}\frac{dl}{dt} = \frac{600}{3} \times 6 \times 10^7 \text{ V/s} = 12 \times 10^9 \text{ V/s}$$

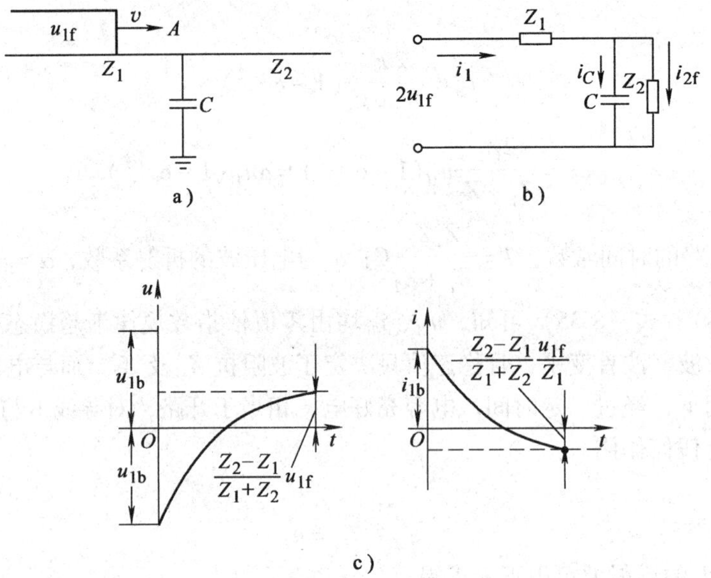

图 8-17 行波旁过并联电容（$Z_2 > Z_1$）
a) 接线图　b) 等效电路　c) 反射波电压、电流随时间变化

根据式（8-38），保护匝间绝缘所需电容值

$$C = \frac{2u_{1f}}{Z_1\left(\dfrac{du_{2f}}{dt}\right)_{max}} = \frac{2 \times 10^5}{50 \times 12 \times 10^9} \mu F = 0.33 \ \mu F$$

若用串联电感来保护发电机匝间绝缘，根据式（8-32）

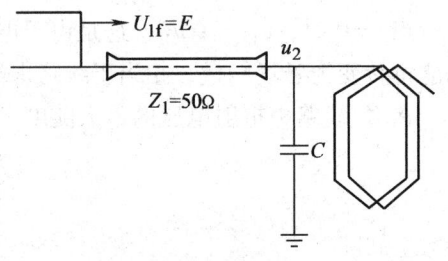

图 8-18　波沿电缆线路侵入发电机绕组示意图

$$L = \frac{2u_{1f}Z_2}{\left(\dfrac{du_{2f}}{dt}\right)_{max}} = \frac{2 \times 10^5 \times 800}{12 \times 10^9} \text{ mH} = 13.3 \text{ mH}$$

显然，采用 0.33μF 电容器或 13.3mH 电感线圈都可以限制侵入波的陡度，满足保护发电机绕组匝间绝缘的需要。

8.5　行波的多次折、反射

前面讨论的无限长线路，在分析波的折、反射时不考虑从线路另一端传来的反射波影响。若在两无限长线路中间接入一有限长的线段时,将出现波的多次折、反射现象。这种情况在电力系统中是经常遇到的,如发电机或变压器经电缆与架空线连接,当雷电波侵入时,行波将在电缆段两端点间发生多次的折、反射;再如,雷击避雷针或避雷线时,在接地电阻和接地引线间也会发生多次折、反射。这些情况可归结为两无限长导线间接入一个有限长线段,如图 8-19a 所示。

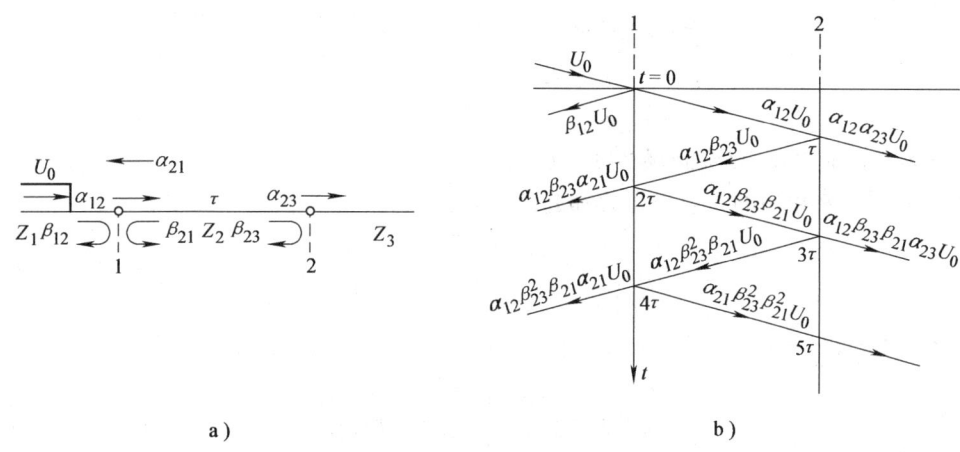

图 8-19 网格法
a) 接线 b) 多次折、反射网格图

研究行波多次折、反射的方法,通常采用网格法,利用网格法可以求出各节点(如图 8-19 中的 1、2 节点)对地电压。网格法计算行波的多次折、反射,就是利用折射系数和反射系数计算每一次折、反射电压,然后将节点不同时刻出现的折射波叠加起来,就可以求出该点不同时刻对地电压值。

在图 8-19a 中,有一幅值为 U_0 的直角波自波阻抗为 Z_1 的线路向波阻抗为 Z_2 线段袭来,然后通过线段 l 向波阻抗为 Z_3 的线路传播。由于 Z_1、Z_2、Z_3 不等,波将在节点 1、2 上发生多次折、反射。

设波由 1 向 2 方向传播时,折射系数为 α_{12},波由 2 向 3 方向传播时,折射系数为 α_{23},同样波由 2 进入 1 时,折射系数为 α_{21},相应的反射系数为 β_{12}、β_{23}、β_{21},则

$$\left.\begin{aligned} \alpha_{12} &= \frac{2Z_2}{Z_1+Z_2}, \quad \beta_{12}=\alpha_{12}-1 \\ \alpha_{23} &= \frac{2Z_3}{Z_2+Z_3}, \quad \beta_{23}=\alpha_{23}-1 \\ \alpha_{21} &= \frac{2Z_1}{Z_1+Z_2}, \quad \beta_{21}=\alpha_{21}-1 \end{aligned}\right\} \tag{8-40}$$

入侵波 U_0 自线路 Z_1 到达节点 1,在节点 1 发生折、反射,反射波 $\beta_{12}U_0$ 由节点 1 返回,折射波 $\alpha_{12}U_0$ 在线路 2 上传播,经过 $\tau=l/v$ 时间到达节点 2;在节点 2 又发生折、反射,折射波 $\alpha_{12}\alpha_{23}U_0$ 自节点 2 沿线路 Z_3 向前传播,反射波 $\beta_{23}\alpha_{12}U_0$ 返回向节点 1 传播,经过 τ 后又到达节点 1;在节点 1 上又发生折、反射,折射波 $\alpha_{21}\beta_{23}\alpha_{12}U_0$ 向导线 Z_1 传播,反射波

$\beta_{21}\beta_{23}\alpha_{12}U_0$ 经过 τ 又到达节点 2，……；如此循环下去。上述过程可用图 8-19b 所示的行波网格图表示。

在 Z_3 上的前行波为节点 2 上所有折射波之和，但在求取波形时，需要注意各个折射波到达时间的先后，每个折射波出现的时间相差 2τ。若以波到达 1 点的时间为计算起点，则在线路 Z_3 上的前行波，即节点 2 电压 $u_2(t)$ 的表达式为

$$u_2(t) = \alpha_{12}\alpha_{23}U_0(t-\tau) + \alpha_{12}\alpha_{23}\beta_{23}\beta_{21}U_0(t-3\tau)$$
$$+ \alpha_{12}\alpha_{23}(\beta_{23}\beta_{21})U_0(t-5\tau) + \cdots$$
$$+ \alpha_{12}\alpha_{23}(\beta_{23}\beta_{21})^{n-1}U_0[t-(2n-1)\tau] \tag{8-41}$$

式中，n 表示折射电压出现的次数，$n=1, 2, \cdots$。

若把不同时刻出现的折射电压叠加起来，则得

$$u_2(t) = \alpha_{12}\alpha_{23}U_0\frac{1-(\beta_{23}\beta_{21})^n}{1-\beta_{23}\beta_{21}} \tag{8-42}$$

当 $n\to\infty$ 时，$(\beta_{23}\beta_{21})^n \to 0$

$$U_2\Big|_{n\to\infty} = \alpha_{12}\alpha_{23}U_0\frac{1}{1-\beta_{23}\beta_{21}}$$
$$= \frac{2Z_3}{Z_1+Z_3}U_0 = \alpha_{13}U_0$$

上式表明，在无穷长直角波作用下，当 $n\to\infty$ 时，线段 2 充满了电磁能量，已不再起作用。或者说，线段 2 的存在，对节点 2 电压的最终幅值是没有影响的。但线段 Z_2 与线路 Z_1、Z_3 波阻抗的相对数值对 $u_2(t)$ 的波形是有影响的，分别讨论如下：

(1) $Z_1 > Z_2$，$Z_3 > Z_2$ 由式（8-40）可知，β_{21}、β_{23} 都为正值，因此各次折射波都是正的，它们逐次叠加，如图 8-20a 所示。在这种情况下，若 Z_2 比 Z_1、Z_3 都要小得多，略去中间线段的电感，就相当于并联一个电容，这样使波的陡度降低了。

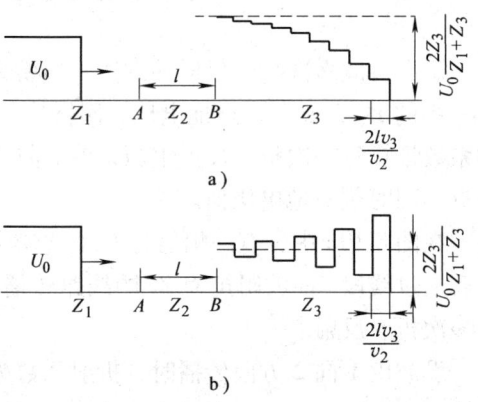

图 8-20 通过线段 Z_2 后的折射电压的波形

(2) $Z_1 < Z_2$，$Z_3 < Z_2$ 由式（8-40）可知，β_{21}、β_{23} 都为负值，因此 $\beta_{21}\beta_{23}$ 为正值，折射波也是逐次叠加，波形同样如图 8-20a 所示。在这种情况下，Z_2 比 Z_1、Z_3 都大，可略去中间线段的对地电容，相当于串联一个电感，也能使波的陡度降低。

(3) $Z_1 < Z_2 < Z_3$ 此时 $\beta_{21} < 0$、$\beta_{23} > 0$，$\beta_{21}\beta_{23}$ 为负值。在这种条件下，$u_2(t)$ 的波形是振荡的，如图 8-20b 所示。U_2 的稳态值应大于入射波 U_0。

(4) $Z_1 > Z_2 > Z_3$ 此时，$\beta_{21} > 0$、$\beta_{23} < 0$，$\beta_{21}\beta_{23}$ 为负值。$u_2(t)$ 的波形也是振荡的，如图 8-20b 所示。但此时 U_2 的稳态值应小于入射波 U_0。

8.6 行波在无损平行多导线系统中的传播

前面分析的都是单导线的波过程，实际上输电线路都是由多根平行导线组成的。例如装有避雷线的三相输电线路有 4 根或 5 根平行导线。这时波在平行多导线系统中传播，将产生相互电磁耦合作用。

分析多导线中的波过程时，仍然假定为无损耗线路，因而导线中波的运动可以近似看成是平面电磁波的传播。这样，只需引入波速的概念，就可以将静电场中麦克斯韦方程应用于平行多导线系统。

如图 8-21 所示，有 n 根彼此平行又与地面平行的导线，它们单位长度上的电荷分别为 q_1，q_2，q_3，$\cdots$，q_n。若 u_1，u_2，u_3，$\cdots$，u_n 是导线 1，2，3，$\cdots$，n 上的电压，可写出下列方程组：

$$\left.\begin{aligned} u_1 &= \alpha_{11}q_1 + \alpha_{12}q_2 + \cdots + \alpha_{1n}q_n \\ u_2 &= \alpha_{21}q_1 + \alpha_{22}q_2 + \cdots + \alpha_{2n}q_n \\ &\cdots \cdots \\ u_n &= \alpha_{n1}q_1 + \alpha_{n2}q_2 + \cdots + \alpha_{nn}q_n \end{aligned}\right\} \quad (8\text{-}43)$$

式中，α_{kk} 与 α_{kj} 是自电位系数与互电位系数，它们的值决定于导线的几何尺寸和布置。可由下式计算：

$$\left.\begin{aligned} \alpha_{kk} &= \frac{1}{2\pi\varepsilon_r\varepsilon_0}\ln\frac{2h_k}{r_k} \\ \alpha_{kj} &= \frac{1}{2\pi\varepsilon_r\varepsilon_0}\ln\frac{D_{kj}}{d_{kj}} \end{aligned}\right\} \quad (8\text{-}44)$$

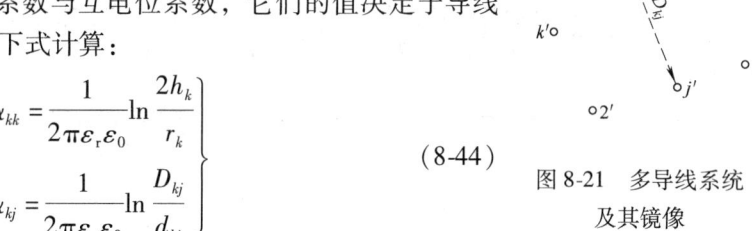

图 8-21 多导线系统及其镜像

式中，h_k 为导线 k 离地高度（m）；r_k 为导线 k 的半径（m）；D_{kj} 为导线 k 与导线 j 的镜像间的距离（m）；d_{kj} 为导线 k 与导线 j 间的距离（m）。

若将式 (8-43) 中右边的电荷 q_k 乘以 v 便得到电流 i_k，即 $q_k v = i_k$，而电位系数除以速度 v 则具有阻抗的量纲，这样可将式 (8-43) 改写为

$$\left.\begin{aligned} u_1 &= z_{11}i_1 + z_{12}i_2 + \cdots + z_{1n}i_n \\ u_2 &= z_{21}i_1 + z_{22}i_2 + \cdots + z_{2n}i_n \\ &\cdots \cdots \\ u_n &= z_{n1}i_1 + z_{n2}i_2 + \cdots + z_{nn}i_n \end{aligned}\right\} \quad (8\text{-}45)$$

式中，z_{kk} 为导线 k 的自波阻抗；z_{kj} 为导线 k 与 j 间的互波阻抗。对架空线路

$$\left.\begin{aligned} z_{kk} &= \alpha_{kk}/C = 60\ln\frac{2h_k}{r_k} \\ z_{kj} &= z_{jk} = \alpha_{kj}/C = 60\ln\frac{D_{kj}}{d_{kj}} \end{aligned}\right\} \quad (8\text{-}46)$$

若导线上既有前行波，又有反行波，则对 n 根平行导线系统中的每一根导线（如第 k 根导线），可以列出方程

$$\left.\begin{aligned}u_k &= u_{kf} + u_{kb}\\ i_k &= i_{kf} + i_{kb}\\ u_{kf} &= z_{k1}i_{1f} + z_{k2}i_{2f} + \cdots + z_{kn}i_{nf}\\ u_{kb} &= -(z_{k1}i_{1b} + z_{k2}i_{2b} + \cdots + z_{kn}i_{nb})\end{aligned}\right\} \quad (8\text{-}47)$$

式中，u_{kf} 为导线 k 上的前行电压波；u_{kb} 为导线 k 上的反行电压波；i_{kf} 为导线 k 上的前行电流波；i_{kb} 为导线 k 上的反行电流波。

n 根导线可列出 n 个方程组，根据边界条件可以分析无损平行多导线系统中的波过程。但多导线之间存在电磁耦合，因此多导线系统的波过程不能孤立地看作彼此没有联系的单根导线的波过程，它往往需借助于相模变换进行求解。

下面分析几个典型的例子。

例 8-5 有一两导线系统，其中 1 为避雷线，2 为对地绝缘的导线，如图 8-22a 所示。假定雷击塔顶，避雷线上有电压波 u_1 传播，求避雷线与导线之间绝缘上所承受的电压。

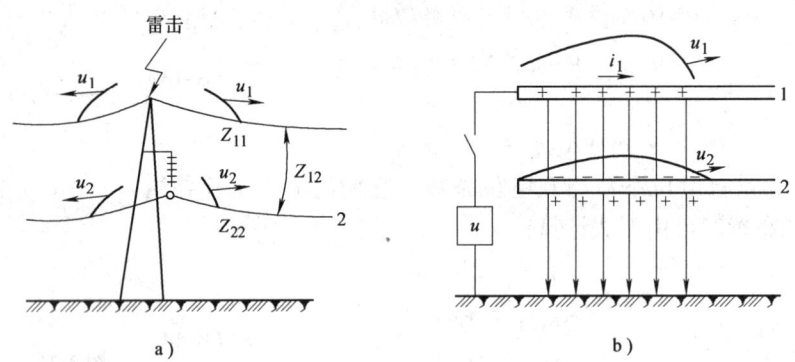

图 8-22 两导线系统的耦合关系
a) 雷击塔顶示意图 b) 导线上电荷分布

解：对地绝缘的导线 2 上没有电流，但由于它处在导线 1 行波产生的电磁场内，也会出现电压波，根据式（8-45）可得

$$u_1 = z_{11}i_1 + z_{12}i_2$$
$$u_2 = z_{21}i_1 + z_{22}i_2$$

由于
$$i_2 = 0$$

则
$$u_2 = \frac{z_{21}}{z_{11}}u_1 = K_{c12}u_1 \quad (8\text{-}48)$$

式中，K_{c12} 称为导线 1 对导线 2 的耦合系数，因为 $z_{21} < z_{11}$，所以 $K_{c12} < 1$，其值约为 0.2 ~ 0.3，它是输电线路防雷中的一个重要参数。

如图 8-22b 所示，导线 2 获得了与 u_1 同极性的对地电压 u_2，这样导线之间的电位差 Δu 为

$$\Delta u = u_1 - u_2 = \left(1 - \frac{z_{21}}{z_{11}}\right)u_1 = (1 - K_{c12})u_1 \quad (8\text{-}49)$$

分析式（8-49）可知，当不计耦合系数时，绝缘子串上承受的电压 $\Delta u = u_1$。当计及耦合系数时，绝缘子串上承受的电压 $\Delta u = (1 - K_{c12})u_1$。很清楚，$K_{c12}$ 愈大，Δu 愈小，愈有利

于绝缘子串的安全运行。由此可见，耦合系数对防雷保护有很大的影响，在有些多雷地区，为了减少绝缘子串上的电压，有时在导线下面架设耦合地线，以增大耦合系数。

例 8-6 某 220kV 输电线路架设两根避雷线，它们通过金属杆塔彼此连接，如图 8-23 所示。雷击塔顶时，求避雷线 1、2 对导线 3 的耦合系数。

解： 根据式（8-45）可得

$$u_1 = z_{11}i_1 + z_{12}i_2 + z_{13}i_3$$
$$u_2 = z_{21}i_1 + z_{22}i_2 + z_{23}i_3$$
$$u_3 = z_{31}i_1 + z_{32}i_2 + z_{33}i_3$$

由于避雷线 1、2 的离地高度和半径相同，所以，$z_{11} = z_{22}$，$z_{12} = z_{21}$，$z_{13} = z_{31}$，$z_{23} = z_{32}$，$i_1 = i_2$。

又 $i_3 = 0$，$u_1 = u_2 = u$，则

$$u_1 = z_{11}i_1 + z_{12}i_2$$
$$u_2 = z_{21}i_1 + z_{22}i_2$$
$$u_3 = z_{31}i_1 + z_{32}i_2$$

即

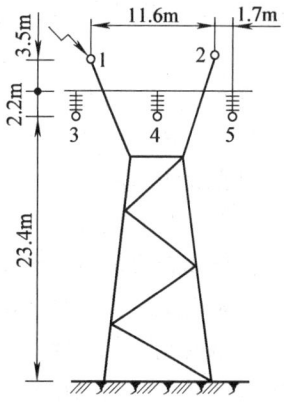

图 8-23　220kV 线路杆塔

$$u_3 = \frac{z_{13} + z_{23}}{z_{11} + z_{12}} u = K_{c1,2\text{-}3} u$$

$$K_{c1,2\text{-}3} = \frac{z_{13} + z_{23}}{z_{11} + z_{12}} = \frac{z_{13}/z_{11} + z_{23}/z_{11}}{1 + z_{12}/z_{11}} = \frac{K_{c13} + K_{c23}}{1 + K_{c12}} \quad (8\text{-}50)$$

式中，$K_{c1,2\text{-}3}$ 为避雷线 1、2 对导线 3 的耦合系数；K_{c13}，K_{c23}，K_{c12} 分别为导线 1-3、2-3、1-2 之间的耦合系数。

例 8-7 如图 8-24 所示为一对称三相系统，求三相同时进波时的总波阻抗。

解： 根据式（8-45），可写出

$$u_1 = z_{11}i_1 + z_{12}i_2 + z_{13}i_3$$
$$u_2 = z_{21}i_1 + z_{22}i_2 + z_{23}i_3$$
$$u_3 = z_{31}i_1 + z_{32}i_2 + z_{33}i_3$$

由于三相同时进波，故可把三根线路并接于一个电源 u 上，即 $u_1 = u_2 = u_3 = u$。若三相导线对称分布，且均匀换位，故有 $z_{11} = z_{22} = z_{33} = z_s$，$z_{12} = z_{23} = z_{31} = z_m$，$i_1 = i_2 = i_3 = i$。代入上式，可求得

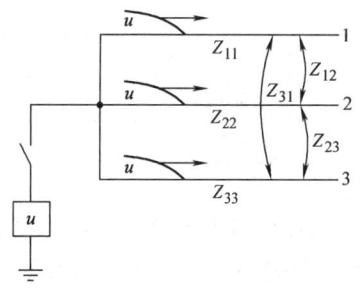

图 8-24　对称系统三相同时进波

$$Z = \frac{u}{3i} = \frac{Z_s + 2Z_m}{3} \quad (8\text{-}51)$$

上式说明，三相同时进波时，每相导线的等效阻抗增大为 $Z_s + 2Z_m$，其值比单相导线单独存在时大，这是由于相邻导线的电流通过互波阻抗在本导线上产生感应电压，使其波阻抗相应增大。

8.7 冲击电晕对线路上波过程的影响

前面分析了行波在均匀无损线上传播的基本规律。分析时没有计及线路损耗，即行波在传播过程中，既无衰减，也不变形。实际上导线与大地不是理想导体，总是有电阻的。导线与大地间还有漏电导。行波在传播过程中，总要在这些电阻、电导上消耗一部分能量，因而使行波发生衰减与变形。但是通常考虑防雷问题所感兴趣的传播距离是比较短的，由上述原因引起的衰减与变形是比较小的，往往可以忽略不计。

研究表明，波沿导线传播过程中发生衰减和变形的决定因素是电晕，所以本节只讨论冲击电晕对线路上波过程的影响。

当导线或避雷线受到雷击或线路操作时，将产生幅值较高的冲击电压。当它超过导线的起始电晕电压时，导线周围会产生强烈的冲击电晕。由于冲击电晕是局部自持放电，它由一系列导电的流注所构成。在导线周围沿导线径向形成导电性能较好的电晕套，使得冲击电晕在电离区具有径向电位梯度低、电导高的特点，相当于增大了导线的有效半径，从而增大了导线的对地电容。导线发生电晕时，轴向电流仍几乎全部集中在导线中，这样，电晕的出现并不影响与空气中的那部分磁通相对应的导线电感。

由上述可知，冲击电晕出现后，使导线的有效半径增大，其自波阻抗相应地减小，而互波阻抗并不改变，所以线间的耦合系数增大。考虑电晕影响时，输电线路中导线与避雷线间的耦合系数为

$$K_c = K_{c1} K_{c0} \tag{8-52}$$

式中，K_{c0} 为几何耦合系数；K_{c1} 为电晕校正系数，它的数值见表 8-1。

表 8-1 耦合系数的电晕校正系数 K_{c1}

线路电压等级/kV	20~35	60~110	154~330	500
2 条避雷线	1.10	1.20	1.25	1.28
1 条避雷线	1.15	1.25	1.30	—

导线出现电晕后，其对地电容增大，电感基本不变，不但使得导线的波阻抗下降，而且波的传播速度也减慢，很显然，它们的变化程度与行波电压瞬时值有关。一般情况下，由于电晕，波阻抗降低约 20%~30%，传播速度为光速的 0.75 倍左右。

图 8-25 给出了计及冲击电晕引起行波衰减与变形的典型波形。图中 $u_0(t)$ 表示原来的波形，$u(t)$ 表示沿导线传播距离 l 后，由电晕引起衰减与变形的波形。由图可知，当电压超过起始电晕电压后，波形开始衰减与变形。电压超过电晕电压的各点，以不同的速度向前运动，电压幅值愈高，其运动速度愈小。显然，电压幅值愈高，相对于不衰减波形出现的时间愈晚。当不计及电晕时，图 8-25 中的 A 点出现的时间为 τ_0；当计及电晕后，其出现的时间为 $\tau_0 + \Delta\tau$。也就是说，由于电晕的作用使行波的波头拉长了。这个效应对变电所防雷有

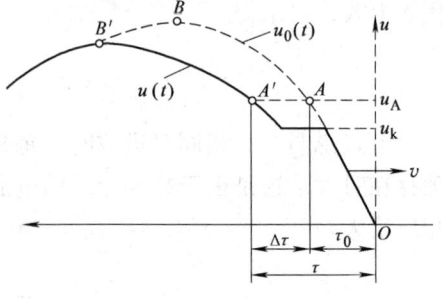

图 8-25 行波的衰减与变形

重要意义。

对单导线，在防雷计算中电力行业标准 DL/T620—1997 推荐如下经验公式，来估算电压瞬时后移的时间 $\Delta\tau(\mu s)$

$$\Delta\tau = \left(0.5 + \frac{0.008u}{h_{dp}}\right)l \tag{8-53}$$

式中，u 为原始波形上的某瞬时电压幅值（kV）；l 为行波传播的距离（km）；h_{dp} 为导线平均悬挂高度（m）。

8.8 变压器绕组中的波过程

雷电波沿输电线路侵入变电所，使得变压器的绕组受到冲击电压的作用。由于变压器绕组本身是一个复杂的电感电容网络，所以在冲击波作用下会引起强烈的电磁振荡过程。同时在绕组匝间、线盘间以及绕组对地部件间引起过电压及很高的电位梯度，危及绕组的主绝缘和纵绝缘，因此在确定变压器绝缘结构和变电所防雷保护接线时，有必要研究在冲击波作用下，变压器绕组中波过程的基本规律。

8.8.1 单绕组中的波过程

在冲击电压作用下，除绕组的电感外，必须计及绕组对地电容和纵向电容的影响，把它看成具有分布参数的电路。单相变压器绕组等效电路如图 8-26 所示。图中 L_0 为沿绕组高度方向单位长度的电感，C_0、K_0 分别为沿绕组高度方向单位长度的对地电容与匝间（或线盘间）电容。

如沿高度方向取长度为 dx 的一段来分析，则这段电感和对地电容分别为 $L_0 dx$ 和 $C_0 dx$，匝间电容为 K_0/dx。它与低频等效电路的不同点在于计及了对地和匝间的电容。这是因为在冲击电压作用时，波前部分等效频率较高，感抗比容抗大得多，作用在主绝缘、纵绝缘上的过

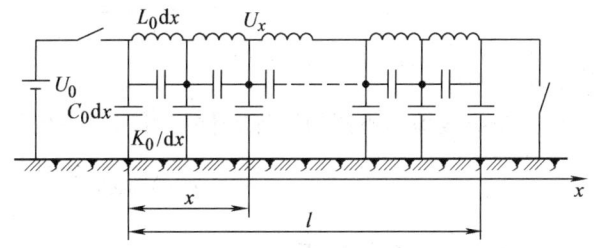

图 8-26 变压器绕组等效电路

电压主要决定于 C_0、K_0，而在冲击波尾部分，等效频率下降，故电感所起的作用加大，同时由于容抗加大，电容作用减小。若无穷长直角波作用于绕组时，波前部分等效频率很高，故等效电路只包含 C_0、K_0 的电容链。而波尾部分等效频率很低，L_0 相当于短路，C_0、K_0 相当于开路，等效电路可视为一直流电阻。

由于冲击波作用于绕组在波首、波尾时的等效电路的变化，与其相对应的波过程变化规律也不同，可将绕组的电位分布按时间区分为 3 个不同阶段：直角波开始作用瞬间，由 C_0、K_0 决定电位的起始分布，无穷长直角波长期作用时（即 $t \to \infty$），仅由绕组直流电阻决定的稳态电压分布；由起始阶段向稳态过渡时，即 $t = 0$ 起到时间趋向无穷大阶段。

现研究振荡过程中绕组各点、各个时刻的电压分布。

（1）起始电压分布与入口电容　由前分析可知，决定起始电压 $u_0(x)$ 分布的等效电路

如图 8-27a 所示。沿绕组高度方向取一段 dx 来讨论，如图 8-27b 所示。该段的对地电容为 C_0dx，其匝间电容由于沿绕组的高度方向是串联的，故应为 K_0/dx。

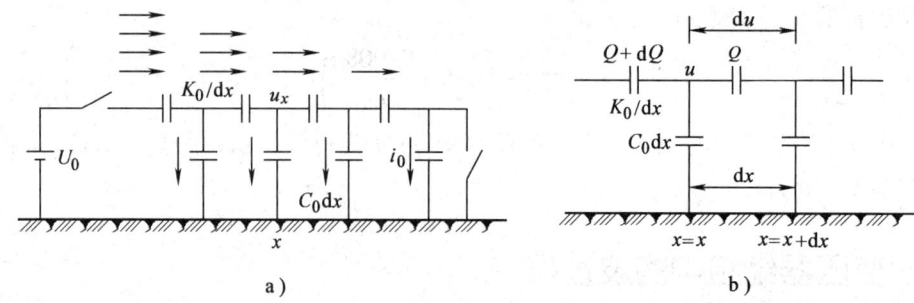

图 8-27 决定起始电压分布的等效电路图
a) 一个绕组的等效电路 b) 绕组中一极小段的等效电路

假设 $\dfrac{K_0}{dx}$ 上有一电荷为 Q，即 $Q = \dfrac{K_0}{dx}du$，前一个 $\dfrac{K_0}{dx}$ 上的电荷应为 $Q + dQ$，而 $dQ = C_0 dx u$，即

$$Q = k_0 \frac{du}{dx}$$

$$\frac{dQ}{dx} = C_0 u$$

合并化简以上两式得

$$\frac{d^2 u}{dx^2} - \frac{C_0}{K_0} u = \frac{d^2 u}{dx^2} - \alpha^2 u = 0 \tag{8-54}$$

式中，$\alpha = \sqrt{C_0/K_0}$。

根据绕组接地与不接地边界条件，可求得当变压器绕组末端接地时

$$u(x) = U_0 \frac{\operatorname{sh}\alpha(l-x)}{\operatorname{sh}\alpha l} \tag{8-55}$$

当变压器绕组末端不接地时

$$u(x) = U_0 \frac{\operatorname{ch}\alpha(l-x)}{\operatorname{ch}\alpha l} \tag{8-56}$$

图 8-28 给出了不同 αl 时的电压起始分布。可以看出，αl 愈大，起始电压分布曲线下降愈快。对于未采取特殊措施的连续式绕组，αl 的值约为 5~15，平均为 10。由于 $\alpha l > 5$ 时，$\operatorname{sh}\alpha l \approx \operatorname{ch}\alpha l$，绕组末端接地或绝缘的起始电压分布，可用一个统一的公式来表达，即

$$u(x) = U_0 e^{-\alpha x} = U_0 e^{-\alpha l \frac{x}{l}} \tag{8-57}$$

当 C_0 愈大时，由于它的分流，将使沿 K_0 中通过的电流因绕组高度的不同，线段中的差别愈大，因而使电压分布愈不均匀。当减小 α 时，可使电压分布不均得到改善，极限情况下（$\alpha = 0$），即完全消除了 C_0 的影响，沿绕组电压将均匀分布，对中性点绝缘的变压器，绕组始末端为同一电位；中性点接地的变压器，沿绕组电压分布为一斜直线，即电压自始端至末端均匀下降。α 愈大，大部分压降在绕组首端附近，绕组首端的电位梯度 $|du/dx|$ 最

大，其值为

$$\left.\frac{du}{dx}\right|_{x=0} = \alpha U_0 = \frac{U_0}{l}\alpha l \tag{8-58}$$

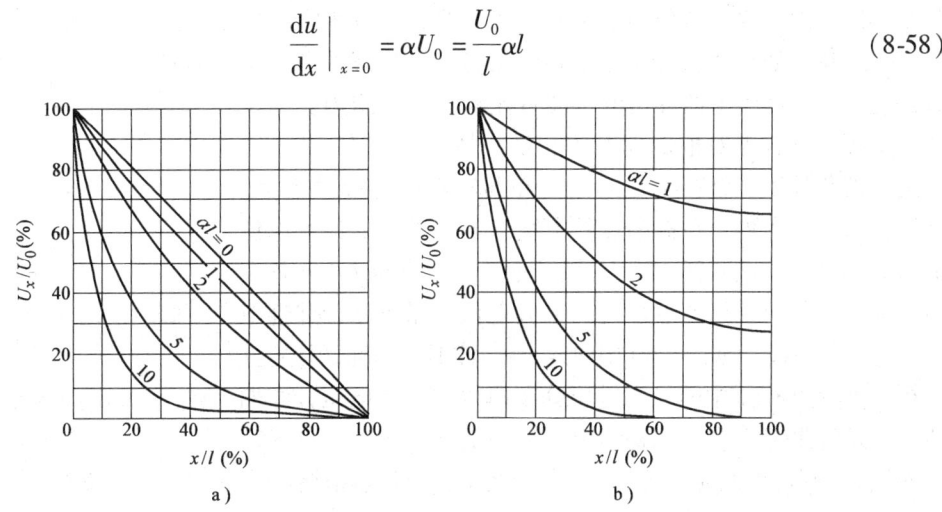

图 8-28 当 αl 不同时的起始电压分布
a) 绕组末端接地 b) 绕组末端开路

上式表明，在 $t=0^+$ 时，绕组首端（$x=0$）的电位梯度比平均值 U_0/l 大 αl 倍，因此，对绕组首端的绝缘应采取保护措施。

当分析变电所防雷保护时，因雷电冲击波作用时间很短，由实验可知，流过变压器电感中的电流很小，可忽略其影响，则变压器可用折算至首端的对地电容来代替，通常叫作入口电容。它的数值为

$$C_T = \frac{Q_{x=0}}{U_0} = \frac{1}{U_0}K_0\left(\frac{du}{dx}\right)_{x=0} = \frac{1}{U_0}K_0\alpha U_0$$

$$= K_0\alpha = \sqrt{C_0 K_0} = \sqrt{C_0 l \frac{K_0}{l}} = \sqrt{CK} \tag{8-59}$$

式中，C 为变压器绕组总的对地电容（F）；K 为变压器绕组总的匝间电容（F）。即为变压器绕组全部对地电容、匝间电容的几何均值。

变压器绕组入口电容与其结构有关，不同电压等级变压器的入口电容列于表 8-2 中，对于纠结式绕组，因匝间电容增大，其入口电容比表 8-2 的数值大。

表 8-2 变压器高压绕组入口电容

额定电压/kV	35	110	220	330	500
入口电容/pF	500~1000	1000~2000	1500~3000	2000~5000	4000~5000

（2）稳态电压分布 由前分析可知，确定绕组稳态电压分布时，C_0、K_0 均开路，电感相当于短路，故只决定于绕组的电阻。当绕组中性点接地时，电压自首端（$x=0$）至中性点（$x=l$）均匀下降；而中性点绝缘时，绕组上各点对地电位均与首端对地电位相同，如图 8-29 所示。

（3）过渡过程中绕组各点的最大对地电位包络线　由于电压沿绕组的起始分布与稳态分布不同，加之绕组是分布参数的振荡回路，故由初始状态到达稳态分布必有一个振荡过程。很清楚，如果绕组电压分布起始状态接近稳态分布，也就是说作用在绕组上的冲击电压波首比较长，绕组内振荡发展较平缓，其各点对地最大电位和最大梯度也将有所降低；反之，波首越短，绕组电压起始分布与稳态分布差值越大，其振荡过程越激烈。在振荡过程中绕组各点出现的最大电位的时间不同，如图 8-30 所示。如果把 t_1、t_2 直至 $t=\infty$ 各个时刻振荡过程中绕组各点出现的最大电位记录下来，并连成最大电位包络线（如图 8-30 中曲线 1），若不计损耗，作定性分析，可将图 8-31 中的稳态电压分布曲线与初始电压分布曲线 1 的差值曲线 4 叠加到稳态电压分布曲线 2 上，如图 8-31 中曲线 3，则可近似地描述绕组中各点的最大电位包络线。

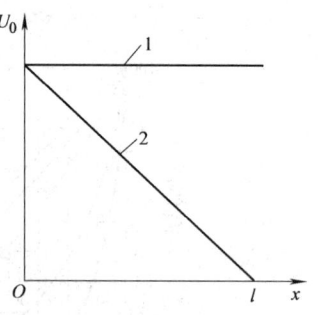

图 8-29　中性点绝缘与中性点接地时稳态电压分布

1—中性点绝缘　2—中性点接地

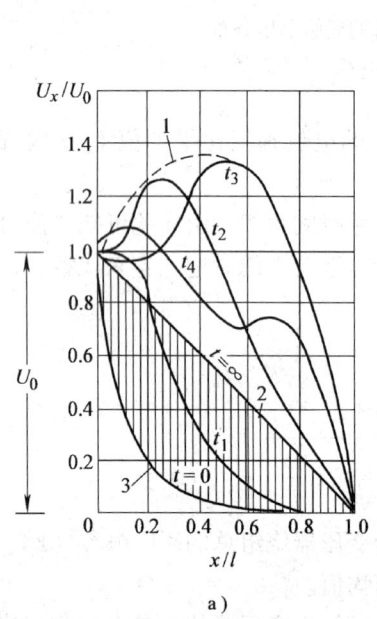
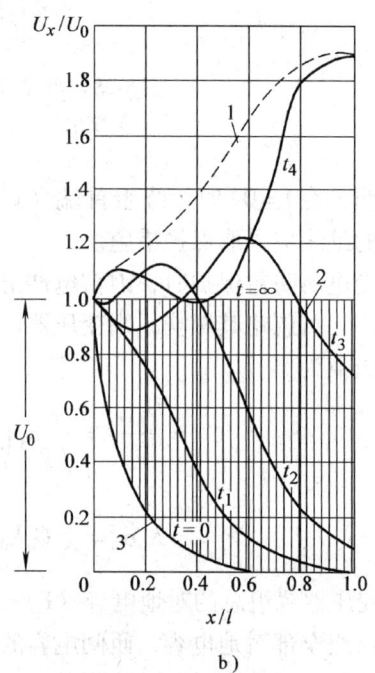

图 8-30　各个时刻电压分布

a) 中性点接地　b) 中性点绝缘

$t_1 < t_2 < t_3 < t_4$

由图 8-30 可知，末端接地的绕组中，最大电位将出现在绕组首端附近，其值可达 $1.4U_0$ 左右；末端不接地的绕组中最大电位将出现在中性点附近，其值可达 $1.9U_0$ 左右。实际的绕组内总是有损耗的，因此最大值将低于上述值。此外，在振荡过程中绕组各点的电位梯度也有变化，绕组各点将在不同时刻出现最大电位梯度，这对绕组的设计与纵绝缘保护是非常重要的参数。

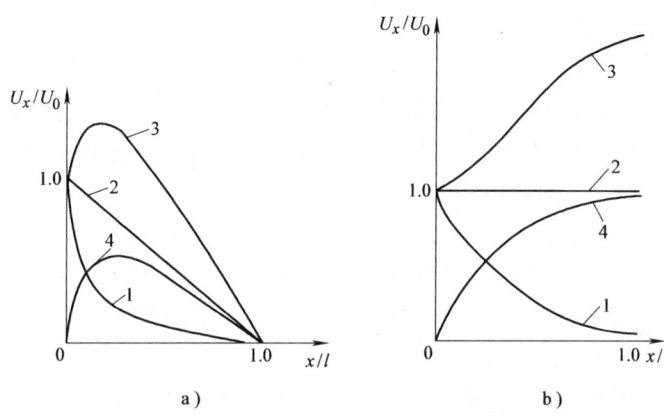

图 8-31 最大对地电位包络线
a) 中性点接地 b) 中性点绝缘

8.8.2 三相绕组中的振荡过程

三相绕组中波过程的基本规律与单相绕组相同，当变压器高压绕组是中性点接地的星形联结时，无论是一相、两相或三相进波，都可以看作是三个独立的绕组。

对中性点不接地的星形联结三相绕组，当单相进波时如图8-32所示，因为绕组对冲击波的阻抗远大于线路的波阻抗，故可认为在冲击电压作用下 B、C 两相绕组的端点是接地的，这样就可以近似地认为两绕组的并联和一绕组串联，长度增加了一倍。绕组中电压的起始分布与稳态分布如图8-32b中曲线1、2。稳态电压是按绕组的电阻分布，故中性点 O 的稳态电压为 $U_0/3$，因而在振荡过程中中性点 O 的最大对地电位可达 $2U_0/3$。如果两相、三相同时进波，可用叠加法来估算中性点对地电位。很清楚，中性点最高电位分别可达 $4U_0/3$ 和 $2U_0$。

若受冲击的绕组是三角形联结，一相进波时，同样由于绕组阻抗大于线路阻抗，可认为未受冲击的两相相当于接地，这样与末端接地绕组相同。两相进波和三相进波同样可用叠加法处理。三相进波时沿绕组的初始电压分布与稳态电压分布如图8-33b中曲线1和2，曲线3为绕组各点对地最大电位包络线（注意，此时变压器绕组中部对地电位高达 $2U_0$）。

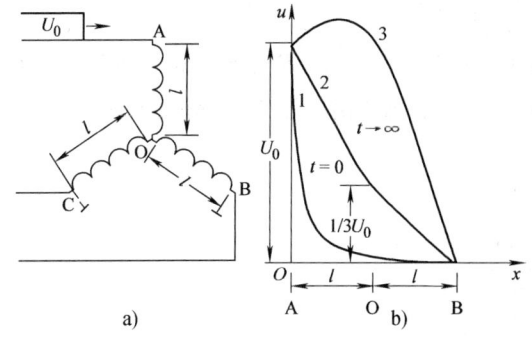

图 8-32 星形联结变压器单相进波时的绕组电位分布（中性点不接地）
a) 等效接线 b) 起始及稳态电位分布
1—初始分布 2—稳态分布 3—最大电压包络线

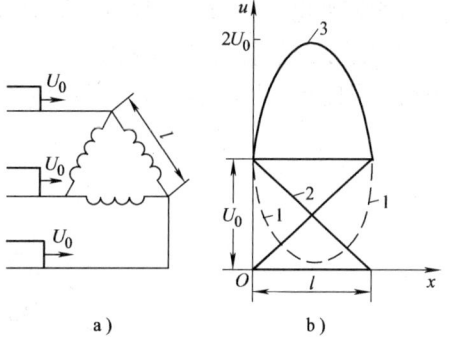

图 8-33 三角形联结三相同时来波
a) 接线图 b) 三相进波电压分布
1—初始分布 2—稳态分布 3—最大电压包络线

8.8.3 绕组间波的传递

当冲击电压波侵入变压器的一相绕组时，由于绕组间的电磁耦合，在未直接受到冲击电压波作用的绕组上也会出现过电压，这就是绕组间的电压传递，包含静电耦合与电磁耦合两个分量。

传递电压的电磁分量与电压比有关。在三相绕组中，电磁分量的数值还与绕组的接线方式、来波相数等有关。由于低压绕组其相对的冲击强度（冲击试验电压与额定相电压之比）较高压绕组大得多，因此凡高压绕组可以耐受的电压（加避雷器保护）按电压比传递至低压侧时，对低压绕组也无危害。

但对静电耦合分量则不同，它的大小决定于高低压绕组之间的电容、低压绕组对地电容及入射波的陡度。两个绕组电容耦合的等效电路如图 8-34b 所示。电压 U_{20} 可由下式求得：

$$U_{20} = \frac{C_{12} U_0}{C_{12} + C_{20}} \quad (8\text{-}60)$$

式（8-60）中，C_{12}、C_{20} 分别是高低压绕组之间及低压绕组对地的电容（包含与低压绕组相连的设备及线路）。当低压侧开路时，C_{20} 只有变压器绕组本身一个很小的对地电容，因此可能出现 $C_{12} \gg C_{20}$，此时 $U_{20} \approx U_0$。即高压绕组上的电压全部加到低压绕组上，从而可能造成低压绕组的损坏。若在低压绕组开路后还接有一段电缆，则由于电缆对地电容较大，即 C_{20} 增大，一般来说，静电耦合分量仍很低，对低压绕组没有危险。

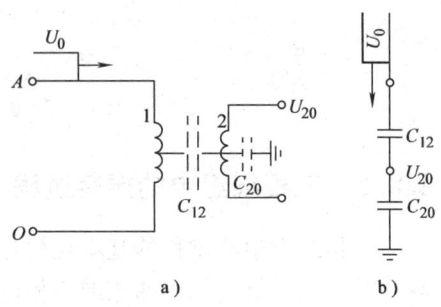

图 8-34 绕组间的静电耦合
a) 接线图 b) 等效电路

8.8.4 变压器的内部保护

由前面分析可知，起始电压分布与稳态电压分布的不同，是绕组内产生振荡的根本原因，改变起始电压分布使之接近稳态电压分布，可以降低绕组各点在振荡过程中的最大对地电位和最大电位梯度。

改善起始电压分布，从原理上讲有以下两种方法：

1) 使用与线端相连的附加电容，即在绕组首端加电容环或采用屏蔽线匝，向对地电容 C_0 提供电荷，以使所有纵向电容 K_0 上的电荷都相等或接近相等，即所谓横补偿，如图 8-35 所示。

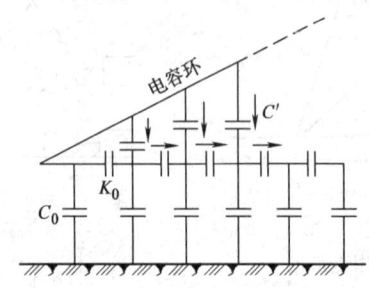

图 8-35 电容环补偿对地电容电流示意图

2）尽量加大纵向电容 K_0 的数值，以削弱对地电容电流的影响，即所谓纵补偿。工程上常采用的措施是纠结式绕组，如图 8-36 所示。

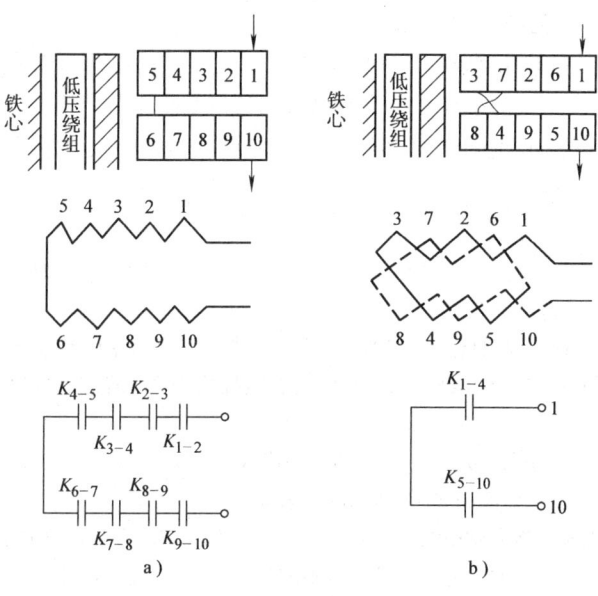

图 8-36　连续式和纠结式绕组的电气接线及等效匝间电容结构图
a）连续式　b）纠结式

8.9　旋转电机绕组中的波过程

旋转电机绕组与变压器绕组相比，在结构上有一系列特点。电机绕组线圈深嵌在定子铁心的槽中，且大容量电机多为单匝，对于不在同一槽中的各线圈及各匝来讲，它们之间的纵向电磁耦合都比较弱，若略去匝间电容的影响，则发电机绕组的等效电路与输电线路一样，即可认为电机绕组具有一定的波阻抗，入射到绕组端部的冲击波以一定的速度沿绕组传播。电机绕组结构的另一个特点是，绕组可分为槽内、槽外两部分，由于绝缘介质不同，两部分对地高度不同，因此槽内、外波阻抗 Z 及速度 v 均不同。通常所说的波阻抗、波速只是槽内、外的平均值。

电机绕组的波阻抗与其匝数、电压等级及额定容量有关，一般随容量增大而减小，随额定电压提高而增加；同时，电机绕组的波速也随容量的增加而下降。通常电机绕组的波阻抗 Z 在 $200\sim1000\Omega$ 范围内变化。电机绕组的槽内部分波速只有 $10\sim23\text{m}/\mu\text{s}$。

若在直角波作用下，对中性点不接地的发电机，在中性点处最大对地电位可达首端电压的两倍。也就是说，中性点附近的主绝缘所承受的电压将达到来波电压的两倍，随着反射波向首端推进，这个两倍电压将逐渐作用在主绝缘上。若降低来波陡度，使之在波头部分已在绕组中产生很多次折、反射，将会有效降低末端开路电压；加之损耗的存在，会使波的幅值下降。根据对大量电机的计算结果表明，如果将来波陡度限制在 $2\text{kV}/\mu\text{s}$ 以下，电机绕组中性点附近的电压几乎与首端电压相等。估算绕组中的最大纵向电位梯度时，可以近似地仅考虑侵入绕组的前行电压波。

设绕组端部侵入的过电压波具有陡度为 α（$\text{kV}/\mu\text{s}$）的斜角波头，可以求得作用在匝间

绝缘上的电压（kV）为

$$U = \alpha l/v \tag{8-61}$$

式中，l 为匝长（m）；v 为波速（m/μs）。

由上式可知，波的陡度 α 愈大，匝长愈长，或波速愈小，则作用在匝间的电压 U 也愈大。为了降低匝间电压，保护绕组的匝间绝缘，必须采取可靠措施限制侵入波的陡度。研究结果表明，为使一般电机的匝间绝缘不致损坏，应将侵入波的陡度限制在 5kV/μs 以下。

习 题

8.1 直流电源合闸于 LC 电路，电容 C 上电压会比电源高吗？为什么？如果电源是交流，电容 C 上电压会发生什么变化，它与哪些因素有关？

8.2 什么是导线的波速、波阻抗？分布参数波阻抗的物理意义与集中参数电路中的电阻有何不同？

8.3 某变电所母线上共有 5 条出线，每条出线的波阻抗均为 Z。若有一幅值为 1400kV 的电压波沿一条线路侵入变电所，求母线上的过电压幅值。

8.4 母线上接有波阻抗分别为 Z_1、Z_2、Z_3 的 3 条出线，从 Z_1 线路上传来幅值为 U_0 的无穷长直角电压波。求在 Z_3 线路上出现的折射波和 Z_1 线路上的反射波。

8.5 有一 10kV 发电机直接和架空线路连接。当有一幅值为 80kV 的直角波沿线路三相同时进入发电机时，为了保证发电机入口处的冲击电压上升速度不超过 5kV/μs，接电容进行保护。设线路三相总的波阻抗为 280Ω，发电机绕组三相总的波阻抗为 400Ω，求电容 C 的值。

8.6 设有三相导线，自波阻抗为 500Ω，互波阻抗为 100Ω。试决定当三相导线首端同时进波时，并联后的波阻抗及每一相导线的等效波阻抗。

8.7 如图 8-37 所示，试求该 4 种情况下折射波 $u_{2f} = f(t)$ 的表达式。

8.8 110kV 单回路架空线路，杆塔布置如图 8-38 所示，图中尺寸单位为 m，导线直径为 21.5mm，地线直径为 7.8mm；导线弛垂为 5.3m，地线弛垂为 2.8m。试计算：

（1）地线 0、导线 2 的自波阻抗和它们之间的互波阻抗；

（2）导线 0 对导线 2 的耦合系数。

8.9 高压变压器高压绕组的工频对地电容一般以万皮法计，但其入口电容一般只有几百到几千皮法，为何有此差异？如何测量变压器的入口电容？

8.10 为什么说冲击截波比全波对变压器绕组危害更为严重？

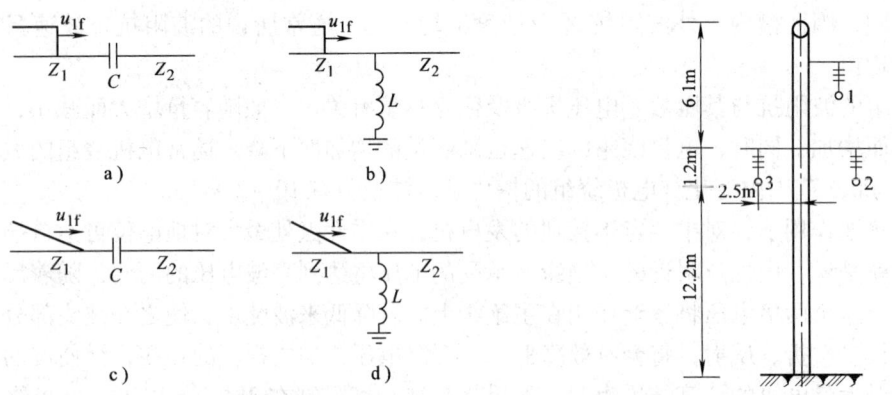

图 8-37 直角波和斜角波通过串联电容和旁过并联电感
a）直角波通过串联电容 b）直角波旁过并联电感
c）斜角波通过串联电容 d）斜角波旁过并联电感

图 8-38 单架空地线的 110kV 线路杆塔

第 9 章 雷电及防雷装置

通常将雷电引起的电力系统过电压称为大气过电压。雷云放电在电力设备产生的过电压，是由于雷云影响而产生的，所以也叫做雷电过电压。

大气过电压可分为感应雷过电压及直击雷过电压。感应雷过电压是由于电磁场的剧烈变化，电磁耦合而产生的；而直击雷过电压则是由于流经被击物很大的雷电流所造成的。

大气过电压对电力系统设备是有害的，所以必须加以预防。感应雷过电压一般不会超过 500kV，对 35kV 及以下电压等级的绝缘是有危险的，而对 110kV 以上的设备，绝缘最小冲击耐压水平通常已高于此值，一般不会产生危害。因此，电力系统防雷的重点是直击雷防护。

本章将介绍雷电形成过程、雷电参数及大气过电压防护装置的原理。

9.1 雷电放电的发展过程

作用于电力系统的大气过电压，既然是由带有电荷的雷云对地放电所引起的，那么，为了了解大气过电压的产生与发展，就必须先了解雷云放电的发展过程。

雷云就是积聚了大量电荷的云层，迄今为止，雷云形成的机理说法不一。通常认为：在含有饱和水蒸气的大气中，当有强烈的上升气流时，就会使空气中的水滴带电，这些带电的水滴被气流所驱动，逐渐在云层的某些部位集中起来，这就是我们平时所说的带电雷云。测量数据表明，一般云块的上部带正电荷，下部带负电荷，而在中间处出现正负电荷的混合区域。雷云平均电场强度为 1.5kV/cm，实测到在雷云雷击前的最大电场强度为 3.4kV/cm，而在稳定下雨时，大约只有 40V/cm。

雷云对大地的放电通常包括若干次重复的放电过程，而每次放电又分为先导放电及主放电两个阶段。在雷云带有电荷后，其电荷集中在几个带电中心，它们间的电荷数也不完全相等。当某一点的电荷较多，且在它附近的电场强度达到足以使空气绝缘破坏的强度 [约 (25~30) kV/cm] 时，空气便开始游离，使这部分由原来的绝缘状态变为导电性的通道。这个导电性通道的形成，称为先导放电。先导放电是不连续的，雷云对地放电的第一先导是分级发展的，每一级先导发展的速度相当高，但每发展到一定长度（平均约 50m）就有一个 $10\mu s \sim 100\mu s$ 的间隔。因此，它的平均速度较慢，约为光速的 1/1000 左右。先导放电的不连续性，称为分级先导，历时约 0.005s~0.010s。分级先导的原因一般解释为：由于先导通道内游离还不是很强烈，它的导电性就不是很好，由于雷云下移的电荷需要一段时间，待通道头部的电荷增多，电场超过空气游离场强时，先导将又继续发展。

在先导通道形成的第一阶段，其发展方向仍受一些偶然因素的影响，并不固定。但当它距地面一定高度时，地面的高耸物体上出现感应电荷，使局部电场增强，先导通道的发展将沿其头部至感应电荷集中点之间发展。也可以说，放电通道的发展具有定向性，或者说雷击有选择性，上述使先导通道具有定向性的高度，称之为定向高度。

当先导通道的头部与带异号电荷的集中点间距离很小时，先导通道端约为雷云对地的电位（可高达 10MV），而另一端为地电位，故剩余的空气间隙中的电场强度极高，使空气间隙迅速游离。游离后产生的正、负电荷将分别向上、向下运动，中和先导通道与被击物的电荷，这时便开始了放电的第二阶段，即主放电阶段。主放电阶段的时间极短，约 50μs ~ 100μs，移动速度为光速的 1/20 ~ 1/2；主放电时电流可达数千安，最大可达 200 ~ 300kA。主放电到达云端时，意味着主放电阶段结束。此时，雷云中剩下的电荷，将继续沿主放电通道下移，此时称为余辉放电阶段。余辉放电电流仅数百安，但持续的时间可达 0.03s ~ 0.15s。由于雷云中可能存在多个电荷中心，因此，雷云放电往往是多重的，且沿原来的放电通道，此时先导不是分级的，而是连续发展的。

图 9-1 为雷电放电的发展过程。

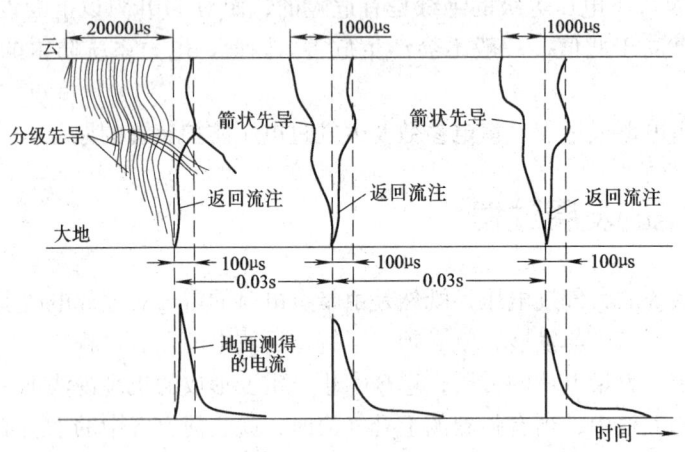

图 9-1　雷电放电的发展过程和入地电流示意图

9.2　雷电参数

在防雷设计中，需要知道雷电自身的电气参数，它是防雷设计计算的基础，一般来说，有下列主要参数。

1. 雷电活动强度——雷暴日及雷暴小时

一个地区一年中雷电活动的强弱，通常以该地区多年年平均发生的雷暴天数或雷暴小时来计算。

雷暴日是指每年中有雷电的天数，在一天内只要听到雷声就算一个雷暴日；雷暴小时是每年中有雷电的小时数，即在一个小时内只要听到雷声就算一个雷暴小时。据统计，我国大部分地区一个雷暴日可折合为 3 个雷暴小时。

雷电活动的强弱不但和地球的纬度有关，而且与气象条件有很大关系。在炎热的赤道附近雷暴日最多，平均约为 100 ~ 150 雷暴日。我国长江流域与华北的某些地区，年平均雷暴日为 40，而西北地区不超过 15。国家根据长期观察结果，绘制出全国平均雷暴日分布图，给防雷设计提供了依据。

年平均雷暴日不超过 15 的地区为少雷区，超过 40 的为多雷区，超过 90 的地区及根据运行经验雷害特别严重的地区为雷电活动特殊强烈地区。

2. 落雷密度

雷暴日或雷暴小时仅表示某一地区雷电活动的强弱，它没有区分雷云之间放电还是雷云与地面之间放电。实际上，云间放电远多于云地放电，云间放电与云地放电之比在温带地区大约为 1.5~3.0，在热带地区约为 3~6。一般而言，雷击地面才能构成对电力系统设备及人员的直接危害，因此防雷需要知道有多少雷落到地面上，这就引入了落雷密度，即每一个雷暴日、每平方公里对地面落雷次数 γ 称为地面落雷密度。电力行业标准 DL/T620—1997《交流电气装置的过电压保护和绝缘配合》建议取 $\gamma=0.07$ 次/km²·雷电日。但在土壤电阻率突变地带的低电阻率地区，易形成雷云的向阳或迎风的山坡，雷云经常经过的峡谷，这些地区 γ 值比一般地区大得多，在选择发、变电站位置时应尽量避开这些地区。

3. 雷电通道波阻抗

由前分析可知，主放电时，雷电通道如同一个导体，雷电流在导体中流动，因此和普通导线一样，对电流波呈现一定的阻抗，该阻抗叫做雷电通道波阻抗 Z_0，我国有关规程建议取 300~400Ω。

4. 雷电流的极性

国内外实测结果表明，负极性雷占绝大多数，约为 75%~90%。加之负极性的冲击过电压线路传播时衰减小，对设备危害大，故防雷计算一般按负极性考虑。

5. 雷电流幅值

雷击具有一定参数的物体（如后面将介绍的避雷针、线路杆塔、地线或导线）时，流过被击物的电流与被击物之波阻抗（Z_j）有关，Z_j 愈小，流过被击物电流愈大。当 Z_j 为零时，流经被击物的电流定义为"雷电流"。实际上被击物阻抗不可能为零。规程规定，雷电流是指雷击于 $R_j \leq 30\Omega$ 的低接地电阻物体时，流过该物体的电流。

雷电流幅值与气象、自然条件等有关，只有通过大量实测才能正确估计其概率分布规律。图 9-2 曲线是根据我国年平均雷暴日大于 20 的地区，在线路杆塔和避雷针上测录到的大量雷电流数据，经筛选后，取 1205 个雷电流值画出来的。后经过多年防雷工作者的努力，测得了更多的雷电流数值，通过数据处理，我国电力行业标准 DL/T620—1997 推荐，一般地区雷电流幅值超过 I 的概率 p 可按以下经验公式求得：

$$\lg p = -\frac{I}{88} \quad (9\text{-}1)$$

式中，I 为雷电流幅值（kA）。

例如，当雷击时，出现大于 88kA 的雷电流幅值的概率 p 约为 10%，超过 150kA 雷电流幅值的概率 p 约为 1.97%。

我国西北、内蒙古等雷电活动较弱的地区，雷电流幅值较小，可用下式求出：

$$\lg p = -\frac{I}{44} \quad (9\text{-}2)$$

即出现大于 44kA 的雷电流幅值的概率 p 约为 10%，超过 88kA 雷电流幅值的概率 p 约为

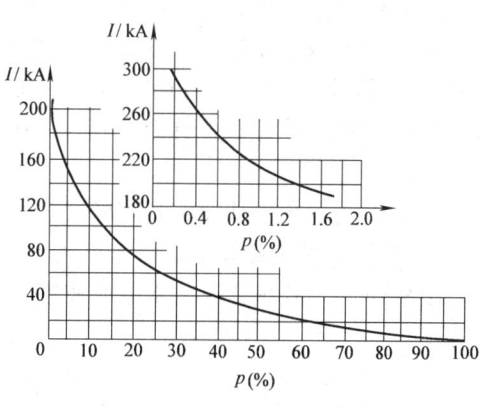

图 9-2 我国雷电流幅值概率曲线

1%。

6. 雷电流的波头、陡度及波长

根据实测结果,雷电冲击波的波头是在 1~5μs 的范围内变化,多为 2.5~2.6μs;波长在 20~100μs 的范围内,多数为 50μs 左右。波头及波长的长度变化范围很大,工程上根据不同情况需要,规定出相应的波头及波长的时间。

在线路防雷计算时,规程规定取雷电流波头时间为 2.6μs,波长对防雷计算结果几乎无影响,为简化计算,一般可视波长为无限长。

雷电流的幅值与波头决定了雷电流的上升陡度,也就是雷电流随时间的变化率。雷电流的陡度对雷击过电压影响很大,也是一个常用参数。可认为雷电流的陡度 α 与幅值 I 为线性关系,即幅值愈大,陡度也愈大。一般认为陡度超过 50kA/μs 的雷电流出现的概率已经很小(约为 0.04)。

7. 雷电流的波形

实测结果表明,雷电流的幅值、陡度、波头、波尾虽然每次不同,但都是单极性的脉冲波。电力设备的绝缘强度试验和电力系统的防雷保护设计,要求将雷电流波形等效为典型化、可用公式表达、便于计算的波形。常用的等效波形有 3 种,如图 9-3 所示。

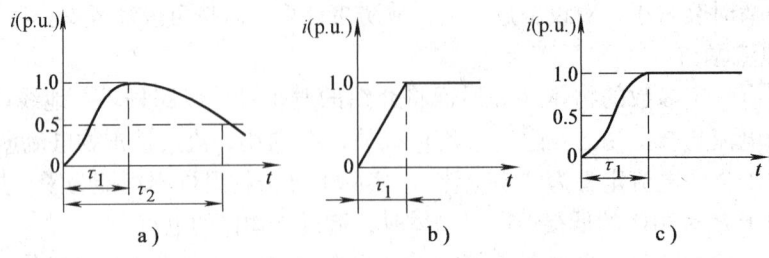

图 9-3 雷击主放电时的电流波形
a) 雷电流波形 b) 雷电流波头简化为斜角平顶波
c) 雷电流波头近似为半余弦波

图 9-3a 是标准冲击波,它是一个 $i = I_0 (e^{-\alpha t} - e^{-\beta t})$ 的双指数函数波形。式中 I_0 为某一固定电流值,α、β 是两个常数,t 为作用时间。当被击物体的阻抗只是电阻 R 时,作用在 R 上的电压波形 u 与电流波形 i 同相。双指数波形也用作冲击绝缘强度试验的标准电压波形。我国采用国际电工委员会(IEC)标准:波头 $\tau_f = 1.2$μs,波长 $\tau_t = 50$μs,记为 1.2/50μs。

图 9-3b 为斜角平顶波,其陡度(斜度)a 可由给定的雷电流幅值 I 和波头时间决定,$a = I/\tau_f$,在防雷保护计算中,雷电流波头 τ_f 采用 2.6μs。

图 9-3c 为等效余弦波,雷电流波形的波头部分,接近半余弦波,其表达式为

$$i = \frac{I}{2}(1 - \cos\omega t) \tag{9-3}$$

式中,I 为雷电流幅值(kA);ω 为角频率,由波头 τ_f 决定,$\omega = \pi/\tau_f$。

这种等效波形多用于分析雷电流波头的作用,因为用余弦函数波头计算雷电流通过电感

支路时所引起的压降比较方便。此时最大陡度出现在波头中间,即 $t = \tau_f/2$ 处,其值为

$$a_{\max} = \left(\frac{di}{dt}\right)_{\max} = \frac{I\omega}{2} \tag{9-4}$$

对一般线路杆塔来说,用余弦波头计算雷击塔顶电位与用更便于计算的斜角波计算的结果非常接近。因此,只有在设计特殊大跨越、高杆塔时,才用半余弦波来计算。

9.3 避雷针和避雷线

直击雷的防护措施通常采用接地良好的避雷针或避雷线。当雷云的先导向下发展到离地面一定高度时,高出地面的避雷针(线)顶端形成局部电场强度集中的空间,以至有可能产生局部游离而形成向上的迎面先导,这就影响了下行先导的发展方向,使其仅对避雷针(线)放电,从而使避雷针(线)附近的物体得到保护,免遭雷击。这就是避雷针(线)的保护作用原理。

避雷针(线)的保护作用是吸引雷电击于自身,并使雷电流泄入大地,为了使雷电流顺利地泄入大地,要求避雷针(线)应有良好的接地装置。另外,当强大的雷电流通过避雷针(线)流入大地时,必然在避雷针(线)上或接地装置上产生幅值很高的过电压。为了防止避雷针(线)与被保护物之间的间隙击穿(也称为反击),它们之间应保持一定的距离。

避雷针(线)的保护范围是用模拟试验及运行经验确定的。在保护范围内被保护物不致遭受雷击。由于放电的路径受很多偶然因素影响,因此要保证被保护物绝对不受雷击是非常困难的,一般采用 0.1% 的雷击概率。前面说过,雷云先导在高空时是随机发展的,只有当先导到达离地面一定高度 H 时,才受到避雷针(线)电场畸变的影响,而定向发展,从而击于避雷针(线)上。先导放电确定雷击目标的高度 H,称为雷击定向高度。由于避雷针是使电力线发生三维空间的集中,而避雷线是使电力线发生两维空间的集中,即避雷线比避雷针使电场畸变的影响小,其引雷空间小,因此模拟试验时,对避雷针取 $H = 20h$,对避雷线取 $H = 10h$(h 为避雷针(线)模型的高度)。根据模拟试验和运行经验的修正,为便于简化计算,我国有关避雷针(线)保护范围的规定如下。

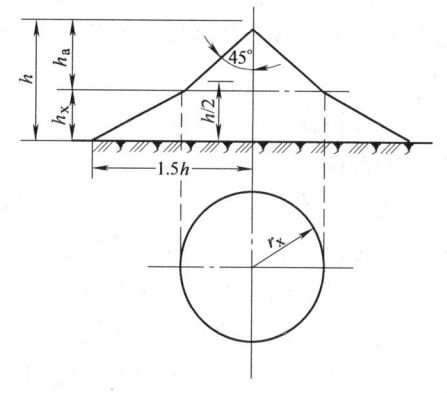

图 9-4 单根避雷针的保护范围

单根避雷针的保护范围如图 9-4 所示,在被保护物高度 h_x 水平面上,其保护半径 r_x 为

$$\left.\begin{array}{l}当 h_x \geqslant h/2 \text{ 时}, \quad r_x = (h - h_x)p_h \\ 当 h_x < h/2 \text{ 时}, \quad r_x = (1.5h - 2h_x)p_h\end{array}\right\} \tag{9-5}$$

式中,p_h 为高度修正系数,当 $h \leqslant 30\text{m}$ 时,$p_h = 1$,当 $30\text{m} < h \leqslant 120\text{m}$ 时,$p_h = 5.5/\sqrt{h}$。

等高双避雷针联合保护的范围比两针各自保护范围的和要大。避雷针的外侧保护范围同样可由式(9-5)确定,因为击于两针之间单针保护范围边缘外侧的雷,可能被相邻避雷针

吸引而击于其上，从而使两针间保护范围加大。保护范围如图 9-5 所示。

$$\left.\begin{array}{l} h_0 = h - D/7p_h \\ b_x = 1.5(h_0 - h_x) \end{array}\right\} \quad (9\text{-}6)$$

式中，h_0 为等高双针联合保护范围上部边缘最低点的高度（m）。很明显，当 $D = 7p_h(h - h_x)$ 时，$b_x = 0$。

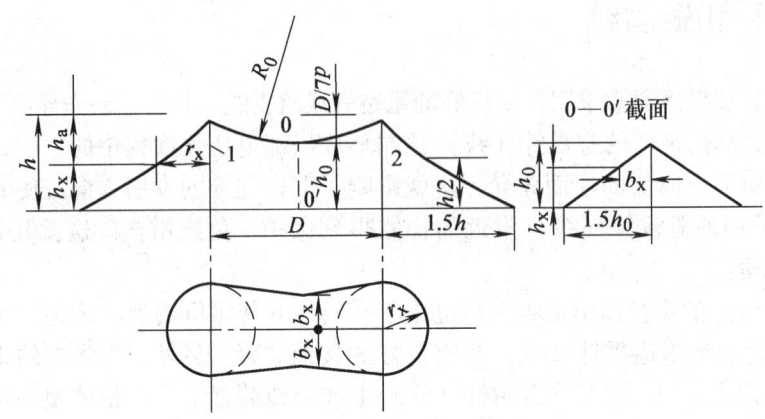

图 9-5　等高双针的联合保护范围

两针间距离与针高之比 D/h 不宜大于 5，式（9-6）的适用范围为 $b_x < r_x$。

等高三针联合保护范围可以两针、两针地分别计算其联合保护范围，只要在被保护物高度的平面上，各个两针的 $b_x > 0$，则三针组成的三角形中间部分均处于三针联合保护范围之内。

等高四针及多针，可以按三针、三针地分别确定其保护范围，然后再加到一起即多针联合保护范围。

两支不等高避雷针的保护范围可这样确定，如图 9-6 所示。首先按单个避雷针分别作出其保护范围，然后由低针 2 的顶点作水平线，与高针 1 的保护范围边界交于点 3，点 3 即为一假想等高针的顶点，再求出等高避雷针 2 和 3 的保护范围。

避雷线比同高的避雷针引雷空间要小，又考虑到避雷线受风吹而摆动，因此保护宽度也要取得小些，但其保护范围的长度与线路等长，两端还有其保护的半个圆锥体空间。

单根避雷线的保护范围如图 9-7 所示。设一侧保护宽度 r_x 的计算式为

$$\left.\begin{array}{ll} 当\ h_x \geqslant h/2\ 时， & r_x = 0.47(h - h_x)p_h \\ 当\ h_x < h/2\ 时， & r_x = (h - 1.53h_x)p_h \end{array}\right\} \quad (9\text{-}7)$$

两条等高平行避雷线的联合保护范围如图 9-8 所示。两线外侧的保护范围与单线时相同；两线内侧的保护范围的横截面，由通过两线及保护范围上部边缘最低点（0 点）的圆弧确定。0 点的高度

$$h_0 = h - D/4p_h \quad (9\text{-}8)$$

式中，h_0 为 0 点高度；h 为避雷线的高度；D 为两根避雷线间的水平距离；p_h 为高度修正系数，含义同前。

用避雷线保护输电线路时，其保护范围用保护角表示更为实用。所谓保护角是指避雷线的铅垂线和避雷线与边导线连线之夹角，如图 9-9 所示。很清楚，保护角越小，对导线直击雷保护越可靠，即雷击导线的概率越小。

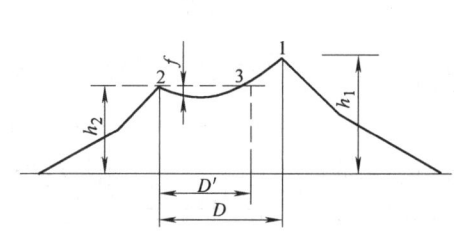

图 9-6　两支不等高避雷针 1 和 2 的联合保护范围

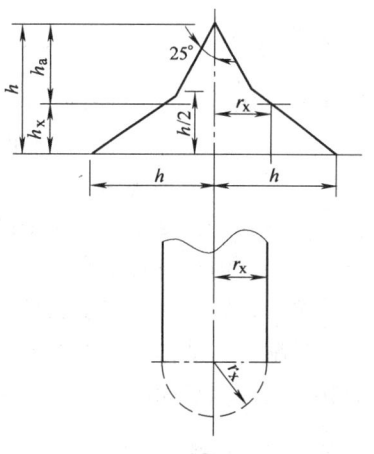

图 9-7　单根避雷线的保护范围

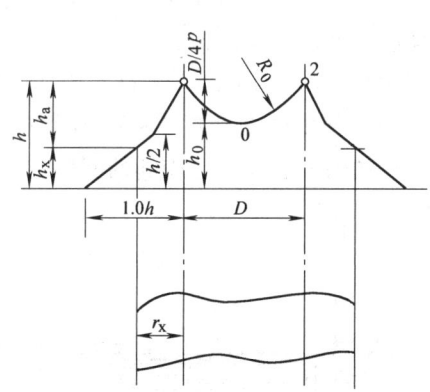

图 9-8　两根平行避雷线 1 和 2 的保护范围

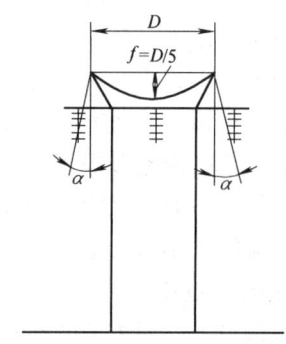

图 9-9　避雷线的保护角

9.4　避雷器

避雷器是防止过电压损坏电力设备的保护装置。它实质上是一个放电器，当雷电入侵波或操作波超过某一电压值后，避雷器将优先于与其并联的被保护电力设备放电，从而限制了过电压，使与其并联的电力设备得到保护。

避雷器放电时，强大的冲击电流泄入大地，大电流过后，工频电流将沿原冲击电流的通道继续流过，此电流称为工频续流。避雷器应能迅速切断续流，才能保证电力系统的安全运行。因此，对避雷器基本技术要求有两条：一是过电压作用时，避雷器先于被保护电力设备放电，当然这要由两者的全伏秒特性的配合来保证；二是避雷器应具有一定的熄弧能力，以便可靠地切断在第一次过零时的工频续流。

目前使用的避雷器主要有下列几种类型：保护间隙，管式避雷器，阀式避雷器。当然，有些类型避雷器已用得很少了，有的避雷器将被性能优越的避雷器所代替，但了解这些避雷器的工作原理、发展过程，将会更加清楚避雷器特性指标确定的原则。

9.4.1 保护间隙

保护间隙常用双羊角状间隙，取其有电弧上吹特性，如图9-10所示，我国常用于3～10kV电网中。现在保护间隙电极形状具有多样性，有时候用棒-棒、球-球和棒（球）-板间隙，甚至一片绝缘子，要根据需要来确定。保护间隙有一定的限制过电压效果，但有时候不能避免供电中断。保护间隙的优点是结构简单、价廉。其缺点是保护效果差，与被保护设备的伏秒特性不易配合；动作后产生的截波，对变压器匝间绝缘有很大的威胁。因此保护间隙往往与其他防护措施配合使用。

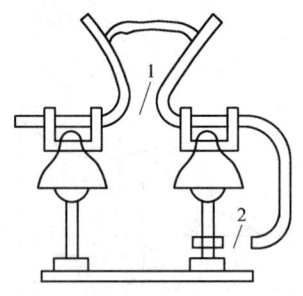

图9-10 角形保护间隙
1—主间隙 2—辅助间隙

9.4.2 管式避雷器

管式避雷器的结构如图9-11所示。内间隙 s_1 置于产气材料制成的灭弧管内、外间隙，把灭弧管与电网隔开。当雷电波使其内、外间隙击穿后，冲击电流即被导入大地。然后，在系统工频电压作用下，流过短路电流。此时，在电弧的高温作用下，产气材料产生大量气体，压弧腔内压力急速升高，高压气体从喷口猛烈喷出，使电弧在经过1～3个周波后，工频电流过零时灭弧，从而解决了保护间隙不能可靠地自动熄弧、使供电中断的问题。

为了使工频续流电弧熄灭，管式避雷器必须能产生足够的气体，而产气的多少又与流过管式避雷器的短路电流的大小以及电弧与产气管的接触面积有关。短路电流过小，产气不足，不能切断电弧；但如短路电流过大，产生的气体过多，管内的压力超过产气管的机械强度，使管式避雷器爆炸。因此，管式避雷器不但有一个切断电流的下限，而且还有一个切断电流的上限。管式避雷器的上、下限电流通常在型号中标明，如 $GXS\dfrac{U_e}{I_{min}-I_{max}}$，$U_e$ 是额

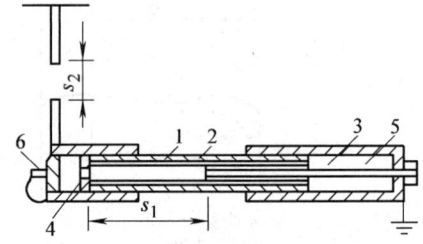

图9-11 管式避雷器
1—产气管 2—胶木管套 3—棒电极
4—环形电极 5—储气室 6—动作指示器
s_1、s_2—内、外间隙

定工作电压，I_{max}、I_{min} 是切断续流的上、下限。很清楚，管式避雷器安装点系统最大与最小短路电流要分别小于和大于管式避雷器的上、下限。

由于管式避雷器伏秒特性陡，放电分散性大，动作产生截波，放电特性受大气条件影响，故它主要用作保护线路弱绝缘，以及电站的进线保护段。

9.4.3 阀式避雷器

碳化硅阀式避雷器的保护作用主要靠间隙和阀片的相互配合来完成，当过电压达到间隙动作电压，使间隙动作，巨大的冲击电流经阀片流入大地；过电压过去以后，阀片仅受到工频电压作用，由于非线性的关系，阀片电阻值增高，使流过的工频续流受到限制，并在第一

次过零瞬间，由间隙将此续流切断，恢复到平时状态。避雷器从间隙击穿到工频续流被切断不超过半个周波，因此电网在整个过电压发生到受到限制期间均保持正常供电。碳化硅阀式避雷器阀片的电阻片由金刚砂（SiC）粉末与粘合剂（如水玻璃等）模压成圆饼，电阻呈现非线性，但性能较差；阀片的电阻片主要成分由氧化锌材料构成的金属氧化物阀式避雷器，其电阻具有良好的非线性，如图 9-12 所示。当过电压过去后，阀片呈现非常大的电阻，加在阀片上工频电压形成的工频续流非常小，从而可以省去间隙，使得避雷器结构大大简化。

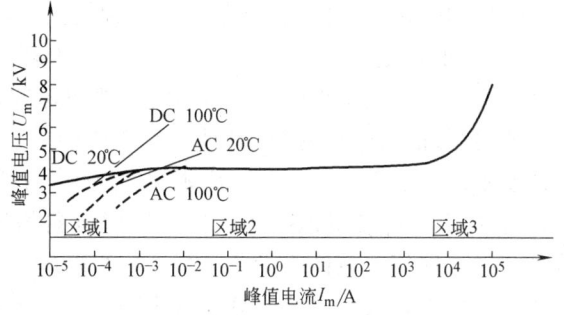

图 9-12　一种金属氧化物电阻片的典型伏安特性

图 9-13 为碳化硅有间隙阀式避雷器和无间隙氧化锌避雷器动作时的电压、电流与时间关系示意图。

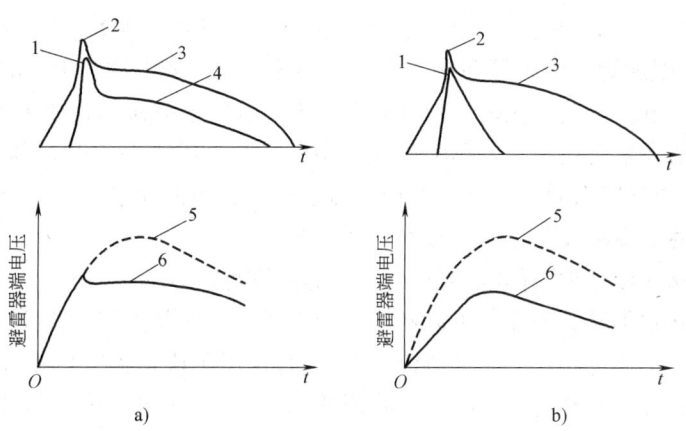

图 9-13　避雷器冲击动作示意图
a) 碳化硅避雷器的动作情况　b) 氧化锌避雷器的动作情况
1—冲击电流　2—冲击电压　3—电源电压　4—工频续流
5—原始冲击波　6—避雷器电压

过去阀式避雷器可以分为普通阀式避雷器——FZ 型和磁吹阀式避雷器——FCZ 型，用于防护旋转电机的磁吹避雷器叫做 FCD 型。为了保证在过电压来临时动作可靠，普通阀式避雷器的火花间隙一般用多个接近均匀电场的短间隙串联起来，并使用极易发生电晕的材料，如同对间隙照射，缩短了间隙的放电时间，使间隙有比较平的伏秒特性。采用多个短间隙的优点是易于切断工频续流，因为工频续流电弧被间隙的电极分割成许多短弧，靠极板上复合与散热作用，去游离程度增高，使短弧具有工频续流过零后不易重燃的特性，提高了间隙绝缘强度的恢复能力，从而提高了切断工频续流的能力。

电力设备的绝缘水平是由避雷器的残压决定的。因此，要降低电力设备的绝缘水平，减少电力设备的造价，必须降低避雷器的残压。要降低残压，在普通阀式避雷器中就得减少阀片，以减少冲击电流通过的电阻值。阀片数的减小，使阀片电阻限制续流值、改变续流波形及协助间隙灭弧的作用相应减小，这就要求提高间隙本身的灭弧能力。在避雷器制造中，一般选定残压与冲击放电电压大致相同，残压低了，间隙的冲击放电电压也要降低，这也要求减少间隙数目，故也必须提高间隙本身的灭弧能力。提高避雷器切断工频续流值的方法之一是"磁吹"，即利用磁场电弧的电动力作用，使电弧拉长或旋转，以提高间隙灭弧能力。这类避雷器称为磁吹避雷器，目前在我国的电网中仍有采用。由于避雷器安装在系统中，因此，避雷器的灭弧电压是由安装点可能出现的工频电压升高值决定的，它必须大于这个升高值，而工频电压升高的幅值与系统中性点的接地情况、系统的接线、系统的运行方式等因素有关，一般决定于由安装点看进去的系统零序与正序阻抗的比值。我国有关规程规定，阀式避雷器的间隙灭弧电压，在中性点直接接地的系统中，应取设备最高运行线电压的80%，而在中性点非直接接地系统中，取值不应低于设备最高运行线电压的100%。

金属氧化物避雷器的非线性电阻阀片主要成分是氧化锌，另外还有氧化铋及一些其他的金属氧化物，经过锻烧混料、造粒、成型、表面处理等工艺过程而制成。以此制成的避雷器称为金属氧化物避雷器（MOA）。金属氧化物主要成分是氧化锌，有时也称为氧化锌避雷器。

这种烧结体的基本结构是高电导的氧化锌晶粒，电阻率为$1\Omega\cdot cm$。边缘由高电阻性的（主要是金属氧化附加物）粒界层包围，电阻率在低电场强度下约为$10^{10}\Omega\cdot cm \sim 10^{14}\Omega\cdot cm$。在较高的电压作用下，金属氧化附加物的粒界层中的价电子被拉出，或者由于碰撞电离产生电子崩而使载流子大量增加。当电场强度达到$10^4 V/cm \sim 10^5 V/cm$时，其电阻率即降到$1\Omega\cdot cm$；当外加作用电压降低时，由于复合使载流子减少，电阻又变大，因此具有良好的非线性；且它的非线性伏安特性在正、反极性是对称的。

金属氧化物阀片在正常工作电压下，通过的阻性电流很小，一般约为$10\mu A \sim 15\mu A$，接近绝缘状态，因此它不需要间隙，可以制成不带串联间隙的避雷器。作用于阀片上的电压升高时，电流加大。把通过阀片的阻性电流为1mA时作用于避雷器上的电压U_{1mA}称为起始动作电压，U_{1mA}的值约为最大允许工作电压峰值的1.05～1.15倍。由于氧化锌阀片有良好的非线性特性，在通过10kA冲击电流时残压与U_{1mA}的比值称为压比。压比一般不大于1.9。显而易见，压比越小，其保护性能越好。

金属氧化物避雷器的一系列优点如下：

1) 非线性系数α值很小。在金属氧化物阀片中通过1mA～10kA这个范围内电流时，α值一般在0.02～0.06之间。在额定电压作用下，通过的电流极小，因此可以做成无间隙避雷器。

2) 保护性能好。它不需间隙动作，电压一旦升高，即可迅速吸收过电压能量，抑制过电压的发展；有良好的陡度响应特性；无间隙的氧化物避雷器的性能几乎不受温度、湿度、气压、污秽等环境条件的影响，因而性能稳定。

3) 金属氧化物避雷器基本无续流，动作负载轻，耐重复动作能力强。伏安特性是对称的，没有极性问题，可制成直流避雷器。

4) 通流容量大。避雷器容易吸收能量，没有串联间隙的制约，仅与阀片本身的强度有关。同碳化硅（SiC）阀片比较，氧化物阀片单位面积的通流能力大4~4.5倍。因此用这样的阀片制成避雷器，不但可以限制大气过电压，完全可以用来限制操作过电压，甚至可以耐受一定持续时间的短时（工频）过电压。

5）结构简单，尺寸小，易于大批量生产，造价低。

6）适用于多种特殊需要。金属氧化物避雷器耐污性能好，不会由于污秽或带电清洗时改变外套表面电位分布而影响避雷器的性能。同时，由于阀片不受大气环境影响，能适应于各种绝缘介质，所以也适用于高海拔地区和SF_6全封闭组合电器等多种特殊需要。

没有间隙的避雷器，在正常工作时电压是直接施加在氧化物阀片上的，这种作用通常用荷电率这个参数来描述，其定义为避雷器的最大持续运行电压（峰值）与其参考电压（峰值）之比。根据需要，金属氧化物避雷器也可以做成带有串联间隙的，使平时施加的电压基本上作用在串联间隙上，可大大降低金属氧化物阀片的荷电率，延迟阀片的老化，提高避雷器使用寿命。特殊的情况下，也可以做成带并联间隙的避雷器，间隙与部分阀片并联，大电流来了，间隙击穿，短接了部分阀片，从而降低了避雷器的残压，增加了避雷器的保护效果。

金属氧化物避雷器有一系列优点，发展潜力很大，是目前世界各国避雷器发展的主要方向，正在逐步取代传统的带间隙的碳化硅避雷器，也是未来特高压系统关键的过电压保护设备。

金属氧化物避雷器的主要特性由下列参数表征：

1）避雷器安装点可能出现的工频电压升高值决定它的额定电压。

2）避雷器的参考电压表征其伏安特性曲线拐点电压，有时用工频参考电压，也可以用直流参考电压。这个参数对控制避雷器的荷电率和残压具有重要作用。

3）避雷器工频电压耐受时间特性是指在规定的条件下对避雷器施加数值不同工频电压，避雷器不损坏、不发生热崩溃时所对应的最大持续时间。该关系曲线（特性）表征避雷器耐受工频过电压的能力。

4）避雷器的标称放电电流用来划分避雷器的等级，它以施加$8/20\mu s$波形的雷电流峰值来表征。

5）避雷器的保护特性，它是由陡波电流冲击下的残压、雷电冲击电流下的残压和操作冲击电流下的残压表征。

6）避雷器的压力释放性能是避雷器发生故障时不应引起外套粉碎性爆破的能力，由通过避雷器的短路电流的有效值来表征。

7）避雷器的通流能力由长持续时间冲击电流和大电流冲击来表征。前者表征避雷器耐受方波电流冲击的能力，即耐受长线放电能力；后者表征避雷器耐受$4/10\mu s$冲击电流的能力。

8）避雷器的污秽性能是指其耐受污秽的能力。避雷器在污秽时应保持其热稳定，外壳不发生闪络，内部的局部放电不应影响其安全运行。

虽然总的趋势是金属氧化物避雷器必将取代碳化硅避雷器，但目前，碳化硅避雷器在电力系统中仍有使用。如果同一系统、变电站，或同一安装点的三相上同时采用金属氧化物避雷器和碳化硅避雷器，则会带来难以克服的技术问题，因此目前需要一定数量的备品，从事这项工作的人员也应该了解它们的特性。

金属氧化物避雷器、碳化硅（SiC）避雷器的电气特性见表9-1～表9-4。

表9-1 典型的金属氧化物避雷器参数 （单位:kV）

避雷器额定电压 U_r（有效值）	避雷器持续运行电压 U_c（有效值）	标称放电电流20kA等级 电站避雷器				标称放电电流10kA等级 电站避雷器				标称放电电流5kA等级 电站避雷器				标称放电电流5kA等级 配电避雷器			
		陡波冲击电流残压	雷电冲击电流残压	操作冲击电流残压	直流1mA参考电压	陡波冲击电流残压	雷电冲击电流残压	操作冲击电流残压	直流1mA参考电压	陡波冲击电流残压	雷电冲击电流残压	操作冲击电流残压	直流1mA参考电压	陡波冲击电流残压	雷电冲击电流残压	操作冲击电流残压	直流1mA参考电压
		(峰值)≯			≮	(峰值)≯			≮	(峰值)≯			≮	(峰值)≯			≮
5	4.0	—	—	—	—	—	—	—	—	15.5	13.5	11.5	7.2	17.3	15.0	12.8	7.5
10	8.0	—	—	—	—	—	—	—	—	31.0	27.0	23.0	14.4	34.6	30.0	25.6	15.0
12	9.6	—	—	—	—	—	—	—	—	37.2	32.4	27.6	17.4	41.2	35.8	30.6	18.0
15	12.0	—	—	—	—	—	—	—	—	46.5	40.5	34.5	21.8	52.5	45.6	39.0	23.0
17	13.6	—	—	—	—	—	—	—	—	51.8	45.0	38.3	24.0	57.5	50.0	42.5	25.0
51	40.8	—	—	—	—	—	—	—	—	154.0	134.0	114.0	73.0	—	—	—	—
84	67.2	—	—	—	—	—	—	—	—	254	221	188	121	—	—	—	—
90	72.5	—	—	—	—	264	235	201	130	270	235	201	130	—	—	—	—
96	75	—	—	—	—	280	250	213	140	288	250	213	140	—	—	—	—
100	78	—	—	—	—	291	260	221	145	299	260	221	145	—	—	—	—
102	79.6	—	—	—	—	297	266	226	148	305	266	226	148	—	—	—	—
108	84	—	—	—	—	315	281	239	157	323	281	239	157	—	—	—	—
192	150	—	—	—	—	560	500	426	280	—	—	—	—	—	—	—	—
200	156	—	—	—	—	582	520	442	290	—	—	—	—	—	—	—	—
204	159	—	—	—	—	594	532	452	296	—	—	—	—	—	—	—	—
216	168.5	—	—	—	—	630	562	478	314	—	—	—	—	—	—	—	—
288	219	—	—	—	—	782	698	593	408	—	—	—	—	—	—	—	—
300	228	—	—	—	—	814	727	618	425	—	—	—	—	—	—	—	—
306	233	—	—	—	—	831	742	630	433	—	—	—	—	—	—	—	—
312	237	—	—	—	—	847	760	643	442	—	—	—	—	—	—	—	—
324	246	—	—	—	—	880	789	668	459	—	—	—	—	—	—	—	—
420	318	1170	1046	858	565	1075	960	852	565	—	—	—	—	—	—	—	—
444	324	1238	1106	907	597	1137	1015	900	597	—	—	—	—	—	—	—	—
468	330	1306	1166	956	630	1198	1070	950	630	—	—	—	—	—	—	—	—

注：对于标称放电电流2.5kA、1kA等级用于电机及其中性点、变压器中性点避雷器最大残压值见GB11032最新版本。

表 9-2　电站型碳化硅普通阀式避雷器电气特性（GB7327）

系统标称电压（有效值）/kV	避雷器额定电压（有效值）/kV	波前冲击放电的波前陡度/(kV/μs)	工频放电电压（有效值）/kV	1.2/50μs 冲击放电电压（峰值）/kV≤	波前冲击放电电压（峰值）/kV≤	8/20μs 残压/kV≤（标称放电电流5kA）	备　注
3	3.8	3.2	9.0~11.0	20.0	25.0	13.5	
6	7.6	6.3	16.0~19.0	30.0	37.5	27	
10	12.7	106	26.0~31.0	45.0	56.3	45.0	作为元件用
	20.5	175	41.0~49.0	73	91	67	作为元件用
	25	208	51.0~61.0	85	106	81.5	作为元件用
	25	208	56.0~67.0	110	138	81.5	
35	41	343	82~98	134	168	134	
	51	425	—	—	—	—	
63	69	573	—	—	—	—	110kV 变压器中性点保护用
110	100	813	224~268	326	408	326	不接地系统
(110)	126	980	255~314	375	469	410	
220	200	1200	448~536	620	775	652	

表 9-3　电站型碳化硅磁吹阀式避雷器电气特性（GB7327）

系统标称电压（有效值）/kV	避雷器额定电压（有效值）/kV	波前冲击放电的波前陡度/(kV/μs)	工频放电电压（有效值）/kV	1.2/50μs 冲击放电电压（峰值）/kV≤	波前冲击放电电压（峰值）/kV≤	操作冲击放电电压（峰值）/kV≤	8/20μs 残压/kV≤ 标称放电电流/kA			操作冲击电流残压（峰值）/kV≤	备注
							1	5	10		
35	41	343	70~85	112	—	—	—	108	—	—	
35	51	425	87~98	134	161	—	134	—	—	—	*
66	69	573	117~133	178	214	—	—	178	—	—	
110	100	813	170~195	260	312	285	—	260	—	—	
(110)	126	980	255~290	345	414	—	—	332	—	—	**
220	200	1200	340~390	520	624	570	—	520	—	—	
330	290	1500	510~580	780	936	820	—	—	820	820	
330	310	1500	545~620	834	1001	870	—	—	870	870	
500	420	2000	≥567	1005	1200	890	—	965	913	890	
	444		≥600	1055	1265	940	—	1081	940		
	468		≥632	1110	1326	992	—	—	992		

注：*110kV 变压器中性点保护用；**中性点非有效接地系统，不推荐采用。

表 9-4　国内开发的 750kV 和 1000kV 避雷器的技术参数

项目名称	Y20W-600/1380GW	YH20W-648/1391GW	YH20W-828/1620 GW
系统标称电压（有效值）/kV	750	750	1000
避雷器额定电压（有效值）/kV	600	648	828
持续运行电压（有效值）/kV	462	498	635
雷电冲击电流 30kA 残压（峰值）/kV	1380	1491	1620
操作冲击电流 2kA 残压（峰值）/kV	1142	1234	1437
4/10μs 大电流冲击耐受/kA	100	100	400
吸收能量/MJ	11.4	12.4	50
工频耐受电压（有效值）/kV	1040	1040	1100
雷电冲击耐受电压（峰值）/kV	2350	2350	2250
操作冲击耐受电压（峰值）/kV	1675	1675	1675

9.5　防雷接地

所谓接地，就是把设备与电位参照点的地球作电气连接，使其对地保持一个低的电位差。其办法是在大地表面土层中埋设金属电极，这种埋入地中并直接与大地接触的金属导体，叫做接地体，有时也称为接地装置。

接地按其目的可分 4 种：

1）工作接地：电力系统为了运行的需要，将电网某一点接地，其目的是为了稳定对地电位与继电保护上的需要。

2）保护接地：为了保护人身安全，防止因电气设备绝缘劣化，外壳可能带电而危及工作人员安全。

3）防雷接地：导泄雷电流，以消除过电压对设备的危害。

4）静电接地：在可燃物场所的金属物体，蓄有静电后往往爆发火花，以致造成火灾。因此要对这些金属物体（如储油罐等）接地。

在清楚接地的含义及接地的种类以后，应该进一步弄清楚什么是接地电阻，接地装置与接地电阻有什么关系，从而了解防雷接地的重要性。

大家知道，大地并不是理想导体，它有一定的电阻率，在外界作用下其内部如果出现电流，显然就不再保持等电位。若地面上被强制流进大地的电流经接地导体从一点注入，进入大地以后的电流以电流场的形式向远处扩散，如图 9-14 所示。设土壤电阻率为 ρ，大地内的电流密度为 δ，则大地中必呈现相应的电场分布，其电场强度 $E = \rho\delta$。离电流注入点越远，地中电流密度越小，因此可以认为在相当远（或者无穷远）处，地中电流密度 δ 已接近零，电场强度 E 也接近零，该处仍保持大地中没有电流时的电位，即零电位。显而易见，当接地点有电流流入大地时该点相对于远处的零电位来说，具有确定的电位升高，图 9-14 画出了此时表面的电位分布情况。

接地点处的电位 U 与接地电流 I 的比值定义为该点的接地电阻 R，$R = U/I$，是大地电阻效应的总和。由公式可知，当接地电流 I 为定值时，接地电阻 R 愈小，电位 U 愈低，反之则愈高。此时地面上的接地物体（如变压器外壳）也具有了电位 U。接地点电位的升高，有可能引起与其他部分绝缘闪络，也可能引起大的接触电压与跨步电压，因而不利于电气设备的绝缘以及人身安全。这就是为什么要尽力降低接地电阻的原因。

埋入地中的金属接地体称为接地装置。最简单的接地装置就是单独的金属管、金属板或金属带。由于金属的电阻率远小于土壤电阻率，所以接地体本身的电阻在接地电阻 R 中可以忽略不计。如图 9-14 所示，设金属半球的半径为 r_0，经它注入大地的电流为 I，假定大地是电阻率 ρ 的均匀无限大半球体。距球心 r 处，厚度为 $\mathrm{d}r$ 的半球层的电阻 $\mathrm{d}R$ 应为

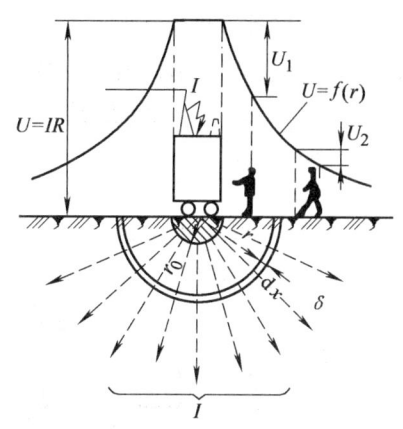

图 9-14 接地装置原理图
U—接地点电位　I—接地电流
U_1—接触电压　U_2—跨步电压
δ—地中电流密度

$$\mathrm{d}R = \rho \frac{\mathrm{d}r}{2\pi r^2} \tag{9-9}$$

总电阻就是上式的积分

$$R = \int_{r_0}^{\infty} \mathrm{d}R = \int_{r_0}^{\infty} \rho \frac{\mathrm{d}r}{2\pi r^2} = \frac{\rho}{2\pi r_0} \tag{9-10}$$

很清楚，接地电阻不是接地导体的电阻，接地电阻实质上是接地电流在地中流散时土壤所呈现的电阻，与土壤电阻率 ρ 成正比，与金属半球的半径 r_0 成反比，r_0 的大小给电流提供了进入大地向远处扩散的起始面积。

采用上述半球形状是很不经济的，通常使用的是垂直接地体、水平接地体以及它们的组合。根据恒流场下静电场相似原理，将一些典型接地体的工频接地电阻计算公式介绍如下。

（1）垂直接地体　接地电阻（Ω）为

$$R = \frac{\rho}{2\pi l} \ln \frac{4l}{d} \tag{9-11}$$

式中，ρ 为土壤电阻率（Ω·m）；l 为接地体长度（m）；d 为接地体直径（m）。

如图 9-15a 所示，其中 $l \gg d$，当采用扁钢时 $d = b/2$（b 是扁钢宽度）。当采用角钢时，$d = 0.84b$（b 是角钢每边宽度）。

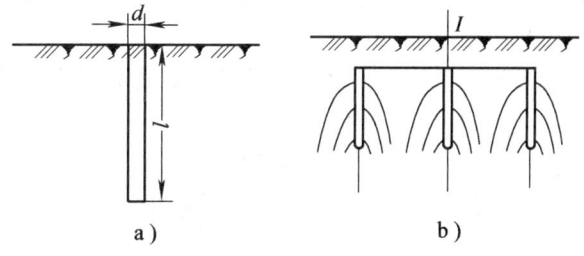

图 9-15 垂直接地体
a）单根　b）三根（屏蔽效应）

当有 n 根垂直接地体时，总电阻 R_Σ 可按并联电阻计算，由于各接地体间流散电流互相屏蔽，如图 9-15b 所示，引入一个利用系数 η，通常 $\eta = 0.65 \sim 0.8$。

(2) 水平接地体　接地电阻（Ω）为

$$R = \frac{\rho}{2\pi l}\left(\ln\frac{l^2}{dh} + A\right) \tag{9-12}$$

式中，l 为接地体的总长度（m）；h 为接地体埋设深度（m）；A 为因屏蔽影响使接地电阻增加的系数，其值列于表 9-5；d 为接地体直径（m）。

表 9-5　水平接地体的形状系数 A 值

形状	—	⌐	人	○	＋	□	✳	✳
A	0	0.38	0.48	0.87	1.69	2.14	5.27	8.81

可见，当总长 l 相同时，由于电极形状不同，A 值会有显著差异。表 9-5 的后两种形状对接地体的利用是很不充分的，不宜采用。

(3) 接地网

发电厂与变电所的接地，一般采用以水平接地体为主组成的接地网。接地网的接地电阻可用下式估算：

$$R = \frac{0.44\rho}{\sqrt{S}} + \frac{\rho}{l} = 0.5\frac{\rho}{\sqrt{S}} \tag{9-13}$$

式中，l 为接地体（包括水平与垂直）总长度（m）；S 为接地网的总面积（m²）。

以上公式计算出的是工频电流下的接地电阻值。当接地装置流过雷电流时，它所呈现的冲击接地电阻一般并不等于它的工频接地电阻，这是由于雷电流特点所致。也就是说，防雷接地与其他接地是有明显差异的，对上述计算值需要进一步修正。

大家知道，雷电流幅值大，而且等效频率高。雷电流的幅值大，就会使地中电流密度增大，因而提高了电场强度，在靠近接地体尤为显著，此电场强度超过土壤击穿场强时会发生局部火花放电，其效果犹如增大了接地体的尺寸，也好像使土壤电导增大。因此，同一接地装置在幅值甚高的冲击（雷）电流作用下，其接地电阻要小于工频电流下的数值，这称为火花效应。

雷电流的等效频率高就会使接地体自身的电感呈现影响，阻止电流向接地体远方流动，对于长度大的接地体这种影响更为明显。结果使得接地体得不到充分利用，接地体的电阻值高于工频接地电阻，有时称为电感效应。

综上所述，同一接地装置在冲击和工频电流作用下，将具有不同的阻抗，通常用接地系数 α 表示两者的差异

$$\alpha_i = R_i/R \tag{9-14}$$

式中，R 为工频电流下电阻（Ω）；R_i 为冲击电流下的电阻，其定义为接地体上的冲击电压峰值与冲击电流峰值之比（Ω）。

冲击系数 α_i 与接地体的几何尺寸、雷电流的幅值和波形以及土壤电阻率等因素有关，一般由实验确定。一般而言，$\alpha_i < 1$，也就是说，火花效应大于电感的影响。对于电感影响

特别大的情况，有时 $\alpha_i \geqslant 1$。

当接地体长度达到一定值后，再增加其长度，接地电阻将不再下降，这个长度叫做伸长接地体的有效长度。

顺便指出，土壤电阻率 ρ 是决定接地电阻的一个重要的原始参数。ρ 不是常数，与季节，土壤中含酸、盐及水分等有关。因此在计算时，应取一年内可能出现的最大电阻率。由于可能在不同的季节测量，因此需根据土质、接地体类型等因素，将测得的电阻率 ρ 换算成一年内可能出现的最大值。

另外，对已经运行多年的变电所，包括杆塔的接地装置，由于腐蚀等多种原因，使得接地电阻增大。如何解决这个问题，是电力部门非常关心的课题。

习 题

9.1 雷电流、落雷密度是怎样定义的？

9.2 说明阀式避雷器中残压、额定（灭弧）电压、保护特性、续流的含义及定义。

9.3 金属氧化物避雷器有哪些优点？

9.4 试述雷击地面时，被击点电位的计算模型。设雷电流 $I=100\text{kA}$，被击点 A 对地的电阻 $R=30\Omega$。求 A 点的电位（雷电通道波阻抗 $Z_0=300\Omega$）。

9.5 某原油罐直径为 10m，高出地面 10m，若采用单根避雷针保护，且要求避雷针与罐距离不得少于 5m，试计算该避雷针至少应架设的高度。

9.6 某 220kV 变电所，土壤电阻率为 $3\times10^2\Omega\cdot m$，变电所面积为 $100\times100\text{m}^2$，试估算该变电所接地网工频接地电阻。

第 10 章 输电线路的防雷保护

输电线路是电力系统的大动脉，它将巨大的电能输送到四面八方。漫长的输电线路穿过平原、山区，跨越江河湖泊，遇到的地理条件和气象条件各不相同，所以遭受雷击的机会较多。据统计，电力系统雷害事故中，线路的雷害事故占到很大比例。线路雷害事故引起的跳闸，不但影响系统的正常供电，增加线路及开关设备的维修工作量，而且由于输电线路上落雷，雷电波还会沿线路侵入变电所。而在电力系统中，线路绝缘的耐受能力强，变电所次之，发电机最弱，若发电厂、变电所的设备保护不完善，往往会引起设备绝缘损坏，影响安全供电。

输电线路防雷是减少电力系统雷害事故及其引起电量损失的关键，做好输电线路的防雷工作，不仅可以提高输电线路本身的供电可靠性，而且还可以使变电所安全运行，这是一举两得的事。

10.1 输电线路防雷的原则和措施

雷击暴露在空气中的架空输电线路有 4 种可能，如图 10-1 所示。它们分别是：雷击线路附近地面，雷击塔顶及塔顶附近避雷线（下称雷击塔顶），雷击档距中央的避雷线（下称雷击避雷线），雷击导线（有避雷线时，雷绕过避雷线而击于导线）。如果根据过电压形成过程来分，上述 4 种雷击情况可分为两类，即感应雷过电压（图 10-1 中①）与直击雷过电压（图 10-1 中②、③、④）。

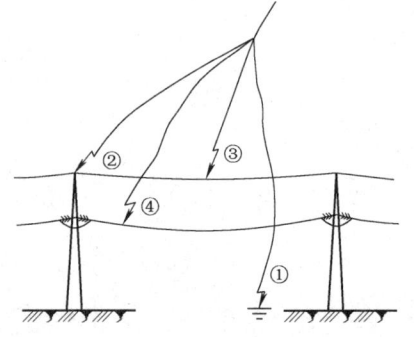

图 10-1 雷击输电线路部位示意图

输电线路防雷的任务是：采用技术上与经济上的合理措施，使系统雷害降低到运行部门能够接受的程度，保证系统安全可靠运行。一般采取下列措施，有的也称为输电线路防雷的"四道防线"：

(1) 防止雷直击导线 沿线架设避雷线，有时还要装避雷针与其配合。在某些情况下可改用电缆线路，使输电线路免受直接雷击。

(2) 防止雷击塔顶或避雷线后引起绝缘闪络 输电线路的闪络是指雷击塔顶或避雷线时，使塔顶电位升高，这样，原来被认为是接地的杆塔，现在却具有高电位，因而有可能对导线放电，使过电压加到导线上，这种现象也称反击或逆闪络。雷击线路不致引起绝缘闪络的最大雷电流幅值（kA），称为线路的耐雷水平。线路的耐雷水平愈高，其绝缘发生闪络的机会就愈小。为此，降低杆塔的接地电阻，增大耦合系数，适当加强线路绝缘，在个别杆塔上采用避雷器等，是提高线路耐雷水平，减少绝缘闪络的有效措施。

(3) 防止雷击闪络后转化为稳定的工频电弧 当绝缘子串发生闪络后，应尽量使它不转化为稳定的工频电弧，因为如果工频电弧建立不了，线路则不会跳闸。由冲击闪络转化为稳定工频电弧的概率虽与电源容量及去游离条件等因素有关,但主要的影响因素是作用于电弧路径的平均电位梯度。由运行经验与试验数据得出,冲击闪络转化为稳定工频电弧的概率——建弧率的计算公式如下:

$$\eta = (4.5E^{0.75} - 14)\% \quad (10\text{-}1)$$

式中,η 为建弧率;E 为绝缘子串的平均电位梯度($kV_{\text{r.m.s}}/m$)。

对中性点有效接地的电网

$$E = \frac{U_e}{\sqrt{3}(l_j + 0.5l_m)} \quad (10\text{-}2)$$

对中性点非有效接地的电网

$$E = \frac{U_e}{2l_j + l_m} \quad (10\text{-}3)$$

式中,U_e 为额定电压(kV);l_j 为绝缘子串长度(m);l_m 为杆塔横担的相间距离(m)(对铁横担和钢筋混凝土横担线路,$l_m = 0$)。

显然,降低建弧率可采取的措施是:适当增加绝缘子片数,减少绝缘子串上工频电场强度,电网中采用不接地或经消弧线圈接地方式,防止建立稳定的工频电弧。

(4)防止线路中断供电 可采用自动重合闸,或双回路、环网供电等措施,即使线路跳闸,也能不中断供电。

上述4条原则,应用时应根据具体情况实施,例如线路的电压等级、重要程度、当地雷电活动强弱、已有线路的运行经验等,再由技术与经济比较的结果,做出因地制宜的保护措施。

在第二道防线中增加了新的内容,即在线路绝缘子串旁边安装线路避雷器,幅值很高的雷电波到来之后,避雷器动作,只要它的残压低于绝缘子串的放电电压,绝缘子串就不会发生冲击闪络,当然不会出现稳定的工频电弧,从而增加了线路的耐雷能力。由于雷电波的陡度原因,这种避雷器保护范围是有限制的,加上现阶段避雷器的价格问题,这种避雷器只能安装在线路的"易击点"与"易击相"上。

输电线路的防雷性能在工程计算中用耐雷水平和雷击跳闸率来衡量。线路耐雷水平较高,就是能承受较高幅值的雷电流,线路防雷性能较好。雷击跳闸率是指折算为统一的条件下,因雷击而引起的线路跳闸的次数。此统一条件规定为每年40个雷电日和100km的线路长度,因此雷击跳闸率的单位是:次/(100km·40雷电日)。

10.2 线路感应雷过电压

当雷云接近输电线路上空时,根据静电感应的原理,将在线路上感应出一个与雷云电荷相等但极性相反的电荷,这就是束缚电荷。而与雷云同号的电荷则通过线路的接地中性点逸入大地,对中性点绝缘的线路,此同号电荷将由线路泄漏而逸入大地,其分布如图10-2所示。

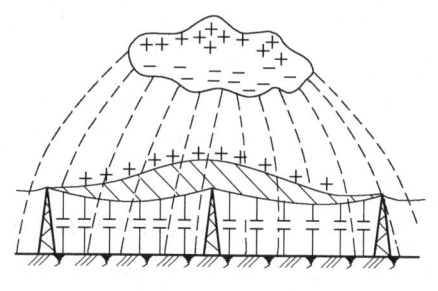

图10-2 主放电荷雷云与线路的电荷分布

此时如雷云对地（输电线路附近地面）放电，或者雷击塔顶但未发生反击（它们之间的差别仅在于后者以杆塔代替部分雷电通道），由于放电速度很快，雷云中的电荷便很快消失，于是输电线路上的束缚电荷就变成了自由电荷，分别向线路左右传播，如图 10-3 所示。

设感应电压为 u，当发生雷电主放电以后，由雷云所造成的静电场突然消失，从而产生行波。根据波动方程初始条件可知，波将一分为二，向左右传播。

感应过电压是由雷云的静电感应而产生的，雷电先导中的电荷 Q 形成的静电场及主放电时雷电流 i 所产生的磁感应，是感应过电压的两个主要组成部分。

在导线上形成感应过电压的大小，可按有无避雷线的情况求得。

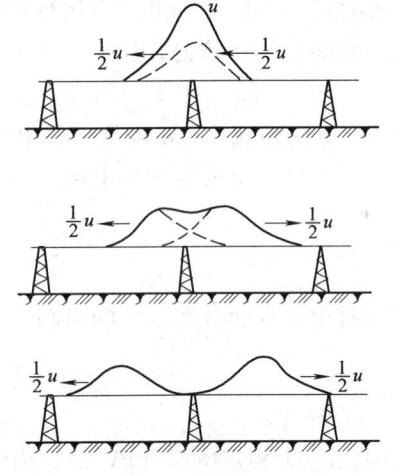

图 10-3　主放电后导线上电荷的移动

10.2.1　无避雷线时的感应雷过电压

根据理论分析和实测结果，有关规程建议，当雷击点距输电线路的距离 s 大于 65m 时，导线上产生的感应过电压最大值（kV）可按下式计算：

$$U = 25 \frac{I h_\mathrm{d}}{s} \tag{10-4}$$

式中，I 为雷电流幅值（kA）；h_d 为导线悬挂平均高度（m）；s 为雷击点至线路的距离（m）。

感应过电压的幅值与雷电流幅值 I 及导线平均高度成正比，与雷击点到线路的距离 s 成反比。

从产生静电分量的角度看，雷电流幅值大，是由于先导通道中的电荷密度大，或者是主放电速度高所致，电荷密度愈大，其电场强度愈强，导线上束缚的电荷愈多，U 越高。主放电速度愈高，一定时间内被释放的束缚电荷愈多，这些都将使静电分量加大。导线平均高度愈高，则导线对地电容愈小，释放出同样的束缚电荷所呈现的电压就愈高。雷击点至导线的距离愈近，导线上束缚电荷愈多，释放后的过电压也愈高。

从产生电磁分量角度看，雷电流幅值大、雷击点离导线近均将使导线与大地构成的回路中各部位的磁通密度加大。导线平均悬挂高度愈高，上述回路面积愈大，因而都增大了回路中磁通随时间的变化率。这些都会使感应过电压电磁分量增高。

由图 10-2 可知，感应过电压的极性与雷电流极性相反。由于雷击点的自然接地电阻较大，所以最大电流值可采用 $I \leqslant 100$kA 进行估算。实测表明，感应过电压峰值一般最大可达 300kV～400kV。这对 35kV 及以下的水泥杆线路将可能引起闪络事故；对 110kV 及以上的线路，由于绝缘水平较高，一般不会引起闪络事故，且感应过电压同时存在于三相导线上，故相间不存在电位差，只能引起对地闪络，如果两相或三相同时对地闪络，才可能形成相间闪络事故。

更近的雷击，则因线路的吸引而击于线路本身。当雷直击于杆塔或线路附近的避雷线（针）时，周围迅速变化的电磁场将在导线上感应出相反符号的过电压。在无避雷线时，对一般高度的线路，这一感应过电压的最大值（kV）可由下式计算：

$$U = ah_d \tag{10-5}$$

式中，a 为感应过电压系数（kV/m），其值等于以 kA/μs 为单位的雷电流平均陡度值，即 $a = I/2.6$。

10.2.2 有避雷线时的感应雷过电压

如果线路上挂有避雷线，则由于其屏蔽作用，导线上的感应过电压将会下降。假定避雷线不接地，在避雷线和导线上产生的感应过电压可用式（10-4）进行计算，当二者悬挂高度相差不大时，可近似认为两者相等。但实际上避雷线是接地的，其电位为零，这相当于在其上叠加了一个极性相反，幅值相等的电压（$-U$），这个电压由于耦合作用，在导线上产生的电压为 $K_c(-U) = -K_cU$。因此，导线上的感应过电压幅值为两者叠加，极性与雷电流相反，即

$$U' = U - K_cU = (1 - K_c)U \tag{10-6}$$

式中，K_c 为避雷线与导线之间的耦合系数。如前所述，其值只决定于导线间的相互位置与几何尺寸。线间距离越近，则耦合系数 K_c 愈大，导线上感应过电压愈低。

10.3 输电线路的直击雷过电压

电网中的事故以线路雷害占大部分。雷击线路，沿线路入侵变电所的雷电波又是造成变电所事故的重要因素。

10.3.1 无避雷线时的直击雷过电压

输电线路未架设避雷线的情况下，雷击线路的部位只有两个，一是雷击导线，二是雷击塔顶。

1. 雷击导线的过电压及耐雷水平

如图 10-4a 所示，当雷直击导线后，雷电流便沿着导线向两侧流动，假定 Z_0 为雷电通道的波阻抗，$Z/2$ 为雷击点两边导线的并联波阻抗，则可建立等效电路如图 10-4b 所示。若计及冲击电晕的影响，可取 $Z = 400\Omega$，Z_0 近似地取为 200Ω，则雷击点电压为

$$U_A = \frac{I}{2} \cdot \frac{Z}{2} = \frac{IZ}{4} = 100I \tag{10-7}$$

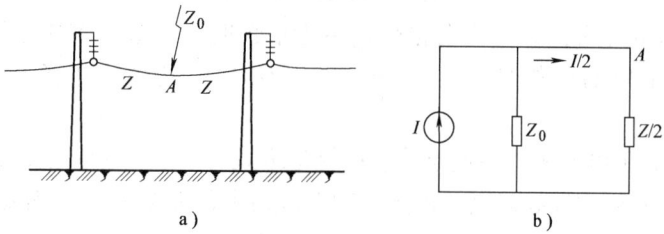

图 10-4 雷击无避雷线线路及等效电路
a）示意图 b）等效电路

雷击导线的过电压与雷电流的大小成正比。如果此电压超过线路绝缘的耐受电压，则将

发生冲击闪络。由此可得线路的耐雷水平为

$$I = \frac{U_{50\%}}{100} \quad (10\text{-}8)$$

式中, I 的单位为 kA。

2. 雷击塔顶时的过电压及耐雷水平

当雷击线路杆塔顶端时, 雷电流 I 将流经杆塔及其接地电阻 R_{ch} 流入大地, 如图 10-5a 所示。设杆塔的电感为 L_{gt}, 雷电流为斜角平顶波, 且工程计算取波头为 2.6μs, 则 $a = I/2.6$。根据图 10-5b 等效电路求出塔顶电位为

$$\begin{aligned} U &= IR_{ch} + L_{gt}\frac{dI}{dt} \\ &= I\left(R_{ch} + \frac{L_{gt}}{2.6}\right) \end{aligned} \quad (10\text{-}9)$$

式中, R_{ch} 为杆塔的冲击电阻 (Ω); L_{gt} 为杆塔的等效电感 (μH)。

当雷击塔顶时, 导线上的感应过电压为

$$U' = ah_d = \frac{I}{2.6}h_d \quad (10\text{-}10)$$

由于感应过电压的极性与塔顶电位的极性相反, 因此, 作用于绝缘子串上的电压为

$$\begin{aligned} U_j &= U - (-U') \\ &= I\left(R_{ch} + \frac{L_{gt}}{2.6}\right) + \frac{Ih_d}{2.6} \\ &= I\left(R_{ch} + \frac{L_{gt}}{2.6} + \frac{h_d}{2.6}\right) \end{aligned} \quad (10\text{-}11)$$

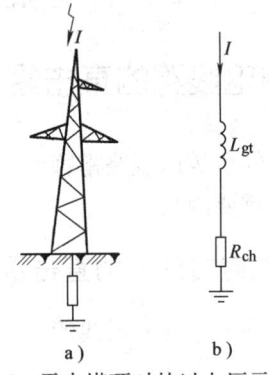

图 10-5 雷击塔顶时的过电压示意图
a) 示意图 b) 等效电路

由上式可知, 加在线路绝缘子串上的雷电过电压与雷电流的大小、陡度、导线与杆塔的高度及杆塔的接地电阻有关。如果此值等于或大于绝缘子串的 50% 雷电冲击放电电压时, 塔顶将对导线产生反击。在中性点直接接地的电网中, 有可能使线路跳闸, 此时线路的耐雷水平为

$$I = \frac{U_{50\%}}{R_{ch} + L_{gt}/2.6 + h_d/2.6} \quad (10\text{-}12)$$

如前所述, 雷电大约有 90% 为负极性。雷击塔顶时, 绝缘子串挂导线端为正极性, 因此 $U_{50\%}$ 应为绝缘子串的正极性放电电压, 它要比 $U_{50\%}$ 绝缘子串负极性放电电压低一些。

我国 60kV 及以下电网采用中性点非直接接地方式, 上述雷击塔顶, 若雷电流超过耐雷水平, 会发生塔顶对一相导线放电。由于工频电流很小, 不能形成稳定的工频电弧, 故不会引起线路跳闸, 仍能安全送电。只有当第一相闪络后, 再向第二相反击, 导致两相导线绝缘子串闪络, 形成相间短路时, 才会出现大的短路电流, 引起线路跳闸。

雷击塔顶, 第一相绝缘闪络后, 可以认为该相导线具有塔顶的电位。由于第一相导线与第二相导线的耦合作用, 使两相导线电压差为

$$U_j' = (1 - K_c)U_j$$
$$= I\left(R_{ch} + \frac{L_{gt}}{2.6} + \frac{h_d}{2.6}\right)(1 - K_c) \tag{10-13}$$

式中，K_c 为两相导线间的耦合系数。当 U_j' 大于或等于绝缘子串 $U_{50\%}$ 冲击放电电压时，第二相导线也发生反击，形成两相短路，有可能引起跳闸，由此得出线路耐雷水平为

$$I = \frac{U_{50\%}}{(1 - K_c)(R_{ch} + L_{gt}/2.6 + h_d/2.6)} \tag{10-14}$$

10.3.2 有避雷线时的直击雷过电压

此时雷击线路的部位有 3 种：一是雷绕过避雷线而击于导线，二是雷击塔顶，三是雷击档距中央的避雷线。

1. 雷绕过避雷线击于导线的过电压及耐雷水平

假设有一条输电线路，其长度为 100km，穿过 40 个雷电日地区，它所受到的雷击次数为 N，那么有多少次雷绕击于线路呢？把雷绕过避雷线击于导线的次数与雷击线路总次数之比称为绕击率 p_a，则

$$N_1 = p_a N \tag{10-15}$$

模拟试验和多年现场运行经验表明，绕击率与避雷线对外侧导线的保护角 α、杆塔高度 h 和地形条件等有关，规程建议用下式计算：

对平原线路
$$\lg p_a = \frac{\alpha \sqrt{h}}{86} - 3.90 \tag{10-16}$$

对山区线路
$$\lg p_a = \frac{\alpha \sqrt{h}}{86} - 3.35 \tag{10-17}$$

式中，h 为杆塔高度（m）；α 为保护角（°）。

发生绕击后线路上的过电压及耐雷水平可分别用式（10-7）、式（10-8）计算。

2. 雷击塔顶时的过电压及耐雷水平

雷击塔顶时，雷电流大部分经过被击杆塔入地，小部分电流则经过避雷线由相邻杆塔入地，如图 10-6 所示。

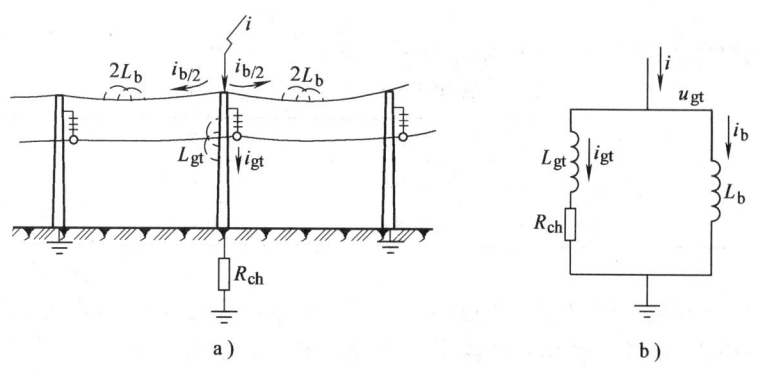

图 10-6　雷击杆塔示意图及等效电路
a）示意图　b）等效电路

流经被击杆塔入地的电流 i_{gt} 与总电流 i 的关系可用下式表示：

$$i_{gt} = \beta_g i \tag{10-18}$$

式中，β_g 为杆塔的分流系数，$\beta_g < 1$。

由图 10-6b 等效电路，杆塔塔顶电位 u_{gt} 可以表示为

$$u_{gt} = i_{gt} R_{ch} + L_{gt} \frac{di_{gt}}{dt}$$

将式 (10-18) 代入上式，可得

$$u_{gt} = \beta_g i R_{ch} + L_{gt} \beta_g \frac{di}{dt} \tag{10-19}$$

用 $I/2.6$ 代替 di/dt，这样塔顶对地的电位幅值 (kV) 可写成

$$u_{gt} = \beta_g I \left(R_{ch} + \frac{L_{gt}}{2.6} \right) \tag{10-20}$$

式中，I 为雷电流幅值 (kA)。

将式 (10-20) 与式 (10-9) 比较可知，由于避雷线的分流作用，降低了雷击塔顶时的塔顶电位，分流系数 β_g 愈小，塔顶电位就愈低。

β_g 值可由图 10-6b 的等效电路求出。设雷电流为斜角波前，即 $i = at$，则可建立下列方程：

$$R_{ch} \beta_g a t + L_{gt} \beta_g a = L_b d \frac{(at - \beta_g at)}{dt}$$

由此可得

$$\beta_g = \frac{1}{1 + \dfrac{L_{gt}}{L_b} + \dfrac{R_{ch}}{L_b} t}$$

β_g 与雷电流陡度无关，而随时间变化。为了便于计算，工程上 t 值取 $0 \sim 2.6 \mu s$ 的平均值，因此有

$$\beta_g = \frac{1}{1 + \dfrac{L_{gt}}{L_b} + 1.3 \dfrac{R_{ch}}{L_b}} \tag{10-21}$$

对于一般长度的档距，β_g 值可按表 10-1 查出。

表 10-1 分流系数 β_g

额定电压/kV	110	220	330	500
单避雷线	0.90	0.92	—	—
双避雷线	0.86	0.88	0.88	0.865 ~ 0.822

避雷线与塔顶相连，所以避雷线也将具有相同的电位 U_{gt}，避雷线与导线之间存在耦合，极性与雷电流相同，因此，作用在绝缘子串的这一部分电压为

$$U_{gt} - K_c U_{gt} = U_{gt}(1 - K_c) = \beta_g I \left(R_{ch} + \frac{L_{gt}}{2.6} \right)(1 - K_c) \tag{10-22}$$

同样，计及雷击塔顶时在导线上出现的感应过电压部分，加之避雷线的存在，可用式（10-6）计算求得

$$U'_g = U_g(1-K_c) = ah_d(1-K_c) = \frac{I}{2.6}h_d(1-K_c) \tag{10-23}$$

式（10-22）与式（10-23）叠加，此时作用在绝缘子串上的电压为

$$U_j = \beta_g I\left(R_{ch} + \frac{L_{gt}}{2.6}\right)(1-K_c) + \frac{I}{2.6}h_d(1-K_c)$$

$$= I\left(\beta_g R_{ch} + \beta_g \frac{L_{gt}}{2.6} + \frac{h_d}{2.6}\right)(1-K_c) \tag{10-24}$$

若 U_j 等于或大于绝缘子串 50% 冲击放电电压，绝缘子串将会出现闪络。这样，雷击塔顶的耐雷水平 I 为

$$I = \frac{U_{50\%}}{(1-K_c)[\beta_g(R_{ch}+L_{gt}/2.6)+h_d/2.6]} \tag{10-25}$$

雷击塔顶的耐雷水平与杆塔冲击接地电阻、分流系数、导线与避雷线耦合系数 K_c、杆塔等效电感 L_{gt} 以及绝缘子串冲击放电电压 $U_{50\%}$ 有关。工程上常采取降低接地电阻 R_{ch}，提高耦合系数 K_c 作为提高耐雷水平的主要手段。对于一般高度的杆塔，冲击接地电阻 R_{ch} 上的电压降是塔顶电位的主要成分。耦合系数 K_c 的增加可以减小雷击塔顶时作用在绝缘子串上的电压，也可以减少感应过电压分量，提高耐雷水平。常规的做法是，将单根避雷线改为双避雷线，甚至在导线下方增设耦合地线，其作用是增强导线、地线间的耦合作用。

3. 雷击避雷线档距中央的过电压及其空气间隙

现在研究另一种雷击线路的情况，即档距中央避雷线上遭受雷击，如图 10-7 所示。

由于雷击点距杆塔有一段距离，由两侧接地杆塔处发生的负反射需要一段时间才能回到雷击点而使该点电位降低。在此期间，雷击点地线上会出现较高的电位。这可用近似的集中参数的等效电路来分析，求得 A 点的过电压。设档距避雷线电感为 $2L_s$，雷电流取斜角波，即 $I = at$，则

$$U_A = \frac{1}{2}L_s \frac{dI}{dt} = \frac{1}{2}L_s a \tag{10-26}$$

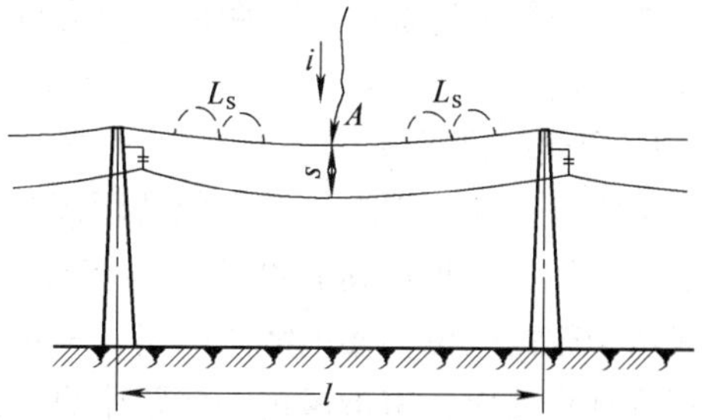

图 10-7 雷击避雷线档距中央示意图

A 点与导线空气间隙绝缘上所承受的电压 U_s 为

$$U_s = U_A(1-K_c) = \frac{1}{2}aL_s(1-K_c) \tag{10-27}$$

式中，K_c 为导线与避雷线间的耦合系数。

研究雷击避雷线档距中央的过电压，是为了确定档距中央，导线与避雷线间的空气距离 s，如图 10-7 所示。

根据理论分析和运行经验，我国规程规定，在档距中央，导线和避雷线之间的空气距离 s（m）按下式求得：

$$s \geq 0.012l + 1 \tag{10-28}$$

式中，l 为档距 (m)。

电力系统多年的运行经验表明，按式 (10-28) 求得的 s 是足够可靠的，即只要满足上式要求，雷击档距中央避雷线时，导线与避雷线间一般不会发生闪络。所以，在计算雷击跳闸率时，不计及这种情况。

10.4 输电线路雷击跳闸率的计算

雷击输电线路的跳闸次数与线路可能受雷击的次数有密切关系。而线路可能受雷击的次数与线路的等效受雷击宽度、每个雷暴日每平方公里地面的平均落雷次数、线路长度及线路所经过地区的雷电活动程度有关。根据模拟试验和运行经验，一般高度线路的避雷线和导线对地面的遮蔽宽度取 $4h_d + b$，h_d 是上导线的平均高度，b 为避雷线之间的宽度，这样 100km 长的输电线路对地面的遮蔽面积或受雷害面积 (km^2) 为

$$A = (4h_d + b) \times 10^{-3} \times 100 = 0.1(4h_d + b)$$

由第 9 章 9.2 节可知，地面落雷密度 γ 为 0.07，如果取每年 40 个雷暴日作为标准值，此时，每百公里输电线路受到的雷击次数 [次/(100km·40 雷电日)] 为

$$N = 0.28(4h_d + b) \tag{10-29}$$

由前分析可知，雷击输电线路的部位不同，它们的耐雷水平也不同。由式 (10-16) 及式 (10-17) 可以计算出有避雷线线路的绕击率。

雷击塔顶及杆塔附近避雷线的次数由运行经验可以得出，雷击杆塔次数与雷击线路总数的比例称为击杆率 g，见表 10-2。

线路因雷击而跳闸，有可能是由反击引起的，也可能是由绕击造成的，这两部分之和即是线路总的雷击跳闸率。

表 10-2 击杆率 g

避雷线根数	0	1	2
平原	1/2	1/4	1/6
山区	—	1/3	1/4

1. 反击跳闸率 n_1

由雷击点部位来看，反击包括两部分：一是雷击塔顶及杆塔附近的避雷线，雷电流经杆塔入地，造成塔顶较高电位，使绝缘子闪络；一部分是雷击避雷线档距中央。前已分析，只要空气间隙符合规程要求，雷击避雷线档距中央一般不会发生闪络，当然不会引起反击跳闸。因此可以认为，反击跳闸率主要是由第一种情况决定的。

由表 10-2 可查出击杆率，也就是说，每百公里线路在 40 个雷电日下，雷击杆塔的次数为 $N_g = 0.28(4h_d + b)g$，雷电流幅值大于雷击塔顶的耐雷水平 I_1 的概率为 p_1 [由式 (9-1) 求得]，建弧率 η [由式 (10-2) 或式 (10-3) 求得]。那么，每百公里线路，40 个雷电日，每年因雷击塔顶造成的跳闸次数 [次/(100km·40 雷电日)] 为

$$n_1 = 0.28(4h_d + b)g\eta p_1 \tag{10-30}$$

2. 绕击跳闸率 n_2

线路绕击率为 p_a，每百公里每年绕击次数为 $Np_a = 0.28(4h_d + b)p_a$，雷电流超过耐雷水平 I_2 的概率为 p_2，建弧率为 η，则每百公里线路因绕击造成的跳闸次数 [次/(100km·40 雷电日)] 为

$$n_2 = 0.28(4h_d + b)p_a\eta p_2 \tag{10-31}$$

综上所述，对于中性点直接接地，有避雷线的线路跳闸率［次/(100km·40雷电日)］为

$$n = n_1 + n_2 = 0.28(4h_d + b)\eta(gp_1 + p_a p_2) \tag{10-32}$$

顺便指出，在中性点非直接接地的电网中，无避雷线（金属或钢筋混凝土杆塔线路）的线路雷击跳闸率［次/(100km·40雷电日)］可用下式计算：

$$n = 0.28(4h_d + b)\eta p_1 \tag{10-33}$$

式中，h_d 为上导线的平均高度（m）；η 为建弧率；p_1 为雷击使线路一相导线与杆塔间闪络后，再向第二相导线反击时耐雷水平［用式（10-14）计算］的雷电流概率。

我国不同电压等级输电线路的一般耐雷水平和雷击跳闸率计算见表10-3。

表10-3 架空输电线路典型杆塔的耐雷水平及雷击跳闸率

电压等级/kV	500	330	220	110
雷击杆塔时耐雷水平/kA	125～175	100～150	75～110	40～75
平原跳闸率（次/100km·年）	0.081	0.121	0.252	0.833
山区跳闸率（次/100km·年）	0.17～0.42	0.27～0.60	0.43～0.95	1.18～2.01

注：跳闸率中，平原对应 $R_{ch} = 7\Omega$，山区两数据分别对应 R_{ch} 为 7Ω 和 15Ω。

输电线路防雷是一个重要课题，人们从电网建设初期就开始研究，已经获得了许多经验，建立了一系列的国际、国家、行业规程（法规）。一些防止雷害措施也得到了现场实践的检验，并证明上述分析和计算是行之有效的。也可以说，对220kV及以下的电压等级，国家现有规程基本是适用的，国际上也是类似的。然而，到330kV及以上电压等级时，如美国的一条单避雷线、双回、塔高45m的345kV线路，运行雷击跳闸率与设计雷击跳闸率差异极大，按相关标准计算为0.5次/(100km·年)，而实际运行测得的值是8.4次/(100km·年)。后来，在线路上安装了"寻雷器"，对110kV～345kV、640km线路进行调查，发现在111次雷击中，103次为负极性，跳闸94次，其中绕击51次，反击52次，绕击几乎占了一半。

国内外研究与现场运行经验表明：随着电压等级的提高，由于线路耐受反击能力大大提高，使得绕击在线路雷击跳闸中占有很大比例。例如，广东电力部门统计表明，500kV线路中，绕击是线路雷击跳闸率中的主要部分。同样，因为输电线路电压等级的提高，以及同塔多回输电线路结构的特点，如杆塔高、线路保护角大、经过地区地形复杂等因素，使得雷电来自的方向发生了变化，基于雷电来自输电线路上方的分析方法和计算公式当然就不适用了，这是很自然的。

按照我国规程去计算330kV及以上电压等级的雷击跳闸率也同样存在类似的问题。特别是输电线路绕击的计算，后来出现了"绕击的电气几何模型"。其基本出发点是：当雷电先导在输电线路附近空间发展时，究竟雷电击中输电线路的避雷线（杆塔），还是击中导线、地面，取决于雷电流的幅值，哪一个距离近就打到哪一个部位上，而这个距离和雷电流幅值有关，因此该模型有时也称为"等击距"电气几何模型。目前许多国家进行了实际试验，并将实验的数据进行拟合，得到了类似的计算公式。尽管"绕击的电气几何模型"与试验之间存在一定的差异，但它能很好地解释线路"绕击"率的增加，并导致跳闸率提高

这个现象。虽然在数值计算上其还存在一些不足，需要进一步完善，比如雷电不一定始终沿着最短路径上发展等，但人们正在进行这方面的工作。这项工作的困难是显而易见的，雷电本身是一个随机的自然现象，描述它特性的参数也是具有"概率"的含义，因此人们研究出的方法要获得实验上的验证也是非常困难的。

例 10-1 如图 8-18 所示 220kV 线路。假定杆塔冲击接地电阻 $R_{ch} = 7\Omega$，绝缘串由 13 片 X—7 组成。其正极性冲击放电电压 $U_{50\%} = 1410\text{kV}$，负极性冲击放电电压 $U_{50\%} = 1560\text{kV}$。架设双避雷线，避雷线弧垂为 7m，导线弧垂为 12m，避雷线半径为 5.5mm。求该线路的耐雷水平及雷电跳闸率。

解：(1) 计算几何参数

1) 避雷线与导线的平均高度

$$h_{bp} = h_b - \frac{2}{3}f_b = \left(29.1 - \frac{2}{3} \times 7\right)\text{m} = 24.5\text{m}$$

$$h_{dp} = h_d - \frac{2}{3}f_b = \left(23.4 - \frac{2}{3} \times 12\right)\text{m} = 15.4\text{m}$$

2) 避雷线对外侧导线的耦合系数

几何耦合系数 K_{c0}，可用式（8-49）求出

$$K_{c0} = 0.229$$

计及电晕后，耦合系数加大，由表 8-1 查出 $K_{c1} = 1.25$

$$K_{c0} = K_{c1}K_{c0} = 1.25 \times 0.229 = 0.286$$

3) 杆塔电感 L_{gt}

塔型铁塔，一般杆身电感为 $0.5\mu\text{H/m}$，则

$$L_{gt} = 0.5 \times 29.1 \mu\text{H} = 14.5\mu\text{H}$$

(2) 雷击塔顶时分流系数由表 10-1 查得

$$\beta_g = 0.88$$

(3) 雷击塔顶时的耐雷水平 I_1 由式（10-25）得

$$I_1 = \frac{U_{50\%}}{[\beta_g(R_{ch} + L_{gt}/2.6) + h_{dp}/2.6](1 - K_c)} = 116\text{kA}$$

(4) 雷电流超过 I_1 的概率由式（9-1）得

$$p_1 = 4.8\%$$

(5) 计算绕击耐雷水平 I_2 由式（10-8）得

$$I_2 = 15.6\text{kA}$$

(6) 雷电流超过 I_2 的概率由式（9-1）得

$$p_2 = 66.5\%$$

(7) 击杆率 g，绕击率 p_a，建弧率 η

由表 10-2 查得击杆率 $g = 1/6$；

由式（10-16）得 $p_a = 0.144\%$；

由式（10-1）得 $\eta = 0.80$。

(8) 线路的雷电跳闸率 n

$$n = 0.28(4h_{bp} + b)(gp_1 + p_ap_2)\eta$$

$$= \left[0.28 \times (4 \times 24.5 + 11.6) \times \left(\frac{1}{6} \times \frac{4.8}{100} + \frac{0.144}{100} \times \frac{66.5}{100} \right) \times 0.80 \right] 次/(100\text{km} \cdot 40 雷电日)$$

$$= 0.220 \text{ 次}/(100\text{km} \cdot 40 雷电日)$$

习　题

10.1　输电线路防雷的基本措施是什么？线路避雷器为什么能提高线路的耐雷水平？

10.2　输电线路的耐雷水平、建弧率和雷击跳闸率各是什么含义。

10.3　35kV 及以下的输电线路为什么一般不采取全线架设避雷线的措施？

10.4　例 10-1 中的 220kV 线路若架设在山区，且杆塔冲击接地电阻 $R_{\text{ch}} = 15\Omega$，其余条件不变，求该线路的耐雷水平及雷击跳闸率。

第 11 章 发电厂和变电所的防雷保护

发电厂、变电所是电力系统的中心环节，电力系统的重要设备——发电机、变压器、断路器等都安装在这里。如果它们受到雷击损坏，将带来大面积的停电事故，造成很大的经济损失，因此，必须采取可靠的防雷措施。

发电厂和变电所的雷害事故来自两个方面：一是雷直击于发电厂、变电所；二是雷击输电线路产生的雷电波沿线路侵入发电厂和变电所。

对直击雷的防护一般采用避雷针或避雷线。对入侵波防护的主要措施是在变电所、发电厂内安装避雷器以限制电气设备上的过电压幅值；同时在发电厂、变电所的进线保护段上采取相应措施，以限制流过阀式避雷器的雷电流和降低侵入波的陡度，对于直配电机，在电机母线上装设电容器以降低侵入波陡度，使电机的匝间绝缘和中性点绝缘不受损坏。

SF_6 气体绝缘全封闭变电所 (GIS) 的出现，新型金属氧化物避雷器的应用，给发电厂、变电所的雷电过电压防护带来了新的特点。

11.1 发电厂和变电所的直击雷保护

发电厂、变电所防止直击雷的措施是采用避雷针、避雷线及良好的接地网。

11.1.1 装设避雷针（线）的原则

装设的避雷针（线）应该使所有设备均处于避雷针及避雷线的保护范围之内。被保护的设施主要有室外配电装置、烟囱、冷却塔等高建筑物，易燃、易爆装置及材料仓库等。应该注意，防止雷击于避雷针及避雷线后，它们的地电位可能提高，如果它们与被保护设备的距离不够大，则有可能在避雷针、避雷线与被保护设备之间发生放电，这种现象称为避雷针（线）对电气设备的反击，或叫作逆闪络。此类放电现象不但会在空气中发生，而且还会在地下接地装置间发生，一旦出现，高电位就将加到电力设备上，有可能导致电力设备的绝缘损坏。

11.1.2 避雷针（线）的设计计算

1. 独立避雷针

如图 11-1 所示，当雷击避雷针时，雷电流经过避雷针及接地体流入大地。在避雷针的 A 点（高度为 h）及接地装置的 B 点将出现电位 u_A、u_B（kV）

$$u_A = L \frac{di}{dt} + iR_{ch}$$

$$u_B = iR_{ch}$$

式中，L 为 AB 段避雷针的电感（μH）；i 为流过避雷针的雷电流（kA）；$\dfrac{di}{dt}$ 为雷电流的陡度

（kA/μs）；R_{ch} 为接地装置的冲击电阻（Ω）。

在了解上述参数后，即可以计算出 u_A、u_B。

为了防止避雷针对被保护物体发生反击，避雷针与被保护物体之间的空气间隙应有足够的距离 s_k；同样的理由，地下接地体之间为了防止反击，也要有足够的距离 s_d。

规程建议雷电流幅值 I 取 140～150kA，$L=1.7\mu H/m$，空气击穿场强为 500kV/m，土壤击穿场强为 300kV/m，di/dt 按斜角波头 $\tau_f = 2.6\mu s$。根据运行经验，对 s_k、s_d(m) 提出如下要求：

$$\left.\begin{array}{l} s_k \geq 0.2R_{ch} + 0.1h \\ s_d \geq 0.3R_{ch} \end{array}\right\} \tag{11-1}$$

2. 架空避雷线

和避雷针保护一样，保证避雷线保护的可靠性的关键，仍然是正确计算雷击时在避雷线上和接地装置上产生的过电压。为了保证空气、地下间隙不发生反击，空气中的间隙 s_k 应有足够的距离，地下接地装置之间 s_d 也要有一定的距离。

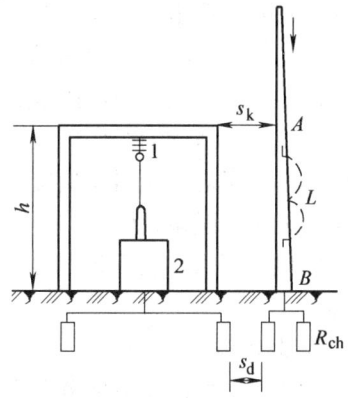

图 11-1 雷击独立避雷针时的高电位分析

采用架空避雷线保护，有两种布置形式：一种是避雷线一端经配电装置构架接地，另一端绝缘；另一种形式是避雷线两端接地。

（1）一端绝缘、另一端接地的避雷线

$$\left.\begin{array}{l} s_k \geq 0.2R_{ch} + 0.1(h+\Delta l) \\ s_d \geq 0.3R_{ch} \end{array}\right\} \tag{11-2}$$

式中，h 为避雷线支柱的高度（m）；Δl 为避雷线上校验的雷击点与接地支柱的距离（m）；R_{ch} 为接地装置的冲击电阻（Ω）。

（2）两端接地的避雷线

$$\left.\begin{array}{l} s_k \geq \beta'[0.2R_{ch} + 0.1(h+\Delta l)] \\ \beta' \approx \dfrac{l_2 + h}{l_2 + \Delta l + 2h} \\ s_d \geq 0.3\beta' k_{ch} \end{array}\right\} \tag{11-3}$$

式中，β' 为避雷线的分流系数；Δl 为避雷线上校验的雷击点与最近支柱间的距离（m）；l 为避雷线两支柱间的距离（m）；l_2 为避雷线上校验的雷击点与另一端支柱间的距离（m），$l_2 = l - \Delta l$。

避雷针、避雷线的 s_k 一般不宜小于 5m，s_d 一般不宜小于 3m，在可能的情况下，应适当地加大。

11.1.3 几个具体问题

1. 构架避雷针

对于 110kV 及以上的配电装置，由于绝缘较强，不易反击，一般可将避雷针装设在构架上。构架避雷针有造价低廉、便于布置的优点。但因构架离电气设备较近，必须保证不发生反击。

35kV 及以下配电装置的绝缘较弱,所以其构架或房顶上不宜装设避雷针,而需要装设独立避雷针。

对于 110kV 及以上的配电装置,由于电气设备的绝缘水平较高,在土壤电阻率不高的地区不易发生反击,因此一般允许将避雷针装设在配电装置的构架上;但在土壤电阻率大于 1000Ω·m 的地区,不宜装设构架避雷针;另外,要注意安装避雷针的构架应铺设辅助接地体,此接地体与主变压器接地点之间电气距离应大于 15m,这是为了使雷击时辅助接地体的电位升高,沿地网向主变压器接地点传播时,逐渐衰减,到达变压器的接地点后,其幅值已降低到不致于对变压器发生反击。当然,为了保证主变压器的安全,在主变压器的门形构架上是不能装设避雷针的。

发电厂厂房一般不装设避雷针,以免发生感应或反击使继电保护误动作,甚至造成绝缘损坏。

2. 避雷线

由于变电所的配电装置至变电所出线的第一个杆塔之间的距离可能比较大,如允许将杆塔上的避雷线引至变电所的构架上,最后一档线路将受到保护,比用避雷针经济。但由于避雷线有两端分流的特点,当雷击时,它比避雷针引起的电位升高小一些,因此我国有关规程规定:

1) 110kV 及以上的配电装置,可将线路的避雷线引接到出线门形构架上,但土壤电阻率大于 1000Ω·m 的地区,应加装 3~5 根接地极。

2) 35kV~60kV 配电装置,在 ρ 不大于 500Ω·m 的地区,允许将线路的避雷线引接到出线门形构架上,但应装设 3~5 根接地极;当 ρ > 500Ω·m 时,避雷线应终止于线路终端杆塔,进变电所一档线路可装设避雷针保护。

11.2 发电厂和变电所的行波保护

为防止雷电波侵入变电所损坏电气设备,一般从两方面采取保护措施:一是使用阀型避雷器,限制来波的幅值。二是在距变电所适当的距离内,装设可靠的进线保护段,利用导线高幅值入侵波所产生的冲击电晕,降低入侵波的陡度和幅值;利用导线自身的波阻抗限制流过阀式避雷器的冲击电流幅值。

11.2.1 避雷器的保护作用

安装避雷器是限制变电所入侵波的主要措施,避雷器动作后,可将来波的幅值加以限制。如果避雷器和被保护设备直接接在一起,则由避雷器的保护特性——冲击放电电压(有间隙)和残压来决定避雷器上的电压,它也就是作用在被保护设备绝缘上的电压。但是在变电所中,不可能也没有必要在每个电气设备旁都装一组避雷器,一般只在变电所母线上安装避雷器,它除保护变压器外,还要对其他设备提供保护。这样,避雷器与各个电气设备之间就不可避免地要有一定距离的电气引线。在这种条件下,作用在被保护设备上的过电压数值是必须注意的问题。

1. 避雷器保护的动作过程

如图 11-2 所示,当避雷器动作后,其电压波形可由图解法或解析法求得。由图 11-2b 可以看出,电压波有冲击放电电压(A 点)及残压(B 点)两个峰值。因为避雷器的伏秒特性较平,一般冲击放电电压不随入射波陡度而变,可视为一定值;残压虽与流过避雷器中的电流有关,但阀片是非线性的,在流过避雷器雷电流的很大范围内,残压的变化仍很小,通常避雷器的残压与其全波冲击

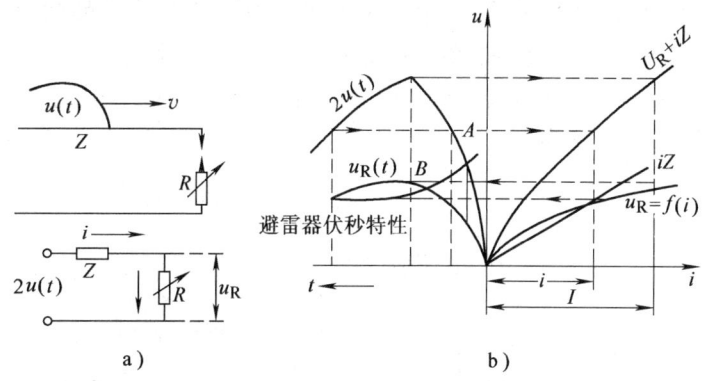

图 11-2 电压波侵入时避雷器电压图解
a) 接线及等效电路 b) 图解法

放电电压大致相等,这样避雷器上的电压波形可简化成一个斜角平顶波。上述结果是在有间隙阀式避雷器动作后得到的。对金属氧化物避雷器,该过程也是类似的。金属氧化物避雷器不但有很好的非线性,而且不出现间隙放电时有一个负的电压跃变现象,也就是说,开始时,避雷器端点电压始终是上升的,但到一定数值以后,电压几乎不随电流增大而上升。

2. 被保护设备上的过电压

前面说过,如果将被保护设备和避雷器接在一起,那么避雷器端部电压就是加到被保护设备上的电压,只要此值不超过设备的耐受能力,即可安全运行。变电所中,避雷器与被保护设备之间总是有一段电气距离的,在这种情况下,当阀式避雷器动作时,由于波的折射与反射,会使作用于被保护设备上的电压高于避雷器的冲击放电电压或残压,从而影响了避雷器的保护效果。

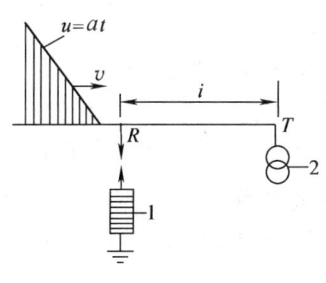

图 11-3 阀式避雷器保护
电气设备的简单接线图
1—阀式避雷器 2—变压器

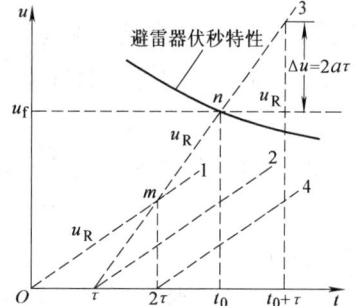

图 11-4 阀式避雷器保护设备时
避雷器及设备上电压的波形

图 11-3 为阀式避雷器保护变压器的原理接线图。假设避雷器与变压器的电气距离为 l,陡度为 a(kV/μs)、速度为 v 的波向避雷器袭来,设 $t=0$ 时,入射波到达避雷器,该处的电压将按 $u_R = at$ 上升,如图 11-4 中虚线 1。经过时间 $\tau = l/v$,波到达变压器端部 T。若不计变压器的入口电容,波到达端部时,将发生全反射。图中虚线 2 为端部的入射波,反射波应与它相同,变压器上的电压应为入射和反射波的和,即 $u_T = 2a(t-\tau)$,其陡度为 $2a$,用虚

线 3 表示，可见斜率为虚线 2 的 2 倍。当 $t \geqslant 2\tau$ 时，$u_R = at + a(t-2\tau)$。在 2τ 至避雷器动作前这段时间内，$u_R = u_T$。假定 u_T 在 $t = t_0$ 时上升到避雷器的放电电压，避雷器动作，限制了 R 点电压 u_R 的继续上升，由于阀片的非线性特性，u_R 的曲线基本上为水平直线。避雷器放电后限制电压的效果需经过时间 τ，即 $t = t_0 + \tau$ 才能到达变压器。在这段时间 τ 内，变压器上的电压仍以 $2a$ 的陡度继续上升。由图清晰可见，变压器上最大电压将比避雷器上的电压高出 Δu，数值为

$$\Delta u = 2a\tau = 2a\frac{l}{v} \tag{11-4}$$

也就是说，变压器上的电压应为

$$u_T = u + \Delta u = u_R + 2a\frac{l}{v} \tag{11-5}$$

为了保证变压器上电压不超过一定的允许值，避雷器与变压器之间的电气距离应有一定限度，也就是有一定的保护距离。

在实际的变电所中，变压器有一定的入口电容，避雷器与变压器之间的连线也有电感、电容。计及这些参数后，使得避雷器动作后在避雷器与变压器之间的波过程复杂化。

图 11-5 给出了变压器实际所受电压的典型示波图，这与前面理论分析结果是一致的。这种波形与全波相差较大，对变压器绝缘的作用与截波的作用较为接近，因此常用变压器绝缘耐受截波的能力来说明在运行中该变压器承受雷电波的能力。这样变压器与避雷器之间允许的最大电气距离 l_m 应为

$$l_m \leqslant \frac{u_j - u_R}{2a/v} \tag{11-6}$$

若以空间陡度 a'(kV/m) 计算，上式可改写成

$$l_m \leqslant \frac{u_j - u_R}{2a'} \tag{11-7}$$

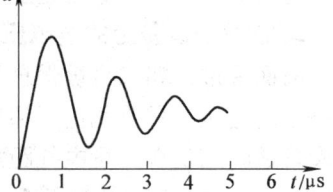

图 11-5 雷电波侵入时变压器上电压的典型波形

以上是从最简单的情况来考虑，事实上设备的电容、变电所引出线的阻抗、冲击电晕和避雷器电阻的衰减作用等均可使情况变得有利。

式 (11-7) 表明，l_m 不但与 ($u_j - u_R$) 值有关，而且与雷电流侵入波的陡度 $a(a')$ 有关。各电压等级变压器多次截波耐压值与避雷器残压的比较见表 11-1。由表可知，u_j 比普通阀式避雷器的 5kA 残压高出约 40%。比磁吹阀式避雷器的残压高出约 80%，因此，变电所中若使用磁吹避雷器，则变压器与避雷器间的最大允许电气距离将比普通避雷器时大。

表 11-1 变压器多次截波耐压值与避雷器残压值的比较

额定电压 /kV	变压器三次截波耐压值（最大值）/kV	变压器多次截波耐压值（最大值）/kV	FZ 型避雷器 5kA 残压（最大值）/kV	FCZ 型避雷器 5kA 残压（最大值）/kV	变压器三次截波耐压值与避雷器残压值之比		变压器多次截波耐压值与避雷器残压值之比	
					FZ 型	FCZ 型	FZ 型	FCZ 型
35	225	196	134	108	1.68	2.08	1.46	1.81
60	390	339	227	178	1.71	2.19	1.49	1.90
110	550	478	332	260	1.66	2.10	1.44	1.83
220	1090	949	664	515	1.64	2.13	1.43	1.85
330	1300	1130	—	820	—	1.59	—	1.38

注：FZ 型是指电站型普通碳化硅阀式避雷器，FCZ 型是指电站型碳化硅磁吹阀式避雷器。

图 11-6、图 11-7 是根据模拟实验求得的避雷器到变压器最大允许距离 l_m 与侵入波计算陡度 a' 的关系曲线，其中 35kV～220kV 级系按普通阀式碳化硅避雷器计算；330kV 级系按磁吹阀式碳化硅避雷器计算。变电所中的其他设备的冲击耐压值比变压器高，它们离避雷器的最大允许电气距离比图 11-6、图 11-7 相应地增大 35%。由于金属氧化物避雷器的性能更优越，设备离避雷器的最大允许电气距离将进一步增大。

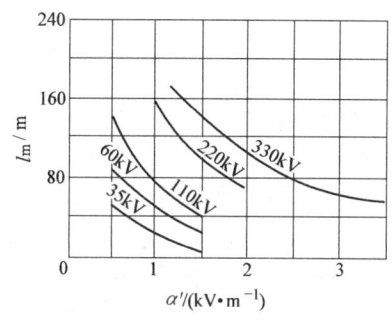

图 11-6　一路进线的变电所中，避雷器与变压器的最大电气距离与侵入波计算陡度的关系曲线

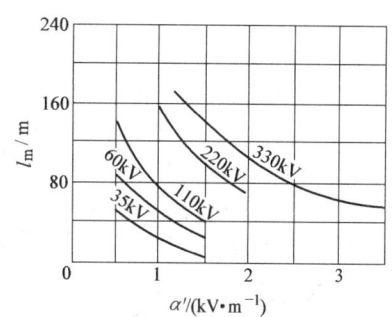

图 11-7　两路进线的变电所中，避雷器与变压器的最大电气距离与侵入波计算陡度的关系曲线

显而易见，由于金属氧化物避雷器的非线性特性好，在规定的电流下，和碳化硅避雷器相比残压会更低，使得被保护设备与避雷器允许的最大电气距离进一步增大，也可以说，在电站中金属氧化物避雷器可以保护更多的电气设备。

11.2.2　变电所的进线保护

当线路遭受雷击时，将有行波沿导线向变电所运动，其幅值不超过线路的冲击放电电压。线路的冲击耐压比变电所设备的冲击耐压要高得多，见表 11-2。如果没有架设避雷线，那么靠近变电所线路上受到雷击时，不但流过避雷器的雷电流幅值可能超过规定值，而且陡度也会高于允许值，从而会使变电所发生雷害。因此，在靠近变电所的一段进线上必须加装避雷针（线），使得这一段线路绕击和反击于导线的概率都非常小，以减少变电所的雷害事故。

表 11-2　不同额定电压的线路与变压器的冲击强度

额定电压/kV	35	110	154	220	330	500
线路绝缘的冲击放电电压（1.2/50μs、负极性）/kV	350	700	1000	1200～1400	1645	2060～2300
运行中变压器可耐受的冲击电压（1.2/50μs）/kV	180	425	585	835	1175	1540

对 35kV～110kV 线路，并不要求全线架设避雷线进行保护，但在靠近变电所的 1km～2km 范围内应装设避雷线、避雷针或其他防雷装置，通常称此线段为进线段。

对全线有避雷线的线路来说，把靠近变电站附近 2km 长的一段线路也叫进线段。它除了线路防雷外，还担负着避免或减少变电所雷电行波事故的作用。

在上述两种情况下，进线段的耐雷水平要达到有关规程规定值，以减少反击；同时保护角不超过 20°，以减少这段线路的绕击。

1. 流过避雷器的冲击电流

图 11-8 为变电所行波保护接线。可以认为最危险的雷击只能发生在进线段的首端，且来波的幅值一般被限制在进线段绝缘的 $U_{50\%}$。

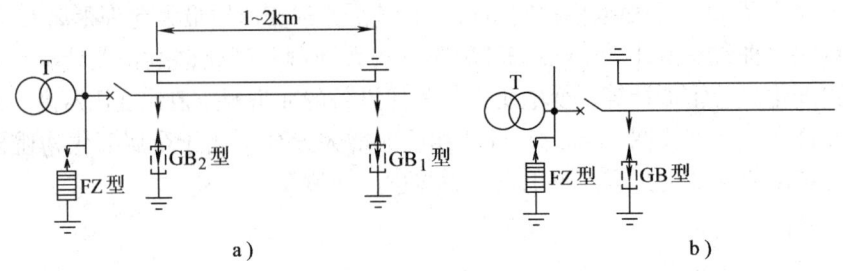

图 11-8 变电所行波保护接线
a) 未沿全线架设避雷线的 35～110kV 线路进线保护
b) 全线有避雷线的变电所进线保护

由于波在 1km～2km 进线段来回一次的时间为 $2l/v \geqslant (2000 \sim 4000)/300\mu s = 6.7\mu s \sim 13.3\mu s$，它已超过进波的波头时间，即避雷器动作产生的负反射波折回到落雷点，又在该点产生负反射波再到达避雷器而加大电流时，流过避雷器的电流早已超过峰值。因此可用图 11-9b 的等效电路计算。由图可列出方程

$$\left.\begin{array}{l} 2U_{50\%} = IZ + u_R \\ u_R = f(I) \end{array}\right\} \quad (11-8)$$

式中，$U_{50\%}$ 为侵入电压波(kV)；Z 为线路波阻抗(Ω)；$f(I)$ 为阀式避雷器的伏安特性。

由上述方程，用图解法或解析法求解，可得

$$I = \frac{2U_{50\%} - u_R}{Z} \quad (11-9)$$

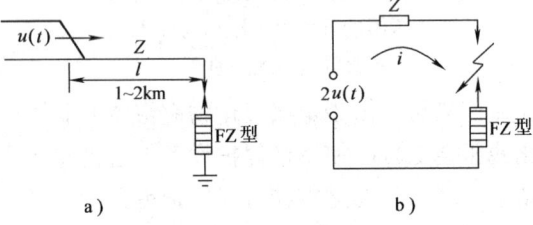

图 11-9 一条出线时，计算避雷器 FZ 中电流的电路
a) 接线图 b) 等效电路

如为 220kV 线路，取 $U_{50\%} = 1200$kV，$Z = 400\Omega$，$u_R = 664$kV，则

$$I = \frac{2 \times 1200 - 664}{400} \text{kA} = 4.34 \text{ kA}$$

计算结果表明，流过避雷器的最大冲击电流 I 不会超过 5kA。用同样的方法，计算出不同电压等级线路流过电站母线避雷器最大冲击电流值，列于表 11-3。

表 11-3 按图 11-9 计算流经避雷器的冲击电流最大值

额定电压/kV	避雷器型号	线路绝缘的 $U_{50\%}$/kV	i_b/kA
35	FZ—35	350	1.41
110	FZ—110J	700	2.67
220	FZ—220J	1200～1400	4.35～5.38
330	FCZ—330J	1645	7.06
500	FCZ—500J	2060～2310	8.63～10

从表 11-3 中可以看到，35kV～220kV 线路的冲击放电电压比较低，雷击进线段外，流过 FZ 避雷器中的电流不会超过 5kA，但 330kV、500kV 线路绝缘偏高，且导线波阻抗减小，FCZ 避雷器中的雷电流有可能超过 5kA。因此，当选用避雷器保护变电所时，一般在电压为 220kV 及以下时以 5kA 下的残压为准，而在 330kV 以上时，以 10kA 下残压为准，或者更大

的雷电流，由于金属氧化物避雷器非线性特性非常好，因此雷电流可以取更高的值。

2. 陡度 a

在最不利的情况下，如在进线段首端落雷，侵入雷电波最大幅值为线路的 50% 冲击闪络电压。当此电压幅值超过导线的临界电晕电压时，导线在侵入雷电波的作用下将发生冲击电晕。由于电晕要消耗能量，将导致侵入雷电波的衰减与变形，其波头长度可按式（8-53）计算。

如雷击使在进线段首端反击，则导线上便突然出现雷电波，其波头长度 τ_0 接近于零，此波经过距离 l_0 后，其陡度 $a(\mathrm{kV}/\mu\mathrm{s})$ 为

$$a = \frac{U}{\Delta\tau} = \frac{U}{\left(0.5 + \frac{0.008U}{h_{\mathrm{dp}}}\right)l_0} = \frac{1}{\left(\frac{0.5}{U} + \frac{0.008}{h_{\mathrm{dp}}}\right)l_0} \tag{11-10}$$

式中，h_{dp} 为进线段导线平均高度（m）；l_0 为进线段长度（km）。

在比较短的距离 l_0 内，可令波速为 $300\mathrm{m}/\mu\mathrm{s}$，且用 $a'(\mathrm{kV/m})$ 来表示，则

$$a' = \frac{a}{300} = \frac{1}{\left(\frac{150}{U} + \frac{2.4}{h_{\mathrm{dp}}}\right)} \tag{11-11}$$

应该指出，尽管来波幅值较高，并由线路绝缘的冲击放电电压决定，但由于变电所中装有避雷器，当入侵波到达母线时，为避雷器所限制，人们关心的是电压由零上升至避雷器冲击放电电压（或残压）所需要的时间，所以用上述公式计算来波陡度时，U 值应取避雷器冲击放电电压（或残压）。

侵入变电所雷电波的计算陡度见表 11-4。

表 11-4 变电所侵入波计算陡度

额定电压 /kV	侵入波计算陡度/(kV·m^{-1})		额定电压 /kV	侵入波计算陡度/(kV·m^{-1})	
	1km 进线段	2km 进线段或全线有避雷线		1km 进线段	2km 进线段或全线有避雷线
35	1.0	0.5	220	—	1.5
60	1.1	0.55	330	—	2.2
110	1.6	0.75	500	—	2.5

在图 11-8 标准进线段保护方式中，还装有 GB_1 型和 GB_2 型管形避雷器。对冲击绝缘水平比较高的线路，如木杆或木横担线路，以及降压运行的线路，其侵入波幅值比较高，流过避雷器的电流可能超过规定值。这就需要在进线段首端装设 GB_1 型避雷器以限制侵入波的幅值，且所在的杆塔接地电阻应降到 10Ω 以下，以减少反击。又因在雷雨季节，进线的断路器或隔离开关可能经常开断，而线路侧则可能带有工频电压，当沿线路有雷电波袭来到达开路的末端时，电压将上升到 $2U_{50\%}$，这时可能使断路器绝缘放电并产生工频电弧，加装 GB_2 型避雷器是为保护断路器。但 GB_2 应在断路器闭合运行时处于阀式避雷器的保护范围，以免 GB_2 动作产生截波危及变压器的纵绝缘与相间绝缘。

需要说明的是 GB 型管形避雷器在进线段保护方式中的采用，是现有规程规定的，但现在很少使用了，大量由金属氧化物避雷器所代替。研究结果表明，对电压等级比较低的，影响比较大，这可能是低电压等级变电所雷害增加的原因之一。

对于35kV小容量变电所，可根据供电的重要性和当地雷电活动的强弱采用简化的进线保护，如图11-10所示。这是因为在35kV小容量变电所中，接线简单，设备尺寸小，变压器和避雷器的电气距离一般可在10m以下，允许侵入波有较高的陡度，因此进线段长度可以缩短。

对于35kV变电所，若进线段架设避雷线有困难，或进线杆塔接地电阻很难降低，满足不了耐雷水平的要求，可在进线的终端杆上安装一组1000μH左右的电感线圈来代替进线保护段，如图11-11所示。此电感线圈既能减小流过避雷器的雷电流，又能降低侵入波的陡度。

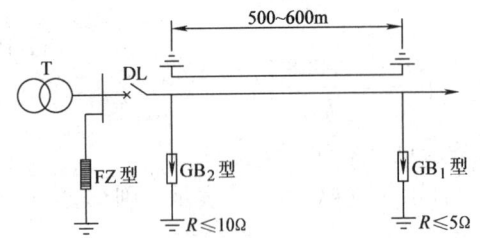

图11-10 31500~5000kVA、35kV
变电所的简化保护接线

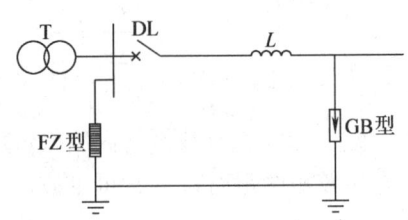

图11-11 用电抗线圈代替进线段
避雷线的保护接线

11.3 变电所防雷的几个具体问题

本节讨论三绕组变压器、自耦变压器的保护，变压器的中性点保护，以及配电变压器的防雷保护等几个具体问题。

11.3.1 三绕组变压器和自耦变压器的防雷保护

1. 三绕组变压器的保护

如前所述，当变压器高压侧有雷电波侵入时，通过绕组间电磁与静电耦合，在低压侧也将出现过电压。三绕组变压器在正常运行时，可能有高、中压绕组运行，低压绕组开路的情况。此时，若线路有入侵波传来雷电波作用在高压侧或中压侧时，由于低压绕组的对地电容很小，开路的低压绕组上的静电耦合分量可能达到很高的数值，危及低压绕组的安全。由于静电分量使低压绕组三相电位同时升高，因此为了限制这种过电压，只要在任一相低压绕组出线端对地加装一台避雷器即可。如果低压绕组连接有25m及以上的金属铠装电缆段，则相应地增加了低压侧的对地电容，限制了过电压，此时低压侧可不装避雷器。

相对来说，三绕组变压器中压绕组绝缘水平比低压绕组要高，当其开路运行时，一般静电耦合分量不会损坏中压绕组，不必加装上述要求的避雷器。

双绕组变压器在正常运行时，高压与低压侧断路器都是闭合的，两侧都有避雷器保护。

2. 自耦变压器的保护

自耦变压器一般除有高、中压自耦绕组外，还带有三角形联结的低压绕组，以减小零序电抗和改善波形。因此，它可能只有两个绕组运行而另一个绕组开断的情况。

当雷电侵入波从高压端线路袭来，设高压端电压为U_0，其初始和稳态分布及最大电位包络线都和中性点接地的绕组相同,如图 11-12a 所示,在开路的中压端 A' 上可能出现的最大电位为高压侧电压 U_0 的 $2/k$ 倍(k 为高压侧与中压侧绕组的电压比),这样可能造成开路的中压端套管闪络。因此在中压侧与断路器之间应装设一组避雷器,以便在中压侧断路器开路时,保护中压侧绕组的绝缘。

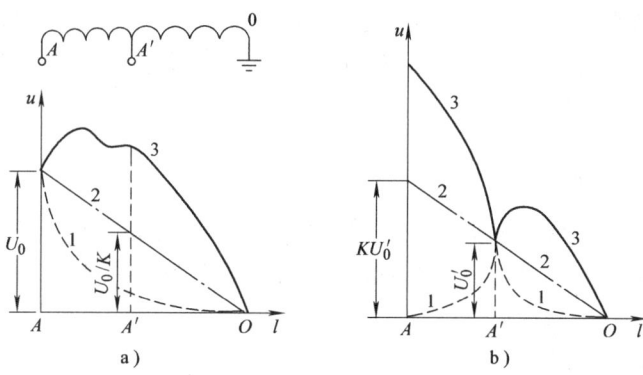

图 11-12　自耦变压器的电位分布
a）高压端 A 进波　b）中压端 A' 进波
1—初始电压分布　2—稳态电压分布　3—最大电位包络线

当高压侧开路,中压侧有一雷电波 U_0' 侵入时,初始和稳态分布如图 11-12b 所示。由中压端 A' 到开路的高压端 A 的稳态分布,是由中压端 A' 到中性点 O 稳态分布的电磁感应形成的,高压端稳态电压为 kU_0'。在振荡过程中,A 端的电位可达 $2kU_0'$,这将危及开路的高压绕组。因此,在高压侧与断路器之间也应装一组避雷器。当中压侧有出线（相当于 A' 经线路波阻抗接地）,高压侧有雷电波入侵时,雷电波电压将大部分加在 AA' 绕组上,可能使绕组损坏。同样,中压侧进波,高压侧有出线时,情况与上述类似。这种情况显然 AA' 绕组愈短（即电压比 k 愈小）时愈危险。为此,当电压比小于 1.25 时,在 AA' 之间应装设一组避雷器。

自耦变压器的防雷接线如图 11-13a 所示,也可采用图 11-13b 所示的避雷器保护方式。与图 11-13a 相比,它可

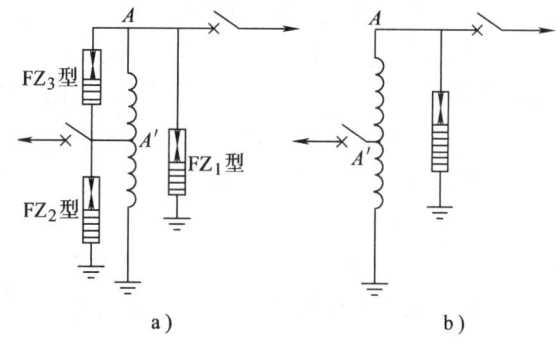

图 11-13　保护自耦变压器的避雷器配置
a）一般避雷器配置　b）自耦避雷器配置

以节省避雷器元件,但引线较麻烦,还需验算自耦绕组任一侧接地短路条件下,避雷器所承受的最高工频电压不应超过其灭弧电压。

11.3.2　变压器的中性点保护

在中性点直接接地的系统中,为减少单相接地的短路电流,有部分变压器的中性点改为不接地运行。这时,变压器的中性点需要保护。

用于这种系统的变压器中性点对地绝缘有两种不同的设计方案：
1）全绝缘,中性点处的绝缘水平与相线端的绝缘水平相等。

2) 分级绝缘，中性点处的绝缘水平低于相线端的绝缘水平。

变压器中性点绝缘为全绝缘时，其中性点一般不需保护。若变电所为单台变压器且为单路进线运行时，在三相同时进波的情况下，中性点的对地电位会超过首端的对地电位。这种情况虽属少见，但在单台变压器的变电所中，如果变压器中性点绝缘损坏，经济损失会很大，故需在中性点加装一个与首端有同等电压等级的避雷器。

变压器中性点绝缘降低时，应选用与中性点绝缘等级相同的避雷器进行保护，但要注意校验避雷器的灭弧电压，它应始终大于中性点可能出现的最高工频电压。

11.3.3 配电变压器的防雷保护

3～10kV 配电线路绝缘水平低，直击雷常使线路绝缘闪络，但大部分雷电流流入地中，限制了侵入波以及通过避雷器的雷电流幅值；加之避雷器与变压器靠得很近，两者之间电位差很小，因此可以不设进线保护。

配电变压器的保护接线如图 11-14 所示。避雷器应尽量靠近变压器装设，并尽量减小连接线的长度，以减少雷电流在连接线电感上的电压降，使变压器绕组与避雷器之间不致产生很大的电位差。避雷器的接地线应与变压器金属外壳以及低压侧中性点相连接地。这样如高压侧来波，作用在高压侧主绝缘上的电压就只是 FS 型避雷器上的残压，而不包括接地电阻 R 上的电压降。

运行经验表明，如果只有高压侧装设避雷器，还不能使变压器免除雷害事故。这是由于雷击高压线路时，避雷器动作后的雷电流将在接地电阻上产生电压降。这一电压

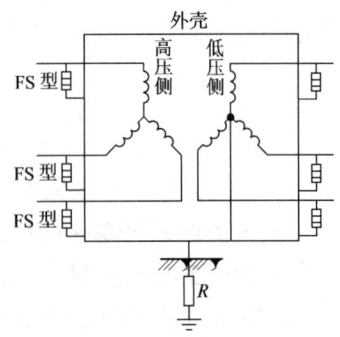

图 11-14 配电变压器的保护接线

将作用到低压侧中性点上，而此时低压绕组出线相当于通过线路波阻抗接地，故将在低压绕组上产生电流，通过电磁耦合，在高压侧感应出电动势。由于高压绕组出线段的电位被避雷器固定，所以这个高电位将沿高压绕组分布，在中性点上达到最大值，可能使中性点附近绝缘损坏。由高压侧遭雷击，避雷器动作，作用于低压绕组的电流通过电磁耦合又变换到高压侧的过程叫作"反变换"。另外，如低压侧线路落雷，作用在低压侧的冲击电压按电压比感应到高压侧，由于低压侧绝缘裕度比高压侧大，故有可能在高压侧引起先击穿，这个过程叫作"正变换"。为了防止正、反变换出现的过电压，可在低压侧每相上装一只避雷器，使配电变压器的防雷保护得以改善。

11.4 气体绝缘变电所的防雷保护

全封闭 SF_6 气体绝缘变电所（GIS）是除变压器以外整个变电所的高压电力设备及母线，封闭在一个接地的金属壳内，壳内充以 $(3\sim4)\times1.01325\times10^5 Pa$ 气压的 SF_6 气体作为相间和对地的绝缘，它是近年来发展起来的一种新型变电所。我国 110kV、220kV 的 GIS 变电所已经有了一些运行经验。500kV 系统中，特别是在大型水电工程和城市高电压电网的建设中，GIS 正在得到迅速推广。

11.4.1 GIS 变电所雷电过电压保护的特点

1) GIS 绝缘的全伏秒特性比较平坦,其冲击系数很小,约为 1.2~1.3,因此它的绝缘水平主要决定于雷电冲击电压。

2) GIS 变电所的波阻抗一般在 60Ω~100Ω 之间,远比架空线路低,这对变电所的侵入波保护有利。

3) GIS 变电所结构紧凑,设备之间的电气距离小,避雷器离被保护设备较近,防雷保护措施比敞开式变电所容易实现。

4) GIS 绝缘完全不允许电晕,一旦发生电晕,将立即击穿;而且没有自恢复能力。致命的绝缘损伤可能导致整个 GIS 系统的损坏。因此要求包括母线在内的整套 GIS 装置的雷电过电压保护具有较高的可靠性,在设备绝缘配合上留有足够的裕度。

11.4.2 GIS 变电所常用的雷电保护接线

实际的 GIS 变电所有不同的主接线方式。其进线方式大体可分为两类,一是架空线直接与 GIS 相连,二是经电缆段与 GIS 相连。

1) 与架空线直接相连的 GIS 变电所的防雷保护接线如图 11-15 所示。

2) 经电缆进线的 GIS 变电所的保护接线方式如图 11-16 所示。

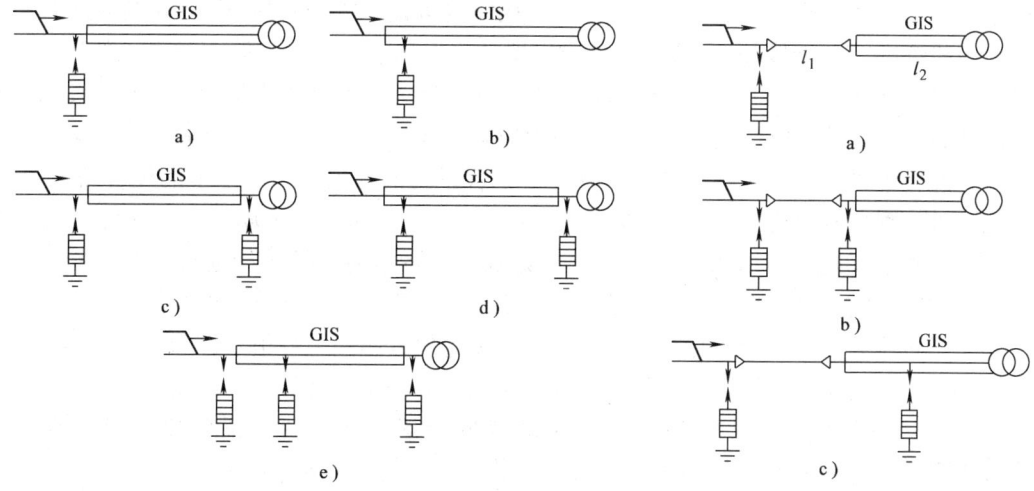

图 11-15 与架空线直接相连的 GIS 保护接线　　图 11-16 经电缆进线的 GIS 的保护接线

近期的研究表明,从绝缘配合的角度看,GIS 变电所的保护应尽量使用保护性能优良的金属氧化物避雷器。另外值得注意的问题是,如果在 GIS 内部和外部各自采用保护性能不相同的避雷器,则由于伏安特性的差异,可能出现避雷器动作后放电电流负担不均匀的问题。

11.5 旋转电机的防雷

旋转电机虽处于室内,但也会受到大气过电压的作用,如图 11-17 所示。图 11-17a 为发电机经升压变压器与架空线相连接的情况，线路上雷电波经变压器绕组过渡到发电机绕组。有时发电机和升压变压器低压侧连线过长，为使这段连线不受雷击，需用避雷针进行保护。当雷击避雷针时，将有感应过电压作用于电机绝缘，如图 11-17b 所示。图 11-17c 是发电机与负荷相距较近，无需升高电压输电，可以将电机与架空线直接相连，称为直配电机的情况。此时，若雷击于导线或附近地面，将会有大气过电压作用于电机绝缘上。

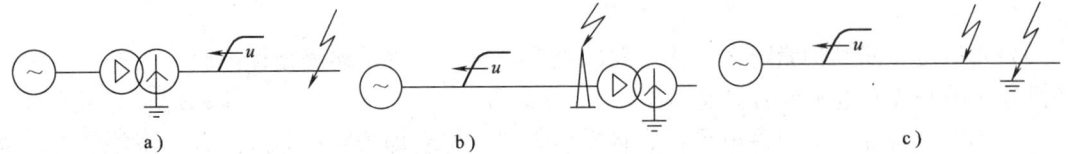

图 11-17 在电机绝缘上有大气过电压作用的几种情况
a) 电机经升压变压器与架空线相连 b) 电机至升压变压器连线上有感应过电压时 c) 电机与架空线直接相连

11.5.1 旋转电机防雷保护的特点

由于旋转电机在结构和工艺上的特点，它们的冲击绝缘水平要比同电压等级的变压器低得多。因为电机绕组不像变压器那样为浸在油中的组合绝缘，而是全靠固体介质来绝缘，故其绝缘相对更容易受潮、被污染；其次在制造过程中也可能会使固体绝缘损伤，或有气隙，造成绝缘隐患，在这些地方很容易发生游离，同时电机也不能采取其他均压措施使电压均匀分布。电机绝缘（如云母等），特别在导线出槽处，电场极不均匀，故在过电压作用后，会有局部的轻微损伤使绝缘老化，可能引起击穿。从运行方面看，电机绝缘在运行中受机械振动、发热以及局部放电所产生的臭氧的侵蚀等影响，相对变压器的工作条件更为严峻。

保护旋转电机用的磁吹避雷器（FCD 型）的保护性能与电机绝缘水平的配合裕度很小，电机出厂冲击耐压值只比 FCD 避雷器的 3kA 残压高 8%~10%；金属氧化物避雷器（MOA 型）要好一些，但也仅高出 25%~30%。考虑到电机运行后绝缘性能还要下降，裕度会更小，所以单靠避雷器来保护电机是不够的，还必须与电容器、电抗器、电缆段等配合。

由于电机绕组结构布置的特点，特别是大容量电机其匝间电容很小，起不了改善冲击电压分布的作用。为了保证发电机匝间绝缘的安全运行，必须要将侵入波陡度限制得很小。

实验与运行经验表明：为使一般电机的匝间绝缘不致损坏，需将来波陡度限制在 5kV/μs 以下。若电机中性点不引出，需将侵入波陡度限制在 2kV/μs 以下，使它不致于损坏中性点绝缘。

11.5.2 直配电机的防雷保护

雷击线路或其邻近大地产生的直击雷过电压波或感应雷电波，都有可能沿线路侵入危害直配电机的绝缘。对直配电机的防雷应采取以下措施：

1) 每组发电机母线上都装一组 FCD 型磁吹避雷器，以限制侵入波过电压的幅值。
2) 在发电机电压母线上装设一组并联电容器（电容量为 0.25μF~0.5μF），以限制侵入波陡度。这不但是保护电机匝间绝缘及中性点绝缘的需要，同时也是为了降低感应过电压。
3) 在直配线进线处加装电缆段和管形避雷器等，以限制流过避雷器的雷电流不超过 3kA。

4）发电机中性点有引出线，在中性点加装一只避雷器保护，或者将母线并联电容加大到 1.5μF～2.0μF，以进一步降低侵入波陡度。

需要说明的是：随着我国电力系统的发展，发电机的容量越来越大，出现直配电机的接线机构会越来越少，但防雷的原理同样适用于电压高、容量大的电动机的接线，因此这个防护方法同样是实用的。

直配电机保护的原理接线基本上有三种类型，如图 11-18 所示。

图 11-18a 在进线处装设电感 L，L 可以是限流电抗器，也可以是专为防雷设置的电感线圈。L 不但和母线上的电容器 C 构成一个串联振荡电路（周期为 $T=2\pi\sqrt{LC}$），而且对波在 L 进端的正、反射提高了线路侧的电压，从而加速了 FS 型避雷器的动作，限制了进波的幅值。在图 11-18a 中，若 $C=0.25\mu F\sim0.5\mu F$，$L=100\mu H\sim300\mu H$，则 $T=31.4\mu s\sim77.0\mu s$，它要比线路来波波头 2.6μs 大得多，故适当选择 L 及 C 的数值，可以将加到电机绕组上的陡度限制在所要求的范围内。目前，国内外已有很多地方采用了这种方法。我国用电抗器保护的电机，在 494 台·年的运行中，从未发生过一次电机的雷击损坏事故。

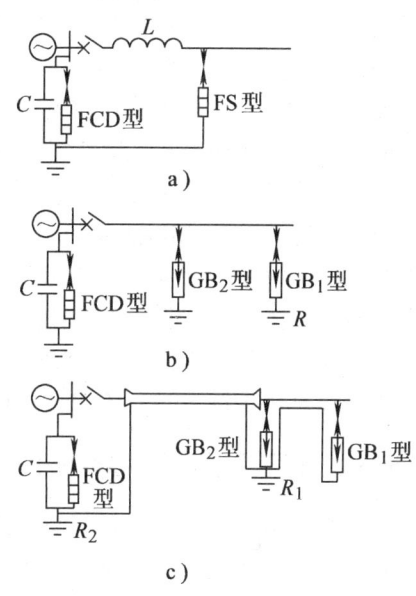

图 11-18 直配电机防雷的基本接线

图 11-18b 是利用架空进线段的电感来代替集中电感的直配电保护接线，架空线段长度大约为 450m～600m。此段线路用独立避雷针来保护，避雷针到线路的距离要保证在 50kA 的雷击避雷针时，不会向线路发生反击。在进线段首端还应装管形避雷器 GB_1，其作用是当进线段首端外侧附近发生雷击时，管形避雷器 GB_1 先放电，从而将雷电流大部分由此引入地中，以防止 FCD 型磁吹避雷器电流超过 3kA。但要注意的是：这时加在线路首端的电压，除了 GB_1 上的电压降外，主要是接地电阻上的电压降。为了降低该电压，必须降低接地电阻 R_{ch}。在土壤电阻率较高的地区，降低 R_{ch} 若有困难，可在进线中间再装设一组管形避雷器 GB_2。

图 11-18c 为有电缆段的直配电机保护接线。发电机经过一段大于 100m 的电缆与架空线相连接。电缆段的首端接有 GB_2，末端接线与图 11-18a、b 的末端相同，由 FCD 型磁吹避雷器和电容 C 并联，电缆外皮两端接地。

电缆段的主要作用是什么？从分布参数的角度看，电缆是具有较低波阻抗的传输线；从集中参数的角度看，电缆相当于一个大电容。但电缆对电机防雷所起的作用，不在于电缆具有较低的波阻抗和较大的电容，而在于利用电缆外皮高频电流的趋肤效应或电缆外皮的分流及耦合作用。

当侵入波使电缆首端管形避雷器 GB_2 动作时，电缆芯线与外皮短接，相当于把电缆芯和外皮连在一起并具有同样的对地电压 iR_1。由于雷电流的等效频率很高，而且电缆外皮与芯线为同心圆柱体，其间的互感等于外皮的自感，因此，当电缆外皮流过电流时，芯线上会产生反电动势，阻止沿芯线流向电机的电流，使绝大部分电流如同高频电流趋肤效应那样，从电缆外皮流走，从而减小了流过避雷器的电流，使残压降低。

上述具有较长电缆段的接线可达到很高的耐雷水平。如电缆长 100m，电缆末端外皮接地引下线长 12m，接地电阻 $R_1 = 5\Omega$ 时，电缆首端电流为 50kA，流过避雷器电流不会超过 3kA，对电机绝缘无危险；也可以说，这种保护接线耐雷水平为 50kA。但要注意，这种接线的必要条件是要保证电缆首端的 GB_2 管形避雷器可靠动作，否则上述电缆外皮的分流及耦合就不能很好地完成。由于电缆的波阻抗远低于架空线路，侵入波到达电缆首端后会产生负反射波，使该点电压降低，以致 GB_2 不一定动作，因而失去电缆段保护作用。为了避免这种情况，可在 GB_2 与电缆之间串入一组 $100\mu H \sim 300\mu H$ 的电感，利用电感对侵入波的正反射波使 GB_2 动作。也可以将避雷器 GB_2 前移 70m 或增加 GB_1（见图 11-18c）。注意 GB_1 的接地端应为电缆首端外皮的接地装置，并用架空导线相连接（见图 11-18c），以发挥电缆段的作用。此连接线应悬挂在杆塔导线下 2m～3m 处，以使两线之间有一定的耦合作用。增加 GB_1 的原因是，仅将 GB_2 前移 70m 时，这种耦合作用可能不大，遇到强雷时，流向芯线通过 FCD 型磁吹避雷器的电流又有可能超过每相 3kA。为了避免这一情况，增设 GB_1 的同时，电缆首端仍保留 GB_2，遇到强雷时，后者放电，便可发挥电缆段的限流作用。

如前所述，管形避雷器 GB 在防雷保护中采用的是目前规程的规定，如果采用其他避雷器，如金属氧化物避雷器，还需研究它的影响。

11.5.3 非直配电机的防雷保护

国内外的运行经验表明：经变压器送电的电机在防雷上比直配电机更可靠，但也时有被雷击坏的事例。如前所述，作用在变压器高压绕组上的侵入波过电压可能通过高低压绕组之间的静电感应和电磁感应传播到低压绕组。当发电机运行时，由于变压器低压侧所连接的等效电容较大，静电分量相对来说是次要的。对于电磁分量，高低压绕组之间仍保持着相同的关系。

研究及运行经验表明：在多雷区，经升压变压器送电的特别重要的发电机，其出线上宜装设一组磁吹避雷器或金属氧化物避雷器。如与该避雷器并联一组保护电容（$C = 0.25\mu F \sim 0.5\mu F$），再装上中性点避雷器，则可认为发电机已得到了可靠的保护。

习 题

11.1 变电所中的大气过电压有几种？如何防止？

11.2 当用避雷器保护变压器时，避雷器动作后，作用于变压器的电压高于避雷器的残压，为什么？

11.3 某 220kV 变电所一路出线，其允许侵入波陡度为 $300kV/\mu s$，若分别用普通阀式避雷器、磁吹避雷器、金属氧化物避雷器来保护变压器，试估算避雷器与变压器的最大电气距离。

11.4 试述变电所进线保护段的标准接线中各元件的作用。

11.5 对配电变压器的防雷保护应采取什么措施？

11.6 发电机的绝缘特点是什么？发电机防雷保护的任务有哪些？

第 12 章 暂时过电压

在电力系统内部，由于断路器的操作或发生故障，使系统参数发生变化，引起电网电磁能量的转化或传递，在系统中出现过电压，这种过电压称为内部过电压。

系统参数变化的原因是多种多样的，因此，内部过电压的幅值、振荡频率以及持续时间不尽相同，通常可按产生的原因将内部过电压分为操作过电压及暂时过电压。操作过电压即电磁暂态过程中的过电压；而暂时过电压包括工频电压升高及谐振过电压。若以其持续时间的长短来区分，对频率为 50Hz 的电网，一般持续时间在 0.1s（5 个工频周波）以内的过电压称为操作过电压；持续时间长的过电压则称为暂时过电压。

有时也把频率为工频或接近工频的过电压称为工频电压升高，或工频过电压。对因系统的电感、电容参数配合不当，出现的各类持续时间长、波形周期性重复的谐振现象及其电压升高，称为谐振过电压，它与工频电压升高的机理是一样的，只是频率上的差异。当然，它可能涉及回路中电感的非线性，导致同一回路出现多个频率，增加求解问题的复杂性，因此，按照国际电工委员会的划分，它同属于暂时过电压。

暂时过电压对正常运行的电气设备的危害取决于其幅值和持续的时间。

12.1 工频电压升高

图 12-1 为在我国第一个 500kV 输变电系统中，实测得到的某 336km 空载线路合闸过电压随时间变化的曲线，图中 K_0 为过电压倍数。该线路的断路器带有 400Ω 的合闸电阻，线路两端并联电抗器的补偿度为 71.5%。在合闸后 0.1s 前的一段时间内，首先出现具有高幅值、强阻尼的高频振荡操作过电压；在 0.1s 后的一段时间内，由于发电机自动电压调整器的惯性，发电机的暂态电动势 E_d' 保持不变，再加上空载线路的电容效应，使电压升高；约在 1.0s 后，由于发电机的自动电压调整器开始作用，母线电压逐渐下降。在合闸后 0.1s～1.0s 时间内电压的升高，称为暂

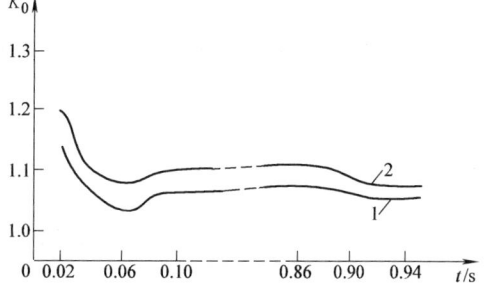

图 12-1　500kV 空载线路合闸时，线路首、末端电压变化过程的实测曲线
1—首端过电压　2—末端过电压

态工频电压升高；在 2s～3s 以后，系统进入稳定状态，这时的工频电压升高为稳态工频电压升高。对过电压保护及绝缘配合影响较大的是暂态工频电压升高，当然稳态工频电压升高对系统的电气设备也有一定影响。

一般而言，工频电压升高对 220kV 电压等级以下、线路不太长的系统的正常绝缘的电气设备是没有危险的，但对超高压、远距离传输系统绝缘水平的确定却起着决定性的作用。

12.1.1 超高压系统中工频电压升高的重要性

工频电压升高的数值是决定保护电器工作条件的主要依据,例如金属氧化物避雷器的额定电压就是按照电网中工频电压升高来确定的。对有间隙的避雷器,工频电压升高的幅度越大,要求避雷器的灭弧电压越高。在同样的保护比下,或者提高设备的绝缘水平,或者提高避雷器灭弧性能和通流能力。同时,工频电压升高幅值越大,对断路器并联电阻热容量的要求也越高,从而给制造低值并联电阻带来困难。

操作过电压与工频电压升高是同时发生的,因此工频电压的升高直接影响操作过电压的幅值。

工频电压升高持续时间长,对设备绝缘及其运行性能有重大影响,例如可导致油纸绝缘内部游离、污秽绝缘子的闪络、铁心的过热、电晕等。

12.1.2 工频电压升高的原因

1. 空载长线的电容效应

在集中参数 L、C 串联电路中,如果容抗大于感抗,即 $1/\omega C > \omega L$,电路中将流过容性电流。电容上的电压等于电源电动势加上电容电流流过电感造成的电压升。这种电容上电压高于电源电动势的现象,称为电容效应。

由第 8 章 8.1.1 小节可知,一条空载长线可以看作由无数个串联的 L、C 回路构成,在工频电压作用下,线路的总容抗一般远大于导线的感抗,因此线路各点的电压均高于线路首端电压,而且愈往线路末端电压愈高。

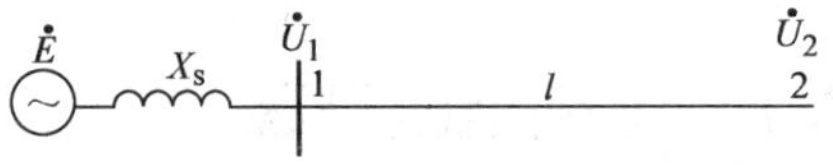

图 12-2 空载长线示意图

在图 12-2 中,线路长度为 l,$\dot{E}$ 为电源电动势,$\dot{U}_1$、$\dot{U}_2$ 分别为线路首末端电压,X_s 为电源感抗。若输电线路为无损长线,可求得线路首、末端电压、电流关系为

$$\left.\begin{array}{l} \dot{U}_1 = \dot{U}_2\cos\alpha'l + j\dot{I}_2 Z\sin\alpha'l \\ \dot{I}_1 = j\dfrac{\dot{U}_2}{Z}\sin\alpha'l + \dot{I}_2\cos\alpha'l \end{array}\right\} \quad (12\text{-}1)$$

式中,Z 为线路的波阻抗 (Ω);α' 为相位系数,$\alpha' = \omega\sqrt{L_0 C_0}$($\omega$ 为电源角频率,L_0、C_0 分别为导线单位长度的电感和电容),对于输电线路,通常 $\alpha' \approx 0.06°/\text{km}$;$l$ 为线路的长度(km)。

若线路末端开路,即

$$\dot{I}_2 = 0$$

由式 (12-1) 可得线路首、末端电压关系为

$$\dot{U}_2 = \dot{U}_1/\cos\alpha'l \quad (12\text{-}2)$$

图 12-3 中曲线 1 是根据式 (12-2) 画出的线路末端电压升高的倍数与线路长度的关系。很清楚,当 $\alpha'l = \pi/2$ 时,无论首端电压为何值,线路末端电压将趋于无穷大,此时线路长度 $l = \pi v/2\omega$,线路电感与电容构成谐振状态。电网频率为 50Hz 时,电磁波的波长为 $v/f = 3$

$\times 10^5 / 50 \mathrm{km}$，$l$ 的长度相当于 1/4 波长，因此也称为 1/4 波长谐振。

以上分析未考虑电源阻抗，即电源的容量。可以将其理解为首端接在无穷大电源上，即电源电动势 $\dot{E} = \dot{U}_1$，电源感抗 $X_s = 0$ 的情况。实际上，电源容量是有限的，即 $X_s > 0$，线路的电容电流流过电源上的电感也会造成电压升高，同样会增加电容效应，犹如增加了导线的长度。显然，电源容量越小，电容效应越严重。

为了计算与分析起见，有时需要将线路用集中参数阻抗来代替。如无损线路末端开路，从首端往线路看去，可等效为一个阻抗 Z_R，Z_R 叫做末端开路时的首端输入阻抗。

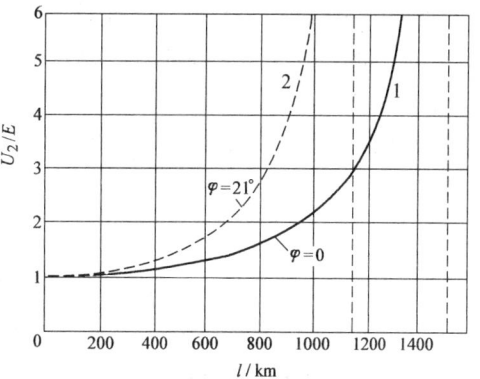

图 12-3 空载线路终端的电压升高

由式（12-1）求出线路末端开路的输入阻抗为

$$Z_R = \frac{\dot{U}_1}{\dot{I}_1} = -\mathrm{j}Z\cot\alpha' l \tag{12-3}$$

当 $\alpha l < 90°$ 时，Z_R 为容抗，而电源 X_s 为感抗，可计算线路首端电压

$$\dot{U}_1 = \frac{\dot{E}}{\mathrm{j}X_s + Z_R} Z_R = \frac{\dot{E}}{X_s - Z\cot\alpha' l}(-Z\cot\alpha' l) \tag{12-4}$$

上式也可用电压传递系数来表示。线路首端对电源的电压传递系数

$$K_{01} = U_1/E = \frac{Z\cot\alpha' l}{Z\cot\alpha' l - X_s} \tag{12-5}$$

同样可求出线路末端对电源电动势的传递系数

$$K_{02} = \frac{\dot{U}_2}{\dot{E}} = \frac{\dot{U}_1}{\dot{E}} \frac{\dot{U}_2}{\dot{U}_1} = K_{01} K_{12}$$

将式（12-2）、式（12-5）代入上式，经化简得

$$K_{02} = \frac{1}{\cos\alpha' l - \frac{X_s}{Z}\sin\alpha' l}$$

令 $\varphi = \arctan \frac{X_s}{Z}$，则上式又可写成

$$K_{02} = \frac{\cos\varphi}{\cos(\alpha' l + \varphi)} \tag{12-6}$$

电源电抗 X_s 的影响可通过参数 φ 表示出来。图 12-3 中画出了 $\varphi = 21°$ 时 K_{02} 与线路长度的关系曲线（虚线 2）。由计算可知，当 $l = 1150 \mathrm{km}$ 时，线路将发生谐振。由于电源容量越小，情况越严重，因此在计算工频过电压时，应计及系统可能出现的最小运行方式，即取 X_s 可能出现的最大值。

2. 不对称短路引起的工频电压升高

当在空载线路上出现单相或两相接地故障时，健全相上工频电压升高不仅由长线的电容效应所致，还有短路电流的零序分量，也会使健全相电压升高。由于一般两相接地的概率很小，而以单相接地最为常见，因此系统是以单相接地工频电压升高的数值来确定阀式避雷器的灭弧电压的，这里只讨论单相接地的情况。

单相接地时，故障点各相的电压、电流是不对称的，应用对称分量法序网图进行分析，不仅计算方便，还可以计及长线的分布特性。当 A 相接地时，可求得健全相 B、C 相的电压为

$$\left.\begin{aligned}\dot{U}_B &= \frac{(a^2-1)Z_0 + (a^2-a)Z_2}{Z_0 + Z_1 + Z_2}\dot{E}_A \\ \dot{U}_C &= \frac{(a-1)Z_0 + (a^2-a)Z_2}{Z_0 + Z_1 + Z_2}\dot{E}_A\end{aligned}\right\} \quad (12\text{-}7)$$

式中，$\dot{E}_A$ 为正常运行时故障点处 A 相电动势；Z_1、Z_2、Z_0 分别为从故障点看进去的电网正序、负序、零序阻抗；a 为 $e^{j\frac{2}{3}\pi}$。

对于较大电源容量的系统，$Z_1 \approx Z_2$，若再忽略各序阻抗中的电阻分量 R_0、R_1、R_2，则式（12-7）可改写成

$$\left.\begin{aligned}\dot{U}_B &= \left[-\frac{1.5 X_0/X_1}{2 + X_0/X_1} - j\frac{\sqrt{3}}{2}\right]\dot{E}_A \\ \dot{U}_C &= \left[-\frac{1.5 X_0/X_1}{2 + X_0/X_1} + j\frac{\sqrt{3}}{2}\right]\dot{E}_A\end{aligned}\right\} \quad (12\text{-}8)$$

由式（12-8）可求出 $\dot{U}_B$、$\dot{U}_C$ 的模为

$$U_B = U_C = \sqrt{3}\frac{\sqrt{(X_0/X_1)^2 + (X_0/X_1) + 1}}{(X_0/X_1) + 2}E = K^{(1)} E \quad (12\text{-}9)$$

式中

$$K^{(1)} = \sqrt{3}\frac{\sqrt{(X_0/X_1)^2 + (X_0/X_1) + 1}}{(X_0/X_1) + 2} \quad (12\text{-}10)$$

$K^{(1)}$ 叫做单相接地因数，它表示单相接地故障时，健全相的对地最高工频电压有效值与故障前故障相对地电压有效值之比。

顺便指出，在不计损耗的前提下，一相接地，两健全相电压升高是相等的；若计及损耗，用式（12-7）很容易证明：$U_B \neq U_C$。

利用式（12-9）可以画出健全相电压升高 $K^{(1)}$ 与 X_0/X_1 值的关系曲线，如图 12-4 所示。从图中可以看出损耗对 B、C 两相电压升高的影响。

X_0/X_1 的值越大，健全相上电压升高越严重。因为 X_0 和 X_1 是由故障点看进去的数值，既包含分布的线路参数，还包含电机的暂态电抗、变压器的漏感等，而且零序和系统中性点运行方式有很大的关系。

对中性点绝缘的 3kV～10kV 系统，X_0 主要由线路容抗决定，故应为负值。单相接地时，健全相的工频电压升高约为线电压的 1.1 倍。因此，在选择避雷器灭弧电压（注意：金属氧化物避雷器为额定电压，下同）时，取 110%的线电压，这时避雷器称为 110%避雷器。

对中性点经消弧线圈接地的 35kV～60kV 系统，在过补偿状态运行时，X_0 为很大的正

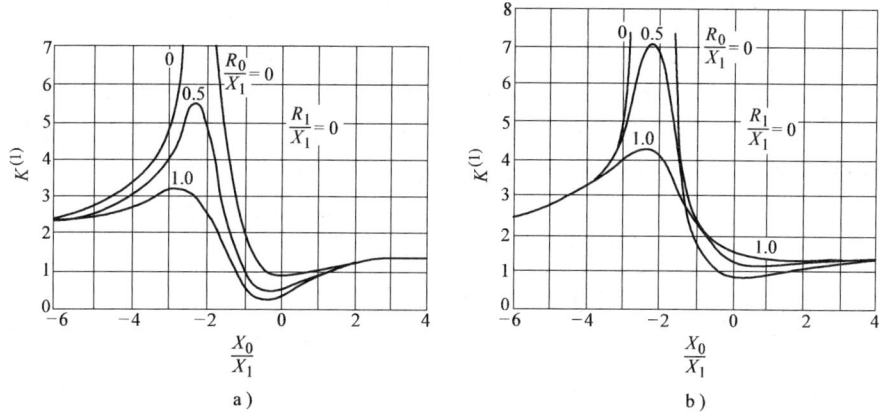

图 12-4 A 相接地故障时健全相的工频电压升高
a) B 相 b) C 相

值,单相接地时健全相上电压接近线电压。因此,在选择避雷器灭弧电压时,取 100% 的线电压,这时避雷器称为 100% 避雷器。

对中性点直接接地的 110kV～220kV 系统,X_0 为不大的正值。由于继电保护、系统稳定等方面的要求,需要对不对称短路电流加以限制,故而选用较大的 X_0/X_1 值,一般 $X_0/X_1 \leq 3$。因此,健全相上电压升高不大于 1.4 倍相电压,约为 80% 的线电压,故采用 80% 避雷器。

同一系统,有所谓 "大"、"中"、"小" 运行方式,很明显,从 "小方式" 到 "大方式" 运行时,电源的正序阻抗下降很快;相反,由于继电保护的原因,零序阻抗不是成比例下降。也就是说,该电网某一点发生单相接地时,从该点看进去的零序阻抗与正序阻抗比值 X_0/X_1 不是定值,因此单相接地因数 $K^{(1)}$ 也不是定值。一般情况下,"大方式" 运行时单相接地因数大。

3. 突然甩负荷引起的工频电压升高

输电线路传送重负荷时,由于某种原因,断路器跳闸,电源突然甩负荷后,将在原动机与发电机内引起一系列机电暂态过程,它是造成线路工频电压升高的又一原因。

首先,根据磁链守恒原理,甩负荷后发电机中通过励磁绕组的磁通来不及变化,与其相应的电源电动势 E'_d 维持原来的数值(很清楚,送出负荷越大,此电动势越大)。原来负荷的电感电流对发电机主磁通的去磁效应突然消失,而空载线路的电容电流对发电机主磁通起助磁作用使 E'_d 上升,因此加剧了工频电压的升高。

其次,从机械过程来看,发电机突然甩掉一部分有功负荷,而原动机的调速器有一定惯性,在短时间内输入给原动机的功率(汽轮机与蒸汽流量有关,水轮机与水流量有关)来不及减少,主轴上有多余功率,这将使发电机转速增加。转速增加时,电源频率上升,不但发电机的电动势随转速的增加而增加,而且加剧了线路的电容效应。

对汽轮发电机来说,由于转子机械强度的要求,不能允许速度太高,通常允许超速 10%～15%;水轮发电机允许超速达 30% 以上。

12.1.3 工频电压升高的限制措施

计算线路工频电压升高时,计及空载线路的电容效应、单相接地及突然甩负荷三种情况,工频电压升高可能达到较高的数值。根据我国的运行经验,一般情况下,220kV 及以下的电网中不需采取特殊措施限制工频电压升高,但在 330kV、500kV、750kV 系统中,工频电压升高对确定设备的绝缘水平起着重要的作用,应采取适当措施,将工频电压升高限制在一定水平之内。目前我国规定 330kV、500kV、750kV 系统,母线上的暂态工频过电压升高不超过最高工作相电压的 1.3 倍,线路不超过 1.4 倍。通常采取以下方法加以限制。

1. 利用并联电抗器补偿空载线路的电容效应

为了限制电容效应引起的工频电压升高,在超高压电网中,广泛采用并联电抗器来补偿线路的电容电流,以削弱其电容效应。

如图 12-5 所示,假设在线路末端接电抗器 X_p,将 $\dot{U}_2 = jX_p \dot{I}_2$ 代入式(12-1),并令 $\theta = \arctan \dfrac{Z}{X_p}$,可求得线路首末端电压的传递系数为

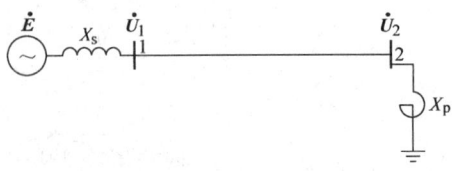

图 12-5 无损线路末端接有并联电抗器

$$K_{12} = \frac{U_2}{U_1} = \frac{\cos\theta}{\cos(\alpha'l - \theta)} \tag{12-11}$$

在线路末端接入电抗器,相当于减小了线路长度,因而降低了电压传递系数。

当线路末端的并联电抗器接入后,由首端看进去的入端阻抗将增大,用式(12-1)同样可以求出线路末端开路时入端阻抗为

$$Z_R = -jZ\cot(\alpha'l - \theta) \tag{12-12}$$

在欠补偿时,Z_R 仍呈容抗性质。因此在同样的首端电压下,电容电流减小,流过电源阻抗 X_s 的电压下降,从而降低了首端电压。

可求得首端对电源的电压传递系数

$$K_{01} = \frac{\dot{U}_1}{\dot{E}} = \frac{Z_R}{Z_R + jX_s} = \frac{-Z\cot(\alpha'l - \theta)}{X_s - Z\cot(\alpha'l - \theta)} \tag{12-13}$$

由式(12-11)及式(12-13)可求得线路末端对电源的电压传递系数,通过化简可得到下列表达式

$$K_{02} = K_{01}K_{12} = \frac{\cos\theta\cos\varphi}{\cos(\alpha'l - \theta + \varphi)} \tag{12-14}$$

由式(12-14)可知,线路末端电抗器可以降低电压传递系数 K_{02},从而降低了线路的末端电压。

系统中的电抗器可以安装在线路的末端,也可装在线路的首端,甚至装在线路的中间,用上述类似的方法,可对电抗器限制工频过电压的效果进行计算。

本文所讲的并联电抗器的作用主要是降低空载线路的电容电流,以降低工频电压的升高,但并联电抗器的设置还涉及系统无功平衡、潜供电流补偿、自激过电压及非全相状态下的谐振等问题。因此,电抗器的补偿度及安装位置的选择,必须综合考虑实际系统的结构、参数、可能出现的运行方式及故障形式等因素,然后确定合理的方案。

2. 利用静止补偿装置(SVC)限制工频过电压

当发生工频过电压时,前述的并联电抗器将起到限制作用。但平时若一直接入系统,需消耗系统大量的无功功率,造成不必要的浪费。在过去的 10 多年中,出现了一种新型的并

联补偿装置，它采用晶闸管等先进的电子技术。图 12-6 是静止补偿装置系统接线示意图，它包含三个部分：

1) 晶闸管开关投切电容器组（TSC）。
2) 晶闸管相角控制的电抗器组（TCR）。
3) 调节器系统。

它具有时间响应快、维护简单、可靠性高等优点。

当系统由于某种原因发生工频电压升高时，TSC 断开，TCR 导通，吸收无功功率，从而降低工频过电压。根据需要，可改变 TCR、TSC 的导通相角，达到调节系统无功功率、控制系统电压、提高系统稳定性的目的。

3. 采用良导体地线降低输电线路的零序阻抗

前已述及，故障点健全相电压的升高，主要决定于由故障点看进去的零序阻抗 X_0 与正序阻抗 X_1 的比值。X_0、X_1 既包含集中参数电机的暂态电抗、变压器的漏抗，又包含分布参数线路的阻抗。一般情况下电源侧零序阻抗与

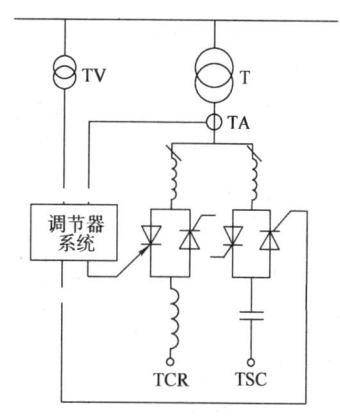

图 12-6 静止补偿器系统的接线示意图

正序阻抗之比是小于 1 的，而线路的零序阻抗与正序阻抗之比则是大于 1 的。若采用良导体地线，可降低 X_0，进而降低由故障点看进去的零序、正序电抗的比值，达到限制工频过电压的目的。计算表明，电源容量愈大，良导体地线降低工频过电压愈明显。

12.2 谐振过电压

电力系统中存在着大量的"储能元件"，这就是储静电能量的电容和储磁能的电感。例如线路的电容、补偿用的串联与并联电容器组和变压器的电感等，这些元件组成了各种不同的振荡回路，因而在电力系统中产生谐振的可能性是比较大的。正常运行时，这些振荡回路被负载所阻尼或分路，所以不可能产生严重的振荡。但在发生故障时，系统接线方式发生改变，负载也甩掉了，在一定的电源作用下，就有可能发生谐振。谐振常常引起严重的、持续时间很长的过电压；有时，即使过电压不太高，也会出现一些异常现象，使系统无法正常运行。

12.2.1 谐振的类型

运行经验表明：不同结构的电网，所有电压等级都可能产生不同类型的谐振过电压。通常认为，系统中的电阻和电容元件为线性参数。而电感元件分为三类不同特性的参数：在特定条件下，有些电感元件是线性的；有的电感元件是非线性的；有的电感元件参数大小呈周期性变化。它们在一定的电容参数和其他条件配合下，可以产生三种不同类型的谐振现象。

1. 线性谐振

实际电力系统中，往往可以在设计或运行时避开这种谐振，因此完全满足线性谐振的机会是极少的。但是，即使在接近谐振条件下，往往也会产生很高的过电压。

线性谐振的条件是等效回路中的自振频率等于或接近于电源频率。其过电压幅值只受到回路中损耗（电阻）的限制。但有些情况下，由于谐振时电流的急剧增加，回路中的铁磁元件趋于饱和，使系统自动偏离谐振状态而限制其过电压幅值。

2. 铁磁谐振

电力系统中发生铁磁谐振的机会是相当多的。国内外运行经验表明，它是电力系统某些严重事故的直接原因。电路中的电感元件因带有铁心，会产生饱和现象，电感不再是常数，而是随电流或磁通的变化而变化。这种含有非线性电感元件的电路，在满足一定条件时，会发生铁磁谐振。它有一系列特点，设计和运行时，很难避免此类谐振的发生，下面将在12.2.2 小节中作较为详细的分析。

3. 参数谐振

系统中某些电感元件的电感参数在某种情况下会发生周期性的变化。例如发电机在转动时，电感的大小随着转子位置的不同而周期性地变化。当电机带有电容性负载，如一段空载线路，在某种参数搭配下，就有可能产生参数谐振现象。有时将这种现象称为发电机的自励磁或自激。

参数谐振所需能量来源于改变参数的原动机，不需要单独电源，一般只要有一定的剩磁或电容上的残余电荷，参数处在一定范围内，就可以使谐振得到发展。

由于回路中有损耗，只有参数变化时所引入的能量足以补偿回路中的损耗，才能保证谐振的发展。因此，对应于一定的回路电阻，有一定的自激范围。谐振发生后，理论上振幅趋向无穷大，而不像线性谐振那样受到回路电阻的限制。但实际上电感的饱和会使回路自动偏离谐振条件，从而限制过电压。

发电机投入电网运行前，设计部门要进行自激的校核，因此正常情况下，参数谐振是不会发生的。

12.2.2 铁磁谐振过电压

为了分析铁磁谐振过电压，首先来研究最简单的 LC 串联谐振电路，如图 12-7a 所示。图中电感为非线性电感，特性如图 12-7b 中的 U_L。略去损耗，发生谐振时，除基频分量外还有高次谐波分量，但在基频谐振下不起主要作用，在分析中可以忽略。这样，把谐振下的电压和电流仍看作正弦波，就可以应用交流符号法求解。

因为电感上的电压 $\dot{U}_L$ 和电容上的电压 $\dot{U}_C$ 符号相反，且电容是线性的，即 U_C 和 I 的

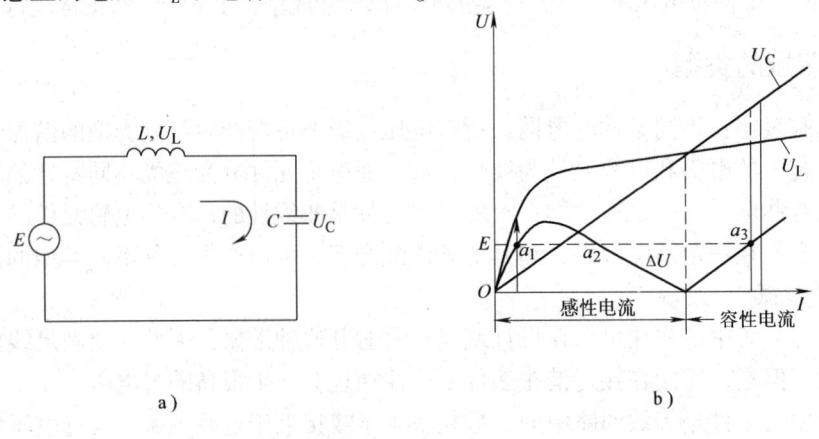

图 12-7 铁磁谐振
a) 串联铁磁谐振电路　b) 串联铁磁谐振电路的特征曲线

关系是一条直线，由图 12-7b 可见，当 $\omega L > \dfrac{1}{\omega C}$，即 $U_L > U_C$ 时，电路中的电流是感性的；但随着电流的增大，铁心饱和，电感降低，两条伏安特性相交；电流再增加，$\dot{U}_C > \dot{U}_L$，电路中电流变为容性。由电路元件上的压降与电源电动势的平衡关系可得

$$\dot{E} = \dot{U}_L + \dot{U}_C \tag{12-15}$$

以上平衡式可用电压降总和的绝对值 ΔU 来表示，即

$$E = \Delta U = |U_L - U_C| \tag{12-16}$$

可做出 ΔU 与 I 的关系曲线，如图 12-7b 所示。

电动势 E 和 ΔU 曲线相交点，就是满足上述平衡方程的点。由图 12-7b 可以看出，有 a_1、a_2、a_3 三个平衡点，但这三点并不都是稳定的。研究某一点是否稳定，可假定回路中有一微小的扰动，分析此扰动是否能使回路脱离该点。例如 a_1 点，若回路中电流稍有增加，$\Delta U > E$，即电压降大于电动势，使回路电流减小，回到 a_1 点。反之，若回路中电流稍有减小，$\Delta U < E$，电压降小于电动势，使回路电流增大，同样回到 a_1 点。因此 a_1 点是稳定点。用同样的方法分析 a_2、a_3 点，即可发现 a_3 点是稳定点，而 a_2 点是不稳定点。

同时从图中可以看到，当电动势较小时，回路存在着两个可能的工作点 a_1、a_3，而当 E 超过一定值以后，可能只存在一个工作点。当有两个工作点时，若电源电动势是逐渐上升的，则能处在非谐振工作点 a_1。为了建立起稳定的谐振点 a_3，回路必须经过强烈的扰动过程，例如发生故障、断路器跳闸、切除故障等。这种需要经过过渡过程建立的谐振现象称之为铁磁谐振的"激发"。而且一旦"激发"起来以后，谐振状态就可以"保持"，维持很长时间不会衰减。

根据以上分析，基波的铁磁谐振有下列特点：

1）产生串联铁磁谐振的必要条件是：电感和电容的伏安特性必须相交，即

$$\omega L > \dfrac{1}{\omega C} \tag{12-17}$$

因而，铁磁谐振可以在较大范围内产生。

2）对铁磁谐振电路，在同一电源电动势作用下，回路可能有不只一种稳定工作状态。在外界激发下，回路可能从非谐振工作状态跃变到谐振工作状态，电路从感性变为容性，发生相位反倾，同时产生过电压及过电流。

3）铁磁元件的非线性是产生铁磁谐振的根本原因，但其饱和特性本身又限制了过电压的幅值。此外，回路中的损耗也能使过电压降低，当回路电阻值大到一定数值时，就不会出现强烈的谐振现象。

上面讨论了基波铁磁谐振，事实上，在铁心电感的振荡回路中，由于电感值不是常数，回路没有固定的频率。即使是简单的串联回路，只要参数配合恰当，谐振频率也可以是电源频率的整数倍（高次谐振波）或分数倍（分次谐振）。识别这类谐振的方法是：一般高次谐振波出现时，伴随着过电压的产生，而分次谐振时回路中出现过电流。

电力系统中的铁磁谐振过电压常发生在非全相运行状态中，其中电感可以是空载变压器或轻载变压器的励磁电感、消弧线圈的电感、电磁式电压互感器的电感等。电容是导线的对地电容、相间电容以及电感线圈对地的杂散电容等。由于涉及三相系统的不对称开断、断

线、非线性元件特性,给分析铁磁谐振过电压带来一定的困难。一般常采用戴维南法则,将三相电路简化为图 12-7a 所示的简单串联谐振回路,然后用图解法求出各点电压及分析谐振条件。

为了限制和消除铁磁谐振过电压,人们已找到了许多有效的措施。

1)改善电磁式电压互感器的励磁特性,或改用电容式电压互感器。

2)在电压互感器开口三角绕组中接入阻尼电阻,或在电压互感器一次绕组的中性点对地接入电阻。

3)在有些情况下,可在 10kV 及以下的母线上装设一组三相对地电容器,或用电缆段代替架空线段,以增大对地电容,但从参数搭配上应该避免谐振。

4)特殊情况下,可将系统中性点临时经电阻接地或直接接地,或投入消弧线圈,也可以按事先规定,投入某些线路或设备以改变电路参数,消除谐振过电压。

目前,人们研究发明了很多装置用来限制谐振过电压,虽然有不同的结构,各有各的特点,但原理是共同的,即设法改变回路参数,破坏铁磁谐振条件,接入阻尼电阻,使谐振过电压得到有效的限制。

一般来说,限谐装置是针对某种类型的铁磁谐振,由于电网中到处存在着铁磁元件,特别是运行接线复杂的配电网系统,构成谐振回路的多样性,出现不同种类的铁磁谐振,因此即使安装了某种消谐装置,也不能避免系统中铁磁谐振现象的发生。

习 题

12.1 工频电压升高是怎样产生的?

12.2 某 500kV 线路,长度为 280km,电源电抗 $X_s = 263.2\Omega$,线路正序参数:$L_0 = 0.9\text{mH/km}$,$C_0 = 0.01275\mu\text{F/km}$,不计损耗。若在线路首、末端均接有电抗器 $X_p = 1835\Omega$,求线路首、末端的工频电压升高;若不接电抗器,再求线路首、末端工频电压升高。

12.3 为什么避雷器灭弧电压有 100%(110%)和 80% 之分?各适用于何种电网?

12.4 铁磁谐振过电压是怎样产生的?铁磁谐振与线性谐振现象有什么不同?

第 13 章 操作过电压

操作过电压是电力系统内部过电压的另一种类型，它是由系统中断路器操作和各种故障产生的过渡过程引起的。与暂时过电压相比，操作过电压通常具有幅值高、存在高频振荡、强阻尼和持续时间短的特点。

常见的操作过电压有：中性点不接地系统中电弧接地过电压，空载线路合闸过电压，切除空载线路过电压以及切除空载变压器过电压等。

操作过电压的幅值和波形与电网结构及其参数、断路器性能、系统接线、运行操作方式及限压设备的性能等因素有关，具有随机性。对操作过电压的定量研究大都依靠系统实测，或暂态网络分析仪（TNA）、计算机的计算等。

近年来，随着高压断路器灭弧性能的改善，变压器铁心材料的改进，避雷器制造水平的提高，限制了切除空载线路和空载变压器的过电压，但空载线路合闸过电压仍未得到有效的限制，尤其在超高压及特高压系统中，这种过电压已成为决定电网绝缘水平的主要依据。

限制操作过电压的方法有：在低压系统中安装消弧线圈，在高压线路上装设并联电抗器，采用带有并联电阻的断路器以及避雷器等。

13.1 中性点不接地系统电弧接地引起的过电压

运行经验表明，电力系统中 60% 以上的故障是单相接地故障。当中性点不接地系统中发生单相接地时，经过故障点将流过数值不大的接地电容电流。如果电网小，线路不太长，接地电容电流将很小。许多临时性的单相接地故障（如雷击，鸟害等），当故障原因消失后，电弧一般可以自行熄灭，系统很快恢复正常。随着电网的发展和电压等级的提高，单相接地电容电流随之增加，一般 6kV～10kV 电网的接地电流超过 30A，35kV～60kV 电网的接地电流超过 10A 时电弧便难以熄灭。但这个电流还不至于大到形成稳定燃烧电弧，因此可能出现电弧时燃时灭的不稳定状态，引起电网运行状态的瞬时变化，导致电磁能量的强烈振荡，并在健全相和故障相上产生过电压，这就是间歇性电弧接地过电压。

间歇性电弧接地时，弧道中电流基本上由两部分组成，一是工频分量，二是高频分量。电弧有时在工频电流过零熄灭，有时在高频电流过零熄灭，也有时在工频和高频叠加某个时刻熄灭。试验中，三种情况都有发生。下面用工频电流过零电弧熄灭的过程来分析间歇性电弧接地产生过电压的机理。

13.1.1 过电压发展的物理过程

图 13-1a 为中性点不接地系统 A 相接地时的等效电路及相量图。其中 U_A、U_B、U_C 代表三相电源电压，C_1、C_2、C_3 分别表示 A、B、C 三相导线的对地电容，设三相线路对称，故 $C_1 = C_2 = C_3 = C$。

图 13-2 画出了当 A 相接地时过电压的发展过程，U_1、U_2、U_3 分别代表三相线路的对地电压。

若在 t_1 时刻 A 相电压达到最大值,即 $U_1(t_1) = +1.0(\text{p.u.})$,$U_2(t_1) = U_3(t_1) = -0.5(\text{p.u.})$ 时 A 相发生对地闪络,则 $U_1(t_1^+) = 0$,而 $U_2(t_1^+) = U_3(t_1^+) = -1.5(\text{p.u.})$。显然发弧前与发弧后电容上的电压不等,这个过程中电源要经过本身的漏抗对 C_2、C_3 充电,这是一个高频振荡的过程。集中参数 LC 串联振荡过程中,当回路中的电容从初始电压 U_0 过渡到另一稳态电压 U_s 时,过渡过程中可能出现的最大电压 $U_{\max}$ 可由下式近似求出:

$$U_{\max} = U_s + (U_s - U_0) = 2U_s - U_0 \tag{13-1}$$

则健全相上电压为

$$U_{2\max} = U_{3\max} = \{-1.5 + [-1.5 - (-0.5)]\}(\text{p.u.}) = -2.5(\text{p.u.})$$

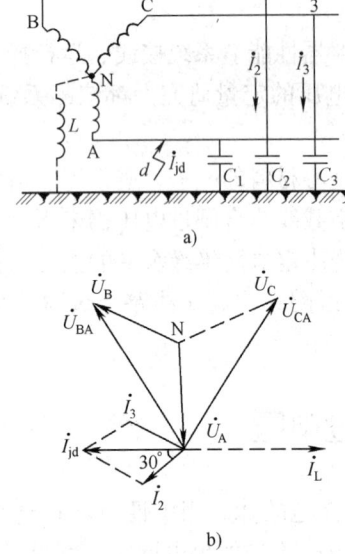

图 13-1 小接地短路电流系统的单相接地
a) 等效电路图 b) 相量图

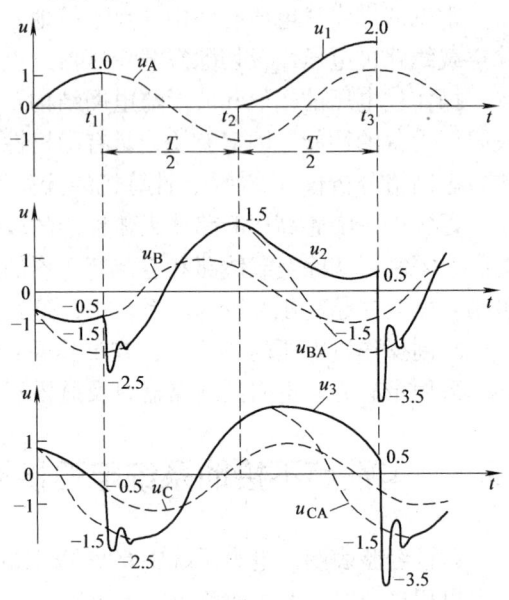

图 13-2 工频熄弧时电弧接地
过电压的发展过程

如果 A 相发生金属性接地,或电弧熄灭后不再重燃,则在健全相上出现的过电压不会超过 2.5 (p.u.)。反之,若电弧是不稳定的,是时燃时灭的间歇性电弧,就可能产生更高的过电压,其幅值与电弧何时熄灭、何时重燃有关。现已知,当 A 相接地时,弧道中不但有工频电流,还会有幅值很高的高频电流,电弧有可能在高频电流过零时熄灭,也可能在工频电流过零时熄灭,或者是高频分量与工频分量在某个时刻的叠加。但一般认为,发生在大气中的开放性电弧的熄灭是受工频电流控制的。图 13-2 中所介绍的电弧接地过电压的发展过程,是按工频熄弧理论分析的。

t_1 时刻发弧后,按工频熄弧理论,电弧要等到工频电流过零的时刻才熄灭。由于发弧后是容性电路,电流超前电压 90°,即在发弧 t_1 时刻,弧道中工频电流分量为零。弧道中高频电流迅速衰减,而工频电流先加大后减小,经过 $T/2$ 再变为零,即 $t_2 = t_1 + T/2$ 时,工频电流熄弧,因此电弧持续时间为 $T/2$。

熄弧时,$U_1(t_2) = 0$,$U_2(t_2) = 1.5(\text{p.u.})$,$U_3(t_2) = 1.5(\text{p.u.})$,这也就是熄弧瞬间各相电容电压的初始值。熄弧后,$C_2$、$C_3$ 上的电荷将重新分配到三相对地电容上。由于是中性点不接地系统,这些电荷无处泄漏,仍留在系统中,即各相电容上叠加了一个直流分量,且数值为

$$2C[+1.5(\mathrm{p.u.})]/3C = +1.0(\mathrm{p.u.})$$

故障熄弧后，三相电容上的电压应是三相对称交流电压与三相相等的直流分量的叠加，即

$$u_1(t_2^+) = u_1(t_2) + U_0 = (-1.0 + 1.0)(\mathrm{p.u.}) = 0$$
$$u_2(t_2^+) = u_2(t_2) + U_0 = (0.5 + 1.0)(\mathrm{p.u.}) = 1.5(\mathrm{p.u.})$$
$$u_3(t_2^+) = u_3(t_2) + U_0 = (0.5 + 1.0)(\mathrm{p.u.}) = 1.5(\mathrm{p.u.})$$

以上三式为 t_2^+ 时刻各相电压的新稳态值，它分别与 t_2 时刻各电压值相同，即 t_2^+ 熄灭后，将不会出现高频振荡的过渡过程。

熄弧 0.01s 后，即 $t_3 = t_2 + T/2$ 时刻，原 A 相故障点的电压又达到最大值，此时

$$u_1(t_3) = (1.0 + 1.0)(\mathrm{p.u.}) = 2.0(\mathrm{p.u.})$$
$$u_2(t_3) = (-0.5 + 1.0)(\mathrm{p.u.}) = 0.5(\mathrm{p.u.})$$
$$u_3(t_3) = (-0.5 + 1.0)(\mathrm{p.u.}) = 0.5(\mathrm{p.u.})$$

假定这个时刻故障点电弧重燃，则 u_1 由 2.0(p.u.) 突然降为零，电路将再次出现过渡过程。B、C 两相电压的初始值为 0.5(p.u.)，而新的稳态值为

$$u_1(t_3^+) = 0$$
$$u_2(t_3^+) = -1.5(\mathrm{p.u.})$$
$$u_3(t_3^+) = -1.5(\mathrm{p.u.})$$

B、C 两相电容 C_2、C_3 经电源电感从 0.5(p.u.) 充电到 -1.5(p.u.)，由式（13-1）可得

$$U_{2\max} = [-1.5 + (-1.5 - 0.5)](\mathrm{p.u.}) = -3.5(\mathrm{p.u.})$$
$$U_{3\max} = [-1.5 + (-1.5 - 0.5)](\mathrm{p.u.}) = -3.5(\mathrm{p.u.})$$

也就是说，第二次发弧，健全相上的过电压为 3.5(p.u.)。可以用同样的方法分析每隔半个工频周期依次发生熄弧和重燃，过渡过程将与上面完全重复，健全相的最大过电压为 3.5(p.u.)，故障相的最大过电压为 2.0(p.u.)。其原因是：当发生间歇性电弧接地时，因健全相对地电压的起始值与稳态值不同，电容与电源电感会产生振荡并引起过电压。

若用高频熄弧理论分析，高频电流第一次过零时熄弧，这时振荡电压刚好到达最大值，过电压的分析结果要比上述严重些。实际上燃弧相位、熄弧相位、导线的相间电容、残余电荷的泄漏、线路损耗等因素，都会对振荡过程产生影响，若计及这些影响因素，会使过电压的最大值有所降低。

13.1.2　限制过电压的措施

为消除电弧接地过电压，最根本的途径是消除间歇性电弧。其有效的方法是将中性点直接接地，使发生单相接地故障时形成很大的单相短路电流，将线路断开，待故障消除后恢复供电。目前 110kV 及以上电网大都采用中性点直接接地的运行方式。

但是，在我国为数众多的电压等级较低的配电网中，其单相接地事故率相对很大，如采用中性点直接接地方式，势必引起断路器频繁跳闸，这不仅要增设大量的重合闸装置，还会增加断路器的维修工作量，故宜采用中性点绝缘的运行方式。为减小电容电流，使电弧易于熄灭，我国 35kV 及以下电压等级的配电网系采用中性点经消弧线圈接地的运行方式。

消弧线圈是一电感线圈，接于系统的中性点处，如图 13-1a 所示。其电感值系按系统的对地电容，或单相接地短路电流的大小来决定。消弧线圈的基本作用是：

1) 补偿流过故障点的短路电流，使电弧能自行熄灭，系统自行恢复到正常工作状态。

2) 降低故障相上恢复电压上升的速度，减小电弧重燃的可能性。

由图 13-1 可知，在系统正常工作时变压器中性点电位为零，消弧线圈中没有电流流过。当 A 相发生金属性接地时，中性点电位 $U_N = U_{ph}$（相电压），此时流过故障点的电流为 $\dot{I}_{jd}$，此电流由两个分量组成，一是电容 C_2、C_3 在线电压作用下的电容电流 $\dot{I}_C$，二是消弧线圈电感 L 在 U_{ph} 作用下流过的电感电流 $\dot{I}_L$，则由图 13-1b 可得出

$$\dot{I}_{jd} = \dot{I}_C + \dot{I}_L \tag{13-2}$$

由于 $\dot{I}_C$ 与 $\dot{I}_L$ 在相位上是相反的，因此，调节消弧线圈的电感量，即可改变 $\dot{I}_{jd}$ 的大小，从而限制短路电流。

我们把电感电流补偿电容电流的百分数称为消弧线圈的补偿度（或调谐度），用 k_r 表示如下：

$$k_r = \frac{\dot{I}_L}{\dot{I}_C} = \frac{U_{ph}/\omega L}{3\omega C U_{ph}} = \frac{1}{3\omega^2 LC} = \frac{\omega_0^2}{\omega^2} \tag{13-3}$$

式中，ω_0 为电路的自振角频率，$\omega_0 = 1/\sqrt{3LC}$。

用 γ_r 表示脱谐度

$$\gamma_r = 1 - k_r = \frac{\dot{I}_C - \dot{I}_L}{\dot{I}_C} = 1 - \left(\frac{\omega_0}{\omega}\right)^2 \tag{13-4}$$

当 $k_r < 1$，$\gamma_r > 0$ 时，表示消弧线圈的电感电流小于线路的电容电流，故障点有一容性残流，称此为欠补偿；当 $k_r > 1$，$\gamma_r < 0$ 时，表示电感电流大于电容电流，故障点流过感性残流，称此为过补偿；当 $k_r = 1$，$\gamma_r = 0$ 时，电感电流与电容电流相互抵消，消弧线圈与三相并联电容处于并联谐振状态，称此为全补偿。

为了充分发挥消弧线圈的"消弧作用"，电力系统通常采用过补偿的运行方式。这是因为，若原来是欠补偿，随着电网发展，脱谐度将增大，当脱谐度过大时，则失去消弧线圈的作用；另一方面，在运行中，部分线路可能退出，则可能出现全补偿或接近全补偿状态，因电网三相对地电容不对称，将导致中性点上出现较大的位移电压危及系统绝缘。采用过补偿就不会出现上述情况。

采用过补偿时，通常 $\gamma_r = -0.05 \sim -0.10$，即过补偿 5%~10%，但应使残流值不超过 10A，否则还可能出现间隙性电弧。

在大多数情况下，中性点经消弧线圈接地能够迅速地消除单相瞬间接地电弧而不破坏电网的正常运行，若接地电弧不重燃，则单相接地的过电压不会超过 2.5(p. u.)。很明显，在很多单相瞬时接地故障的情况下（如多雷地区、大风地区等），消弧线圈的采用可以看作是提高供电可靠性的有力措施。但是，由上述分析可知，消弧线圈使用不当时也会引起谐振过电压。最后还应指出，消弧线圈并不能直接降低弧光接地过电压，而是具有易于熄弧和防止重燃的作用，使过电压持续时间大为缩短，降低了出现高幅值过电压的概率。

13.2 合闸空载线路引起的过电压

合闸空载线路是电网中常见的操作之一。空载线路的合闸有两种情况,即正常合闸和自动重合闸。由于两者初始条件的差异,如电源电动势的幅值及线路上的残余电荷,使上述情况产生的过电压幅值有较大的差异。一般情况下,重合闸过电压较为严重。

前面说过,对于超高压输电系统,合闸和重合闸过电压最为重要,因为它对决定系统设备的绝缘水平起着决定性的作用。我国已把 250/2500μs 操作过电压的波形作为标准操作冲击波,取代了以往用工频试验代替操作波的试验方法。

合闸过电压的大小与电源容量、系统接线方式、线路长度、合闸相位、开关性能、故障类别及限压措施等因素有关,并且各因素相互影响,较为复杂。下面仅是定性地介绍合闸过电压的发展过程、主要的影响因素以及行之有效的限制措施。

13.2.1 产生过电压的物理过程

先以简单的集中参数单相模型进行分析,如图 13-3a 所示。设电源电动势为 $E_m\cos\omega t$。为简化分析,等效为 T 形电路,L_T、C_T 分别为线路总的电感、电容,电源电感为 L_s,并忽略线路及电源的电阻。作上述简化后,合闸空载线路的等效电路变为图 13-3b,其中 $L = L_s + L_T/2$。

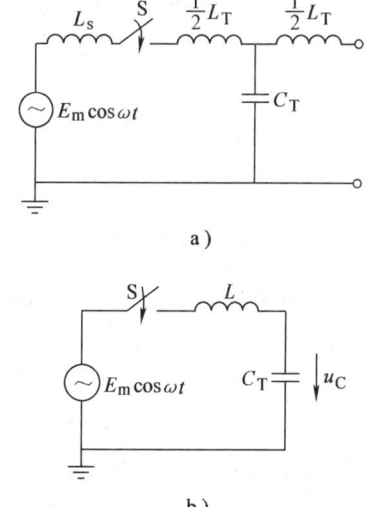

图 13-3 空载线路合闸
a) 集中参数等效电路
b) 简化等效电路

由电路建立微分方程,根据初始条件,可求得电容上的电压为

$$U_C(t) = U_{Cm}(\cos\omega t - \cos\omega_0 t) \quad (13\text{-}5)$$

式中,ω 为电源频率;U_{Cm} 为电容上电压的振幅,$U_{Cm} = E_m/[1-(\omega/\omega_0)^2]$;$\omega_0$ 为等效回路自振荡频率,$\omega_0 = 1/\sqrt{LC_T}$。

若 ω_0 远大于电源频率 ω,在电源电压到达峰值时合闸,可认为在振荡初期电源电动势 E_m 保持不变,这样电容上电压可达 $2U_{Cm}$。

在超高压系统中,ω_0 通常等于 $1.5 \sim 3.0\omega$,实际上式 (13-5) 中,由于线路的电容效应 $U_{Cm} > E_m$,因此线路上的电压要超过电源电动势的 2 倍。若计及损耗,但忽略损耗对 ω_0 的影响,则式 (13-5) 可写成

$$U_C(t) = U_{Cm}(\cos\omega t - e^{-\delta t}\cos\omega_0 t) \quad (13\text{-}6)$$

式中,δ 为衰减系数,我国 330kV、500kV 电网实测结果,$\delta \approx 30$,与国外同级电网实测结果相同。

如果是重合闸,线路上有残余电荷,相当于图 13-3 电容 C_T 上有初始电压,同样可得到电容上电压的表达式为

$$U_C(t) = U_{Cm}(\cos\omega t - A_0\cos\omega_0 t) \quad (13\text{-}7)$$

式中,$A_0 = 1 - U_{C0}/U_{Cm}$,A_0 值在 $0 \sim 2$ 间;U_{C0} 为重合闸线路上的残余电荷在线路电容上建立

的电压。

在这种情况下,线路上过电压的最大值可达 $3U_{Cm}$。若计及损耗,则低于此值。

空载线路合闸时,产生过电压的根本原因是电容、电感的振荡,其振荡电压叠加在稳态电压上所致。

13.2.2 影响过电压的因素

(1) 合闸相位　前面讨论的是最严重的合闸情况,实际上无论是合闸还是重合闸,合闸相位均是随机的,不可能总是在最大值时刻合闸,它有一定的概率分布,这与断路器合闸过程中的预击穿特性及断路器合闸速度有关。

(2) 残余电荷　合闸过电压的大小与线路上残余电荷数值和极性有关。线路上若有电磁式电压互感器,可泄放残余电荷;线路若装设并联电抗器,对重合闸而言,当断路器开断后,线路电容和电抗器形成衰减的振荡回路。不但会影响残余电荷的幅值,而且会影响残余电荷的极性。

(3) 断路器合闸的不同期　由于三相线路之间有耦合,先合相相当于在另外两相上产生残余电荷。这样,当未合相在其电源电压与感应电压反极性时进行合闸,则过电压自然就增大。

(4) 回路损耗　实际输电线路中,能量损耗会引起振荡分量的衰减。损耗来源主要来自两个方面,一是输电线路及电源的电阻;二是当过电压较高时,线路上出现的电晕,这些都会使过电压降低。

(5) 电容效应　合闸空载长线时,由于电容效应使线路稳态电压升高,导致合闸过电压升高。这也说明了在无限制措施时,操作过电压在线路末端总是高于首端的原因。

13.2.3 限制过电压的措施

限制空载线路合闸过电压的措施可以从两方面入手:一是降低线路的稳态电压分量;二是限制其自由电压分量。

(1) 降低工频电压升高　空载线路上的操作过电压是在工频稳态电压的基础上由振荡产生的。显然,降低工频电压升高会使操作过电压下降。目前超高压电网中采取的有效措施是装设并联电抗器和静止补偿装置(SVC),其主要作用是削弱电容效应。

(2) 断路器装设并联电阻　将线路合闸分两个阶段进行:电阻 R 合闸,即将 R 与辅助触头串联,由于 R 对振荡回路起阻尼作用,使过渡过程中的过电压降低,这是第一阶段。大约经过 8~15ms,主触头闭合,将 R 短接,电源直接与线路相连,完成合闸操作,这是合闸的第二个阶段。

断路器合闸的两个阶段中,为降低过电压,对 R 值的选取是有矛盾的。合闸的第一阶段,要求 R 值较大,使阻尼效果较好;而在第二阶段则要求 R 值小,使短接时回路振荡程度较弱。因此,空载线路合闸过电压的大小与合闸电阻值的关系呈一条 V 形曲线,如图 13-4 所示。由图可以找出一个最佳值,使过电压限制到最低。对 500kV 线路的断路器,国外大多采用 400Ω,国内由于电阻的热容量的原因,大多取 1000Ω 左右。

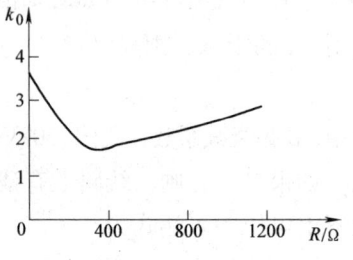

图 13-4　合闸电阻 R 值与过电压倍数 k_0 的关系

需要说明的是：断路器中装设并联电阻和线路上安装避雷器，都是为了降低线路操作过电压，但使断路器的操作结构复杂化，运行过程中有时操动机构发生故障，反而增加了系统的故障率。随着避雷器通流能力的增加，使得只用避雷器限制操作过电压已成为可能，所以现在不少的超高压线路的断路器就"联消"了合闸电阻。

（3）控制合闸相位　空载线路合闸过电压的大小与电源电压的合闸相位有关，因此可以通过一些电子装置来控制断路器的动作时间，在各相合闸时，将电源电压的相位角控制在一定范围内，以达到降低合闸过电压的目的。

（4）消除线路上的残余电荷　在线路侧接电磁式电压互感器，可在几个工频周波内，通过互感器泄放全部残余电荷。

（5）装设避雷器　在线路首端和末端装设磁吹避雷器或金属氧化物避雷器，当出现较高的过电压时，避雷器应能可靠动作，将过电压限制在允许的范围内。

13.3　切除空载线路引起的过电压

切除空载线路是系统中常见的操作之一。我国在 35kV～220kV 电网中，都曾因切除空载线路时过电压引起过多次故障。多年的运行经验证明：若使用的断路器的灭弧能力不够强，以致电弧在触头间重燃时，切除空载线路的过电压事故就比较多，因此，电弧重燃是产生这种过电压的根本原因。

13.3.1　产生过电压的物理过程

用 T 形等效电路代替一条单相空载线路如图 13-5a 所示，其中，L_T、C_T 分别为线路的总电感、对地电容，电源电感为 L_s。若不计母线电容及损耗，即可得到图 13-5b 所示的简化电路。

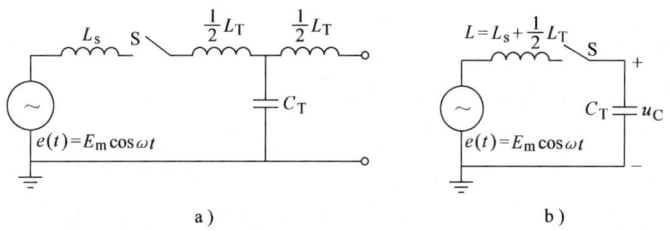

图 13-5　切断空载线路的等效电路
a）等效电路　b）简化电路

在断路器 S 断开前，由于 $\omega L \ll 1/(\omega C_T)$，所以电流 i 是容性电流，超前线路电压 90°，且电容上（即线路）的电压近似等于电源电压。若 $e(t) = E_m\cos\omega t$，则 $i(t) = -\omega C_T E_m\sin\omega t$，如图 13-6 所示。

当断路器断开后，触头间的电弧将在电流 i 通过工频零点时熄灭，如图 13-6 中的 t_1 时刻，这时电源上电压刚好

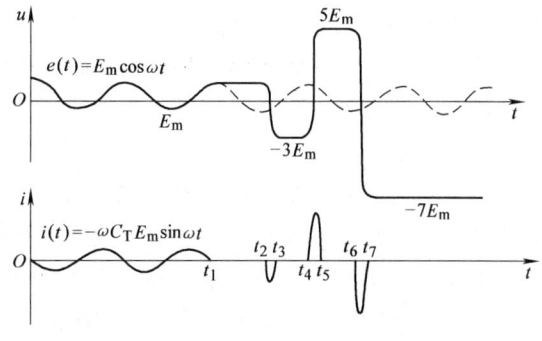

图 13-6　切断空载线路的过电压发展过程（三次重燃）

为最大值 $+E_m$。电弧熄灭后，C_T 上的残余电荷无处流动，相当于一个直流电压。断路器与线路相连的触头保持此电压 $+E_m$，而与电源相连的触头随电源电动势仍按余弦曲线变化。经过工频半波后，$e(t)$ 变为 $-E_m$，这时两触头间的电压，即恢复电压为 $2E_m$。如果两触头尚未拉开到足够距离，触头间介质的绝缘强度没有得到很好恢复，或绝缘恢复强度的上升速度不够快，则可能在 $2E_m$ 作用下使触头间隙发生电弧重燃（图13-6中时刻 t_2），进而发生振荡过程和过电压。

C_T 上的起始电压为 $+E_m$，电弧重燃后，它将具有新的"稳态电压" $-E_m$，由式(13-1)可知

$$U_{Cmax1} = -E_m + (-E_m - E_m) = -3E_m$$

式中，U_{Cmax1} 为电弧第一次重燃后出现的最大过电压。

该回路的振荡角频率为 $\omega_0 = 1/\sqrt{LC_T}$，一般情况下，$\omega_0 \gg \omega$。若高频电流过零时，如图13-6中的 t_3 时刻，电弧又熄灭，导线上的残留电压为 $-3E_m$，电源仍按余弦曲线变化。再经过半个工频周波，$e(t)$ 由 $-E_m$ 变为 $+E_m$，这时触头间恢复电压达到 $4E_m$，若再发生电弧重燃，可求得振荡过程中 C_T 上的过电压为

$$U_{Cmax2} = +E_m + [+E_m - (-3E_m)] = +5E_m$$

式中，U_{Cmax2} 为电弧第二次重燃后出现的最大过电压。

若电弧继续重燃下去，则可能出现 $-7E_m$，$+9E_m$，…的过电压，可见电弧的多次重燃是切除空载线路时产生危险的过电压的根本原因。过电压所需的能量是由电源提供的。换句话说，如果断路器性能很好，它在断开后电弧基本不重燃，切断了电源继续提供能量的通道，线路就不会出现危险的过电压。

上面是一种理想化的分析，是最严重的情况，它有助于了解此类过电压产生的机理。系统实测结果表明，超过 $3E_m$ 的过电压概率是很小的，这是因为过电压受多种因素影响的缘故。

13.3.2 影响过电压的因素

（1）断路器的性能　如前所述，断路器中电弧的重燃是产生过电压的根本原因。如果断路器触头分得很快，触头间绝缘恢复强度的上升速度大于触头间恢复电压上升速度，则电弧就不会重燃，当然也就不会出现高的过电压。20世纪80年代之前，由于断路器制造技术的限制，切除空载线路产生的过电压曾是一个重要问题。但随着断路器制造质量的提高，断路器已能做到基本上不重燃，使得这类过电压降到了次要的位置。

（2）中性点接地方式　在中性点直接接地的电网中，虽然存在线路间的耦合，但各相可自成独立回路，切除空载线路的过程基本上和以上讨论的单相线路情况一样。但在中性点非直接接地电网中，三相断路器分闸不同期会构成瞬间的不对称电路，使中性点产生位移，相间的耦合，使分闸过程变得复杂，过电压增高（一般会比中性点直接接地电网高出20%左右）。

（3）损耗　切除空载线路出现过电压后，线路上会产生强烈的电晕，电晕要消耗能量，相应地降低了过电压。此外计及电源及线路损耗也会使过电压降低。

（4）其他　若母线上有很多出线，相当于加大了母线的电容，电弧重燃后，线路上的残余电荷重新分配，改变了起始值，因而降低了过电压。此外，当线路装有电磁式电压互感器时，将泄放线路上的残余电荷，从而降低了过电压。

13.3.3 限制过电压的措施

（1）采用不重燃断路器　国内外制造实践已证明，制造不重燃断路器是完全可能的。我国的 220kV 断路器在限制切除空载线路过电压方面的性能已大有改善，330kV、500kV 断路器基本做到了电弧不重燃。

（2）在断路器装设分闸电阻　分闸电阻有时也叫并联电阻，与合闸电阻相反，在切除线路时，先打开主触头，此时电源通过分闸电阻 R 仍和线路相连，线路上的残余电荷通过分闸电阻向电源释放，R 上的压降就是主触头两端的恢复电压。R 越小，主触头恢复电压就越小，即不会产生重燃。当经过一段时间后，辅助触头才打开，此时它的恢复电压也较低，不会发生电弧的重燃。即使重燃，R 将对其振荡过程产生阻尼，使过电压降低。很清楚，如果断路器电弧重燃，也希望它在辅助触头间重燃，因此，断路器的设计者根据两触头间恢复电压，以及 R 的热容量来确定分闸电阻的数值，一般在千欧以上。

（3）线路上装设泄流设备　由前述分析可知，在线路侧若接有并联电抗器或电磁式电压互感器，都能使线路上的残余电荷得以泄放或产生衰减振荡，改变幅值和极性，最终降低断路器间的恢复电压，减少重燃的可能性，达到降低过电压的目的。

（4）装设避雷器　在线路首末端装设可以限制操作过电压的磁吹避雷器或金属氧化物避雷器。

13.4　切除空载变压器产生的过电压

切除空载变压器也是电网中常见的操作之一。在正常运行时，空载变压器可等效为一励磁电感，因此切除空载变压器相当于切除一个小容量的电感负荷。与其类似，切除消弧线圈、并联电抗器、大型电动机等也属于切除电感性负荷。

在切断小电感电流时，由于能量小，通常弧道中的电离并不强烈，电弧很不稳定；加之断路器去电离作用很强，可能在工频电流过零前使电弧电流截断而强制熄弧。弧道中电流被突然截断的现象称为"截流"。由于截流留在电感中的磁场能量转化为电容上的电场能量，从而产生了过电压。

13.4.1 产生过电压的物理过程

图 13-7 是切除空载变压器的等效电路。L 为变压器的励磁电抗，C 为变压器本身及连接母线等的对地电容，其数值视具体情况而定，约为几百至几千皮法，$e(t)$ 为电源电动势，L_s 为电源电感。

在断路器未开断前，电源在工频电压作用下，流过电流 i 为变压器空载电流 i_L 与电容电流 i_C 的相量和。由于 C 很小，或者说工频下 C 的容抗很大，i_C 可以略去，则

$$\dot{i} = \dot{i}_L + \dot{i}_C \approx \dot{i}_L$$

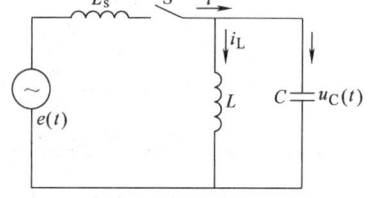

图 13-7　切断空载变压器的等效电路

设被截断时 i_L 的瞬时值为 I_0，而电感与电容上的电压相等，$u_L = u_C = U_0$。开断后在电

感与电容中储存的能量为

$$W_L = \frac{1}{2}LI_0^2$$

$$W_C = \frac{1}{2}CU_0^2$$

L、C 构成振荡回路，当全部电磁能量转变为电场能时，电容 C 上的电压最大值 U_{Cmax} 可由下式求得：

$$\frac{1}{2}CU_{Cmax}^2 = \frac{1}{2}LI_0^2 + \frac{1}{2}CU_0^2$$

$$U_{Cmax} = \sqrt{\frac{L}{C}I_0^2 + U_0^2} \tag{13-8}$$

若略去截流时电容上的能量，则式（13-8）为

$$U_{Cmax} = I_0\sqrt{\frac{L}{C}} = I_0 Z_m \tag{13-9}$$

式中，Z_m 为变压器的特征阻抗。

由此可见，截流瞬间的 I_0 愈大，变压器励磁电感愈大，则磁场能量愈大；寄生电容愈小，使同样的磁场能量转化到电容上，则可能产生很高的过电压。一般情况下，I_0 并不大，极限值为励磁电流的最大值，只有几安到几十安，可是变压器的特征阻抗 Z_m 很大，可达上万欧，故能产生很高的过电压。

上述过电压是在不计损耗下求得的，实际上磁场能量转化为电场能量的高频振荡过程中变压器是有铁耗和铜耗的，因此，使过电压幅值有所下降。

13.4.2 影响过电压的因素

（1）断路器的性能　切除空载变压器引起的过电压与截流数值成正比，断路器截断电流的能力愈大，过电压 U_{Cmax} 就愈高。另外，在断路器开断变压器的过程中，由于断开的变压器侧有很高的过电压，而电源侧则是工频电源电压，因此，当触头间分开的距离还不够大时，在较高的恢复电压作用下，可能产生电弧重燃，向电源侧泄放能量，使过电压有所降低。

（2）变压器的参数　变压器 L 愈大，C 愈小，则过电压愈高。当电感中的磁场能量不变，电容 C 愈小时，过电压也愈高。

此外，变压器的相数、绕组接线方式、铁心结构、中性点接地方式、断路器的断口电容，以及与变压器相连的电缆线段、架空线段等，都会对切除空载变压器过电压产生影响。

13.4.3 限制过电压的措施

切断空载变压器过电压的特点是幅值高、频率高，但持续时间短、能量小，因此限制并不困难。只要在变压器任一侧装上普通阀式避雷器就可以有效限制这种过电压。计算表明，普通阀式避雷器在雷电过电压下动作后所吸收的能量，要比变压器线圈中储藏的能量大一个数量级。实际运行中也未发现因切断空载变压器而引起避雷器损坏的情况。但必须指出，由

于这种避雷器安装的目的是用来限制切除空载变压器过电压的,所以在非雷雨季节也不应退出运行。

13.5 GIS 中快速暂态过电压(VFTO)

在电力系统中,SF_6 气体绝缘变电站(Gas Insulated Substation,GIS)中的隔离开关在分合空母线时,由于触头运动速度慢,开关本身的灭弧性能差,故触头间隙会发生多次重燃。这种破坏性放电引起高频振荡而形成快速的暂态过程,所产生的阶跃电压行波通过 GIS 和与之相连的设备传播,在每个阻抗突变处产生反射和折射,使波形畸变,引起陡波前过电压,即快速暂态过电压(Very Fast Transient Over-voltage,VFTO)。该电压具有上升时间短及幅值高的特点,其波形和幅值取决于 GIS 的内部结构和外部配置。这种过电压对 GIS 设备的母线支撑件、套管以及所连接的二次设备都有很大的危害,近年来已经引起电力系统和电力装备专家和学者的高度重视。因此,研究 VFTO 的幅值和频率特征,对 GIS 设备绝缘水平的选择及安全可靠运行都有重要意义。

13.5.1 VFTO 产生的机理

GIS 中的隔离开关(Disconnector Switch,DS)和断路器(Circuit Breaker,CB)的操作会产生快速暂态现象(VFT),其中 DS 操作尤为常见。GIS 中所有元器件工作于稍不均匀电场,DS 两极为插入式的同轴圆柱体,操作中触头运动速度慢(大约 1cm/s 数量级),断口在 SF_6 气体中会发生多次的预、重击穿。在每一个电压跳变处将产生波前很陡(一般为 3ns~20ns)的阶跃电压波,并向断口两侧传播。由于这一过电压的上升速率极快,因此被称为陡波前过电压(VFFO),更多的文献称其为快速暂态过电压(VFTO)。GIS 中 SF_6 的绝缘性能和灭弧性能都远优于空气,故

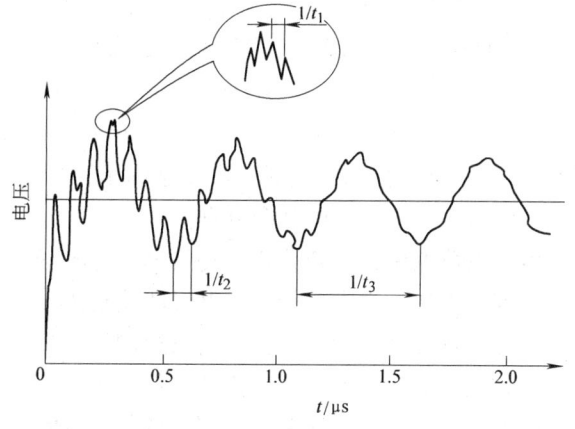

图 13-8 隔离开关闭合引起的典型快速暂态过电压波形
$1/t_1$ 段为极高频率,$1/t_2$ 段为中等频率,$1/t_3$ 段为低等频率

相邻电气设备的间距和母线长度都比同型空气绝缘变电站(Air Insulated Substation,AIS)小得多,产生的阶跃电压波会在 GIS 内不断地产生、来回地传递,并且发生复杂的折射、反射和叠加,最终暂态振荡的频率剧增,可高达数百兆赫,如图 13-8 所示。

13.5.2 VFTO 的特性

根据相关文献,VFTO 的特性如下:

(1)幅值 GIS 中开关操作产生的 VFTO 幅值一般低于 2.0(p.u.),也有可能超过 2.5(p.u.)。隔离开关、断路器操作均会产生 VFTO,前者幅值较高。由于 GIS 的结构复杂,在同一时刻不同节点的电压幅值不同,甚至相差很大。DS 操作产生的 VFTO 幅值虽然可能比

设备耐受标准雷电冲击电压要低，但其陡度很高，在实际中还是应该避免的。

（2）陡度　在 DS 断口击穿的过程中，火花导电通道会在几纳秒内建立起来，在均匀或稍不均匀电场中，通道形成冲击波的上升时间 T_r（ns）由下式给出：

$$T_r = 13.3 K_t / (\Delta u / s) \tag{13-10}$$

式中，Δu 是击穿之前的电压（kV）；K_t 是 Toepler 火花常数（$K_t = 50 \text{kV} \cdot \text{ns/cm}$）；$s$ 是火花长度（cm）。

对于正常设计的 GIS，电压上升时间 T_r 可为 3~20ns，随电场的非均匀度而异。

（3）频率　VFTO 主要包含以下频率的几个分量：

1）几十至数百千赫的基本振荡频率，此频率电压由整个系统决定，绝缘设计不取决于其数值。

2）数十兆赫的高频振荡，由行波在 GIS 内发展形成，是构成 VFTO 的主要部分，决定绝缘设计。

3）高达数百兆赫的特高频振荡，其幅值较低。

13.5.3　VFTO 的影响因素

（1）残余电荷　当 DS 开断带电的 GIS 母线时，母线上可能存在的残余电荷会影响到 VFTO 的幅值。电源侧、母线侧以及支撑绝缘子上的过电压幅值与残余电荷近似呈线性关系，残余电荷越多幅值越高。一般地，不同残余电荷（x_1，x_2）与所对应的电压幅值（V_{x_1}，V_{x_2}）之间具有下列关系（均以标幺值表示）：

$$V_{x_2} = [(1 + x_2) V_{x_1} + x_1 - x_2] / (1 + x_1) \tag{13-11}$$

利用 TNA 对几个回路进行了计算，得到的结果都验证了上式的正确性。在不同残余电荷下，同一节点的过电压波形相同，但幅值不同；VFTO 幅值较大的节点和操作支路上受残余电荷的影响大于 GIS 内其余节点。

残余电荷电压与负载侧电容电流大小、开关速度、重燃时刻及母线上的泄漏有关。其中，电容电流影响最大。开断前电容电流越大，母线上储存的电荷越多，残余电荷电压就越高，其极限情况是最后一次重燃前负荷侧母线残留电压为相电压峰值，而最后一次重燃又正好发生在电源侧电压反极性峰值处，但这种概率是不大的。

（2）变压器的入口电容 C_T　在分析变电所的防雷保护时，因雷电波作用时间很短，可以忽略变压器绕组中的电感电流，将变压器用归算至首端的对地电容来代替，通常称为入口电容 C_T。GIS 中的 VFTO 频率很高，用 C_T 等效变压器并不失去准确性。变压器的入口电容和它的结构、电压等级、容量有关。一般来说，电压等级越高、变压器额定功率越大，C_T 也相对越大。VFTO 的幅值随入口电容的增加而增加，有计算表明：C_T 每增加 1000pF，VFTO 幅值约增加 0.2（p.u.）。主要原因是在断口电弧重燃前，变压器的等效电容储存了一定的能量，触头击穿后的放电所致。C_T 越大储存的能量越多，VFTO 的幅值自然越大，但进一步研究表明：随着 C_T 的增加，VFTO 的幅值不一定始终增加，这决定于 GIS 的结构，特别是所操作母线的尺寸以及操作的方式。

（3）电压的上升时间 T_r　GIS 中冲击电压的上升时间 T_r 在 3~20ns 之间，T_r 增加使 VFTO 幅值下降，因为此时会表现出一种阻尼作用，使那些 T_r 较小时出现的暂态电压的极高频分量消失。还应指出，对于末端开路的 GIS 相同的上升时间增量，从零增加（0~4ns）比从较大值增加（4ns～8ns）对过电压的幅值影响大得多。利用计算机模拟方法分析 VFTO 时，要考虑上升时间的影响，选择合适的值，否则会使过电压幅值偏大。

（4）GIS 的支路长度　GIS 支路的长度对 VFTO 幅值的影响没有明显的规律，从有关仿真结果可以看出，在某些情况下，母线长度很小的改变都可引起节点电压的巨大变化，有时相差可达 50%。支路长度变化对 GIS 内不同节点的过电压影响程度不同；主干支路的长度变化比分支支路的长度变化对 VFTO 幅值影响大。

（5）开关弧道电阻 R_{arc} 的影响　DS 起弧时弧道电阻 R_{arc} 为一时变电阻，对过电压有阻尼作用。电弧电阻的数学表达式如下：

$$R_{arc} = R_0 \mathrm{e}^{-(1/T)} + r \tag{13-12}$$

此式给出了一个在 30ns 内阻值由几兆欧迅速降低到 0.5Ω 的时变电阻，其值直接受 DS 分闸性能的影响。过电压的大小随 R_{arc} 的增加而呈下降趋势，因而 DS 触头间串联一电阻可降低 VFTO 幅值。虽然结构复杂，但现在在超高压、特高压 GIS 中的 DS 已经得到采用，因此在仿真计算 VFTO 时，开关弧道电阻的模拟就不那么重要了。

（6）其他因素的影响　影响 VFTO 的因素还有很多，如 GIS 的布置、内部结构、接线方式及外部设备等。这些因素不同，VFTO 的波形也不相同。但有些参数只影响 VFTO 的振荡频率，对幅值影响不大。

13.5.4　VFTO 的危害

随着超高压 GIS 在 20 世纪 70 年代末的出现，VFTO 的危害引起了普遍关注。实践表明，对于 300kV 以上的 GIS，当 DS 或 CB 操作时，会引起内部的击穿或外接设备的事故，给电力系统带来很大的损失。

（1）暂态地电位升高（Transient Ground Potential Rise，TGPR）　DS 或 CB 的操作在 GIS 内产生的 VFTO 会引起 TGPR。1983 年 CIGRE 调查表明，有半数以上的电站曾发生 TGPR 引起的事故。VFTO 向断口两侧传播时，由于趋肤效应，电流波仅沿母线的外表层及外壳的内表层流动。当遇到终端套管、互感器等波阻抗发生变化的节点时，外表面流过电流，造成地电位升高。尽管 TGPR 衰减很快，但若不加限制，会产生火花放电，甚至外壳击穿，危及人身安全。

（2）对二次设备的影响　VFTO 可以通过电压互感器（Potential Transformer，PT）或电流互感器（Current Transformer，CT）内部的杂散电容传入与其相连的二次电缆进而进入二次设备；另外，还可以通过接地网进入二次电缆的屏蔽层，进而感应到二次电缆的芯线。这样，GIS 的二次电缆处于电磁污染严重的环境中，影响了 GIS 控制和保护设备的正常运行。二次设备的微型化、数字化和智能化也增加了二次设备对瞬态干扰的敏感性和脆弱性。根据 CIGRE 1988 年的特别报告，GIS 周围的空间暂态电磁场（Transient Electrical Magnetic Field，TEM）场强 $E = 1\mathrm{kV/m} \sim 10\mathrm{kV/m}$，变化率 $\mathrm{d}E/\mathrm{d}t = 10^3 \mathrm{kV/\mu s} \sim 10^5 \mathrm{kV/\mu s}$。

（3）对变压器的影响　当 GIS 内部产生的 VFTO 以行波的方式通过母线传播到套管时，一部分耦合到架空线上并沿线传播，危及外接设备的绝缘。系统中主变压器直接和 GIS 相连，受 VFTO 影响很大。例如我国一核电站的 500kV GIS，曾先后两次发生 VFTO 导致变压器绝缘损坏和线饼烧损的严重事故。VFTO 陡度在变压器处可达 0.49MV/μs，沿变压器绕组近似于指数分布，其作用甚至超过截波，因此首端绝缘承受较高的电压；VFTO 所含的谐波分量会在变压器绕组的局部引起共振,尤其当变压器通过气体绝缘管道(Gas Insulated Line,GIL)与 GIS 连接时更严重;加上累积效应使变压器绝缘发生击穿。

13.5.5 VFTO 的防护

(1) 快速动作隔离开关　由 VFTO 的产生机理可以看出,使用快速动作隔离开关缩短切合时间,可以减小重击穿的次数,降低 VFTO 出现的概率。一般电动操动机构的分合速度不能满足这一要求。快速动作隔离开关采用弹簧储能的操动机构,在需要操作时弹簧脱扣,所储能量迅速释放,带动接地基本单元的动导电管高速射向开关的静触头,使开关瞬间合闸。但是快速动作隔离开关的使用并不能完全解决由 VFTO 带来的问题。

(2) 合闸电阻　目前,超高压、特高压采用在 DS、CB 断口并联合闸电阻的方法限制操作过电压。在开关操作的过程中先串入电阻,阻尼作用使行波上升时间下降、幅值降低。对一个 1100kV GIS 进行了仿真计算及实测,发现 200Ω 的 DS 合闸电阻可将过电压幅值降低到 1.5(p.u.)以下,当合闸电阻为 1000Ω 时,幅值降低为 1.25(p.u.)左右。但合闸电阻使 DS 结构复杂,而且带来潜供电流增大、单相对地闪络电弧燃弧时间长的问题。

(3) 铁氧体磁环　有人提出了采用铁氧体磁环抑制 VFTO 的设想,并通过实验室模拟验证了方法的可行性。铁氧体是高频导磁材料,将铁氧体磁环套在 GIS 隔离开关两端的导电杆上,能够改变导电杆局部的高频电路参数,相当于在开关断口和空载母线间串入了一个阻抗,使 VFTO 的幅值和陡度降低,同时也减弱行波折反射的叠加。但需要指出的是,这项技术的采用还要解决很多问题。

(4) 改变操作程序和简化接线　目前,在我国 500kV GIS 运行和设计中,有考虑改变操作程序和简化接线的措施。例如,一个抽水蓄能电站通过改变运行操作程序减少引起 VFTO 的概率;正在设计的大型水电站中,也有采用取消变压器高压侧(500kV)隔离开关的措施,来减少 VFTO 对变压器的影响。

(5) 其他措施　对于与 GIS 所连接的设备,可在设计中采取相应的措施,如变压器主要采取措施有:采用电容分区的绕组结构型式,提高靠近变压器线端若干段的匝绝缘厚度,增加靠近变压器线端局部线圈的匝间垫层或加小角环,合理选择变压器入口电容和变压器出口装设避雷器等。

目前 800kV GIS 在世界上运行的较少,主要有南非的 ALPHA 和 BETA、美国的 DOE WALTZ MILL 以及韩国的唐津、新西山和安城等变电站。对于 800kV GIS 的 VFTO 虽然进行了较多研究,但由于其 GIS 主要是 20 世纪 80 年代的产品,其结构、布置和接线与现在存在较大区别,因此,GIS 操作所产生的 VFTO 特性也存在着差异。

13.5.6　GIS 的 VFTO 计算实例

根据电站设备配置、运行方式及 GIS 结构参数,对 GIS(GIL)中断路器和隔离开关的切换操作引起的快速暂态过电压预期值(幅值、频率、持续时间等)进行计算;根据计算结果对电站配置的 MOA 参数和暂态特性进行优化选择,并提出建议值;根据计算结果和 MOA 在 VFTO 下的暂态特性,对电站 GIS 和相邻设备的防护措施提出建议。

根据计算与实测表明:VFTO 的幅值虽然与很多因素有关,但主要取决于 GIS 装置的结构,网络支路越多,幅值会随之下降,一般都采用单机、单变、单回线供电方式进行研究。

某水电站进、出线示意图如图 13-9 所示，该水电站使用发电机、变压器组联合单元 3/2 GIS 断路器接线，由一段 GIL 转架空线出线，因此即使是单机、单变、单回线供电方式，也出现多种排列组合。

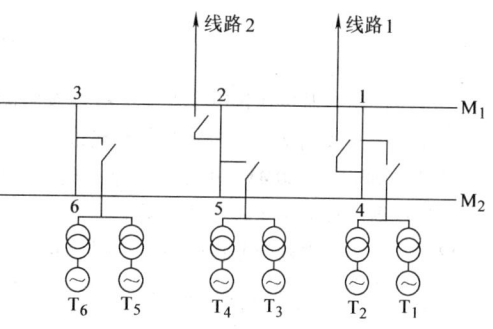

图 13-9　某水电站进、出线示意图

其中，1 号主变压器运行，不经母线直接向线路送电，等效计算电路如图 13-10 所示，相邻元件的间距也标在图中相应位置。

图 13-11 为断路器合闸时变压器端部的 VFTO 波形，将计算结果进行快速傅里叶变换，得到的频谱分析如图 13-12 所示。

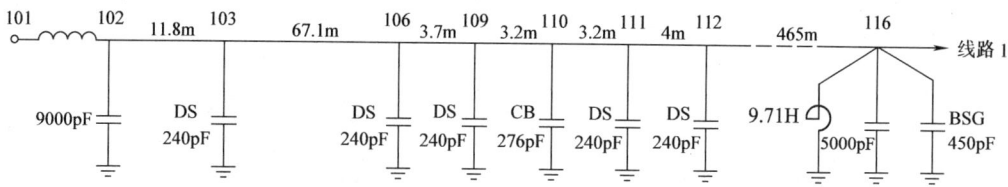

图 13-10　某种运行方式下的等效计算电路

由合闸计算可以看出，合闸操作过电压幅值并不是很高，变压器端部 VFTO 不超过 2.189（p.u.）；由频谱分析可知，50kHz 左右是基频分量，这是由 GIS 的自身结构特点和接线长度决定的；0.1MHz～1.5MHz 的特快速瞬变过程频率，是由电压行波在 GIS 内多次折、反射形成的，叠加在基本频率分量上构成过电压最重要的部分；另外还有接近 2MHz 的特高频分量，但幅值很低。

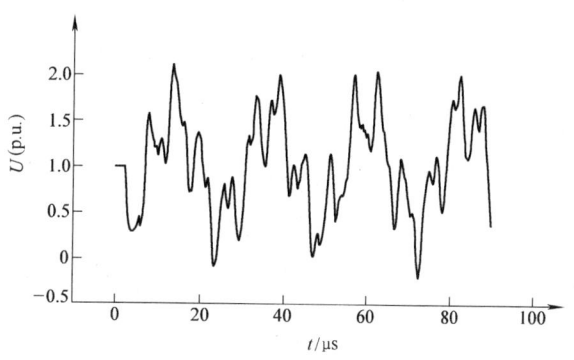

图 13-11　变压器端部 VFTO 波形

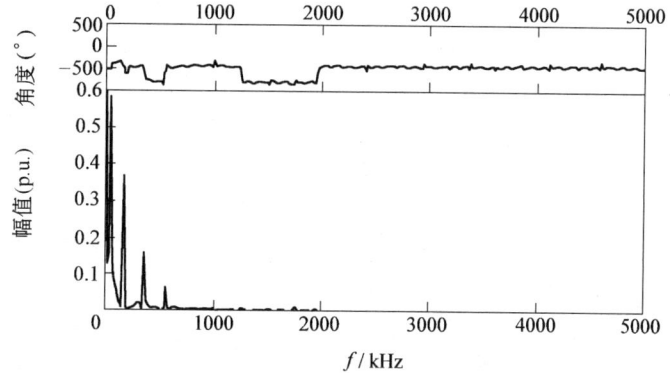

图 13-12　变压器端部 VFTO 频谱分析

习 题

13.1 试述电弧接地过电压产生的机理及限制措施。

13.2 合空载线路时,为什么会出现过电压?如何限制?

13.3 330kV、260MVA 的变压器空载励磁电流 I_0 为 $1\% I_H$,高压侧绕组每相对地电容 $C = 5000\text{pF}$。求切空载变压器的预期最大过电压倍数。

13.4 利用避雷器限制操作过电压时,对避雷器有什么要求?

13.5 快速暂态过电压是如何产生的?它有哪些特点?有什么危害?目前有哪些方法可以加以限制?

第 14 章　直流系统过电压

直流输电系统具有诸多优点，近年来我国直流输电工程发展迅猛。然而直流输电系统的安全可靠运行需要对其可能会发生的过电压特性以及绝缘配合有较为清晰的认识。

直流系统与交流系统相比，其过电压特性有所不同。与直流系统相连接的交流系统中的故障类型以及引起的过电压特性在前面的章节已有讨论。直流系统的故障类型比交流系统更多，除了线路故障外，还有换流阀以及中性线的故障。直流过电压依据过电压的来源可以分为换流站交流侧过电压和直流侧过电压两大类。依据过电压的特点分为暂时过电压、操作过电压和雷电过电压。

需要指出的是，直流输电系统的鲜明特点是其可控性。直流系统的电压、电流、功率都可以通过调整整流站和逆变站换流阀的触发延迟角和关断角来进行调节和控制。因此直流系统对故障的响应要比交流系统来得快，通过直流系统自身的调控对过电压有很好的抑制作用，故而直流系统的过电压水平一般情况比交流系统的过电压水平要低。

14.1　来自换流站交流侧的过电压

直流输电系统一般分为四个部分，如图 14-1 所示。交流滤波器的左侧为交流网络，直流滤波器的右侧为直流线路；换流站分为两个部分：换流站交流侧和换流站直流侧。换流站交流侧包括交流滤波器、断路器和换流变压器交流侧绕组；换流站直流侧包括晶闸管换流阀、换流变压器阀侧绕组、平波电抗器、直流滤波器和中性母线。

14.1.1　暂时过电压

最典型的暂时过电压发生在换流站交流母线，它直接影响着交流母线避雷器，并通过换流变压器传至阀侧，影响阀避雷器。在换流站交流母线上产生的暂时过电压主要有以下三种类型：甩负荷过电压、变压器投入时引起的饱和过电压和清除故障引起的饱和过电压。

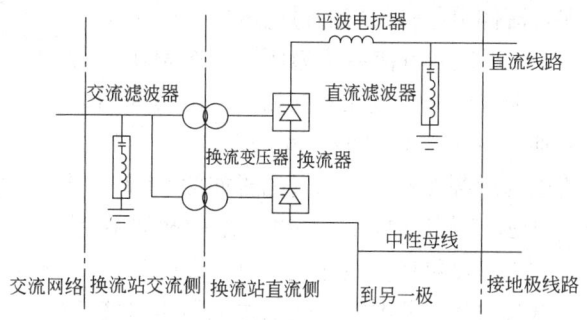

图 14-1　连接于交、直流线路的高压直流换流站的一极

14.1.2　操作过电压

交流母线操作过电压是由于交流侧操作和故障引起的，有较大幅值的操作过电压一般只维持半个周波。除影响交流母线设备绝缘水平和交流侧避雷器能量外，还可以通过换流变压器传导至换流阀侧，而成为阀内故障的初始条件。引起操作过电压的操作和故障有线路合闸和重合闸、投切交流滤波器或并联电容器、对地故障以及清除故障。其基本特征与交流系统

类似。

14.1.3 雷击过电压

换流站交流侧母线产生雷电过电压的原因有交流线路侵入波和换流站直击雷两类。由于换流站一般进线较多，又有较多的交流滤波器等阻尼雷电波的设备，加之都装设交流母线避雷器，因此雷电过电压的情况一般没有常规变电所严重。另外，由于换流变压器的屏蔽作用，雷电波不能侵入换流阀侧，故通常情况下雷电过电压不作为换流站交流过电压研究和绝缘配合的重点。

14.2 来自换流站直流侧的过电压

来自换流站直流侧的过电压也可以分成暂时过电压、操作过电压和雷电过电压。

14.2.1 暂时过电压

在换流站直流侧产生暂时过电压的原因主要有以下两类。

1. 交流侧传递暂时过电压

当换流器运行时，因各种原因在换流站交流母线上产生的暂时过电压能够传导至直流侧，将主要引起阀避雷器通过较大的能量。

2. 换流器故障

换流器部分丢失脉冲、换相失败、完全丢失脉冲等故障，均能够引起交流基波电压侵入直流侧。如果直流侧主参数配置不当，存在工频附近的谐振频率，则由于谐振的放大作用，将在直流侧引起较长期的过电压。

以 ±800kV 直流系统为例，双极全压运行方式下逆变站交流侧在不同相位（故障起始时刻分别取 0.4s~0.405s，间隔 0.01ms）失去交流电源后各设备节点的过电压如图 14-2~图 14-4 所示。从图中可以看出，此种故障在逆变站的交流侧可产生稳态为 2.0（p.u.）左右

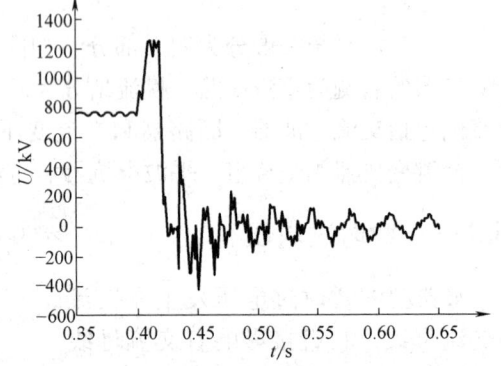

图 14-2　±800kV 直流系统逆变站交流侧电源丢失时典型的直流母线电压波形

的谐振过电压；同时直流侧的过电压也可能达到 2（p.u.）以上。因此，针对该故障需要采取快速的保护措施。

14.2.2 操作过电压

在换流器内部产生操作过电压的原因主要有以下三类。

1. 交流侧传递操作过电压

交流侧操作过电压可以通过换流变压器传导到换流器。由于交流母线避雷器的保护作用，传导到直流侧的过电压通常不对直流设备产生过大的应力。但一般在考虑换流器内部短路时，都假设交流母线电压为避雷器保护水平，保证设备安全。

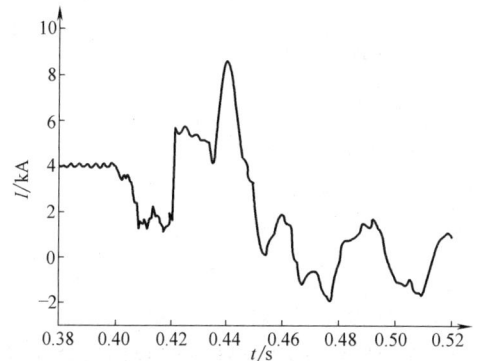

图 14-3　±800kV 直流系统逆变站交流侧电源丢失时典型的直流极线电流波形

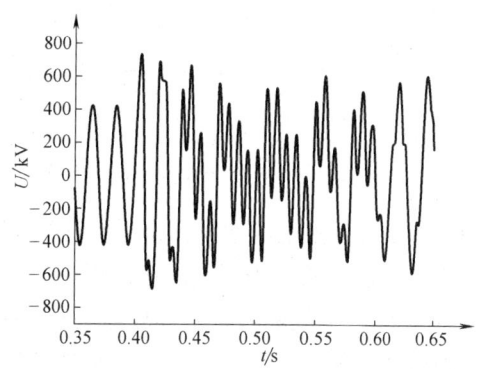

图 14-4　±800kV 直流系统逆变站交流侧电源丢失时典型的交流母线电压波形

2. 短路故障

换流器内部发生短路故障时，由于直流滤波电容器的放电和交流电流的涌入，通常会在换流器本身和直流中性点等设备上产生操作过电压。

直流线路出现短路故障，会在健全极上感应出操作波，并沿着线路侵入换流站内。由于两极直流线路之间存在互感、耦合电容等电磁联系，因此当一极线路发生闪络形成接地故障时，会在另一极（健全极）线路上产生过电压，如果该电压超过了健全极线路的绝缘水平，就可能会导致健全极也发生闪络，从而引起故障的进一步扩大。

双极直流输电系统示意图如图 14-5 所示，假设接地故障发生在负极上。图中，T 为换流站内的电抗器、电容器等无源元件。

该模型可以用当 $n=2$ 时 n 相电路的对称分量法分解为零序、正序两个系统，分解后的系统如图 14-6 所示。其中，零序系统包含大地返回线，主要为地模；正序系统为不包括大地返回线的对称系统，主要为线模。

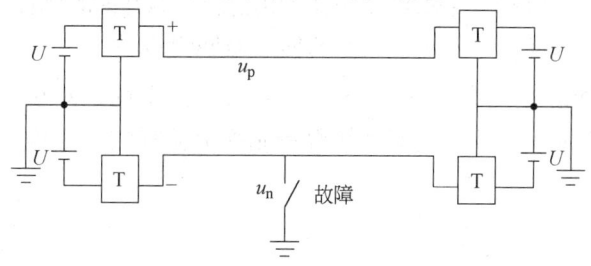

图 14-5　双极直流输电系统示意图

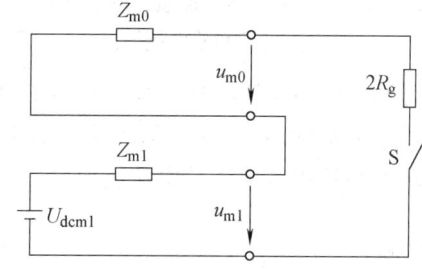

图 14-6　负极接地故障时的模量电路

由图 14-6 可得，零序电压 u_{m0} 和正序电压 u_{m1} 可由下式求得：

$$u_{m0} = \frac{U_{dcm1} Z_{m0}}{Z_{m0} + Z_{m1} + 2R_g} \tag{14-1}$$

$$u_{m1} = \frac{U_{dcm1} Z_{m1}}{Z_{m0} + Z_{m1} + 2R_g} \tag{14-2}$$

式中，$U_{dcm1} = \sqrt{2} U_{dc}$，$U_{dc}$ 为直流电压；Z_{m0}、Z_{m1} 分别为零序和正序波阻抗；R_g 为过渡电阻。

对应的相量电压增量为

$$\Delta u_n = \frac{1}{\sqrt{2}} (u_{m0} + u_{m1}) = U_{dc} \tag{14-3}$$

$$\Delta u_{\mathrm{p}} = \frac{1}{\sqrt{2}}(u_{\mathrm{m0}} - u_{\mathrm{m1}}) = U_{\mathrm{dc}}\frac{Z_{\mathrm{m0}} - Z_{\mathrm{m1}}}{Z_{\mathrm{m0}} + Z_{\mathrm{m1}} + 2R_{\mathrm{g}}} \quad (14\text{-}4)$$

$$u_{\mathrm{n}} = -U_{\mathrm{dc}} + \Delta u_{\mathrm{n}} = 0 \quad (14\text{-}5)$$

$$u_{\mathrm{p}} = U_{\mathrm{dc}} + \Delta u_{\mathrm{p}} = U_{\mathrm{dc}}\frac{2(Z_{\mathrm{m0}} + R_{\mathrm{g}})}{Z_{\mathrm{m0}} + Z_{\mathrm{m1}} + 2R_{\mathrm{g}}} \quad (14\text{-}6)$$

式中，Δu_{n} 为负极电压增量；Δu_{p} 为正极电压增量；u_{n} 为负极电压；u_{p} 为正极电压。

为了更加形象地表现过电压产生的原因，将故障后产生的行波也分解为正序分量 U_1 和零序分量 U_0，则故障时刻后其故障极和健全极的初始电压波形如图 14-7 所示。

值得注意的是：正序分量波的传播速度快于零序分量波；正序分量波在两根极线上大小相等、极性相反；零序分量波在两根极线上大小相等、极性相同；在故障极上，正序和零序波极性相同叠加在一起，并和接地点故障时刻前的电压大小相等、方向相反，从而导致故障后接地点电压为零；在健全极上，正序和零序波极性相反，叠加在健全极电压上，共同作用产生感应过电压。极线中点发生接地故障时，在健全极线上不同位置处出现的操作波如图 14-8 所示。

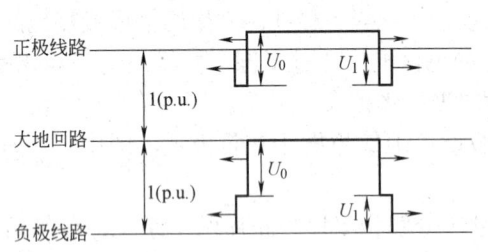
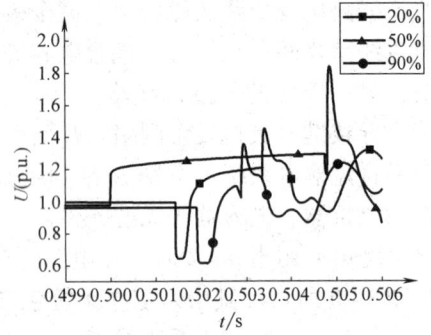

图 14-7　直流系统线路接地故障后故障极和健全极的初始电压波形

图 14-8　±800kV 直流极线中点接地故障时，健全极线 20%、50% 和 90% 处的电压波形

当换流器顶端接地时，假设系统在未加装避雷器的情况下，不启动保护系统，并在 10ms、20ms 和 50ms 强制消除故障。图 14-9 为 ±800kV 直流系统整流站换流器顶端短时接地 20ms 时直流母线电压、电流波形。

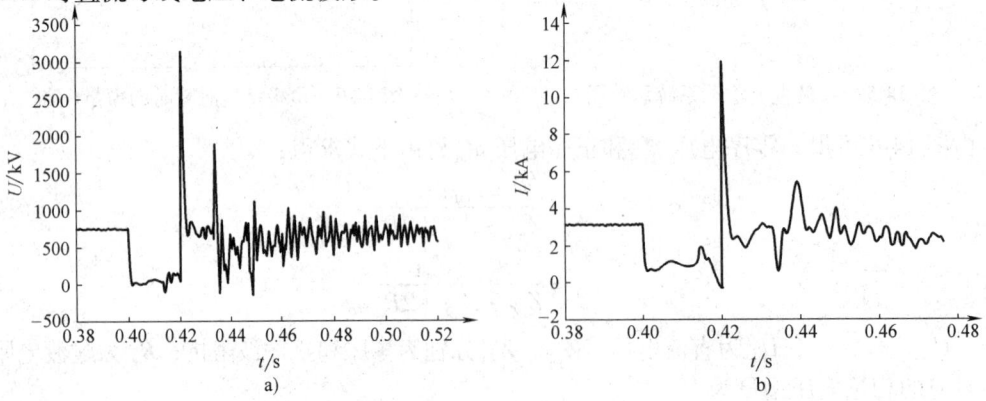

图 14-9　±800kV 直流系统整流站换流器顶端短时接地 20ms 时直流母线电压、电流波形
a）直流母线电压　b）直流极线电流

换流器顶端发生接地时，故障点流过较大的电流，能量通过故障点释放。接地故障瞬间恢复后，系统中未释放完的能量将引起振荡，若没有装设避雷器，各个设备上将产生很高的过电压。接地故障时间越短，系统中未释放的能量越多，引起的过电压幅值也越高。故障发生在整流站时，引起的过电压更为严重，这是因为整流站发生接地时逆变站的能量向整流站方向流动，使得故障恢复时产生较高的过电压。

3. 开路故障

系统在双极全压运行方式下未加装避雷器时整流侧和逆变侧中性母线开路故障后同样会引起过电压。中性母线突然断开后，故障极电流立即降为零；故障极变为单点接地运行，接地点为逆变侧中性点。在没有功率传送的情况下，逆变侧的直流母线电压值等于交流侧电压负峰值，即为 -400kV。整流侧直流母线电压也钳制为 -400kV，从而在开路的中性线上会形成 -1200kV 的电压。图 14-10 所示为开路故障后中性线上的电压波形。

当逆变侧中性母线发生开路故障时，同样故障极电流很快下降到零。系统单点接地，接地点为整流站中性母线。可以推算得到，在稳态时直流母线电压为 1（p.u.）左右，逆变站直流母线电压也约为 1（p.u.），逆变站中性母线约为 2（p.u.）。在这个过程中，系统可能发生振荡。

14.2.3　雷电过电压

直流输电线路只有正、负两极，加上两根避雷线，共计四根导线，比普通单回交流输电线路少一根导线。±800kV 直流系统进线端典型杆塔接线图如图 14-11 所示。

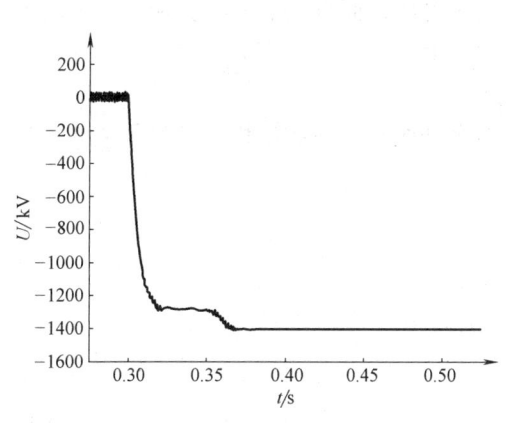

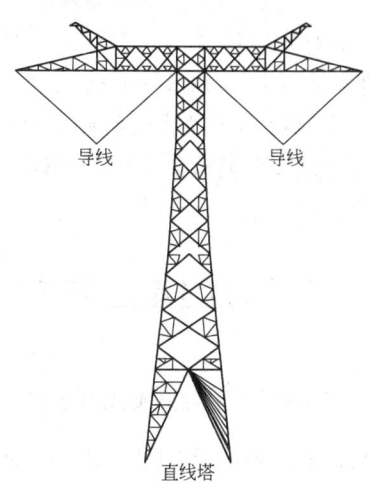

图 14-10　±800kV 直流系统整流站中性母线开路故障后中性线上的电压波形

图 14-11　±800kV 直流系统进线段典型杆塔接线图

直流输电线路遭受雷击的情况与交流线路类似。雷击过电压主要有雷直击杆塔或避雷线造成的反击和避雷线屏蔽失效造成的绕击形成的过电压。然而反击跳闸率与绕击跳闸率与交流系统相比有以下特点：

1）反击造成绝缘子串闪络时一般需要考虑极线的工作电压，由于雷电大多数都为负极性，故而正极线绝缘子串的闪络概率远高于负极线的闪络概率。

2) 绕击的情况类似，正极线的绕击跳闸率远高于负极线的绕击跳闸率。

由于换流变压器及平波电抗器的屏蔽作用，因此在一般设计中可不考虑雷击入侵引起的过电压。但当换流器内部发生短路故障时，充电的极电容和直流滤波器电容通过平波电抗器向未短接的部分放电，如果回路自然频率为雷电波频率，则会在这些设备上产生雷电过电压。图14-12所示为±800kV直流系统雷电波入侵时在直流极线、平波电抗以及阀顶产生的过电压波形。

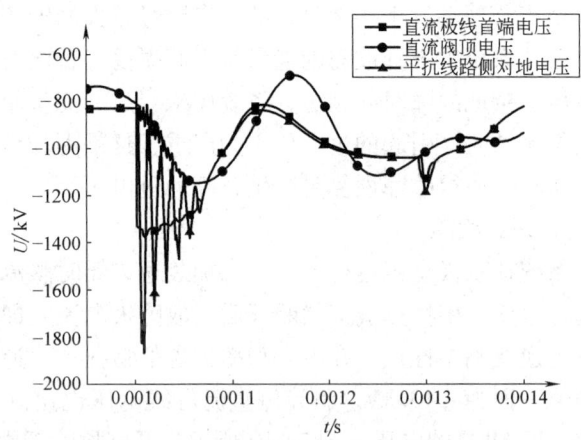

图14-12　±800kV直流系统雷电入侵后不同节点处的电压波形

14.3　陡波过电压

以下两种原因会在换流器中产生陡波过电压。

1. 对地短路

当处于高电位的换流变压器阀侧出口到换流阀之间对地短路时，换流器杂散电容上的极电压将直接作用在闭锁的一个网上，对阀产生陡波过电压；而直流滤波器和极电容上的电压将通过平波电抗器加到未导通的阀上，造成操作波过电压。

2. 部分换流器中换流阀全部导通或误投旁通对

当两个或多个换流器串联时，如果某一换流器全部阀都导通或误投旁通对导通的换流器将耐受全部极电压，造成陡波过电压。

14.4　换流站的过电压防护

14.4.1　换流站直流线路的防护

可采用直流母线避雷器（DB）、直流线路避雷器（DL）用于保护与直流极线相连接的直流开关场的设备免受过电压的损坏。由于距离效应，通常要安装多只避雷器。线路入口处的避雷器称为直流线路避雷器。

14.4.2　换流站直流侧的防护

换流站直流侧，包括晶闸管换流阀、换流变压器阀侧绕组、平波电抗器、直流滤波器和中性母线。

对于换流站直流侧，避雷器按其安装位置和持续运行电压的不同划分为四组，如图14-13所示。

这些避雷器主要用于保护晶闸管换流阀和换流变压器：

1）跨接在阀两端和跨接在 6（或 12）脉动换流器两端或跨接在换流器的高压直流母线到换流站接地网之间的避雷器（V、B、C、CB 和 M）。

2）在直流母线与换流站接地网之间连接的避雷器（DB）。

3）中性线避雷器和平波电抗跨接避雷器（E 和 DR）。

4）跨接直流滤波器的一部分，但要承受显著持续运行电压的避雷器（FD）。

对于背靠背高压直流换流站，如图 14-14 所示，直流侧通常只需要阀避雷器（V），但有时也需配备换流器避雷器（C）或换流桥避雷器（B）（见图 14-13）。

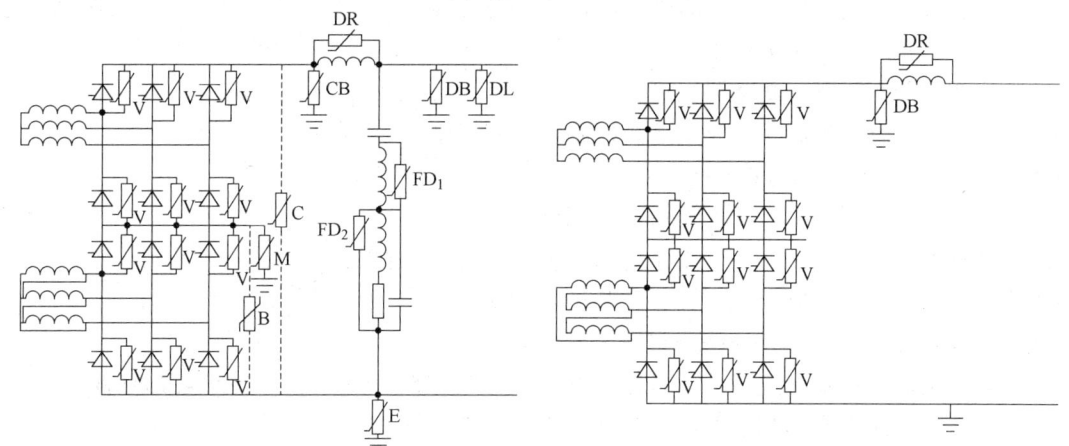

图 14-13　高压直流换流站直流侧
避雷器的安装位置

图 14-14　背靠背高压直流换流站
直流侧避雷器配置

在避雷器典型布置和保护方式下，换流站各设备的绝缘水平由避雷器的保护残压决定。换流站各设备及直流线路过电压保护的典型配置如下：

1）晶闸管换流阀保护：阀避雷器（V）用于限制晶闸管阀上出现的过高的过电压。阀避雷器和晶闸管正向保护触发构成阀的过电压保护。避雷器保护特性还决定着换流变压器阀侧所需的相间绝缘水平。由于阀的制造成本和损耗近似正比于阀的绝缘水平，因此尽可能选用更低残压的避雷器降低对阀绝缘水平的要求。

2）换流器保护：直流中性母线避雷器（M）用于保护 12 脉动换流器下部 6 脉动换流器免受高幅值过电压的损坏。阀避雷器和直流中性母线避雷器一起决定上部 6 脉动换流器所对应的换流变压器阀侧绕组所需的对地绝缘水平，该点的保护水平为这两种避雷器保护水平之和。

3）换流桥保护：换流桥避雷器（B）用于保护所跨接的 6 脉动换流器免受高幅值过电压的损坏。

4）平波电抗器换流器侧设备保护：换流器直流母线避雷器（CB）用于保护平波电抗器换流器侧高压直流极线上连接的设备免受高幅值过电压的损坏。

5）阀厅换流器保护：换流器避雷器（C）用于限制侵入到阀厅的雷电过电压幅值。对于较低电压的换流器，或没有雷电侵入阀厅的危险，可不安装该避雷器。

6）中性母线和与它连接设备的保护：中性母线避雷器（E）用于保护中性母线和与它

连接的设备免受过电压的损坏。当双极对称运行时，中性母线的运行电压接近于零。但在单极或单极金属回线方式下，需要考虑其运行电压。发生接地故障时，该避雷器会受到很大的能量冲击，通常要安装多只避雷器。

7）与直流极线相连接的直流开关场设备的保护：直流母线避雷器（DB）、直流线路避雷器（DL）用于保护与直流极线相连接的直流开关场的设备免受过电压的损坏。由于距离效应，通常要安装不止一只避雷器。

14.4.3 换流站交流侧设备的防护

对于换流站交流侧设备绝缘的过电压防护，避雷器配置与交流变电站没有本质区别，通常采取图14-15所示的布置方式。

换流变压器交流侧、断路器采用相对地避雷器（A）进行过电压防护；交流滤波器采用（FA）避雷器进行过电压防护。

交流母线避雷器（A）安装于靠近交流网络进线终端并靠近换流变压器处，用于保护交流母线和换流变压器免受过电压的损坏，在某种程度上还对断路器操作引起的快速瞬态过电压起限制作用。如果换流变压器有连接无功补偿或滤波装置的第三绕组，则在它的端子上通常也要安装避雷器。

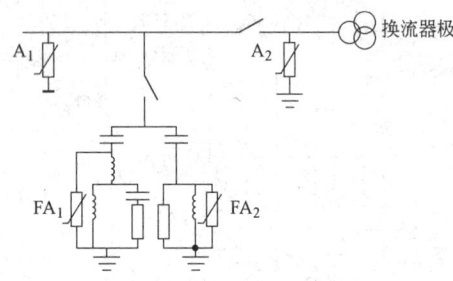

图14-15 直流换流站交流侧避雷器的布置方式

交流母线避雷器需要与交流网络中已有的避雷器相配合，它的保护水平一般得比交流网络中已有的避雷器低。这样可以使已有的避雷器不致因为换流站大容量电容器组的存在而承受过重的应力，同时可降低阀避雷器的应力，使高压直流换流器得到最佳的保护。

交流滤波器避雷器（FA）用于保护交流滤波器的电抗器和电阻器免受过电压的损坏，同时对低压电容器也有保护作用，这取决于使用滤波器的类型。

14.4.4 交流电网的防护

交流电网中各设备的过电压防护遵循交流过电压绝缘配合原则。

对于直流线路的过电压防护，除了借助线路两端加装的串联电抗器、避雷器（DL）对沿线高幅值内过电压和大气过电压进行限制外，由于直流线路长，可能需要配置更多组避雷器限制内过电压。对于线路跨越的多雷区，在雷易击处和高反击率杆塔处应加装线路悬挂式避雷器，以减少线路雷击事故率。

习 题

14.1 直流输电系统过电压与交流输电系统过电压有哪些异同？
14.2 直流输电系统中有哪些重要的过电压？它们是如何产生的？
14.3 换流站的避雷器配合的基本原则是什么？

第 15 章 电力系统的电磁环境

广义上,电磁环境一般是指给定时间和空间范围内存在的所有电磁(辐射和传导)现象。从产生因素看,既有自然因素,又有人为因素。在具体描述对目标可能造成影响的电磁环境时,多称为电磁骚扰(有时习惯上也不加区分,称为电磁干扰)。电力系统作为一个庞大的、分布广泛的超级系统,会产生各种电磁骚扰,同时也面临着各种电磁骚扰。

一方面,目前电力系统的电压等级高、输送容量大,电力系统本身产生的稳态和暂态电磁环境更加复杂;另一方面,电力系统的智能化、自动化程度越来越高,功耗更低的微电子器件和弱电控制保护装置等广泛应用于电力系统,也使得电力系统自身对各种电磁环境更为敏感。电力系统因各种电磁骚扰现象而使继电保护误动、拒动,甚至造成微机保护和综合自动化插件损坏的事故时有发生。因此,电磁环境问题在电力系统设计、建造和运行中的重要性不断提高。

本章介绍交流输电线路、变电站和直流输电线路、换流站的各种电磁环境的产生机理、标准限值,并对系统外电磁环境和一般防护方法给出简要介绍。

15.1 交流输电线路的电磁环境

1. 地面工频电场的分布特点及其限值

交流输电线路下的工频电场强度在离地 2m 的范围内比较均匀,通常以离地 1m 高处的未畸变电场强度有效值作为度量地面电场的标准。

图 15-1 为 765kV 的输电线路产生的地面电场分布。一般来说,220kV 及以下电压等级的架空输电线路引起的工频电场场强较小,主要考虑 330kV 及以上电压等级的架空输电线路的静电感应问题。电场的影响程度取决于电场强度、被感应物体的对地电容及对地绝缘状况、四周环境的屏蔽效应等,其中电场强度是最基本的参数。

空间某点电场强度与每根导线上电荷的数量以及该点与导线之间的距离有关,导线上的电荷多少除与所加电压有关外,还与导线的几何位置及其尺寸有关。因此,导线对地高度、相间距离、分裂导线的结构尺寸、单回路导线布置形式以及双回路相序布置方式等因素,都将直接影响交流输电线路下电场强度的分布和大小。

交流输电线路附近的工频电场,可能在与之接近的输电线路或金属导体上产生较高的感应电压和电流,从而对输油管道、铁路等造成影响。在输电线路工频电场对人员影响方面,几十年来,

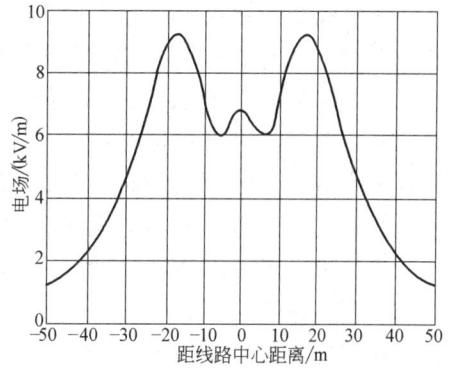

图 15-1 765kV 输电线路产生的地面电场分布

世界各国进行了大量试验性研究,到目前尚无一致的明确结论,但为了慎重起见,各国已经

或正在制订相关标准。

我国针对工频电场标准目前有 GB16203—1996《作业场所工频电场卫生标准》，标准规定作业场所工频电场 8 小时最高限值为 5kV/m。因工作需要必须进入超过最高限值的地点或延长接触时间时，应采取有效防护措施。带电作业人员应该在全封闭式的屏蔽装置中操作，或应穿上包括面部的屏蔽服。在环保部门发布的 HJ/T24—1998《500kV 超高压送变电工程电磁辐射环境影响评价技术规范》中，对 500kV 超高压送变电工程推荐暂以 4 kV/m 作为居民区工频电场评价标准。

对于一般公众来说，每天 24 小时内连续照射的电场强度不应超过 5kV/m；当电场强度为 5kV/m~10kV/m 时，受照射时间应限制在每天数小时内；如有必要，照射场强可以超过 10kV/m，但容许的受照时间仅为每天数分钟，并应以体内的感应电流密度不超过 $2mA/m^2$ 为条件。对超高压输电线路，为了保证线下地面电场强度控制在限值以内，规定了导线对地面和交叉物的最小垂直距离，见表 15-1。

表 15-1 导线对地面和交叉物的最小垂直距离   （单位：m）

经过地区或交叉跨越		35kV~110kV	220 kV	330 kV	500 kV
居民区		7.0	7.5	8.5	14
非居民区		6.0	6.5	7.5	10.5~11.0
交通困难地区		5.0	5.5	6.5	8.5
跨越公用铁塔，至塔顶		7.5	8.5	9.5	14
跨越等级公路，至地面		7.0	8.0	9.0	14
跨越通航河流	至五年一遇洪水位	6.0	7.0	8.0	9.5
	至最高航行水位的最高船桅顶	2.0	3.0	4.0	5.5
跨越不通航河流	至百年一遇水位	3.0	4.0	5.0	6.5
	冬季至水面	6.0	6.5	7.5	10.5~11.0
跨越电力线路		3.0	4.0	5.0	6.0（至导线、地线）
跨越电力线路		3.0	4.0	5.0	8.5（至杆塔塔顶）
跨越弱电线路		3.0	4.0	5.0	8.5

2. 地面工频磁场的特点及其限值

当输电线路的导线中有电流流过时，就会在周围产生工频磁场。工频磁场的大小主要与导线的电流有关；对于磁导率为 1 的介质（大多数建筑物和人），工频磁场很容易穿透，因此其防护难度较大。交流输电线路的三相电流基本上大小相等，相位互差 120°，因而在离导线较远的地方，一般可认为三相电流产生的磁场互相抵消；而在线路附近工频磁场则不容忽略。图 15-2 为不同电压等级的输电线路产生的地面磁场分布。

国际辐射防护协会（IRPA）所属国

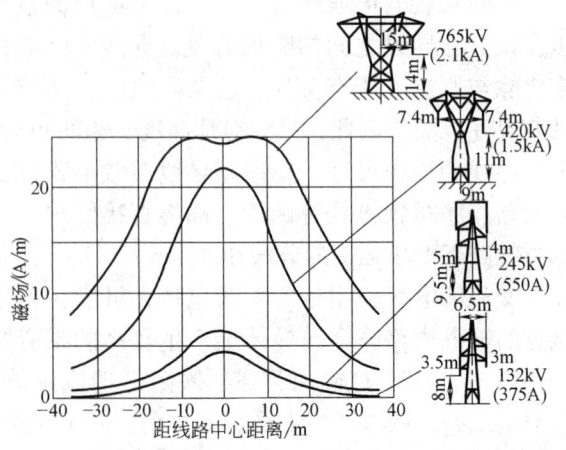

图 15-2 不同电压等级的输电线路产生的地面磁场分布

际非电离辐射防护委员会（ICNIRP）向世界各国推荐了一个工频磁场照射限值临时指导原则，把照射值分为职业照射限值和公众照射限值，见表15-2。

表15-2 IRPA-ICNIRP推荐的工频磁场照射限值

受照现象		磁通密度 B/mT
职业	整工作日内	0.5
	短时内	5
	局限于四肢	25
公众	每天至多达24小时	0.1
	每天数小时内	1

我国HJ/T 24—1998《500kV超高压送变电工程电磁辐射环境影响评价技术规范》推荐应用表15-2中公众全天辐射时的工频限值0.1mT作为磁场强度的公众安全评价标准。

另外，工频磁场会对电子设备产生影响，如计算机的监视器、电子显微镜等设备在工频磁场作用下会产生电子束的抖动，电子式电度表在工频磁场作用下程序会产生紊乱、内存数据丢失和计度误差。因此，用工频磁场发生器对上述设备进行磁场骚扰的抗扰度试验具有特殊意义。国家推荐性标准GB/T 17626.8—2006《电磁兼容试验和测量技术 工频磁场抗扰度试验》中，对稳定和1s~3s短时工频磁场试验做出了相应规定，见表15-3、表15-4，是对设备提出的抗扰度要求。

表15-3 稳定持续工频磁场试验等级

等级	1	2	3	4	5	…
磁场强度/（A·m^{-1}）	1	3	10	30	100	待定

表15-4 1s~3s短时工频磁场试验等级

等级	1	2	3	4	5	…
磁场强度/（A·m^{-1}）	—	—	—	300	1000	待定

3. 电晕

如本书第2章所述，电晕放电是由于在导体表面电位梯度过大，使其表面的电场强度超过空气的击穿强度，使周围的气体电离，气体分子分解成为带正电荷的离子与带负电荷的电子。当场强进一步增大时，出现电子倍增现象，形成电晕放电。伴随着产生较弱的发光、可听到的噪声、机械的振动，并产生臭氧和其他生成物。

电晕放电的单个脉冲宽度约为10^{-1}μs量级。实际交流线路的电晕放电多发生在工频电压的正、负峰值附近，由一系列脉冲组成脉冲群，并且其波形也十分不规则。脉冲群的持续时间约为2ms~3ms，这样一系列的脉冲，一般包含丰富的高频分量。根据大量测量的结果统计，输电线路电晕放电的能量集中在0.15MHz~4MHz频率范围内。

4. 无线电干扰及其限值

无线电干扰（简称RI，或称为无线电噪声RN，有时也称无线电骚扰）是指在无线电频段可能对正常的通信信号造成影响的电磁干扰。输电线路在电晕放电过程中会出现一些有害的、频带相当宽的电磁波，干扰无线电通信，危害环境。电晕放电产生的高频电压、电流脉冲干扰频谱在3kHz~30MHz范围内，几乎覆盖了大部分的无线电频谱。输电线路无线电干扰主要是对调幅广播、通信（550kHz~12MHz）和电视产生干扰。一般来说，5MHz以上频率的 RI 幅值已经很小了。

除了输电线路导线、绝缘子或线路金具等电晕放电以外，还有其他干扰源也可产生无线电干扰，如因绝缘子表面污秽而产生的间歇性放电，有缺陷绝缘子的间隙击穿火花，连接金具、线夹的火花放电，间隔棒、导线接续管、补修管，甚至均压环、屏蔽环的火花放电等。

因为电晕放电现象与导线表面状态、天气湿度、气压等密切相关，因此输电线路的无线电干扰电平也会随天气而变化。此外，线路无线电干扰还与导线参数、高度、相间距离、导线（子导线）截面、分裂导线数等有关。

无线电干扰限值主要考虑对居民无线电广播接收质量的影响，信噪比是评价其影响的关键指标。不同信噪比对无线电接收质量的影响见表15-5。国际无线电干扰特别委员会（CISPR）推荐26dB作为评价无线电干扰影响的可接受的信噪比，即当无线电信号强度减去干扰水平，其差值大于26dB可认为有满意的接收质量。

表 15-5 信噪比意义

信噪比/dB	意义
40	对古典音乐收听完全满意
32	对一般收听满意
26	不易察觉的背景噪声
20	背景噪声明显
15	背景噪声很明显

国家标准 GB 15707—1995《高压交流架空送电线无线电干扰限值》规定了高压交流架空送电线路在正常运行时的无线电干扰限值，适用于运行半年以上的 110kV~500kV 交流架空输电线路产生的频率为 0.15MHz~30MHz 的无线电干扰。

频率为 0.5MHz 时，高压交流架空送电线无线电干扰限值见表 15-6。为了便于比较，国际无线电干扰特别委员会规定，不同位置的测量值需要折算到距边导线投影 20m 处；频率为 1MHz 时，高压交流架空送电线无线电干扰限值为表 15-6 中数值分别减去 5dB；0.15MHz~30MHz 频段中其他频率，无线电干扰限值需要按照相应修正公式修正；距边导线投影不等于 20m 处的无线电干扰场强按照修正公式修正到 20m 处。

表 15-6 无线电干扰限值（距边导线投影 20m 处）

电压/kV	110	220~330	500
无线电干扰限值 dB/（μV/m）	46	53	55

5. 交流输电线路的可听噪声及其限值

电压等级较低的输电线路，噪声问题不突出。随着电压等级的提高，特别是在导线潮湿的条件下，输电线路可听噪声将成为一种环境问题。对于超高压、特高压线路，可听噪声是线路设计需要考虑的主要因素之一。

交流高压输电线路由电晕产生的可听噪声有两种：宽频带噪声和交流声。宽频带噪声是导线表面电晕放电产生的杂乱无章的电流脉冲造成的，特别是在交流电压正半波时的正极性电晕电流脉冲流注阶段最为严重。交流声是导线周围正、负离子在电压变化周期内往返运动造成的，由于正负离子到达和离开导线表面的这种运动，使周围气压每半周内变换两次方向，从而产生了 50Hz 倍频（主要是 100Hz 或 200Hz）的嗡嗡声。

天气条件对输电线路可听噪声的影响很大，好天气时噪声小，坏天气时可听噪声增大。不同气象条件下，宽频带噪声和交流声的相对数值也不同，雨天宽频带噪声大，而结冰时交流声大。高海拔下空气的击穿场强低，电晕放电加强。海拔每增加300m，可听噪声大约增加1dB（A）。

目前国家标准 GB 3096—2008《声环境质量标准》针对输电线路、变电站等产生的噪声，规定了城市五类区域的环境噪声最高限值，见表15-7。噪声测试可按照该国家标准执行。

表15-7　可听噪声干扰限值　　　　　　　　　　[单位：dB（A）]

类别	昼间限值	夜间限值
0	50	40
1	55	45
2	60	50
3	65	55
4	70	55

注：0 类标准适用于疗养区、高级别墅区、高级宾馆区等特别需要安静的区域，位于城郊和乡村的这一类区域分别按严于 0 类标准 5dB 执行；1 类标准适应于以居住、文教机关为主的区域，乡村居住环境可参照执行该类标准；2 类标准适用于居住、商业、工业混杂区；3 类标准适用于工业区；4 类标准适用于城市中的道路交通干线道路两侧区域，穿越城区的内河航道两侧区域。穿越城区的铁路主、次干线两侧区域的背景噪声（指不通过列车时的噪声水平）限值也执行该类标准。

15.2　变电站的电磁环境

从被干扰的敏感器角度来看，干扰的耦合可分为传导耦合和辐射耦合两类。传导耦合必须在干扰源和敏感器之间有完整的电路连接，干扰信号沿着这个连接电路传递到敏感器，发生干扰现象，这个电路可包括导线、设备的导电构件、供电电源、公共阻抗、接地平面、电阻、电感、电容和互感元件等。传导耦合有电阻性耦合、电导性耦合、电容性耦合、电感性耦合等。辐射耦合是指电磁能量通过介质以电磁波的形式传播，然后通过接收体耦合到电路中形成干扰的能量传递过程。

实际上，两个设备之间发生干扰通常可能包含多种途径耦合。变电站是电磁环境较为恶劣的场所，自然和人工操作均可能产生严重的电磁骚扰。图15-3是变电站内主要电磁骚扰以及各种电磁骚扰对二次系统的耦合途径。

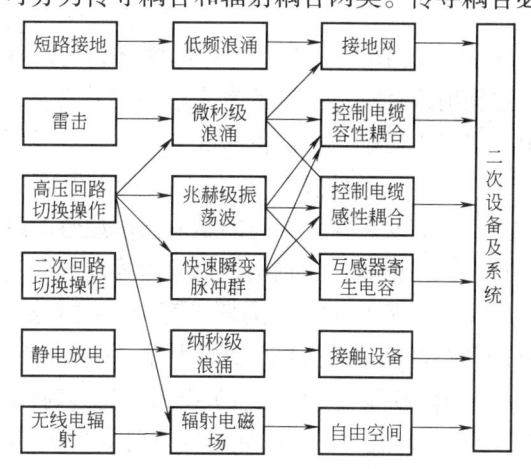

图15-3　变电站内主要电磁骚扰以及各种电磁骚扰对二次系统的耦合途径

1. 变电站的工频电磁场及其限值

变电站中带电设备会在周围的空间产生工频电场和磁场。工频电磁环境可能会在附近的人、动物、电气设备及其他物体上产生感应电压和电流，从而对人、动物和设备的安全产生威胁。

变电站运行时各种带电导体上的电荷和在接地构架上感应的电荷会产生工频电场，产生工频电场强度较高的设备依次为母线、电容器、架空进出线，而变压器产生的电场强度相对较小。变电站内工频磁场强度高的设备主要是母线和电抗器等。我国对不同电压等级变电站工频电场和磁场的大量实测统计结果表明，70%以上测点的电场强度在 4kV/m ~ 8kV/m 之间。在 500kV 变电站内，电场强度的最大实测值约为 11.66kV/m。在垂直于两主设备连线方向上，电场强度较大。磁感应强度水平分量最大值为 13.23μT，垂直分量最大值为 9.58μT，最大合成磁感应强度为 16.33μT，90%以上测点的合成磁感应强度在 10μT 以下。

由于变电站工作人员需要经常接近带电高压设备，因此变电站内的工频电场允许限值比其他场合要高。对运行人员经常巡视或检查必经的地方，一般规定为小于 8kV/m，其他地方则不大于 10kV/m，少数地区允许最大电场强度范围为 10kV/m ~ 15kV/m。变电站围墙处电场强度则应不大于 5kV/m。

为满足上述要求，除适当提高带电体对地高度外，有时还采用合理安排带电体的排列以及并列或重叠回路的相序等措施，以减小地面电场。

2. 开关操作引起的暂态干扰

变电站中有很多隔离开关和断路器的常规操作，如隔离开关切、合高压空载母线，断路器切、合高压母线和高压线路，投切电容器组合投、切空载变压器及电抗器等。如本书第 13 章所述，当开关操作使系统状态发生变化时，会产生操作过电压。特别是在隔离开关和灭弧性能较差的断路器操作时，开关触头间会发生一系列的电弧重燃和预击穿，从触头第一次重燃到最后一次重燃，时间可能持续 1s 以上。由于被操作的母线上往往接有其他设备，从而构成了复杂的振荡网络，因此开关操作形成的暂态电压（电流）波形一般是衰减振荡波。

变电站内的开关操作产生的瞬态过程，不但会通过传导耦合对站内设备产生影响，还会通过辐射耦合对二次设备带来电磁骚扰。高频辐射电磁场可直接辐射到非屏蔽电缆的芯线上，也可以通过二次设备的散热孔、显示板等孔缝侵入二次设备。

(1) 空气绝缘变电站（AIS）的电磁辐射特性 由于隔离开关操作持续的时间长，重燃次数多，容易产生频率高的阻尼振荡型暂态过程，因此在隔离开关的触头间有电弧燃烧的瞬间振荡频率很高，而且电弧熄灭后才能逐渐过渡到稳态。这种具有阻尼振荡特征的暂态过程在电压（电流）的每个周期中都会多次重复。隔离开关操作是变电站正常生产过程中产生电磁骚扰最严重的操作，其骚扰脉冲群数量多（每个操作过程产生数百个），持续时间长（每个操作过程从起弧到电弧熄灭，持续时间约为 2s）；频率分布范围宽（在数百千赫兹到 30MHz）；幅值大（空间磁场幅值可达 380A/m）。变电站的结构布置对电磁骚扰的分布及耦合也有重要影响。

(2) 气体绝缘变电站（GIS）的电磁辐射特性 GIS 通常采用 SF_6 或 SF_6 与其他气体的混合气体作为绝缘介质。在均匀电场中，SF_6 的击穿场强为空气的 2 ~ 3 倍，所以在间隙距离相同的情况下，SF_6 中产生的最大电压陡度为空气的 4 ~ 9 倍。因此，与常规变电站相比，GIS 中开关操作产生的辐射电磁场频率更高，对二次设备的危害可能会更为严重。

GIS 开关操作会产生前沿很陡的特快速暂态过电压（VFTO），VFTO 的振荡频率很高，由于趋肤效应，暂态电流波主要沿着母线的外表层及外壳的内表层流动，并且外壳电位可保持不变。当电流波遇到终端套管、互感器等波阻抗发生变化的地方，就会产生折、反射，从而引起外壳暂态地电位升高（TGPR）。沿 GIS 母线传播的 VFTO 和 GIS 壳体与接地系统的 TGPR 都会产生瞬态电磁场，形成辐射骚扰。一般前者的辐射场强要比后者高。

3. 雷击避雷针等构件引起的干扰

发生雷击时,由于变电站内一般有避雷针、避雷线等,雷电一般较少直接击中变电站内的设备,而是通过两个渠道进入变电站:①雷直接击避雷针、避雷线或微波塔(枢纽变电站或大型变电站内通常都有微波通信系统)等高大构件;②输电线路遭受直击雷或感应雷,雷电波沿线路侵入变电站。对于后一种情况,本书 11 章已详细分析,此处只介绍第一种情况引起的干扰。

雷击变电站内避雷针或微波塔等高大构件时,被击构件周围出现暂态电磁场,对邻近的二次回路感应耦合产生骚扰电压和电流;经地网泄放入地的雷电流引起地网电位升高以及接地系统中各接地点间很大的电位差;沿地网敷设的电缆的屏蔽层中流过雷电流,通过转移阻抗在电缆芯线间以及芯线对地间产生暂态骚扰电压。以上现象都可能对变电站二次回路的各种信息系统造成干扰或损坏。

雷击变电站避雷针(线)时,既产生传导骚扰,也产生严重的辐射骚扰。闪电的先导通道会辐射瞬态电磁场,雷击避雷针系统以及雷击线路及避雷线后引起绝缘子闪络也会辐射瞬态电磁场。这些辐射骚扰现象对变电站二次回路各种信息系统的正常工作也会构成威胁。

由于雷电波在线路上的折射、反射,骚扰电压的波形可能呈高频振荡,频率分布覆盖几百千赫至数十兆赫的范围。雷电在二次回路中引起的骚扰电压一般为数千伏的量级,极少情况下可达 30kV 或更大。

4. 变电站的无线电干扰及可听噪声

变电站的无线电干扰主要有三种来源:母线及其他电气设备间连线的电晕放电;高压电气设备向母线或连线上发射的高频电流;绝缘子火花放电及其他高压部件连接松动或接触不良产生的间隙火花放电。

变电站的无线电干扰会影响无线电、电视等的接收质量,所以在变电站中选择导线及电气设备时,应考虑降低整个配电装置的无线电干扰水平。变电站配电装置围墙外 20m 处(非出线方向)的无线电干扰水平不宜大于 50dB(μV/m)(频率为 1MHz)。

变电站的可听噪声主要来源于设备运行时的机械振动和电晕放电两个方面。与高压设备运行时的机械振动噪声相比,母线电晕噪声较小,并可通过采用大截面导线来改善。变电站内主要噪声来源为变压器和电抗器,远大于母线电晕噪声。其噪声频率以中低频为主,测试表明,750kV 变电站变压器的声源源强可达 80dB(A)(距离变压器 2m 处),高压电抗器的声源源强为 80dB(A)(距离电抗器 2m 处)。由于变压器容量的增加,以及变电站与居民区逐渐靠近,设计时必须注意主变压器与主控制室、通信室及办公室的距离,还需考虑主变压器与居民区的距离,以使变电站内各建筑物的户内连续噪声级别不超限值。

另外,变电站的厂界电磁干扰、噪声干扰控制问题在变电站设计和运行中也需要着重考虑。限于篇幅,本节不做详细介绍。

15.3 直流输电线路的电磁环境

直流输电线路的电磁环境主要与输电线路电晕有关,包括电晕损失、直流电场效应、无线电干扰和可听噪声等方面。

1. 直流输电线路的电晕

当直流线路发生电晕后，按电离的发生情况可将除导线以外的整个空间分为电离区和非电离区两部分。其中，电离区是指紧贴导线周围的很薄的一层空间，在电离区内，电场强度很高，电子在该电场作用下与气体分子碰撞后，使气体分子电离，新产生的电子被电场加速后又与其他分子碰撞，使电离雪崩式发展。与导线极性相反的带电粒子朝导线方向运动，最后进入导线或在导线表面被中和。与导线极性相同的粒子远离导线运动，最终被排斥到电离区以外，沿电力线方向继续运动，其速度随着电场强度的减小逐渐减慢。在两极导线间除了正、负带电粒子运动外，还存在着带电粒子的复合现象。在电离区的边缘，由于带电粒子运动速度的变慢，形成一层和导线极性相同的空间电荷层，它们在一定程度上削弱了电离区内的电场，使导线表面场强保持临界场强值，从而使电晕放电持续稳定进行。上述的电离区和非电离区的带电粒子的运动，形成了直流输电线路上的电晕电流，由此造成电晕损失。

2. 直流输电线路的电磁场及其限值

交流线路产生的是一种准稳态静电场，直流线路产生的是离子流电场。直流输电线路下的空间电场是由两部分合成的：一部分是由导线所带电荷产生的静电场，这种场与导线排列的几何位置有关，与导线的电压成正比，通常又称为标称电场；另一部分是由空间电荷产生的电场，称为离子流电场。这两部分电场的相量叠加，称为合成电场。合成场强的大小主要取决于导线电晕放电的严重程度，最大合成电场有可能比标称电场大很多，可达它的 3~3.5 倍。

如果直流架空线路的导线上不发生电晕，在稳定情况下（忽略纹波），线路下面的物体无持续的电流流过。当直流输电线路导线表面电场强度大于起始电晕场强时，靠近导线表面的空气发生电离，电离产生的空间电荷将沿电场线方向运动。以双极直流输电线路为例，此时整个空间大致可分为三个区域，如图 15-4 所示。其中，正极导线与地面之间的区域充满正离子，负极

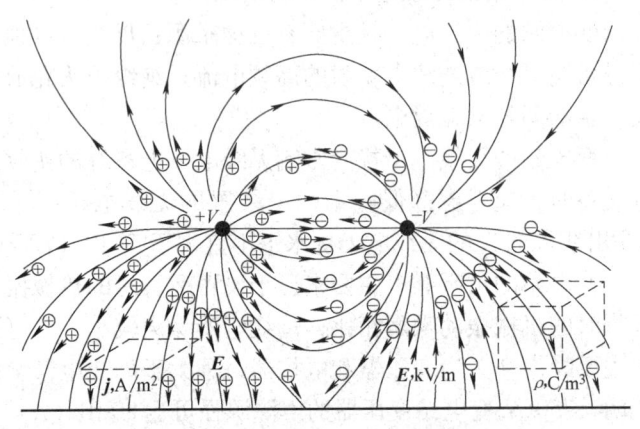

图 15-4 双极直流输电线路电力线和带电离子分布示意图

导线与地面之间的区域充满负离子，正负极导线之间的区域正负离子同时存在。这些空间电荷在电场作用下的运动，形成离子电流。由极导线向大地流动的离子电流，遇到对地绝缘的物体，将附着在该物体上形成物体带电现象，可能引起暂态电击。在直流输电线路下，对地绝缘良好的人或物体，截获离子电流后，由于电荷集聚，将使人或物体对地产生高电位。此时对地绝缘的人接触接地物体，或处于地电位的人接触对地绝缘的物体，在接触瞬间，人体上感应的电荷或聚集在对地绝缘的物体上的电荷，将以火花放电形式通过人体或物体释放到大地。

加拿大魁北克水力研究所（IREQ）和美国电力研究协会（EPRI）对 ±600~±1200kV 直流输电线路的电场影响的研究表明：特高压直流输电线下对地绝缘的人的感应电压的平均值为 6.4kV，标准方差值为 10.8kV；人截获离子电流的平均值为 1.7μA，标准方差为

3.1μA。在极干的条件下，感应电压超过 40kV，最大感应电流为 18μA。

直流场强对生态的长期影响尚未得出明确的一致性结论。但目前各国在特高压线路设计规范中提出了直流输电线路电磁环境的限值。美国能源部特高压输电线电气和机械设计规范规定，±800kV 级直流输电线路无电晕时的电场强度（标称场强）取线下为 15kV/m，日本环境部取值为 9kV/m。关于地面最大合成场强，加拿大取 25.1kV/m，巴西伊泰普取 40kV/m。前苏联 ±750kV 输电线路设计规定，最大电场强度，有人居住时为 10kV/m，无人居住时为 25kV/m。

我国在 DL/T 436—2005《高压直流架空送电线路技术导则》中规定，±500kV 直流输电线路下地面的合成场强限值取为 30kV/m，线路邻近民房应同时满足导线与建筑物的最小距离和地面场强的要求，民房所在地面未畸变合成场强不应超过 15kV/m（对应于湿导线）。目前，我国 ±500kV 直流输电线路线下离子电流密度限值为 $100nA/m^2$。我国 DLT 1088—2008《±800kV 特高压直流线路电环境参数限制》规定，±800kV 直流输电线路邻近民房时，民房处的地面全成场强限值为 25kV/m；线路跨越农田、公路等人员容易到达区域的合成场强限值为 30kV/m；线路在高山大岭等人员不易到达区域的限制按电气安全距离校核。±800kV 直流输电线路线下离子电流密度限值为 $100nA/m^2$。

对于直流线路的磁场，由于没有交变现象，其限值较高，我国 DLT 1088—2008 规定，±800kV 直流输电线路下方的磁感应强度限值为 10mT。

3. 直流输电线路的无线电干扰及可听噪声

与交流输电线路一样，电晕放电会对线路周围的无线电正常接收产生干扰。电晕对无线电通信造成干扰的主要原因是电晕电流的高频分量，干扰与脉冲的参数（幅值、上升和下降时间）有关，由于电晕脉冲电流波形包含了一系列频率分量，所以会对相当宽频带的通信信号造成干扰。

交、直流输电线路的电晕脉冲特性不同，在同样条件下，直流电晕干扰值较小，随电压的提高而增加的幅度也比较小。降雨、雪、雾时，直流电晕干扰比晴朗天气时低，这与交流电晕干扰完全不同。

正极性导线电晕放电点在导线表面的分布随机性大，持续的放电点大多数出现在导线表面有缺陷处，放电脉冲幅值大，且很不规则，是无线电干扰的主要来源。对于双极性直流输电线路，正极性导线产生无线电干扰一般要比负极性大。负极性导线电晕放电的放电点一般均匀分布在整个导线表面，脉冲幅值小，重复出现的脉冲幅值基本一致，与正极性导线电晕放电相比，对无线电信号接收干扰小。

直流线路的无线电干扰主要来源于正极性导线，与交流线路不同，下雨时直流线路无线电干扰比晴天有所降低。±500kV 直流输电线路无线电干扰限值执行 GB 15707—1995《高压交流架空送电线无线电干扰限值》的规定，即不超过 55dB（μV/m）。DLT 1088—2008《±800kV 特高压直流线路电磁环境参数限制》规定，对于 ±800kV 直流输电线路，距线路正极性导线对地投影外 20m 处，频率为 0.5MHz 的无线电干扰限制为 58dB（μV/m），好天气条件下的测量值不得大于 55dB（μV/m）。海拔高度大于 1000m 时，无线电干扰限值按照 3dB/1000m 线性修正。对直流输电线路允许的无线电干扰的信噪比为 20dB，即广播信号必须比直流电晕高出 20dB，才能较为满意地收听。直流输电线路因电晕对无线电广播的干扰要比同样电压等级的交流输电线路小。

输电线路导线产生电晕后，会伴随产生可听噪声。直流线路电晕放电时产生的可听噪声主要来自正极性流注放电。输电线路因电晕放电产生的可听噪声，严重时会对输电线路附近居民带来烦躁和不安，因此设计和建设直流线路时，应将可听噪声限制到合理范围内。美国能源部（DOE）建议将直流输电线路可听噪声限制在 40~45dB（A）范围内，50% 以上的好天气不超过该值。日本将直流线路晴朗天气 50% 的可听噪声目标值定为 40dB（A）。巴西 ±800kV 直流输电线路电场强度设计规定线路走廊边缘的可听噪声不超过 40dB（A）。我国 ±800kV 直流输电线路的可听噪声限值为 45~48dB（A）。

可听噪声海拔修正量取 2dB，即海拔以 1000m 为基准，每增加 1000m，线路可听噪声增加约 2dB。

我国 DLT 436—2005 规定，±500kV 直流输电线路，在线路档距中央距正极性导线投影外侧 20m 处，由线路电晕产生的可听噪声应不大于 50dB（A）。我国 DLT 1088—2008 规定，对于 ±800kV 直流输电线路，距线路正极性导线对地投影外 20m 处，晴天时由电晕产生的可听噪声 50% 值（L_{50}）不得超过 45dB（A）。海拔高度大于 1000m 的非居民区，可听噪声限值按照 3dB/1000m 线性修正。

15.4 换流站的电磁环境

1. 换流站的电磁环境特点

直流换流站作为交、直流转换的中心，是交、直流输电系统的交汇点，电磁环境非常复杂。从一次系统方面来看，高压直流换流站不仅具有换流变压器和交流开关场，而且具有完成交流与直流转换的换流阀及其阀厅、平波电抗器、直流开关场和不同功能的滤波器组等。从二次系统方面来看，高压直流换流站除具有与交流变电站类似的变压器和开关的保护控制设备外，还具有实现换流阀体导通与关断的控制与保护的光电系统。

高压直流换流站稳态运行和开关操作时，均会产生非常复杂的电磁环境。对比交流变电站的电磁环境，换流站稳态电磁环境的特点与交、直流转换过程中换流阀的工作状态紧密相关。无论是整流侧交流到直流的转换，还是逆变侧直流到交流的转换，都伴随着换流阀体的快速通断。换流阀体每一次的快速通断都会产生瞬态电磁过程。因此，换流站的稳态电磁环境是具有一定周期性的瞬态电磁过程，不仅大大增加了交流和直流侧的谐波含量，而且伴随着换流阀体的快速通断过程也向空间辐射频率高、频谱宽的电磁骚扰。另外，高压直流换流站的开关操作与交流变电站相比也有诸多不同。例如，交流变电站使用断路器接通与切断负荷电流，而直流换流站则通过对换流阀体的解锁与闭锁操作来控制输电功率。再例如，交流变电站的运行方式相对单一，直流换流站则有双极运行、单极经大地回路运行和单极经金属回线运行等方式，其运行方式的在线转换以及交流和直流侧滤波器的投切操作都将产生强烈的瞬态电磁骚扰。

2. 换流站电磁骚扰源分类

换流站电磁环境包括直流电磁环境、工频电磁环境、由交直流电晕产生的高频电磁环境和由换流阀开关过程中产生的高频电磁环境等。换流站的直流电磁环境和工频电磁环境分别与直流输电线路及交流变电站类似，此处不再赘述。

高压换流站高频电磁骚扰源较为复杂，从产生机理区分，主要骚扰源可以分为以下五种：①换流阀运行引起的持续电磁骚扰；②换流站高压设备电晕产生的电磁骚扰；③换流站高压设备火花放电产生的电磁骚扰；④开关操作和故障暂态引起的电磁骚扰；⑤雷电等外界原因产生的电磁骚扰。火花放电、雷电等现象产生的骚扰源在特性和强度方面与一般交流高压变电站情况类似，以下简要阐述其余几种骚扰源。

(1) 换流阀运行引起的持续电磁骚扰　换流阀运行引起的电磁骚扰在换流器阀体的晶闸管触发和关断过程中产生，在换流站运行过程中持续存在，是换流站中最主要的骚扰源。换流站运行过程中，换流阀导通和关断时，换流阀两端电压和晶闸管内电流会发生快速突变，并向外传播，此过程会辐射产生强度较大的瞬态电磁场，覆盖很宽的频率范围。

如图15-5所示，在直流侧，由换流阀产生的电磁骚扰沿套管、平波电抗器、直流场母线传播到直流输电线路上；在交流侧，骚扰通过套管、换流变压器传播至交流场母线，进而通过各种耦合方式进入二次系统。

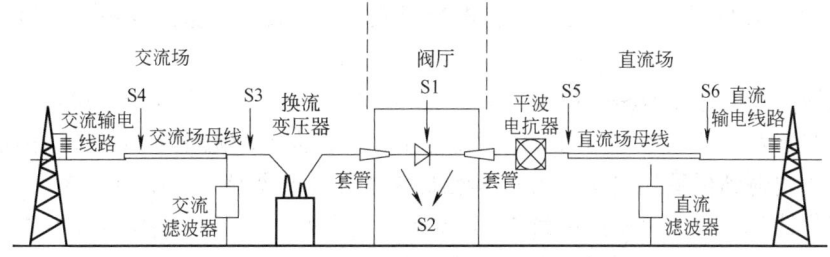

图 15-5　辐射电磁骚扰的传播路径

换流阀内开关动作及其在传导过程中产生辐射骚扰，会干扰换流站内敏感设备，如载波通信系统、控制保护系统等，也会对换流站周围以及输电线附近的无线电接收设备产生影响。现场实测结果表明，辐射骚扰覆盖几百千赫至几百兆赫的频谱范围。换流站内开关等引起的骚扰在传导过程中会在主回路设备上也产生辐射骚扰，主要包括六部分（图15-5中S1~S6）：阀厅中阀和阀电路部件、阀与穿墙套管间器件或连接线、换流变压器和交流滤波器之间电路器件或连接线、交流场母线和交流输电线路、阀厅墙套管与直流场母线之间的器件或连接线以及直流场母线和架空电力线产生的辐射骚扰。

(2) 换流站高压设备电晕产生的电磁骚扰　换流站内交流电晕产生的电磁骚扰源在特性和强度方面与一般交流高压变电站情况类似。电晕放电的频谱一般在数百千赫至数兆赫频率范围。换流站内的电晕现象包括直流和交流电晕两种。一般来说，换流站内由直流电晕产生的无线电骚扰水平很低，直流开关场中主要考虑因换流阀开通和关断操作在母线上产生的无线电骚扰。

(3) 开关操作引起的电磁骚扰　换流站开关操作过程中，网络结构的突变可引起储能元件能量转移而产生暂态电磁辐射过程。换流站的交流场开关操作与交流变电站相似，换流站直流系统的操作一般通过阀的触发控制配合断路器操作完成电流的切断或开通操作，操作引起的暂态过程比交流系统小。

当交流侧开关动作时，主回路传导是首要的骚扰传播途径。其电磁骚扰通过换流变压器的杂散电容和换流器进入直流电流互感器，并通过直流滤波器、线路间电容、线路对地电容构成回路。刀闸操作产生的骚扰经辐射和传导（电导性、电容性和电感性）耦合方式进入换流回路的交流引线，具体哪一种耦合方式为主，与系统运行状况密切相关。

15.5 电力系统外部的电磁骚扰源

除了电力系统内部的电磁骚扰源外，电力系统还面临雷电、太阳活动等自然现象引起的电磁环境，以及高空核爆电磁脉冲、高功率微波等人为电磁环境。

雷电是最为严重的自然界电磁干扰源之一，雷电引起的效应可分为直接效应和非直接效应两种。如第9章所述，自然界雷电多为负极性，负极性雷电发展过程包括雷电下行先导自由发展、雷电先导连接过程和主放电及余辉放电过程。雷电主放电及后续放电产生的脉冲电流 $I(t)$ 及其激发的脉冲电场 $E(r, t)$ 和磁场 $B(r, t)$，被称为雷电电磁脉冲（LEMP）。雷电电磁脉冲陡度大、峰值电流大，受其作用的架空输电线、外露的电线电缆、埋地电缆或裸露的金属导体等都会感应强大的过电压、过电流。雷电电磁脉冲的主要频谱覆盖范围一般低于10MHz（主频在1MHz以下），其强度与雷电流幅值和陡度相关，且随与雷电通道的距离增加而衰减。

太阳风暴引起的地磁暴是一种常见的自然界电磁环境，也会对电力系统造成影响。太阳上各种剧烈的爆发活动在短时间内释放大量能量，并将大量的磁化等离子体、高能粒子和增强的电磁辐射抛射到行星际空间，人们形象地称之为太阳风暴。太阳活动水平具有11年左右的周期变化特征，目前黑子处于第24个周期的上升期。太阳风暴会引起地磁暴，磁暴期间地面磁场水平分量大幅度下降，大约持续数天。

对于中性点直接接地的电力系统，地磁暴产生的地面感应电动势（ESP）会在三相输电线路、变压器星形联结的绕组、接地极以及大地构成的闭合回路中形成地磁感应电流（GIC）。GIC在东西走向、长距离输电线路上可能会比较大。如图15-6所示，ESP可以看做是加在变压器接地点之间的电压源，GIC由变压器的中性点流入输电线路，沿另一端变压器的中性点流回大地。输电线路GIC的大小与地表电动势、线路长度、地质条件、变压器结构等很多因素有关。

GIC引起变压器半波饱和的直接后果是系统电压和电流发生畸变，产生大量谐波，无功损耗增加，甚至还可能引起系统电压大幅降低，系统继电器误动作，严重威胁电网的安全运行。2003年3月13日发生的太阳风暴事件，对北美和英国的电网都造成了严重影响，魁北克电力系统停电，英国南部两台400/275kV自耦变压器损坏。

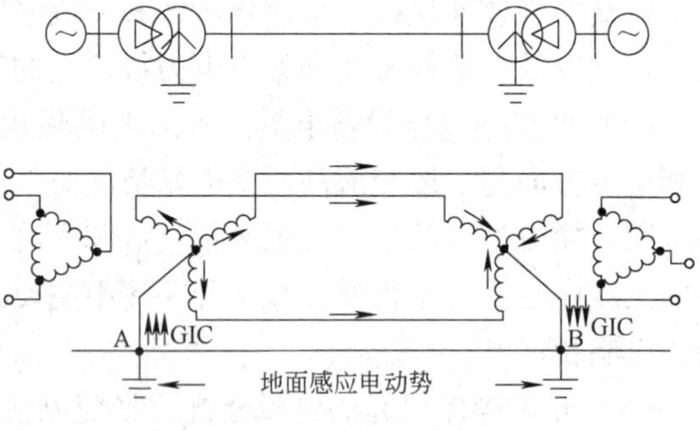

图15-6 GIC在电网中的流动

高空核爆产生的电磁脉冲（HEMP）也会干扰破坏电力系统。HEMP包括早期 E_1、中期 E_2 和晚期 E_3 三个成分。E_1 分量峰值场强大（几十千伏每米）、上升前沿快（约1ns）、持续时间短（小于1μs），频谱覆盖近乎直流到几百兆赫兹的频带范围。E_1 分量可能对变压器匝间绝缘以及智能控制、保护设备造成损伤。E_2 分量持续时间在1μs到1s之间，频谱主要分布在100kHz频段以下。E_3 分量持续时间在1s到数百秒之间，主要频段在1Hz以下，接近直流信号，对于长距离输电线路有可能造成与地磁暴类似的后果。美国国会专门成立了电磁脉冲委员会评估HEMP对美国电网等基础设施的影响。

15.6 电力系统电磁环境的一般性防护方法

由以上几节介绍可以看出,电力系统面临的系统内和系统外的电磁骚扰源非常复杂,传播耦合途径也各不相同,需要根据骚扰源、耦合途径和敏感目标的具体特点采取针对性防护措施。下面给出各种电磁环境防护的一般原则:

1)减小系统对外的电磁骚扰,即设法降低输电线路和变电站、换流站等产生的工频、高频等骚扰源辐射强度。

2)提高重要设备或系统自身的抗干扰能力。

3)采取有效措施切断骚扰源与系统、系统与其他系统的电磁耦合通路。

其中,第一点原则,即抑制骚扰源是最直接的方法,例如,在工程设计时选择合适的分裂导线结构、导线布置方式,或适当提高输电线路及变电站高压电气设备及引线的对地高度,均可减小线路附近地面电场。但这类措施受经济性和其他因素制约,降低电磁骚扰的效果有限。通常依据后两点原则提高系统的抗干扰能力,常用措施如下:

1)接地。接地的目的是防止触电或保护设备的安全,方法是把电力、电信等设备的金属底盘或外壳接上地线,利用大地作电流回路接地线。良好接地可以将一些无用的电流或骚扰导入大地,还可以保护使用者不被电击。例如,变电站接地网可以限制跨步电压和接触电压,降低高频或低频共模骚扰;在避雷针的入地点附近增设垂直接地极来改善防雷保护效果等。

2)屏蔽。屏蔽是利用导电或导磁材料制成的盒状或壳状屏蔽体,将骚扰源或干扰对象包围起来从而割断或削弱骚扰场的空间耦合通道,阻止其电磁能量的传输。例如,电力系统二次侧采用屏蔽电缆,利用电缆的金属屏蔽层使屏蔽层内的芯线免受外部强电场的骚扰。又如,换流站内阀厅的墙壁、天花板以及地板或采用金属板,从而降低阀厅周围房间的辐射水平,使其小于规定限值。

3)隔离。隔离是把电磁骚扰源与接收系统隔离开来,使有用信号正常传输,而骚扰耦合通道被切断,达到抑制骚扰的目的。常见的隔离方法有光电隔离、变压器隔离等。其中,光电耦合具有较强的隔离和抗电磁骚扰的能力。对于交流信号的传输一般使用变压器隔离干扰信号的办法。隔离变压器是常用的隔离部件,可阻断交流信号中的直流干扰和抑制低频干扰信号的强度。

4)滤波。滤波也是抑制骚扰传导的一种重要方法。由于电磁骚扰的频谱往往与要接收的信号频谱不一致,因此,当接收器接收有用信号时,对接收到的不希望有的骚扰信号可以采用滤波的方法,只让所需要的频率成分通过,而抑制骚扰频率成分。常用的滤波器可分为低通、高通、带通、带阻等各种类型。

习 题

15.1 请说明超高压交流输电线路的工频及高频电磁环境的种类及限值。

15.2 变电站电磁环境的种类及限值是什么?这些电磁骚扰可能通过哪些途径对二次设备产生影响?

15.3 变电站内开关操作引起的高频电磁辐射有哪些特征?空气绝缘变电站和气体绝缘变电站中由开关操作引起的电磁辐射特性有何不同?

15.4 换流站内换流阀正常工作时为什么会产生高频电磁骚扰?

第16章 电力系统过电压计算

16.1 概述

电力系统的绝缘包括发电厂、变电所电气设备的绝缘及线路的绝缘,它们除了在运行中承受长期的工作电压外,还要经受雷电过电压、短时过电压、操作过电压的考验。通常情况下,这些过电压的幅值远远超过正常的工作电压,因此过电压在确定电力系统绝缘水平中起着决定作用。

输电线路穿过平原、山区,跨越江河湖泊,遇到的地理条件和气象条件各不相同,只要这些地区有雷电活动,就有可能遭受雷击(直击雷)。根据电磁理论,即使雷落在输电线路附近,也会在导线上形成过电压(感应雷)。雷电过电压不但使线路产生雷害,有可能引起事故跳闸,影响系统的正常供电,而且雷电波沿输电线路进入发电厂、变电所,给电力设备带来危害。

在电力系统内部,由于断路器的操作、故障或其他原因,使系统参数发生变化,引起电网内部电磁能量的转化或传递,使得电压升高,统称为内部过电压。

内部过电压分为两大类:因操作或故障引起的暂态电压升高,称操作过电压;因系统的电感电容参数配合不当,出现各种持续时间很长的工频电压升高或谐振现象的过电压,称为暂时过电压。有时也把频率为工频或接近工频的过电压,称为工频电压升高,或工频过电压,它是由系统中长线的电容效应、不对称接地故障、甩负荷引起的。因系统的电感、电容参数配合不当,出现的各类持续时间长、波形周期性重复的谐振现象及其电压升高,称为谐振过电压。

通常由雷电在电力系统中引起的过电压,称为雷电过电压。雷电放电时使系统设备上出现的过电压,其能量来源于电力系统外部,所以有时也叫外部过电压。

电力系统中的雷电与内部过电压的产生,都伴随着电力系统中复杂的电磁暂态过程。有时又将电磁暂态过程分为两大类,一类暂态过程变化相对缓慢,称为机电暂态,如发电机机电过程;另一类暂态过程变化很快,称为电磁暂态,如波沿线路的传播过程。

由于电磁暂态过程变化很快,一般需要分析计算持续时间在毫秒级,甚至微秒级以内的电压、电流瞬时值变化情况,因此,在分析中需要考虑元件间的电磁耦合,计及分布参数元件(如输电线路)所引起的波过程,有时甚至要考虑线路三相结构的不对称,参数的频率特性以及电晕等因素的影响。

电力系统过电压如按波形来分,又可分为:

快速暂态过电压(Very Fast Transient Over-voltage,VFTO)

雷电过电压(Lightning Over-voltage)

操作过电压(Switching Over-voltage)

工频过电压(Temporary Over-voltage)

谐振过电压（Resonant Over-voltage）

快速暂态过电压是在全封闭 SF_6 气体绝缘变电所（GIS）内产生的，GIS 是除变压器以外的整个变电所的高压电力设备及母线，封闭在一个接地的金属壳内，壳内充以$(3~4) \times 1.01325 \times 10^5 Pa$ SF_6 气体作为相间和相对绝缘。由于此种状态 SF_6 绝缘强度极高，因此 GIS 变电所几何尺寸大大减小，由开关（或隔离刀闸）动作产生的波在 GIS 母线上引起多次折、反射，形成的幅值会很高（一般为 2.5 倍的额定电压），频率可达 100MHz 以上。

考虑到电力设备在运行时除了经受长期的工作电压外，还要承受各种类型的过电压，而设备的耐受能力往往由过电压来决定的，因此，研究电力系统电磁暂态过程是非常重要的，它是决定电气设备绝缘水平的依据。

目前研究电力系统电磁暂态过程的手段有三种：

1）模拟计算机型的暂态网络分析仪（Transient Network Analyzer，TNA）和防雷分析仪。

2）计算机的数值计算。

3）系统的现场实测。

显而易见，三种方法各有优缺点，并且每种方法尚需进一步完善，相辅相成，相互验证。近 40 年来，电磁暂态数字仿真技术得到了飞速发展，计算机的数值计算被电力部门广泛采用。

电力系统中的元件可分为两类：第一类其参数基本上可看成是集中的，如发电机、变压器、电抗器及电容器等；第二类是输电线路及地下电缆，其参数具有分布特性。对于这些元件，不同的计算方法有不同的处理方式。用行波法大体可分为两种：一种将系统中的集中参数化为等效线段，系统除电源、开关外，其余所有元件都是线段，计算波在节点上的折、反射，波到达时间的先后，在此基础上建立了网格法（如 Bewley Lattice）；另一种方法将系统中所有的分布参数（输电线路及电缆），利用道梅尔—白日朗法（Dommel-Bergeron Method），即特征线法，编制了通用的电磁暂态程序（Electro-Magnetic Transient Program，EMTP），目前已经成为国际上普遍采用的大型计算程序，还有类似 EMTP 的 EMTDC，以及可以与系统相互连接的 RTDS（Real Time Digital Simulation）。

在研究电力系统电磁暂态现象中，应用数值计算方法，EMTP 在通用性、灵活性、计算精度和功能等方面显示出它的优越性，可以满足在电网实际条件下计算各类过电压的工程要求。

研究电力系统中的电磁暂态现象，计算的准确性无疑决定于对真实系统所选取的模型、元件参数及其元件参数特性与真实网络元件的一致性。如前所述的快速暂态过电压，它的等效频率可达 100MHz 以上，雷电波的波头等效频率约是 50Hz 的 2160 倍，因此分析潮流、系统稳定下的 50Hz（或 60Hz）的参数，一般不能用来研究电磁暂态过程。也就是说在暂态计算中，困难不仅限于方法，提供足够的准确数据也是非常重要的，因为计算的精度不会比它所依据的数据更好。

本章主要介绍 EMTP 的基本数学模型和计算方法，重点在于阐述其基本原理，为读者使用和进一步了解这一程序及其他相关程序，进而为研究和开发新的程序打下基础。本章 16.2 节单相电磁暂态过程的元件模型，介绍集中参数元件的暂态计算等效电路，单相无损耗线的 Bergeron 等效计算电路的形成，线路损耗处理，以及将电磁暂态过程的数值计算转化为对有源电网络求解的原理和方法。在此基础上介绍电源支路的处理，给出全网络暂态过程的计算流程,使读者对整个电磁暂态过程的计算有一个概括的了解。16.3 节介绍多相集中参数电磁耦合的计算方法,多相分布参数—输电线路相模变换过程。16.4 节介绍开关与非线性元件的计算模型。电磁暂态计算中的初始值确定在 16.5 节中介绍。

16.2 单相电磁暂态过程的元件模型

电力系统包含发电机、变压器、输电线路、电缆、并联电抗器、断路器、逆变器以及避雷器等设备。这些设备在结构、功能和特性上千差万别,但从电路的角度来讲,除电源外,总可用 R、L、C(单个或组合、常量或变量)来表征它们的功能和特性。

电力系统中常用的参数大部分可以从手册中查到,但这些数据大多是稳态值,一般不适用于暂态的研究。因此,研究电网元件在暂态下的特性及参数是一个重要问题。这里将根据已知的数据及元件特性,逐个用时域介绍单个支路的数学模型,以便为建立整个电网模型打下基础。

大家知道,电网是由单个元件相互连接组合而成,因此建立单个元件模型是分析问题的第一步。只有每个元件模型与真实元件在暂态情况下的特性一致,才能计算出满意的结果。通常用一个"支路"去表示两个节点间一个元件或多个元件的组合。

这里需要强调的是,由于电力系统中元件功能、特性上存在差异,因此很难建立统一的模型适合所有的元件。另外,即使电力系统中同一个元件,根据研究问题的不同,也有可能采用不同的数学模型。例如输电线路,当研究工频问题时,可用电阻、电感和电容组成的 π 回路来模拟;或者用足够多的 π 回路串联起来研究操作过电压问题;也可直接用一个分布参数线路来研究操作过电压与雷电过电压。当研究雷电过电压时,在所研究的期间内未出现波的反射,此时可将输电线路认为无限长,可用一个并联电阻来模拟。电网中元件很多,特性差别很大,有些元件与频率有关,如输电线路零序电阻与电感,而有些元件随频率的变化很小或可以忽略,如输电线路正序电感;有些参数是非线性的,如饱和电抗器,有些参数相互是耦合的,如三芯变压器的磁路。综上所述,表征它们特性的 R、L、C 可能是集中参数,也可能是分布参数,它们之间可能是相互有关的,也可能是电压、电流、时间、频率的函数。

16.2.1 集中参数电路模型

1. 电感等效计算公式

假设在两节点 k、m 间有一电感 L,如图 16-1a 所示,线性电感暂态过程可以用电磁感应定律来描述

$$U_L(t) = U_k(t) - U_m(t) = L \frac{di_{km}(t)}{dt} \tag{16-1}$$

式中,$i_{km}(t)$ 表示由节点 k 流向节点 m 经过电感的电流;$U_k(t)$ 和 $U_m(t)$ 分别表示两端点对地(电位参考节点)的电压。

设已知 $t-\Delta t$ 时刻经过电感的电流和两端的节点电压分别为 $i_{km}(t-\Delta t)$、$U_k(t-\Delta t)$、$U_m(t-\Delta t)$,计算 t 时刻的电流 $i_{km}(t)$ 和节点电压 $U_k(t)$、$U_m(t)$。把式(16-1)改写成积分形式

$$i_{km}(t) - i_{km}(t-\Delta t) = \frac{1}{L}\int_{t-\Delta t}^{t} U_L(t)\,dt$$

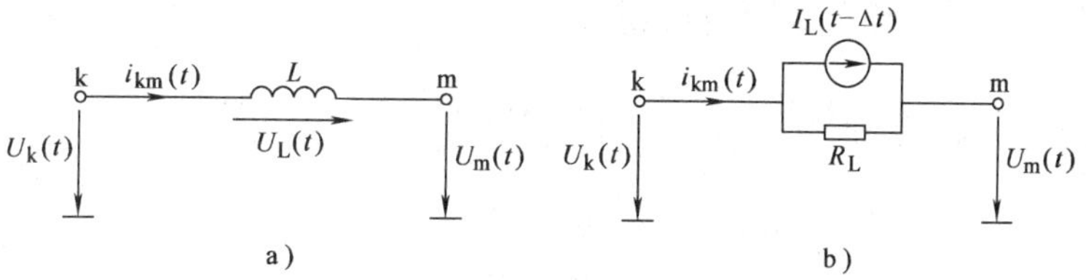

图 16-1 电感的等效计算电路
a) 电感元件 b) 等效计算电路

根据梯形积分法则，上式可以写成

$$i_{km}(t) = i_{km}(t-\Delta t) + \frac{\Delta t}{2L}[U_L(t-\Delta t) + U_L(t)]$$

考虑到 $U_L(t) = U_k(t) - U_m(t)$，上式可以改写为

$$i_{km}(t) = \frac{1}{R_L}[U_k(t) - U_m(t)] + I_L(t-\Delta t) \tag{16-2}$$

$$R_L = \frac{2L}{\Delta t} \tag{16-3}$$

$$I_L(t-\Delta t) = i_{km}(t-\Delta t) + \frac{1}{R_L}[U_k(t-\Delta t) - U_m(t-\Delta t)] \tag{16-4}$$

式中，R_L 是电感 L 暂态计算时的等效电阻，只要 Δt 确定，就有确定值；I_L 是电感在暂态计算时的等效电流源，可以根据前一步 $t-\Delta t$ 时流经电感的电流值和端点电压值按式（16-2）计算得到，因为它是上一时刻的电流，故称为历史电流源。

根据电感的暂态等效计算式（16-2）可以画出如图 16-1b 所示的等效计算电路，电路中只包括电阻 R_L 和电流源 $I_L(t-\Delta t)$。

2. 电容等效计算公式

假设在两节点 k、m 间有一电容 C，如图 16-2a 所示，电容 C 上的电压和电流的关系可以表示为

$$i_{km}(t) = C\frac{dU_C(t)}{dt} = C\frac{d[U_k(t) - U_m(t)]}{dt} \tag{16-5}$$

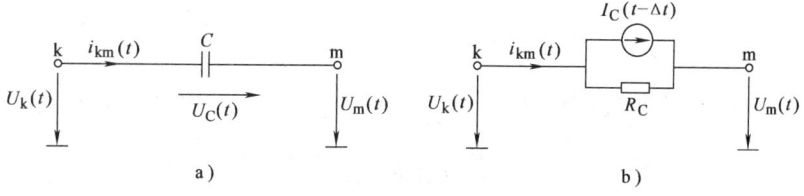

图 16-2 电容的等效计算电路
a) 电容元件 b) 等效计算电路

或写成积分形式

$$U_k(t) - U_m(t) = U_k(t-\Delta t) - U_m(t-\Delta t) + \frac{1}{C}\int_{t-\Delta t}^{t} i_{km}(t)dt$$

运用梯形积分公式，由上式可以得到

$$i_{km}(t) = \frac{1}{R_C}[U_k(t) - U_m(t)] + I_C(t-\Delta t) \tag{16-6}$$

$$R_C = \frac{\Delta t}{2C} \tag{16-7}$$

$$I_C(t-\Delta t) = -i_{km}(t-\Delta t) - \frac{1}{R_C}[U_k(t-\Delta t) - U_m(t-\Delta t)] \tag{16-8}$$

式中，R_C 和 $I_C(t-\Delta t)$ 分别表示电容 C 在暂态计算时等效电阻和反映历史记录的等效电流源。

和电感电路相似，根据等效计算式（16-8），可以有电容的等效计算电路，如图 16-2b 所示。

3. 电阻元件计算公式

假设在两节点 k、m 间有一电阻 R，如图 16-3 所示，由于纯电阻集中参数元件并不是储能元件，其暂态过程与历史记录无关，电压和电流的关系可由下列代数方程式决定：

$$i_{km}(t) = \frac{1}{R}[U_k(t) - U_m(t)] \tag{16-9}$$

无需进一步等效。

从上述储能元件电感和电容的暂态等效计算图 16-1 和图 16-2 可以看出，这些等效电路是由电阻和历史电流源并联组成，而耗能元件电阻没有历史电流源。换句话说，经过处理，电感和电容也可以看作一个阻性元件，只是附加了一个历史电流源。

16.2.2 分布参数电力模型——单相无损线的 Bergeron 等效计算电路

如图 16-4 所示，分布参数线路上任何一点的对地电压和导线中的电流是距离 x 和时间 t 的函数，是电磁波沿线路传播的过程。若先考虑到线路单位长度的电阻 R_0、电感 L_0、电导 G_0 和电容 C_0 均为常数，和频率无关，则单导线线路上的波过程可以用以下偏微分方程来描述：

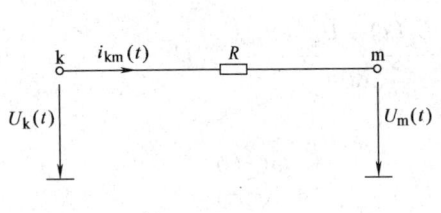

图 16-3 集中参数电阻元件电路

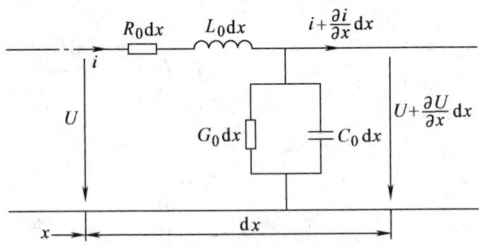

图 16-4 长度为 dx 的输电线路等效电路

$$\left.\begin{array}{l} -\dfrac{\partial U}{\partial x} = R_0 i + L_0 \dfrac{\partial i}{\partial t} \\ -\dfrac{\partial i}{\partial x} = G_0 U + C_0 \dfrac{\partial U}{\partial t} \end{array}\right\} \tag{16-10}$$

若略去损耗，则可以有如下无损线的偏微分方程：

$$\left.\begin{aligned}\frac{\partial U}{\partial x} &= -L_0 \frac{\partial i}{\partial t}\\ \frac{\partial i}{\partial x} &= -C_0 \frac{\partial U}{\partial t}\end{aligned}\right\} \quad (16\text{-}11)$$

对以上方程进行合并，可以有以下波动方程，它是二阶偏微分方程：

$$\left.\begin{aligned}\frac{\partial^2 U}{\partial x^2} &= L_0 C_0 \frac{\partial^2 u}{\partial t^2} = \frac{1}{v^2}\frac{\partial^2 u}{\partial t^2}\\ \frac{\partial^2 i}{\partial x^2} &= C_0 L_0 \frac{\partial^2 i}{\partial t^2} = \frac{1}{v^2}\frac{\partial^2 i}{\partial t^2}\end{aligned}\right\} \quad (16\text{-}12)$$

式中，v 为流动波沿线的传播速度，对无损架空线路等于光速 c，即电磁波在真空中的传播速度，$v = \dfrac{1}{\sqrt{L_0 C_0}}$。

以上单相无损线波动方程的电压和电流解可以写成以下形式：

$$\left.\begin{aligned}U(x,t) &= \vec{U}(x-vt) + \overleftarrow{U}(x+vt)\\ i(x,t) &= \vec{i}(x-vt) + \overleftarrow{i}(x+vt)\end{aligned}\right\} \quad (16\text{-}13)$$

式中，$\vec{U}$ 和 $\vec{i}$ 分别表示以速度 v 沿着 x 正方向传播的前行电压波和电流波，而 $\overleftarrow{U}$ 和 $\overleftarrow{i}$ 表示沿 x 反方向传播的反行电压波和电流波。前行电压波和前行电流波之间以及反行电压波和反行电流波之间的关系，都是通过波阻抗相互联系起来的，即

$$\left.\begin{aligned}\vec{i}(x-vt) &= \vec{U}(x-vt)/Z\\ \overleftarrow{i}(x+vt) &= -\overleftarrow{U}(x+vt)/Z\end{aligned}\right\} \quad (16\text{-}14)$$

$$Z = \sqrt{\frac{L_0}{C_0}} \quad (16\text{-}15)$$

若将式（16-14）代入式（16-13），分别消去 $\vec{U}$ 或 $\overleftarrow{U}$ 就可以得到以下前行波特征方程和反行波特征方程：

$$U(x,t) + Zi(x,t) = 2\vec{U}(x-vt) \quad (16\text{-}16)$$

$$U(x,t) - Zi(x,t) = 2\overleftarrow{U}(x+vt) \quad (16\text{-}17)$$

以上两个特征方程的物理意义可以描述如下：

方程式中 $U(x,t)$ 和 $i(x,t)$ 分别表示在线路上 x 点在 t 时刻的电压和电流的瞬时值，根据式（16-13），它们是前行波和反行波的叠加。

对前行波来说，若取 $x-vt = $ 常数，则 $\vec{U}(x-vt)$ 值不变，由前行波特征方程式（16-16），这意味着 $U(x,t)+Zi(x,t)$ 的计算值不变。其物理意义为：因为线路均匀无损，所以电磁波沿线路向前传播时不发生畸变和衰减，当观察者沿 x 正方向以速度 v 和前行波一起运动（即 $x-vt = $ 常数），则根据他所处的位置 x 在 t 时刻观察到的瞬时电压值 $U(x,t)$ 和电流值 $i(x,t)$ 所计算得到的 $U(x,t)+Zi(x,t)$ 值始终保持不变，等于 2 倍前行电压波的大小。这种情况从线路始端（$x=0$）一直到末端（$x=l$）都成立。

前行波特征方程式（16-16）可用图16-5a的前行特征线表示。前行特征线在U-i坐标中是斜率为$-Z$的直线，它的位置需要由边界条件和起始条件来决定，一般可以由观察者在起始时由首端观察到的值来决定。

可以用类似的方法讨论反行波特征方程式（16-17）的物理意义：若观察者沿x反方向以速度v运动，则他在线路上任一点x在时刻t所观察到的$U(x,t)-Zi(x,t)$的值不变，等于2倍反行电压波的数值。图16-5b表示的反行特征线，是斜率为Z的直线。

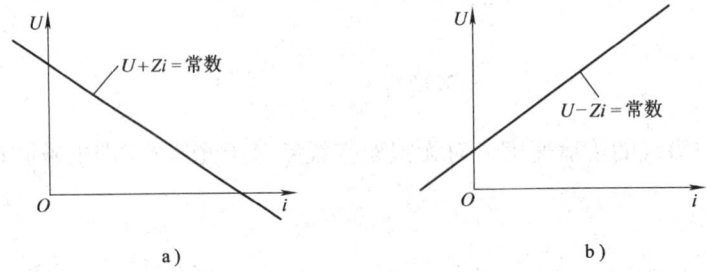

图16-5　前行波和反行波的特征线
a) 前行波　b) 反行波

根据以上特征方程及其物理概念，可以推导出单相无损线的波过程计算的等效电路及其相应的计算公式。

假定有图16-6a所示的单相均匀无损线，长度为l，波阻抗为Z，始端（$x=0$）和末端（$x=l$）的电压和电流分别为$U_k(t)$、$U_m(t)$、$i_{km}(t)$和$i_{mk}(t)$。端点上电流的正方向假设都是由端点流向线路。

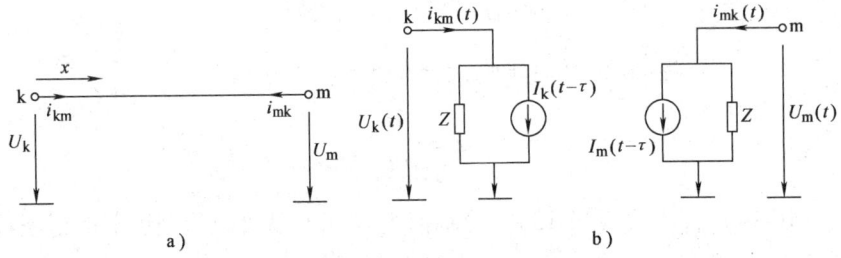

图16-6　单相无损线路的等效计算电路
a) 单相无损线路　b) 计算等效电路

根据以上所述特征线方程的物理概念，若观察者在$t-\tau$时刻从节点k出发（传播时间$\tau=l/v$），则在t时刻到达m点。从前行波特征线方程式（16-16）可以得到如下方程：

$$U_k(t-\tau)+Zi_{km}(t-\tau)=U_m(t)+Z[-i_{mk}(t)]$$

即

$$i_{mk}(t)=\frac{1}{Z}U_m(t)-\frac{1}{Z}U_k(t-\tau)-i_{km}(t-\tau)$$

若设

$$I_m(t-\tau)=-\frac{1}{Z}U_k(t-\tau)-i_{km}(t-\tau) \tag{16-18}$$

则可以有

$$i_{mk}(t) = \frac{1}{Z}U_m(t) + I_m(t-\tau) \tag{16-19}$$

根据上式可以得到如图 16-6b 右端所示的线路末端 m 在时刻 t 的等效计算电路，而式（16-18）和式（16-19）就是相应的等效计算公式。其中，Z 等于线路波阻抗的电阻；$I_m(t-\tau)$ 是等效历史电流源，它可以根据过去观察的记录，即线路始端在时刻 $t-\tau$ 的电压 $U_k(t-\tau)$ 和电流 $i_{km}(t-\tau)$，按式（16-18）计算得到。

同样，观察者可以随反行波从末端节点 m 运动到始端节点 k，根据反行波特征方程式 (16-17) 计算得到

$$U_m(t-\tau) - Z[-i_{mk}(t-\tau)] = U_k(t) - Zi_{km}(t)$$

即

$$i_{km}(t) = \frac{1}{Z}U_k(t) - \frac{1}{Z}U_m(t-\tau) - i_{mk}(t-\tau)$$

若设

$$I_k(t-\tau) = -\frac{1}{Z}U_m(t-\tau) - i_{mk}(t-\tau) \tag{16-20}$$

则

$$i_{km}(t) = \frac{1}{Z}U_k(t) + I_k(t-\tau) \tag{16-21}$$

根据以上等效计算公式可以有如图 16-6 所示的线路始端 k 及末端 m 的等效计算电路。

把等效计算式（16-19）和式（16-21）相结合，就可以得到单根均匀无损线完整的暂态等效计算电路。这一等效计算电路有以下两个明显的特点：

1）整个分布参数线路的等效计算电路中只包括集中参数电阻（其阻值等于线路波阻抗 Z）和等效历史电流源（其值由线路两端点上的电压和电流在过去的历史记录中计算得到），成为集中参数电路。

2）在等效计算电路中线路两侧节点 k 和 m 是独立分开的，拓扑上没有直接联系（两端点之间互相的电磁联系是通过时延 τ 反映历史记录的等效电流源来实现）。以后可以看到，这给电路的求解带来很大方便。

上述单根均匀无损线路等效计算电路由电阻和电流源并联而成，在电路分析中称为诺顿电路。这种电路也可称为暂态伴随电路。因为电路反映线路上的电磁暂态在时间离散点的情况，所以又可称为暂态计算的离散电路。计算波过程的特征线方法通常称为 Bergeron 法，以上等效电路常称为 Bergeron 等效计算电路，由加拿大 UBC 教授 H. W. Dommel 首先使用到电磁暂态计算中去，因此又叫做 Bergeron-Dommel 法。

储能元件电感和电容的暂态等效计算电路，以及单相无损线的 Bergeron 等效计算电路是类似的，都是由电阻和电流源并联组成的诺顿电路。由于这些元件的暂态等效离散电路具有统一的形式，给编写整个网络的方程及自编制暂态计算程序带来很大方便。

Bergeron 特征线计算方法是利用线路上波过程的特征线方程，经过一定的转换，把分布参数的线段等效为电阻性网络；利用数学上梯形积分法则，将储能集中参数元件 L、C 等效为电阻性的计算电路，再运用求解电阻性网络的通用方法计算整个网络的暂态过程。

在数值求解网络暂态过程时，从计算开始时刻 t_0 起，把时间离散成一系列较小的时间

间隔，一般采用等时间步长 Δt，即 $t_1 = t_0 + \Delta t$，$t_2 = t_0 + 2\Delta t$，$\cdots$，$t_n = t_0 + n\Delta t$，共计算 n 步。在计算 t 时刻网络状态时，假定 t 时刻以前的状态作为历史记录是已知的，这样就可以逐点计算出网络节点电压、支路电流或其他电量随时间变化的规律和波形。

16.2.3　线路损耗近似的处理方法

以上介绍的用 Bergeron 法求得线路的等效计算电路比较简单，便于运算，是建立在无损线的基础上。实际上输电线路是有损耗的，对有损分布参数线路得不到如图 16-6 所示的简单的等效计算电路。

线路上的电阻参数，特别是以大地为回路的参数不是确定的值，而是随着频率的变化而变化。严格地说，要精确地计算线路损耗对线路波过程的影响，必须在频域中进行。由于考虑频率特性的影响比较复杂，增加了计算工作量，在进行实际工程计算时，常希望在无损线的等效计算电路的基础上，做某些改进，近似地考虑线路损耗。例如，在进行电力系统操作过电压计算时经常采用所谓主频率方法，即预先经过估算或初步计算，确定网络的主频率，正式计算时就采用该频率下的线路参数，包括反映线路损耗的电阻参数。

考虑线路损耗的计算模型可以有三种，即无畸变线路模型、在无损线上分段接入集中电阻的模型以及计及线路的频率特性的计算模型。

无畸变线路即是考虑波在线路上幅值的衰减，而忽略相位的变化；在无损线上分段接入集中电阻，有时也叫"小电阻线路模型"，它是在无损线路模型的基础上，把线路等效损耗集中放在线路的几个端点上；线路的频率特性模型是计及线路的电阻参数，特别是以大地为回路的参数，不是常数，而是频率的函数形成的模型。目前在过电压计算中，对工程计算是否要计及线路参数频率特性，学者们有不同的看法。总的来说，输电线路考虑频率影响后过电压幅值是下降的，但不同的计算方法，或同一方法投入的某些参数发生变化，过电压下降幅值的大小是不同的。国际大电网会议 13.05 工作组认为，作为工程计算时，无需计及输电线路参数频率特性。但对现场实测试验时，计及线路频率特性会使计算与实测结果更加接近。

16.2.4　电源支路的模拟

前面介绍了集中储能元件电感、电容以及分布参数输电线路的历史电流源，它们是这些支路的瞬时伴随参数，是模型本身决定了的。而一个真实系统总存在电压源、电流源，它们不仅可能出现在任意节点上，而且根据不同的电力系统过电压计算需要，可能有不同的电源波形。典型的波形有正（余）弦波形、直角波、斜角波、指数波，也可能是任意波形。

一种方法是将电源作为一整体来处理，既包含电源的电动势，也包含它的内阻。它的优点是减少节点导纳矩阵的节点数。但对无穷大电源，因电源支路的导纳为无穷大值，使计算无法进行。当然也可以人为串入一小电阻来求解，但又带来小电阻数值多少才比较合适的问题。另一种方法是将电源内阻独立出来，另建立新支路，将电源都看做无穷大电源，电源只接入独立节点与大地（参考节点）之间。很清楚，某一节点接入外加电源，在计算中该节点电压及流入（出）大地电流即是已知的。当然，在送入这些电源信息时，要使程序有所识别，应与待求节点区别开来。

16.2.5 单相暂态等效计算网络的形成及求解

前面介绍的各种元件,在时刻 t 的等效计算电路都由等效电阻和电流源组成。当电力网由这些元件构成时,将各元件的等效计算电路按照电网的实际接线情况进行相应的连接后,便形成一个由纯电阻和电流源组成的网络。显然,这一网络反映了 t 时刻各元件本身及其相互之间的电压、电流关系,因此称它为 t 时刻的暂态等效计算网络,或简称等效计算网络。在 t 时刻外施电源和各等效电流源都已知的情况下,将可以对等效计算网络进行求解,从而得出该时刻各元件的电压和电流。然后,用所得结果即可求出 $t + \Delta t$ 时刻各电流源的取值,再求解相应的等效计算网络,便可得出 $t + \Delta t$ 时刻各元件的电压和电流。这样从 $t = 0$ 时刻开始,网络电磁暂态过程的计算,实际上便转化为在各个离散时刻对等效计算网络的求解。在计算过程中将涉及等效计算网络的求解方法、等效电流源的计算和外施电源的处理等问题,现依次介绍如下。

1. 等效计算网络的节点方程

在电磁暂态过程计算中,等效计算网络常用节点方程,即

$$YU = i \tag{16-22}$$

来表示。对于时刻 t,节点方程中的 U 为由该时刻各节点电压所组成的列矢量,i 为由各节点注入电流组成的列矢量(每一节点的注入电流为 t 时刻等效计算网络中与该节点相连的各等效电流源以及外施电流源的代数和);Y 为等效计算网络的节点电导矩阵(它由各元件的等效电阻构成,其形成方法与潮流计算中形成网络节点导纳矩阵 Y 相仿)。不难看出,当网络中分布参数线路用等效计算电路表示时,由于线路两端无直接联系,矩阵比潮流计算中 Y 更为稀疏。因此,式(16-22)常用稀疏技巧存储及求解。

例 16-1 图 16-7a 所示为一空载无损线路合闸于工频电压源,试画出等效计算网络,列出节点方程并求解暂态过程。

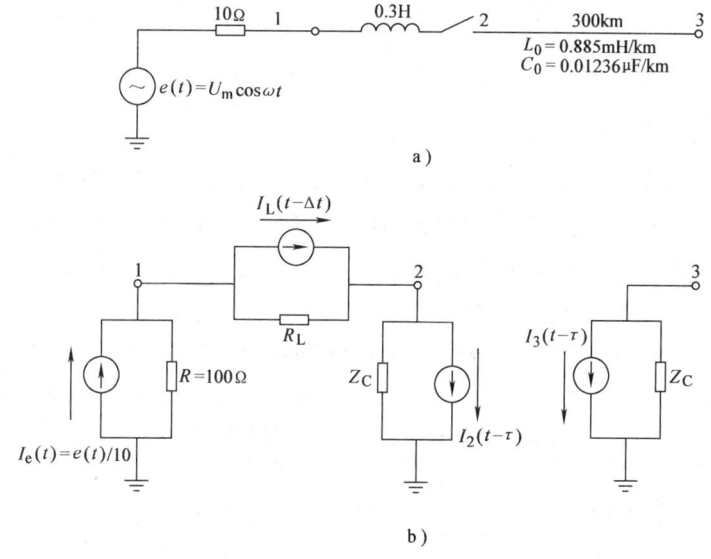

图 16-7 例 16-1 的电路图
a) 原电路 b) 等效计算网络

解：(1) 作等效计算网络　将电感及无损线用等效计算电路表示，然后按原电路的接线情况连接，再将外施电压源和电阻转换成电流源形式，即可得到图 16-7b 所示的等效计算网络。

(2) 节点方程　按图 16-7b 所示进行节点编号，则节点方程为

$$\begin{bmatrix} \dfrac{1}{R}+\dfrac{1}{R_L} & -\dfrac{1}{R_L} & 0 \\ -\dfrac{1}{R_L} & \dfrac{1}{R_L}+\dfrac{1}{Z_C} & 0 \\ 0 & 0 & \dfrac{1}{Z_C} \end{bmatrix}\begin{bmatrix} U_1(t) \\ U_2(t) \\ U_3(t) \end{bmatrix}=\begin{bmatrix} i_1(t) \\ i_2(t) \\ i_3(t) \end{bmatrix}$$

若取 $\Delta t = 100\mu s$，则 $R_L = 2L/\Delta t = 6000\Omega$；另外，$Z_C = \sqrt{L_0/C_0} = 267.59\Omega$，$\tau = l/v = 992.21\mu s$（为简化计算，近似取 $1000\mu s$）。代入具体数值后，得节点方程为

$$\begin{bmatrix} 0.100167 & -0.000167 & 0 \\ -0.000167 & 0.003903 & 0 \\ 0 & 0 & 0.003737 \end{bmatrix}\begin{bmatrix} U_1(t) \\ U_2(t) \\ U_3(t) \end{bmatrix}=\begin{bmatrix} i_1(t) \\ i_2(t) \\ i_3(t) \end{bmatrix}$$

由图 16-7b 可以得到各节点注入电流与电流源之间的关系，再应用式（16-19）和式（16-21）可得递推计算式为

$$i_1(t) = I_e(t) - I_L(t-\Delta t)$$
$$= \dfrac{1}{10}\cos 100\pi t - I_L(t-2\Delta t) - \dfrac{2}{6000}[U_1(t-\Delta t) - U_2(t-\Delta t)]$$

$$i_2(t) = I_L(t-\Delta t) - I_2(t-\tau)$$
$$= I_L(t-2\Delta t) + \dfrac{2}{6000}[U_1(t-\Delta t) - U_2(t-\Delta t)] + \dfrac{2}{267.59}U_3(t-\tau) + I_3(t-2\tau)$$

$$i_3(t) = -I_3(t-\tau) = \dfrac{2}{267.59}U_2(t-\tau) + I_2(t-2\tau)$$

(3) 求解暂态过程　每一时段的计算过程为：先求出各节点注入电流，然后由节点方程解出各节点电压。由于在合闸前线路空载，因此在合闸后瞬间，电感和线路中的电流都等于零，各节点电压为 $U_1(0) = 1.0V, U_2(0) = U_3(3) = 0$。对于第一个时段（即起步计算），各电流源不能应用递推公式，而应采用式（16-2）、式（16-18）和式（16-20）进行计算，由此可得出 $I_L(0) = 0 + [U_1(0) - U_2(0)]/R_L = 0.000167A, I_2(\Delta t - \tau) = I_3(\Delta t - \tau) = 0$。相应的注入电流 $i_1(\Delta t) = 0.1\cos(314.16 \times 0.0001) - 0.000167 = 0.099784A, i_2(\Delta t) = 0.000167A, i_3(\Delta t) = 0$。以后各个时段的注入电流则可应用递推公式进行计算。表 16-1 给出了三个时段的计算结果。

表 16-1　例 16-1 暂态过程的部分计算结果

时段	t/s	$I_e(t)$	$I_L(t-0.0001)$	$I_2(t-0.001)$	$I_3(t-0.001)$	$i_1(t)$/A	$i_2(t)$/A	$i_3(t)$/A	$U_1(t)$/V	$U_2(t)$/V	$U_3(t)$/V
0	0	0.1	/	0	0	0.1	0	0	1	0	0
1	0.0001	0.099951	0.000167	0	0	0.099784	0.000167	0	0.996315	0.085418	0
2	0.0002	0.099803	0.000471	0	0	0.099332	0.000471	0	0.991932	0.163119	0
3	0.0003	0.099556	0.000747	0	0	0.098809	0.000747	0	0.986828	0.233615	0

2. 等效电流源的计算

从例 16-1 已可看出，为了计算式（16-22）中的节点注入电流，需求出各个时段各元件等效计算电路中的电流源。

一般都取暂态过程开始的时刻 $t=0$，如前所述，集中参数元件第一个时段（$t=0 \sim t=\Delta t$），即 $t=\Delta t$ 时刻的电流源必须按式（16-4）和式（16-8）进行计算，而以后各时段的计算则可采用电流源的递推公式，可以省去计算元件电流所需的时间。

对于电感元件，应用式（16-4）计算第一时段的电流源时，其中 $t=\Delta t$。由于电感中的电流不能突变，因此式（16-2）中的 $i_{km}(0)$ 便是暂态过程发生前电感中流过的电流。至于电感两端的电压 $U_k(0)$ 和 $U_m(0)$，应是暂态过程开始后瞬间的数值，它们应根据网络实际情况和暂态过程的起因经分析计算后决定。同理，应用式（16-8）计算电容元件第一时段的电流源时，因电容上电压不能突变，$U_k(0) - U_m(0)$ 应等于暂态过程发生前电容器上的电压。

对于分布参数线路，应用式（16-18）、式（16-20）计算 $t=0$ 时刻的电流源时，必须已知 $-\tau$ 时刻两端的电压和电流，为此有两种典型情况：一种是暂态过程发生前线路已充电至某一电压 U_0（对未充电的情况可令 $U_0=0$），而两端电流为零，这时两端电流源 $I(-\Delta t)$，$I(-2\Delta t)$，…，$I(-\tau)$ 均为 $-U_0/Z_C$；另一种是暂态过程前为交流稳态，这时必须先进行相应的潮流计算，求出两端电压和电流的有效值，然后计算并保存电流源在 $-\Delta t$，$-2\Delta t$，…，$-\tau$ 时的取值。除 $-\tau$ 时的电流源数值用于 $t=0$ 时刻的计算外，其他数值将依次用于后面的计算。以后每计算一步便可求得新的电流源，并可用它对所保存的电流源进行更新。实际上，一般 τ 并不是 Δt 的整数倍 [设 $m\Delta t < \tau < (m+1)\Delta t$]，对此可计算 $-\Delta t$，$-2\Delta t$，…，$-m\Delta t$，$-(m+1)\Delta t$ 等时刻的电流源取值，并用插值法求出 $-\tau$ 时刻的电流源，而当 $t \geq \tau$ 时，则可以应用电流源的递推公式。

3. 外施电源的处理

外施电压可能是已知的电流源或电压源。对于前者，只需简单地将它计入相应的节点注入电流。对于已知电压源，如果像例 16-1 那样有一电阻元件直接与它串联，则可以将电压源和电阻转化为等效电流源。一般的方法是将式（16-22）按已知和未知电压节点进行分块，使之变为

$$\begin{bmatrix} Y_{AA} & Y_{AB} \\ Y_{BA} & Y_{BB} \end{bmatrix} \begin{bmatrix} U_A \\ U_B \end{bmatrix} = \begin{bmatrix} i_A \\ i_B \end{bmatrix} \quad (16\text{-}23)$$

式中，U_A、i_A 和 U_B、i_B 分别为未知和已知电压节点的电压、电流列矢量。显然 U_A、i_A 为已知量，故由式（16-23）可以导出

$$Y_{AA} U_A = i_A - Y_{AB} U_B \quad (16\text{-}24)$$

用式（16-24）来求解各未知电压节点的电压 U_A。

4. 暂态过程计算的主要流程

考虑具有外施电压源并应用节点方程式（16-24）进行计算的情况。显然，矩阵 Y_{AA} 是对称的稀疏矩阵，因此，式（16-24）可以用稀疏三角分解后，再用倒推法进行求解。这样，综合以上所介绍的情况，可以得出图 16-8 所示的电磁暂态过程计算流程。

要进行实际的电力系统电磁暂态过程计算，还要解决以下各节中的问题。

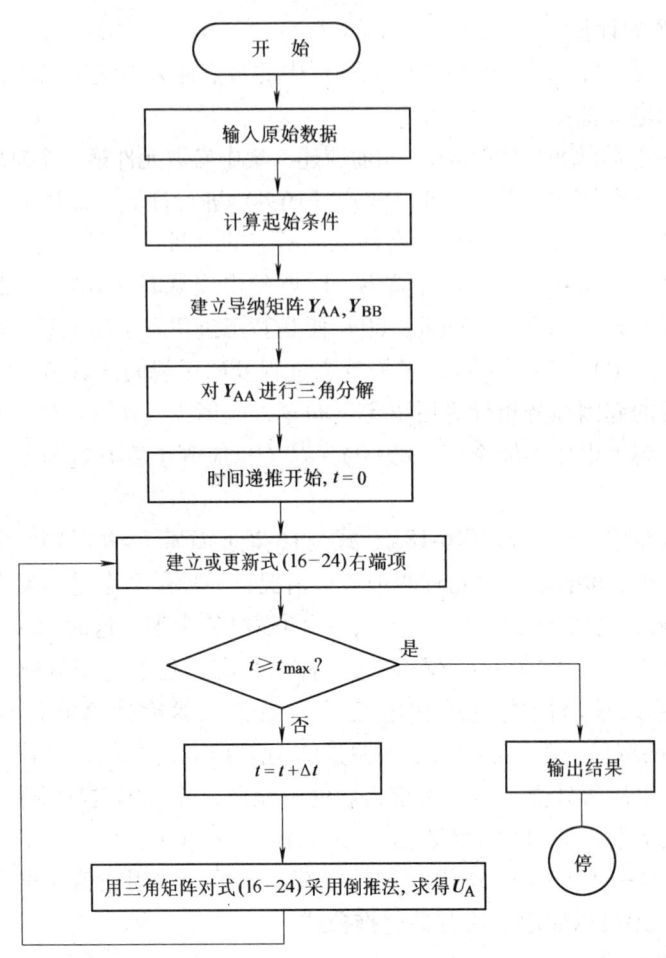

图 16-8 电磁暂态过程计算流程

16.3 多相电磁暂态过程的数学模型

前面介绍了集中参数电感、电容及分布参数的单相线路的暂态计算模型，包含了等效的计算电路和相应的计算公式，这显然是很重要的。但在电力系统过电压数值计算中，还会遇到有耦合性的集中参数元件，如变压器绕组之间的磁耦合；电路中某些节点，如一段输电线路用电路表示时，除了自身有对地电容外，在节点之间还有互电容；另外还有分布参数的耦合线路，如三相线路或多回路的多相线路。因此建立这些元件的合适模型，电力系统的暂态计算才有可能更加切合实际。

耦合性集中参数元件有：耦合性电感电路，耦合性电容电路，耦合性电阻、电感串联电路等。前面介绍了单个集中电感、电容的等效计算电路及公式，公式都是以单个标量出现的。如果用一矩阵来替换这些标量，即可采用同样的通用公式来描述耦合性集中参数元件。

对耦合性分布参数电路——多相输电线路，当然也可以采用 TNA 方法，即将多相线路分成若干段，每一小段就变为前面介绍的耦合性集中参数电路。显然线路每一小段不能太长，也就是说，段的数目不能太少，否则对研究某些暂态问题带来较大的误差。但段数多了，增加了节点数，又相应地增加了计算时间，这就迫使人们去寻求新的方法。20 世纪 60 年代初，相继发展了不同的计算方法，其中道梅尔—白日朗法获得了广泛的应用。此法采用一个简单的变换，将相量转变为模量，去掉了相间相互的电磁耦合，每一个模量和单相导线一样，利用道梅尔—白日朗法建立起来的等效电路及计算公式，可以单独求解，这给求解分布的多相系统带来了极大的方便。

16.4 开关元件与非线性元件模型

虽然开关有多种类型，但闭合与开断在系统中作用是一样的。那么在暂态计算过程中，如何处理开关闭合与断开呢？通常有几种方法，即几种计算模型。

(1) 电阻表示法 将实际开关用一个具有两值电阻来模拟。当开关断开，相应电阻值非常大；开关闭合，相应电阻值非常小。只要电阻值选择恰当，这种近似模拟会得到满意的结果。它不改变节点导纳矩阵的阶数，修改导纳矩阵只涉及两节点的自导纳和它们间的互导纳。但电阻值如何选取，要靠计算者的经验。

(2) 等效电流源模拟法 开始时，总是假定开关是打开的，当闭合时，可以用一个等效电流源来模拟。

开关闭合时，显然有一个幅值相等、方向相反的电流流入、流出闭合点。如果首先计算开关断开时两闭合节点的电压，即两节点的开路电压，再用注入单位电流的方法求两节点的自阻抗、互阻抗，则利用叠加原理，对开关闭合时所求出的各节点电压加以修正，即可以求出开关闭合时的各节点电压，当然也包括闭合节点。

这种方法对简单的单相回路比较适用。

(3) 修改导纳矩阵法 假设节点导纳矩阵是在开关开断状态下建立起来的，当 k、m 节点间开关闭合时，k、m 节点间的互导纳被短接；k、m 节点的自导纳应相加，成为一个节点的自导纳，但应扣除 k、m 节点间直接被短接的互导纳；k、m 节点与其他各节点间的互导纳成为 k 或 m 节点与其他各节点的互导纳，一般还保留 n 阶导纳矩阵，设法使去掉的一个节点对其他节点不产生影响。

电网中存在一定数量的非线性元件，通常是指集中参数元件。若计及分布参数的频率特性，或导线的电晕特性，当然也可以认为是分布参数的非线性特性。但对集中参数而言，一般认为电容是线性的，因此只有非线性电阻及非线性电感。至于分布参数的非线性特性，采用输电线路的频率特性与电晕特性的模型去处理。因此本节中主要介绍集中参数非线性元件，即非线性电阻。

电力系统中最常见的非线性电阻元件是用来限制雷电过电压和操作过电压的避雷器。从结构来说有无间隙的金属氧化物避雷器和有间隙的碳化硅 (SiC) 避雷器。对于有间隙避雷器，在放电间隙动作以后，非线性阀片电阻接入，接着当避雷器的电流过零时电弧熄灭，以后若作用电压超过间隙的放电电压时，间隙重复放电。

(1) 时间落后一个 Δt 的电流源表示法 此种方法一般适用于非线性电感。

假定网络中含有非线性电感，已知它们的磁通与电流的关系，求在 t 时刻网络各节点电压。系统在求解 t 时刻状态时，假定 $t-\Delta t$ 时的状态是已知的，因此非线性电感两端电压是已知的，采用梯形积分法则，即可求得 $\varphi(t-\Delta t)$，再由非线性特性，求得相应的 $i(t-\Delta t)$；

用此电流源去代替非线性电感元件,即相当于 $i(t-\Delta t)$ 的电流源,去求解 t 时刻节点方程。只要 Δt 取得足够小,解是足够精确的,理论上任何数量的非线性电感都可以用此电流源来代替。

(2) 分段线性化表示法　非线性元件(电阻或电感)的特性通常用曲线来表示,如果将曲线分成若干段,用弦去代替弧,只要分得恰当,用一组折线来替代原曲线,其结果还是足够准确的,这就是分段线性化的思想。至于电路工作点从一线性段变换到另一线性段,一般由一个受控开关来实现。

这种方法对非线性电感、电阻都适用,只不过可能受控条件不一样。在此只讨论电感,而电阻与其类似。

(3) 补偿法　实际计算的系统往往是比较复杂的,可能有很多节点和支路;有集中参数,也有分布参数,以及多组开关等。大多数集中参数是线性的,只是在某些节点上接有非线性元件,计及这些非线性特性,用同时求解的方法是很不经济的。补偿法提供了分步求解的过程,不但能简化计算,而且节省计算时间。

16.5　初始值的确定

对于初始值的确定,不同的计算方法、数学模型有不同的处理方法,但一般采用的有以下几种方法:

1) 电网由稳态计算开始,再进行暂态计算。首先按暂态前的网络接线,求得工频稳态解,进而获得各类元件在 $t=0$ 时的初始值。

2) 根据节点命名及网络连接次序,按一定格式直接投入节点电压,支路电流的数值为初始条件。

3) 同时使用上述 1) 和 2) 的方法。

对于第一种方法,使用程序的人很容易实现,只需命令电源在 $t=0$ 之前就已投入,进行一次稳态计算即可。第二种方法原理很简单,即是用一新值代替旧值(零或稳态计算的值)。但对使用程序的人来说是一件比较繁杂的事。

EMTP 程序是通过一个子程序来实现电网的稳态计算,从暂态计算得到的网络所有信息,由公共区域送给子程序,再按规则建立复数矩阵,进行稳态求解。稳态的解不但解决了各个元件初始值的确定问题,而且可以用它来计算网络的工频过电压。

习　题

16.1　研究电力系统过电压有哪些方法?各有什么优缺点?

16.2　电力系统过电压是如何分类的?

16.3　简单叙述 EMTP 的原理。

16.4　如何用 EMTP 计算电力系统的工频过电压、操作过电压、雷电过电压以及 GIS 中的快速暂态过电压?

第 17 章 电力系统的绝缘配合

电力系统的绝缘包括发电厂、变电所电气设备的绝缘及线路的绝缘，它们在运行中将承受以下几种电压：正常运行时的工作电压、短时过电压、操作过电压及大气过电压。通常情况下，过电压在确定绝缘水平中起着决定性作用。

随着电力系统电压等级的提高，输变电设备绝缘部分的投资占总设备投资的比重越来越大；另一方面，由于系统电压等级的提高，输送容量的增大，一旦出现故障，损失巨大。因此，在超高压系统中，绝缘配合的问题尤为重要。

17.1 绝缘配合的基本概念与方法

17.1.1 绝缘配合的原则

所谓绝缘配合，就是综合考虑电气设备在电力系统中可能承受的各种电压（工作电压及过电压）、保护装置的特性和设备绝缘对各种作用电压的耐受特性，合理地确定设备必要的绝缘水平，以使设备的造价、维修费用和设备绝缘故障引起的事故损失，达到在经济上和安全运行上总体效益最高的目的。也就是说，在技术上要处理好各种作用电压、限压措施及设备绝缘耐受能力三者之间的相互配合关系；在经济上要协调投资费用、维护费用及事故损失费用三者的关系。这样，既不会由于绝缘水平取得过高，使设备尺寸过大及造价太贵，造成不必要的浪费；也不会由于绝缘水平取得过低，使设备在运行中的事故率增加，导致停电损失和维修费用大增，最终造成经济上的损失。

绝缘配合的最终目的就是确定电气设备的绝缘水平，所谓电气设备的绝缘水平是指该电气设备能承受的试验电压值。考虑到设备在运行时要承受运行电压、工频过电压及操作过电压，对电气设备绝缘规定了短时工频试验电压，对外绝缘还规定了干状态和湿状态下的工频放电电压；考虑到在长期工作电压和工频过电压作用下内绝缘的老化和外绝缘的抗污秽性能，还规定了一些设备的长时间工频试验电压；考虑到雷电过电压对绝缘的作用，规定了雷电冲击试验电压等，在技术上力求做到作用电压与绝缘强度的全伏秒特性配合。

220kV 以下的电网，要求把大气过电压限制到比内过电压还低是很不经济的。因此，这些电网中电气设备的绝缘水平主要由大气过电压决定。换句话说，对于 220kV 以下，具有正常绝缘水平的电气设备，应能承受内过电压的作用，一般不采取专门限制内过电压的措施。

超高压系统中，在现代防雷技术条件下，大气过电压一般不如内过电压危险性大。同时随着电压等级的提高，操作过电压的幅值将随之增大，对设备与线路的绝缘要求更高，绝缘的造价将以更大的比例增加。因此，在 330kV 及以上的超高压绝缘配合中，操作过电压将起主导作用。处在污秽地区的电网，外绝缘的强度受污秽影响将大大降低，恶劣气象条件时，污闪事故在正常工作电压下就能发生。因此，此类电网的外绝缘水平应主要由系统最大运行电压决定。

另外，在特高压电网中，由于限压措施的不断完善，过电压可降低到 $1.6\sim1.8$（p.u.）或更低，电网的绝缘水平可能由工频过电压及长时间工作电压决定。

在绝缘配合中是不考虑谐振过电压的，因此，在电网设计和运行中都应当避开谐振过电压的产生。

一般不考虑线路绝缘与变电站绝缘间的配合问题。如降低线路绝缘使之与变电站的绝缘相配合，则会使线路事故大大增加。

在过去较长一段期间内，除型式试验外，一般电气设备出厂试验只做 1min 工频耐压试验，这不仅是为了试验的方便，还考虑到在某种程度上雷电冲击对绝缘的作用可用工频电压来等价的缘故。电气设备的工频试验电压是按图 17-1 所示程序来确定的。其中，β_1、β_2 为雷电冲击和操作冲击电压换算为等效工频电压的冲击系数。

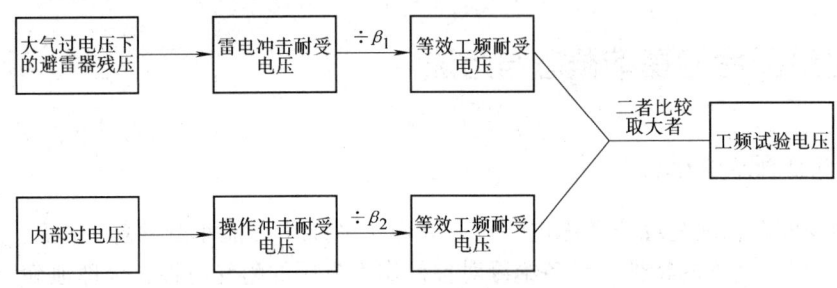

图 17-1　确定工频试验电压

可见，工频耐压值，代表了绝缘对雷电、操作过电压的总的耐受水平，只要设备能通过工频耐压试验，就认为该设备在运行中遇到大气、内部过电压时能保证安全。

但对于超/特高压电气设备，考虑到冲击波对绝缘作用的特殊性，用工频电压来代替操作过电压、雷电过电压是不恰当的，需按规定分别进行操作、雷电冲击电压的试验。

17.1.2　绝缘配合的方法

目前进行绝缘配合的方法有惯用法、统计法及简化统计法。

1. 惯用法

惯用法是按作用在绝缘上的最大过电压和最小的绝缘强度的概念进行绝缘配合的。即首先确定设备上可能出现的最危险的过电压，然后根据运行经验乘上一个考虑各种因素的影响和一定裕度的系数，从而决定绝缘应耐受的电压水平。但由于过电压幅值及绝缘强度都是随机变量，很难找到一个严格的规则去估计它们的上限和下限。因此，用这一原则确定绝缘水平常有较大的裕度。

惯用法对有自恢复能力的绝缘（如气体绝缘）和无自恢复能力的绝缘（如固体绝缘）都是适用的。

2. 统计法

在超高压系统中降低绝缘水平有显著的经济效益，而操作过电压在绝缘配合中起主要作用。绝缘在操作过电压作用下抗电强度分散性很大，若采用惯用法，对绝缘要求偏严。因此从 20 世纪 70 年代起，国内外相继推荐采用统计的方法对自恢复绝缘进行绝缘配合。

统计法是根据过电压幅值和绝缘的耐受强度都是随机变量的实际情况，在已知过电压幅值和绝缘放电电压的概率分布后，用计算的方法求出绝缘放电的概率和线路故障率，在技术、经济比较的基础上，正确地确定绝缘水平。这种方法不仅定量地给出设计的安全裕度，并能按照使用设备费、每年的运行费以及每年的事故损失费的总和为最小的原则，确定输电系统绝缘配合的最佳方案。

设已知过电压概率密度函数 $f_g(U)$ 和绝缘的放电概率函数 $p(U)$，且 $f_g(U)$ 与 $p(U)$ 互不相关，如图 17-2 所示。$f_g(U_0)dU$ 为过电压在 U_0 附近 dU 范围内出现的概率，$p(U_0)$ 为在过电压 U_0 作用下绝缘放电的概率。因二者是相互独立的，由概率积分的计算公式得到出现这样高的过电压并使绝缘放电的概率是 $p(U_0)f_g(U_0)dU$，即图 17-2 中的阴影部分面积。习惯上，人们只按过电压绝对值进行统计（正、负极性约各占一半），再根据过电压的含义，$U \geq U_{pn}$（最高运行相电压），得到过电压 U 的范围是 $U_{pn} \sim \infty$。将放电概率积分，得

$$R_a = 总阴影面积 = \int_{U_{pn}}^{\infty} p(U)f_g(U)dU \tag{17-1}$$

R_a 为绝缘在过电压下遭到击穿造成事故的概率，即故障率。

由图 17-2 可见，增加绝缘强度，即曲线 $p(U)$ 向右方移动，则故障率减小，但投资的成本增加。因此用统计法可按需要对某些因素作调整，对技术、经济进行比较，在可接受的故障率的前提下，选择合理的绝缘水平。

3. 简化统计法

在简化统计法中，对过电压和绝缘特性两条概率曲线的形状作出一些通常认为合理的假定（如正态分布），并已知其标准偏差。根据这些假定，上述两条概率分布曲线就可以分别

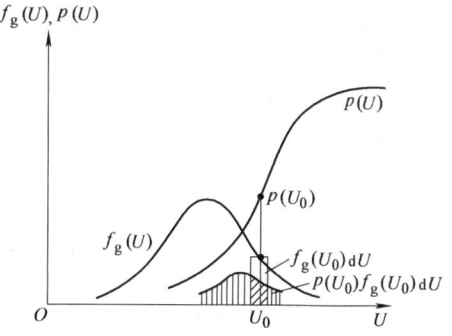

图 17-2 绝缘故障率的估算

用与某一参考概率相对应的点表示出来，称为"统计过电压"和"统计耐受电压"。在此基础上可以计算绝缘的故障率。事实上，这时绝缘的故障率只决定于这两个电压之间的裕度，这一点很像惯用法。

应该说明，绝缘配合的统计法至今只能用于自恢复绝缘，主要是输变电设备的外绝缘。

17.2 输变电设备绝缘水平的确定

在变电所的诸多电气设备中，以电力变压器最为重要，因此，通常以确定电力变压器的绝缘水平为中心环节，再确定其他设备的绝缘水平。

在交流系统中，确定电气设备绝缘水平的基础是避雷器保护水平，即设备的绝缘水平与避雷器的保护水平进行配合。避雷器的保护水平包括雷电冲击保护水平（BIL）和操作冲击水平（BSL）。对有间隙阀式避雷器的雷电冲击保护性能有三个数据：①标准放电电流的波形（如 8/20μs）和其幅值下的残压；②1.2/50μs 标准雷电冲击放电电压上限；③冲击波波前放电电压最大值除以 1.15。应取三者中最大值作为雷电冲击保护水平。而对金属氧化物避雷器雷电冲击保护水平的确定，应该对应于合适的标准电流下的残压。

考虑避雷器和变压器之间的距离、避雷器内部的电感、变压器绝缘的老化累积效应、避雷器运行中参数的变化（8/20μs 波形与实际雷电的差异，运行过程中残压的变动因素）、变压器工频励磁的影响等因素后，使保护水平的变化及变压器上的作用电压超过避雷器的保护水平。因此雷电冲击耐受电压和避雷器保护水平之间应取一定的安全裕度系数。

根据我国过去的传统做法，以雷电冲击保护水平为基础，取一个安全系数，当电气设备（如变压器）与避雷器紧靠时，安全系数取 1.25，有一定距离时取 1.4。

对过去个别系统有间隙阀式磁吹避雷器的操作冲击保护水平（对 330~500kV 设备），由以下两个数据表示：

1）250/2500μs 标准冲击波作用下，间隙放电电压的上限。
2）规定操作冲击电流下的残压。

取其中较大者为操作冲击保护水平。对于金属氧化物避雷器，其操作冲击保护水平规定为操作冲击电流下的残压值。

变压器的基本操作冲击绝缘水平与避雷器被保护水平相配合，安全系数不低于 1.15。操作安全系数比较小，这是因为操作波比较平缓，距离效应不强烈所致。

对超高压设备应当进行雷电及操作冲击耐受电压试验，以检验设备在雷电过电压和操作过电压作用下的绝缘性能。

交流系统绝缘配合的示意图如图 17-3 所示。

对 220kV 及以下的系统，由于操作过电压对正常绝缘无危险，故不要求避雷器动作，避雷器只用作雷电过电压的防护措施。

以上是以变压器为例说明了用避雷器保护的设备其绝缘水平的确定过程。对于用不同的避雷器保护或非有效保护的设备，如断路器、互感器等，应选用较高雷电冲击耐受电压

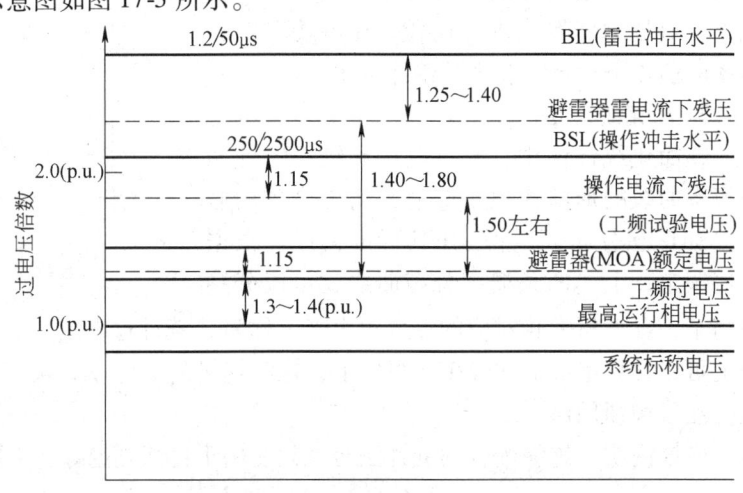

图 17-3 交流系统绝缘配合示意图

及与之对应的操作冲击耐受电压。这些根据具体情况，在国家有关规程中有明确的规定。

直流换流站的绝缘配合与交流系统中的绝缘配合的区别如下：要考虑串联阀组的要求，包括在非地电位端子间装设避雷器；换流站不同部位可以使用不同的绝缘水平，且可采用非标准值；换流站不直接承受大气过电压的作用。交流侧和直流侧装设的滤波器和阻尼回路对绝缘配合有重要影响。

直流系统设备绝缘具有以下特点：

1）单个阀串联构成的阀组和远离地电位的端子间的要求不同，使直流换流站不同部位设备有不同的绝缘水平。

2）换流器回路两端换流变压器和平波电抗器的电感，使换流器回路不直接承受大气过

电压作用。

3) 在交流和直流侧可能均有无功功率源和谐波滤波器,它们对绝缘配合影响很大。

4) 当阀不导通时,换流变压器侧的两个主要绕组对地电位悬浮;阀导通时有直流分量电流流过绕组。

5) 直流系统设备绝缘特性和电压分布与交流系统完全不同。

截至目前,直流设备的额定耐受电压值没有标准可依。但直流系统绝缘配合步骤与交流系统基本相同,其绝缘水平(配合)流程如图 17-4 所示。

根据我国电力系统发展情况及电器制造水平,结合我国电力系统的运行经验,并参考国际电工委员会(IEC)推荐的绝缘配合标准,在我国国家标准 GB311.1—2012《绝缘配合 第 1 部分:定义、原则和规则》中对各电压等级电气设备的试验电压做出了规定,见表 17-1 ~ 表 17-7。表 17-1 对 3kV ~ 15kV 设备给出了两个系列的绝缘水平,系列 I (交流:$1kV < U_m \leq 252kV$,直流:$1kV \leq U_m < 100kV$)和系列 II (交流:$U_m > 252kV$,直流:$100kV \leq U_m \leq 820kV$),一个较低,一个较高。选择时应根据设备可能遭受的雷电和操作过电压程度、所用限制过电压保护装置的性能、系统的重要性等来决定。

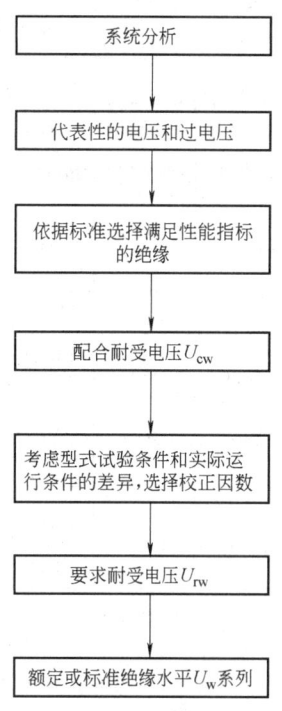

图 17-4 直流系统确定绝缘水平(配合)流程

这里应该说明的是:对于 750kV 和 1000kV 电压等级,也有类似表 17-3 ~ 表 17-7 中的各项要求,需要时可查阅国家、行业相关标准资料。

表 17-1 电压范围 I ($1kV < U_m \leq 252kV$)的设备的标准绝缘水平 (单位:kV)

系统标称电压 (有效值)	设备最高电压 (有效值)	额定雷电冲击耐受电压(峰值)		额定短时工频 耐受电压(有效值)
		系列 I	系列 II	
3	3.5	20	40	18
6	6.9	40	60	25
10	11.5	60	75 95	30/42[③];35
15	18.0	75	95 105	40;45
20	23.0	95	125	50;55
35	40.5	185/200[①]		80/95[③];85
66	72.5	325		140
110	126	450/480[①]		185;200
220	252	(750)[②] 850 950 (1050)[②]		(325)[②] 360 395 (460)[②]

注:系统标称电压 3~15kV 所对应设备的系列 I 的绝缘水平,在我国仅用于中性点直接接地系统。

① 该栏斜线后数据仅用于变压器类设备的内绝缘。

② 对 220kV 设备,括号内的数据不推荐选用。

③ 为设备外绝缘在干燥状态下的耐受电压。

表 17-2 电压范围Ⅱ($U_m > 252kV$)的设备的标准绝缘水平　　（单位：kV）

系统标称电压（有效值）	设备最高电压（有效值）	额定操作冲击耐受电压（峰值）					额定雷电冲击耐受电压（峰值）		额定短时工频耐受电压（有效值）
		相对地	相间	相间与相对地之比	纵绝缘②		相对地	纵绝缘	相对地
1	2	3	4	5	6②	7①	8	9	10③
330	363	850	1 300	1.50	950	850 (+295)③	1 050	见 GB311.1—1997 中 4.7.1.3 条的规定	(460)
		950	1 425	1.50			1 175		(510)
500	550	1 050	1 675	1.60	1 175	1 050 (+450)③	1 425		(630)
		1 175	1 800	1.50			1 550		(680)
750	800	1 425	2 420	1.70	1 550	1 425	1 950		(900)
		1 550	2 635	1.70		(+650)	2 100		(960)
1 000	1 100	1 675	2 510	1.50	1 800	1 675 (+900)	2 250		1 100/1 200
		1 800	2 700	1.50			2 400		

注：其中系统标称电压 750kV 和 1000kV 的规定可能来自行业或企业。
① 第 7 栏括号中的数值是加在同一极对应端子上的反极性工频电压的峰值。
② 纵绝缘的操作冲击耐受电压选取栏 6 或栏 7 之数值，决定了设备的工作条件，在有关设备标准中规定。
③ 栏 10 括号内的短时工频耐受电压值，仅供参考。

表 17-3 各类设备的雷电冲击耐受电压　　（单位：kV）

系统标称电压（有效值）	设备最高电压（有效值）	额定雷电冲击（内、外绝缘）耐受电压（峰值）						截断雷电冲击耐受电压（峰值）
		变压器	并联电抗器	耦合电容器、电压互感器	高压电力电缆②	高压电器	母线支柱绝缘子、穿墙套管	变压器类设备的内绝缘
3	3.6	40	40	40	—	40	40	45
6	7.2	60	60	60	—	60	60	65
10	12.0	75	75	75	—	75	75	85
15	18.0	105	105	105	105	105	105	115
20	24.0	125	125	125	125	125	125	140
35	40.5	185/200①	185/200①	185/200①	200	185	185	220
66	72.5	325	325	325	325	325	325	360
		350	350	350	350	350	350	385
110	126	450/480①	450/480①	450/480①	450	450	450	530
		550	550	550	550			
220	252	850	850	850	850	850	935	950
		950	950	950	950	950	950	1 050
					1 050			
330	363	1 050	1 175	1 175	1 175	1 050	1 050	1 175
		1 175			1 300	1 175	1 175	1 300
500	550	1 425	1 550	1 550	1 425	1 425	1 425	1 550
		1 550	1 675	1 675	1 550	1 550	1 550	1 675
					1 675	1 675	1 675	

① 斜线下之数据仅用于该类设备的内绝缘。
② 对高压电力电缆是指热状态下的耐受电压值。

表 17-4 各类设备的短时（1 min）工频耐受电压（有效值） （单位：kV）

系统标称电压（有效值）	设备最高电压（有效值）	内、外绝缘（干式与湿式）				母线支柱绝缘子	
		变压器	并联电抗器	耦合电容器、高压电器、电压互感器和穿墙套管	高压电力电缆	湿式	干式
1	2	3①	4①	5②	6②	7	8
3	3.5	18	18	18/25		18	25
6	6.9	25	25	23/30		23	32
10	11.5	30/35	30/35	30/42		30	42
15	17.5	40/45	40/45	40/55	40/45	40	57
20	23.0	50/55	50/55	50/65	50/55	50	68
35	40.5	80/85	80/85	80/95	80/85	80	100
66	72.5	140	140	140	140	140	165
		160	160	160	160	160	185
110	126.0	185/200	185/200	185/200	185/200	185	265
220	252.0	360	360	360	360	360	450
		395	395	395	395/460	395	495
330	363.0	460	460	460	460		
		510	510	510	510		
					570		
500	550.0	630	630	630	630		
		680	680	680	680		
				740	740		

注：表中给出的 330~500kV 设备的短时工频耐受电压仅供参考。
① 该栏中斜线下的数据为该类设备的内绝缘和外绝缘干状态的耐受电压。
② 该栏中斜线下的数据为该类设备的外绝缘干耐受电压。

表 17-5 1000kV 重要设备额定绝缘水平 （单位：kV）

设备	雷电冲击耐受电压（峰值）	操作冲击耐受电压（峰值）	短时工频耐受电压（有效值）
变压器、电抗器	2250（截波 2400）	1800	1100（5min）
GIS（断路器、隔离开关）	2400	1800	1100（1min）
开关设备纵绝缘	2400+900	1675+900	1100+635（1min）
支柱绝缘子、隔离开关（敞开式）	2550	1800	1100（1min）
电容式电压互感器（CVT）	2400	1800	1200（1min）
套管（变压器、电抗器）	2400（截波 2760）	1950	1200（1min）
套管（GIS）	2400	1800	1100（1min）

表 17-6　电力变压器中性点绝缘水平　　　　　　　　（单位：kV）

系统标称电压（有效值）	设备最高电压（有效值）	中性点接地方式	雷电冲击全波和截波耐受电压（峰值）	短时工频耐受电压（有效值）（内、外绝缘，干式与湿式）
110	126	不固定接地	250	95
220	252	固定接地	185	85
		不固定接地	400	200
330	363	固定接地	185	85
		不固定接地	550	230
500	550	固定接地	185	85
		经小电抗接地	325	140

有绕组绝缘的设备（如变压器），应作雷电冲击截波试验。雷电冲击截波耐受电压幅值一般比全波幅值高出 10% 左右。

对于发电厂、变电所的操作过电压、雷电过电压和工频电压所需要的数值间隙见表 17-7。

表 17-7　变电所操作过电压、雷电过电压和工频电压要求的间隙　　（单位：cm）

系统标称电压 /kV	操作过电压		雷电过电压		工频电压	
	相对地	相间	相对地	相间	相对地	相间
35	40	40	40	40	15	15
66	65	65	65	65	30	30
110	90	100	90	100	30	50
220	180	200	180	200	60	90
330	230	270	220	240	110	170
500	350	430	320	360	160	240

表 17-7 说明，对 330kV 及以上电压等级，在发电厂、变电所中决定空气间隙的过电压是操作过电压，而不是雷电过电压。

17.3　输电线路绝缘水平的确定

确定输电线路的绝缘水平，包含确定绝缘子串的绝缘子片数及线路绝缘的空气间隙。

17.3.1　绝缘子片数的确定

根据杆塔机械负荷选定绝缘子型式之后，需要确定绝缘子串的片数，其要求对交、直线路是一样的，如下所示：

1）在工作电压下不发生污闪。
2）下雨天在操作过电压下不发生闪络。
3）具有一定的雷电冲击耐受强度，保证线路有一定的耐雷水平。

每串绝缘子片数应符合工频电压的爬电距离的要求，同时应符合操作过电压的要求。

(1) 按工作电压进行计算　由工频电压爬电距离要求的线路每串绝缘子片数应满足下式：

$$m \geq \frac{\lambda U_s}{K_e L_0} \tag{17-2}$$

式中，m 为每串绝缘子片数；U_s 为系统最高电压（kV）；λ 为爬电比距（cm/kV），330kV 及以上为 1.45，220kV 及以下为 1.39；L_0 为每片悬式绝缘子的几何爬电距离（cm）；K_e 为绝缘子爬电距离的有效系数，主要由各种绝缘子爬电距离在试验和运行中提高污秽耐压的有效性来确定。

（2）按操作过电压进行验算　要求线路绝缘能耐受一定的内部过电压。操作过电压要求的线路绝缘子串正极性操作冲击50%放电电压 U_{50sL} 应满足下式的要求：

$$U_{50sL} \geq K_{ci} U_{e2} \tag{17-3}$$

式中，U_{e2} 为对范围Ⅱ为要求的线路最大相对地统计操作过电压，对范围Ⅰ为计算用最大操作过电压；K_{ci} 为线路绝缘子串操作过电压统计配合因数，对范围Ⅱ取 1.25，对范围Ⅰ取 1.17。

绝缘子属于外绝缘，它有污秽问题，为了提高耐污能力，有时增加爬电比距，即将污秽分为不同等级，根据现场试验和运行实践，对每级规定最小的泄漏比距数值。这些信息可以从相关的电力系统设计手册中获得。应该强调的是，上述参数的取值是总结运行经验得出的，因此最大工作电压与额定电压的差别以及零值绝缘子（运行中，由于机械及电的作用下，在众多的线路绝缘子中，总有个别绝缘子会丧失绝缘性能，起不到绝缘的作用，称之为"零值绝缘子"）的影响等因素都已包括在内，所以式（17-2）按系统最高电压计算，可以不需再考虑零值绝缘子而增加绝缘子片数，但为了安全，需要增加一些绝缘子，以便出现零值绝缘子后，其余的绝缘子仍能耐受出现的操作过电压。目前我国规定，绝缘子串中应预留的零值绝缘子数为：对于 35~220kV 线路，直线杆 1 片，耐张杆 2 片；对于330kV 及以上线路，直线杆 1~2 片，耐张杆 2~3 片。

直流输电线路的绝缘水平，也是包括线路绝缘子片数和线路空气绝缘间隙距离。确定直流线路绝缘子和线路空气绝缘间隙距离时必须充分考虑直流系统中设备的外绝缘特性与交流系统的差异。

直流架空线路绝缘子片数的确定方法与交流相似，依据线路所处污秽地区、相应要求的爬电比距和绝缘子的耐污特性和单个绝缘子的爬电距离，确定在最高持续运行电压下不发生污闪所需要的绝缘子片数或爬电距离。

但要求特别注意：直流输电线路绝缘子的外绝缘主要由持续运行电压下的污秽特性决定，其与交流线路绝缘子特性完全不同。在污秽条件下直流耐受电压通常低于交流电压有效值，而且直流耐受电压受绝缘子形状影响更大。

（3）按大气过电压进行验算　一般情况下，大气过电压对确定绝缘子串片数的影响是不大的，因为耐雷水平不完全决定于绝缘子片数，而主要取决于各项防雷措施的综合效果，因此它仅作验算条件。即使耐雷水平达不到规程的下限值，也不一定必须增加绝缘子片数，因为还可以采用降低杆塔接地电阻等措施来提高线路的耐雷水平。只是在特殊高杆塔或高海拔地区，雷电过电压才成为确定绝缘子片数的决定因素。

根据工作电压、操作过电压及雷电过电压三个方面的要求，实际线路杆塔通常采用的每串 X—4.5 绝缘子的片数见表 17-8。海拔为 1000m 以上时，由于绝缘子串的放电电压降低，所计算的绝缘子片数要进行校正。

表 17-8　线路绝缘子每串最少片数和最小空气间隙值　　　（单位：cm）

额定电压/kV	35	60	110		154		220	330	500
			直接接地	非直接接地	直接接地	非直接接地			
XP 型绝缘子片数	3	5	7	7	10	10	13	17（19）	25（28）
工作电压要求的间隙值 s_p	10	20	25	40	35	55	55	90	130
操作过电压要求的间隙值 s_s	25	50	70	80	100	110	145	195	270
雷电过电压要求的间隙值 s_l	45	65	100	100	140	140	190	230（260）	330（370）

注：1. 绝缘子一般为 XP 型；330kV、500kV 括号外为 XP3 型。
　　2. 绝缘子适用于 0 级污秽。污秽地区绝缘增加时，间隙一般仍用表中的数值。
　　3. 330kV、500kV 括号内雷电过电压间隙与括号内绝缘子片数相对应，适用于发电厂、变电所进线保护段。

17.3.2　输电线路空气间隙的确定

输电线路的空气间隙主要有：导线对大地、导线对导线、导线对架空地线、导线对杆塔及横担。导线对地面的高度主要是考虑穿越导线下的最高物体与导线间的安全距离，在超高压输电线下还应考虑对地面物体的静电感应问题。导线间的距离主要由导线弧垂最低点在风力作用下，发生异步摇摆时能耐受工作电压的最小间隙来确定，由于这种情况出现的机会极少，所以在低电压等级时以不碰线为原则。导线对地线间的间隙，由雷击避雷线档距中间不引起对导线的空气间隙击穿的条件来确定。因此，以下重点介绍如何根据工作电压、内部过电压、大气过电压来确定导线对杆塔的距离。

就间隙所承受的电压来看，雷电过电压幅值可能最高，内部过电压次之，工作电压幅值最低。但就作用的持续时间来说，顺序刚好相反。如图 17-5 所示，在确定导线对杆塔间隙的大小时，必须考虑风吹导线使绝缘子串倾偏摇摆偏向杆塔的偏角。由于工作电压长时间作用在导线上，计算风速应按最大风速（约 25m/s～35m/s）计算，相应的风偏角 θ_1 最大；对内部过电压 θ_p，考虑其持续时间短，计算风速只按最大风速的 50% 进行计算，风偏角 θ_s 较小；雷电过电压作用的时间极短，因此计算风速一般采用 10m/s，风偏角 θ_l 最小。

（1）按工作电压确定风偏后的间隙 s_p　为保证其在工作电压下不发生闪络，s_p 的工频放电电压为

$$U_p = k_1 U_{ph} \quad (17\text{-}4)$$

式中，k_1 为安全系数，它考虑了空气密度变化的影响（约下降 8%）、空气湿度变化的影响（约下降 9%）以及其他如工频电压升高等不利因素的影响。对于 330kV～500kV 线路，$k_1 = 1.7$；对中性点直接接地的 220kV 及以下线路，$k_1 = 1.6$；对中性点非直接接地系统的线路，$k_1 = 2.5$。

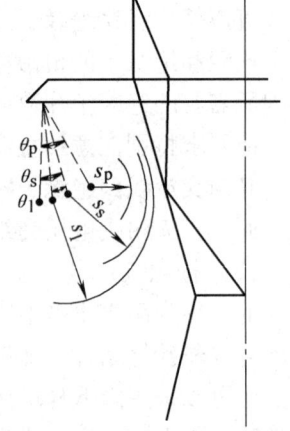

图 17-5　绝缘子串风偏角 θ 及其对杆塔的距离 s

（2）按操作过电压确定风偏后的间隙 s_s。为保证其在操作过电压下不发生闪络，其等效工频放电电压为

$$U_s = 1.2 k_0 U_{ph} \tag{17-5}$$

式中，k_0 为操作过电压计算倍数；系数 1.2 为计及电压波形、空气湿度和密度以及其他不利因素的裕度系数。

（3）按雷电过电压确定绝缘子串风偏后的空气间隙 s_1 应使其冲击强度与非污秽地区绝缘子串的冲击放电电压相适应。根据我国 110kV、220kV、330kV 线路的运行经验，s_1 在雷电冲击波下 50% 放电电压取为绝缘子串相对应电压的 85%，其目的是尽量减少绝缘子串的闪络概率，以免损坏绝缘子。

按以上要求所得到的间隙见表 17-8。确定 s_p、s_s 和 s_1 后，即可按以下公式确定与之对应的绝缘子串在垂直位置时对杆塔的水平距离，它们分别为 $s_p + l\sin\theta_p$、$s_s + l\sin\theta_s$、$s_1 + l\sin\theta_1$。其中 l 为绝缘子串的长度，选三者之中最大的一个即可。

根据经验，一般情况下对线路空气间隙的确定起决定作用的是雷电过电压，但随着电压等级的提高，以及输电线路防雷措施的改善，决定空气间隙的过电压可能是操作过电压，而不是雷电过电压。

习　题

17.1　什么是电力系统的绝缘配合？什么是电力设备的绝缘水平？

17.2　输电线路绝缘子串中的绝缘子片数是如何确定的？直流线路绝缘子选择时为什么绝缘子型号更为重要？

17.3　如何确定输电线路的导线对杆塔的空气间隙？

参 考 文 献

[1] Kuffel E, Zaengl W S. 高电压工程基础[M]. 邱毓昌, 戚庆成译. 北京: 机械工业出版社, 1993.
[2] Beyer M, Boeck W, Möller K, et al. Hoch spanmungstechnik[M]. Berlin: Springer Verlag, 1986.
[3] 严璋, 朱德恒. 高电压绝缘技术[M]. 北京: 中国电力出版社, 2007.
[4] 邱毓昌. GIS装置及其绝缘技术[M]. 北京: 水利电力出版社, 1994.
[5] 解广润. 电力系统过电压[M]. 北京: 水利电力出版社, 1985.
[6] 张伟钹, 高玉明. 电力系统过电压与绝缘配合[M]. 北京: 清华大学出版社, 1988.
[7] 唐兴祚. 高电压技术[M]. 重庆: 重庆大学出版社, 1991.
[8] 沈其工, 方瑜, 周泽存, 等. 高电压技术[M]. 4版. 北京: 水利水电出版社, 2012.
[9] 张仁豫. 高电压试验技术[M]. 3版. 北京: 清华大学出版社, 2009.
[10] 全国高电压试验技术和绝缘配合标准化技术委员会. GB311.1—2012 绝缘配合 第1部分: 定义、原则和规则(neq IEC60071-1: 1993)[S]. 北京: 中国标准出版社, 2012.
[11] 电力工业部绝缘配合标准化技术委员会. DL/T 620—1997 交流电气装置的过电压保护和绝缘配合[S]. 北京: 水利电力出版社, 1997.
[12] 全国高电压试验技术和绝缘配合标准化技术委员会. GB/T311.2—2013 绝缘配合 第2部分: 使用导则(neq IEC60071-2: 1996)[S]. 北京: 中国标准出版社, 2013.
[13] 关志成, 朱英浩, 周小谦, 等。中国电气工程大典—第十卷(输变电工程)[M]. 北京: 中国电力出版社, 2010.
[14] CISPR 18-1, Radio interference characteristics of overhead power lines and high voltage equipment, Part 1: description of phenomena[S]. 1982.
[15] CISPR 18-3, Radio interference characteristics of overhead power lines and high voltage equipment, Part 3: code of practice for minimizing the gener-ation of radio noise[S]. 1996.
[16] CIGRE WG36.04. Guide on EMC in Power Plants and Substations. 1997.